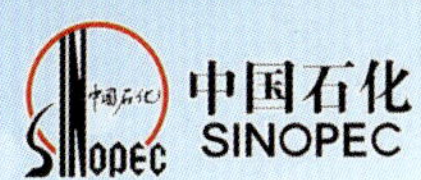

中国石化催化剂有限公司齐鲁分公司

催化剂齐鲁分公司是世界先进的催化裂化、催化裂解及助剂专业化生产基地，年生产能力12.3万吨，现有四套催化剂生产装置、五套分子筛生产装置以及配套先进齐全的中型试验装置、分析评价装置和污水处理装置。公司致力于打造“科技型、生产服务型和先进绿色制造”的世界领先催化剂公司，坚持“做精主业、多元发展”的发展战略，持续为用户提供高品质的产品和服务。

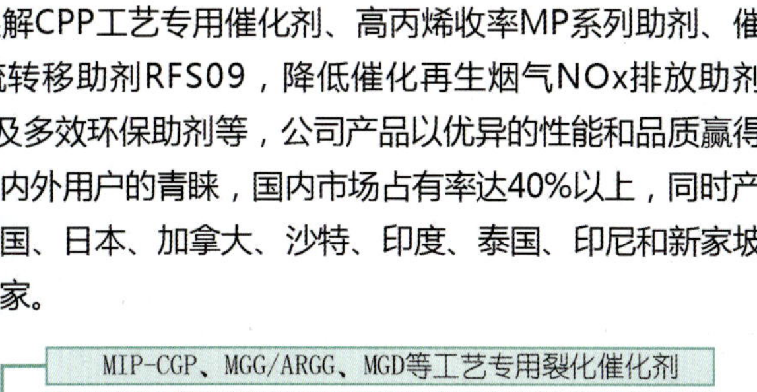

产品主要有MIP-CGP、MGG/ARGG、MGD等工艺专用裂化催化剂、重油裂化催化剂、催化裂解DCC工艺专用催化剂、催化热裂解CPP工艺专用催化剂、高丙烯收率MP系列助剂、催化烟气硫转移助剂RFS09，降低催化再生烟气NOx排放助剂RDNOX及多效环保助剂等，公司产品以优异的性能和品质赢得了广大国内外用户的青睐，国内市场占有率达40%以上，同时产品远销美国、日本、加拿大、沙特、印度、泰国、印尼和新家坡等多个国家。

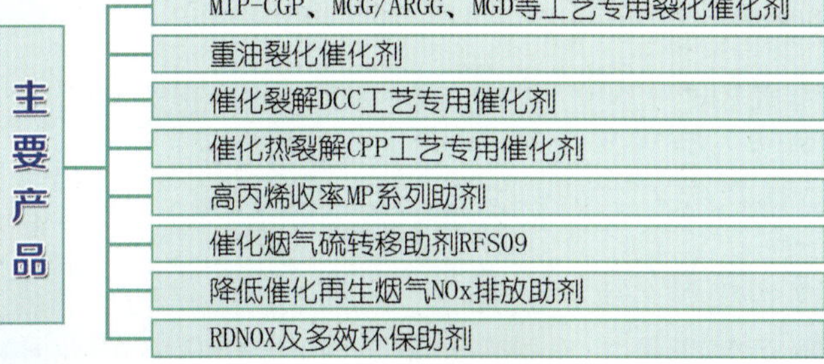

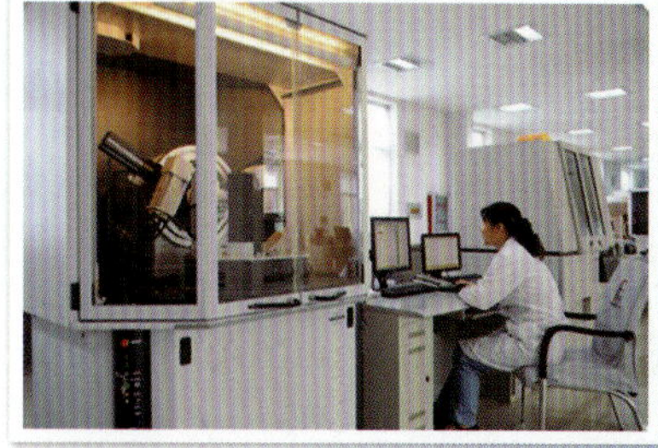

地址：山东省淄博市周村区体育场路1号　电话：0533-6861666　传真：0533-6861888　网址：scc.sinopec.com

中石化南京催化剂有限公司

➤ 公司简介：

中石化南京催化剂有限公司隶属中国石化催化剂有限公司，是中国石化全资子公司。公司始建于1969年南京炼油厂分子筛制造装置，2004年专业化重组进入中国石化催化剂有限公司，2015年建成3000吨/年MTO催化剂生产装置。南京催化剂公司生产依托石油化工科学研究院和上海石油化工研究院技术支持，同时拥有自主研发能力。现有产品包括MTO催化剂、S Zorb脱硫吸附剂、乙苯烷基化催化剂、异丙苯催化剂、丁二烯催化剂、5A分子筛正异构烷烃分离吸附剂、C5\C6正异构烷烃分离吸附剂七类产品，广泛应用于国内各炼化企业，同时远销海外，产品在中东、印度、欧洲、美国市场均有销售。

产品介绍：

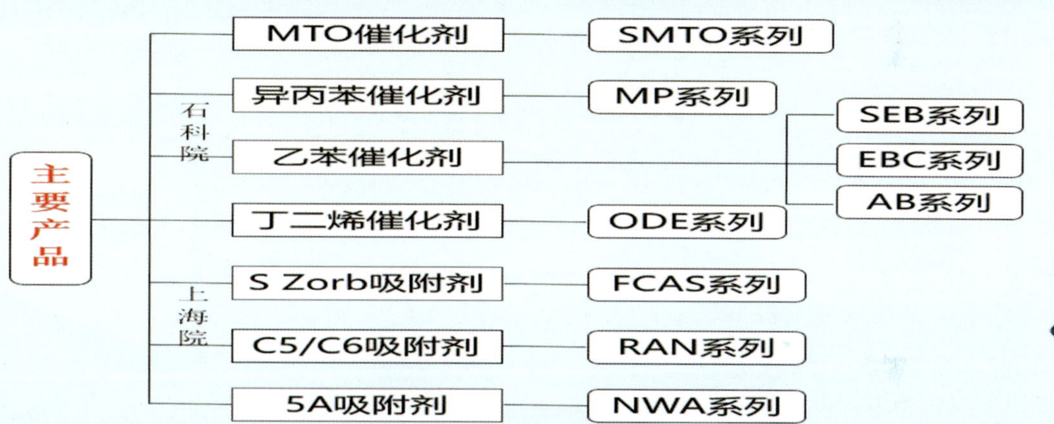

主要客户：

技术服务：

南京催化剂公司拥有催化剂研发专家、装置应用专家和市场营销项目经理所组成的技术服务队伍，可为客户提供包括装卸剂指导、开工服务、装置调优和故障排查等专业的技术服务。同时，公司还依托中国石化催化剂有限公司技术服务数据平台及各专业专家库，致力于更加便捷优质的服务客户。

地址：南京市六合区玉带镇玉成路9号　　电话：025-58375846
邮箱：huyf.chji@sinopec.com　　网址：scc.sinopec.com

好书推荐

编著者：陈俊武 许友好
ISBN: 978-7-5114-3239-1
出版日期：2015年5月
定价：480元（上、下册）

编著者：孙丽丽
ISBN: 978-7-5114-5125-5
出版日期：2019年1月
定价：268元

编著者：许友好 李宁 华仲炯
ISBN: 978-7-5114-5128-6
出版日期：2018年12月
定价：198元

编著者：许友好 鲁波娜 何鸣元 王维
ISBN: 978-7-5114-5181-1
出版日期：2019年2月
定价：280元

编著者：赵日峰
ISBN: 978-7-5114-5416-4
出版日期：2019年9月
定价：298元

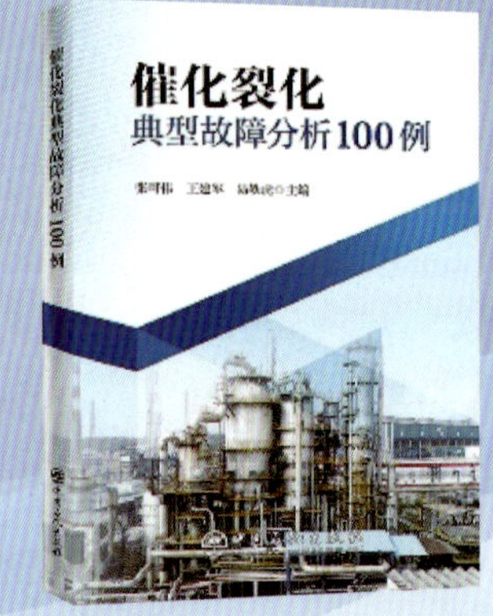

编著者：张可伟 王建军 易轶虎
ISBN: 978-7-5114-2116-6
出版日期：2020年1月
定价：38元

如有需要，可与中国石化出版社读者服务部联系购买。

联系人　董家英　电　话：010-57512575　13381128186
　　　　　　　　　　邮　箱：shsd@sinopec.com

银行汇款　开户名称：中国石化出版社有限公司
开户银行：工商银行北京和平里支行
账　　号：0200004229200149638
银行代码：102100000423

中国石化
催化裂化及汽油吸附脱硫
技术交流会论文集

（2020）

陈尧焕　张宝生　主编

中國石化出版社

内 容 提 要

本书汇编了中国石化2020年催化裂化及汽油吸附脱硫技术交流会征集到的59篇文章，涵盖了催化裂化生产运行与总结、工艺技术与优化、催化剂及助剂使用、设备材料与防腐蚀、烟气脱硫脱硝、节能与环保排放等内容，对从事催化裂化领域工作的管理人员、技术人员、科研设计人员、操作人员等有很强的指导和参考意义。

图书在版编目(CIP)数据

中国石化催化裂化及汽油吸附脱硫技术交流会论文集.2020／陈尧焕，张宝生主编.—北京：中国石化出版社，2020.11

ISBN 978-7-5114-6013-4

Ⅰ.①中… Ⅱ.①陈… ②张… Ⅲ.①石油炼制-催化裂化-中国-学术会议-文集 Ⅳ.①TE624.4-53

中国版本图书馆CIP数据核字(2020)第199459号

中国石化出版社出版发行

地址：北京市东城区安定门外大街58号
邮编：100011 电话：(010)57512500
发行部电话：(010)57512575
http://www.sinopec-press.com
E-mail:press@sinopec.com
北京柏力行彩印有限公司印刷

*

787×1092毫米 16开本 25印张 624千字
2020年11月第1版 2020年11月第1次印刷
定价：180.00元

《中国石化催化裂化及汽油吸附脱硫技术交流会论文集(2020)》编委会

前 言

1965年5月5日，我国第一套0.6Mt/a同高并列式流化催化裂化装置在抚顺石油二厂投料试车成功。五十五年来，我国催化裂化装置从无到有，技术水平由低到高，装置加工能力从小到大，研究思路从跟踪模仿到自主创新，取得了巨大的成就，已跻身国际先进水平。到目前为止，国内催化裂化装置总加工能力已接近200Mt/a，渣油掺炼比例约40%，超过了延迟焦化装置，成为我国加工渣油的最主要手段。我国由催化裂化装置所生产的汽油和柴油分别约占全国商品汽油和柴油的70%和30%，所生产的丙烯量约占全国丙烯总产量的40%。同时，催化裂化装置还可为烷基化装置提供原料。因此，催化裂化工艺对炼油行业提高轻质油收率和改善产品质量、提高经济效益起着举足轻重的作用。

2016年、2018年，中国石油化工股份有限公司炼油事业部恢复举办了两期中断10年之久的催化裂化技术交流会，对更好发挥催化裂化技术在炼油生产中的核心作用，不断提升炼油装置运行和管理水平，进一步加强炼油生产企业、科研、设计单位技术交流，起到了非常好的作用，为此决定每两年召开一次催化裂化技术交流会。本书汇编了2020年催化裂化及汽油吸附脱硫技术交流会征集到的59篇文章，涵盖了催化裂化生产运行与总结、工艺技术与优化、催化剂及助剂使用、设备材料与防腐蚀、烟气脱硫脱硝、节能与环保排放等内容，对从事催化裂化领域工作的管理人员、技术人员、科研设计人员、操作人员等有很强的指导和参考意义。

2020年中国石化催化裂化及汽油吸附脱硫技术交流会优秀论文名单

目　　录

一、生产运行与总结

二、工艺技术与优化

三、催化剂使用

四、助剂使用

五、设备材料与防腐蚀

六、烟气脱硫脱硝

七、节能与环保排放

一、生产运行与总结

LTAG 喷嘴回炼不同物料对重油催化裂化装置的影响

李　侃

（中国石化燕山石化公司　北京 102500）

摘　要　按照目前“京Ⅵ”标准，汽油中苯含量≥0.8%（体），汽油品质要求日趋严格。本文分析了重油催化裂化装置 LTAG 回炼加氢 LCO、自产-10#柴油、焦化汽油、裂解碳五等不同物料对生产操作、产品分布和产品质量的影响，可为实际生产提供参考。

关键词　苯含量；LTAG 技术；MIP 工艺

1　前言

北京市从 2017 年 1 月 1 日开始实行“京Ⅵ”标准，汽油中芳烃含量≥35%（体），烯烃含量≥15%（体），苯含量≥0.8%（体），汽油品质要求日趋严格。

国内某 2.0Mt/a 重油催化裂化装置（以下简称三催化装置），采用高低并列式两段再生技术，2005 年、2007 年进行 MIP-CGP 改造，提升管反应器设置第一反应区、第二反应区。2016 年装置大检修期间，为消减催化柴油、生产高辛烷值汽油组分进行了 LTAG 技术改造。该技术利用催化柴油加氢单元和催化裂化单元组合，将轻循环油 LCO 馏分（催化裂化柴油馏分）先加氢再进行催化裂化，通过设计加氢 LCO 转化区，同时优化匹配加氢和催化裂化的工艺参数等，实现最大化生产高辛烷值汽油。在原料喷嘴下 2000mm 处增设了 LCO 回炼专用喷嘴。

烷基苯裂化生成苯和烯烃与苯和烯烃烷基化生成烷基苯是一对可逆反应[1]。装置为 MIP 工艺，其第二反应区的反应条件有利于苯和烯烃进行烷基化反应，相较普通催化工艺，减少了汽油苯含量。提升管 LTAG 喷嘴处温度达到 660℃，剂油比可达到 80%以上。根据王立华等[2]研究，随剂油比增加，汽油中含苯体积分数增加。LTAG 喷嘴投用后受物料平衡影响，回炼多种物料，本文通过研究重油催化裂化装置 LTAG 回炼加氢 LCO、自产-10#柴油等汽油苯含量变化情况，为实际生产提供参考。

2　回炼加氢 LCO

三催化装置在 2016 年 7～10 月回炼加氢 LCO 期间，新鲜进料 180～230t/h，回炼加氢 LCO 50～60t/h，原料构成为常压渣油、常压蜡油及加氢蜡油。

原料密度为 917.1kg/m^3，原料残炭 3.69%，硫含量最高 0.854%，500℃馏出量降低 3.7 个单位，饱和烃含量 39%，芳烃含量 47.88%，整体来讲，投用 LTAG 期间，催化原料性质较差。

加氢 LCO 单环芳烃 51.4%，双环及以上芳烃 10%～12%，多环芳烃饱和率 80%以上，单环选择性 60%以上。催化 LCO 加氢后密度为 910～920kg/m^3。加氢后 LCO 裂化性能大幅度改善。

再生剂活性为 61%～64%，平衡剂重金属 Ni 含量 6700～7500mg/kg；V 含量 5300～6200mg/kg，偏高。

与空白标定相比，汽油收率由43.2%提高到51.8%，柴油收率由20.5%降低至5.9%，液化气收率由17.5%提高到21.5%(见表1)。

表1　回炼加氢LCO产品分布

项　目	空白	投用TLAG后	对比
新鲜进料/(t/d)	6200	5382	
加氢LCO/(t/d)	0	1152	
汽油/%(质)	43.2	51.8	8.6
柴油/%(质)	20.5	5.9	-14.6
液化气/%(质)	17.5	21.5	4
干气/%(质)	3.3	4.2	0.9
油浆/%(质)	5.7	7.2	1.5
焦炭/%(质)	9.8	9.4	-0.4
汽油芳烃单位/%(体)	34.11	38.36	4.25
汽油苯含量单位/%(体)	1	1.65	0.65

干气收率上升0.9个百分点左右，油浆收率增加1.5个百分点，烧焦+损失降低0.4个百分点。

投用LTAG后，稳定汽油芳烃升高，由34.11%提高至38.36%；苯含量由1.0%升高至1.65%。

3　回炼-10#柴油

出于压减柴油需要，装置投用分馏塔-10#柴油汽提塔，使-10#柴油通过LTAG喷嘴进入提升管进行回炼。

装置回炼-10#柴油期间，新鲜进料260t/h，回炼-10#柴油20t/h，重油原料为蒸馏减压渣油和加氢蜡油混合原料，原料油硫含量较高，平均值0.762%，高于原料硫含量设防值0.5%(质)。原料残炭2.87%(质)，原料密度920.5kg/m^3。再生剂微反活性为61.9%。

如表2所示-10#柴油分析显示，链烷烃16.3%，环烷烃4.9%，总饱和烃达到21.2%，单环芳烃37.8%。投用-10#柴油回炼后汽油收率上升0.8个百分点左右；柴油收率降低1.5个百分点左右，下降明显；液化气干气收率变化较小，油浆收率基本保持恒定，烧焦+损失(平衡值)基本保持不变。

表2　回炼-10#柴油产品分布　　%(质)

项　目	空白	回炼-10#柴油	对比
新鲜进料/(t/d)	6360	6134	
-10#柴油/(t/d)	0	480	
汽油	42.83	43.63	0.8
柴油	18.87	17.38	-1.49
液化气	18.47	18.57	0.1
干气	3.97	4.15	0.18

续表

项　　目	空白	回炼-10#柴油	对比
油浆	6.27	6.47	0.2
焦炭	9.59	9.81	0.22
芳烃/%(体)	32.97	33.09	0.12
苯含量/%(体)	0.75	0.68	-0.07

回炼-10#柴油后，稳定汽油芳烃变化较少，由32.97%提高至33.09%，苯含量由0.75%降低至0.68%。汽油中苯含量基本持平。

4 回炼焦化汽油

出于平衡焦化汽油库存的需要，装置投用焦化汽油直供LTAG回炼流程，使焦化汽油通过LTAG喷嘴进入提升管进行回炼。

装置回炼焦化汽油期间，新鲜进料258t/h，回炼焦化汽油10t/h，重油原料为蒸馏常压渣油和加氢蜡油混合原料，原料密度915kg/m^3，残炭2.7%，硫含量为0.5%~0.6%，原料重金属Ni含量适中，V含量在9μg/g左右，偏高，原料性质在操作调整期间变化不大，性质较差。再生剂微反活性为62%。

延迟焦化产物焦化汽油根据原料和加工工艺不同，一般RON辛烷值为55~65，烯烃含量为25%~40%，总氮和碱性氮含量分别为300~700μg/g和100~300μg/g，总硫和硫醇含量分别为2000~4000μg/g和80~150μg/g，酸度约为0.5~1.0mg KOH/100mL，因此焦化汽油不能直接作为汽油的调和组分出厂。投用LTAG喷嘴回炼焦化汽油后，从表3产品分布来看，汽油收率下降0.64个百分点，柴油收率基本维持不变，下降0.08个百分点，液化气收率上升0.46个百分点，干气收率上升0.27个百分点，油浆降低0.4个百分点，生焦升高0.39个百分点。

表3 回炼焦化汽油产品分布 %(质)

项　　目	空白	回炼焦化汽油	对比
新鲜进料/(t/d)	5767	5745	
焦化汽油/(t/d)	0	434	
汽油	43.49	42.85	-0.64
柴油	20.52	20.44	-0.08
液化气	16.3	16.76	0.46
干气	4.29	4.56	0.27
油浆	6.38	5.98	-0.4
焦炭	9.02	9.41	0.39
汽油芳烃/%(体)	26.2	25.9	-0.3
汽油苯含量/%(体)	0.77	0.8	0.03

回炼焦化汽油后，稳定汽油芳烃变化较少，由26.2%降至25.9%，苯含量由0.77%变为0.8%。汽油中苯含量基本持平。

5 回炼裂解碳五

出于平衡裂解碳五库存的需要，装置收裂解碳五，使裂解碳五通过LTAG喷嘴进入提升管进行回炼。

装置回炼裂解碳五期间，新鲜进料148t/h，回炼裂解碳五10t/h，重油原料为加氢蜡油及未加氢蜡油混合原料(空白阶段含蒸馏渣油，掺渣比27%)，原料密度884kg/m^3，残炭2.7%，硫含量0.3%左右，原料重金属Ni含量较低，原料性质在操作调整期间变化较大，回炼期间由于掺渣比为0，原料性质大幅度改善。再生剂微反活性为60%。

裂解碳五烃催化裂解制取丙烯、乙烯反应过程中，碳五烃不仅直接裂解生成C_2烃和C_3烃，而且碳五烯烃可通过二聚经C10中间体裂解生成$C_6^=$和$C_4^=$，同时$C_6^=$烃会进一步发生裂解二次反应生成低碳烯烃。LTAG喷嘴回炼裂解碳五后，由于整体原料性质改善，从产品分布来看(见表4)，汽油收率下降0.28个百分点，柴油收率下降3.72%，液化气收率上升1.07个百分点，干气收率上升0.58个百分点，油浆降低3.91个百分点，生焦下降1.77个百分点。

表4 回炼裂解碳五产品分布 %(质)

项　目	空　白	回炼焦化汽油	对　比
新鲜进料/(t/d)	3552	4375	
裂解碳五/(t/d)	0	240	
汽油	44.73	44.45	-0.28
柴油	18.54	22.26	3.72
液化气	17.98	19.05	1.07
干气	3.96	4.54	0.58
油浆	5.49	1.58	-3.91
焦炭	11.57	9.8	-1.77
汽油芳烃/%(体)	29.8	29.5	-0.3
汽油苯含量/%(体)	0.92	1.26	0.34

回炼焦化汽油后，稳定汽油芳烃变化较少(见表5)，由29.8%降至29.5%，苯含量由0.92%上升至1.26%。汽油中苯含量大幅度上升。

表5 回炼不同物料苯含量变化

加工物料	苯含量变化/%(体)	加工物料	苯含量变化/%(体)
加氢LCO	0.65	焦化汽油	0.03
-10#柴油	-0.07	裂解碳五	0.34

6 结论

1) 装置于2016年投用LTAG技术处理加氢LCO，后处于全厂物料平衡需要相继使用LTAG喷嘴加工了装置自产-10#柴油、焦化汽油、裂解碳五等物料。回炼以上四种物料期间，提升管反应温度基本控制稳定，而产品分布变化情况不同，存在共同点为柴油经裂化后收率出现下降，干气收率出现上升。

2）提升管 LTAG 喷嘴由于具备反应苛刻度高、剂油比高等特点，对汽油中苯含量影响较大。LTAG 喷嘴加工加氢 LCO，汽油中苯含量由 1.0%提高到 1.65%，涨幅明显；LTAG 喷嘴加工裂解碳五，汽油中苯含量由 0.92%提高到 1.26%，涨幅明显；LTAG 喷嘴加工-10#柴油及焦化汽油，汽油中苯含量变化较小。

参 考 文 献

[1] 许友好 . MIP 系列技术降低汽油苯含量的先进性及理论分析[J]. 石油化工，2008，39(1)：39.
[2] 王立华 . 操作条件对催化裂化汽油苯含量及族组成的影响[J]. 石化技术与应用，2008，26(6)：545.

S Zorb 装置低负荷运行存在问题及优化措施

崔永刚　王虎庆　张　伟　吴国莹

（中国石化青岛炼化公司　山东青岛 266555）

摘　要　本文主要介绍了 S Zorb 装置长期在低负荷运行期间存在的问题和对产品的影响，通过稳定反应进料，并对反应及吸附剂循环再生系统进行优化调整，使装置在低负荷条件下安全平稳运行，同时不给装置长周期运行带来隐患。

关键词　S Zorb；低负荷；问题；措施

某公司 1.5Mt/a S Zorb 装置，于 2019 年进行了首次大检修，装置运行第一周期中关键设备反应器过滤器 ME101 连续运行 46 个月，装置首次开工运行即实现了四年一修的目标。装置检修后于 8 月 8 日开工开始第二周期的运行，原料催化汽油平均硫含量为 170mg/kg，进料量约 180t/h，精制汽油产品硫含量在 5mg/kg 以下，研究法辛烷值 RON 损失小于 0.4。2020 年初（2020 年 1 月）受疫情影响，装置降量操作，反应进料量随上游装置调整最低时为 116t/h（65%负荷），在此低负荷状态下运行时间过长，势必对装置实现长周期运行带来一定影响。通过识别装置低负荷运行存在的风险，制定了对应防范措施，并进一步制定了低负荷安全运行和操作优化方案，以确保装置安稳长优运行。

1　低负荷运行关键设备存在问题及解决措施

1.1　反应进料换热器 E101 及 ME101 存在问题及风险

1.1.1　存在问题

S Zorb 装置反应进料换热器 E101 为混氢原料-反应产物换热器，2019 年大检修改造后共有 8 台（A～H），分别为 A/B/C/G 和 D/E/F/H 对应两列。进料换热器 E101 管程混氢原料由约 77℃被加热到约 378℃，壳程反应产物由 425℃左右冷却到约 130℃，E101 起着回收反应产物热量，有效降低加热炉负荷的作用，其换热效率直接影响整个装置生产负荷和运行能耗指标。装置负荷由 100%降低到 65%后，换热器管程线速降低，催化汽油在换热器管程停留时间延长。同时低负荷下油气量较小，且受上游供料影响，反应进料量调节频繁，汽化不足易造成换热器偏流，导致局部过热结焦，严重时会导致换热器局部温度变高，造成高压法兰泄漏，存在一定的安全隐患。

1.1.2　优化措施

严格原料管理，防止其他非汽油组分进入装置，确保原料催化汽油各项指标在要求范围内，尤其关注未洗胶质含量（≥2mg/100mL）及氯离子含量（≥1mg/kg）和铁离子含量等性质的监控[1]。按照“提量先提压、降量后降压”的原则调整反应进料负荷，根据装置运行情况，控制最低进料量≤120t/h，降低进料量的同时降低反应压力，以确保反应线速稳定（≤0.3m/s）。加强 E101G 台及 H 台管程出口温度监控，确保两温度点温差≥30℃，监控 E101A 台及 D 台壳程出口温度，确保两温度点温差≥30℃，通过以上对应温度差判断换热器内是否存在偏流现象，若温度差有明显变大趋势，则开精制汽油循环至原料罐，适当提高反应进料量(保证 130t/h 以上)，以应对换热器内偏流问题，在调节进料负荷期间现场加强反应临氢部位高温法兰检查。本装置低负荷运行期间采取控制进料量≤116t/h，反应线速控制在 0.3~0.33m/s，严格按照提降量原则进行操作等一系列措施后换热器运行稳定如图 1、图 2，未发生偏流现象，管束差压稳定，未发生明显结焦现象。

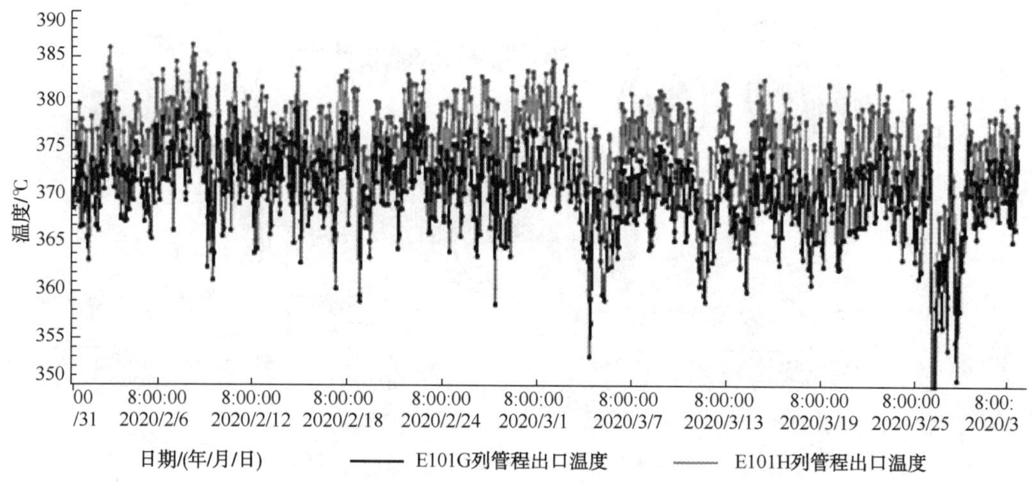

图 1 E101A/B/C/G 和 D/E/F/H 两列管程出口温度趋势图

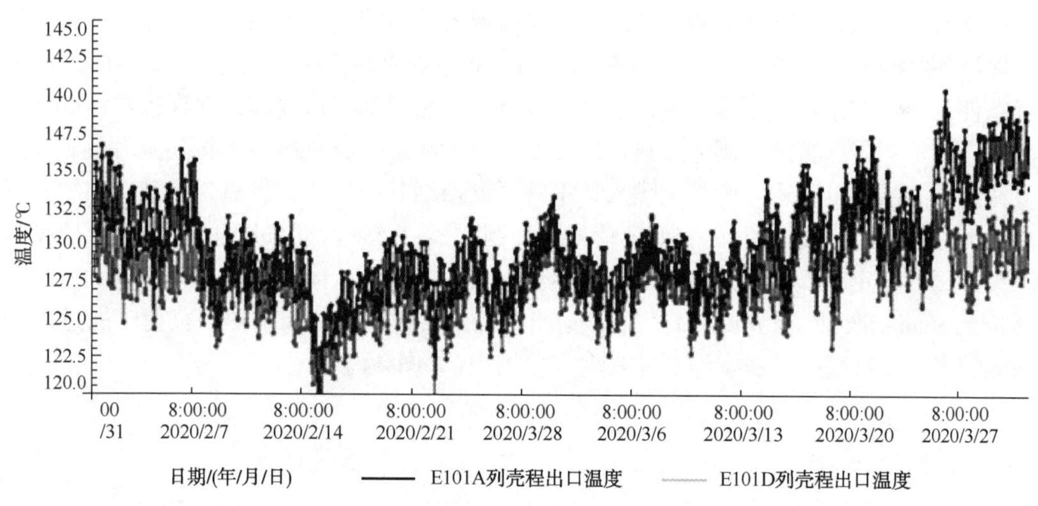

图 2 E101A 台和 D 台两列壳程出口温度趋势图

1.2 进料加热炉 F101 存在的问题及解决措施

1.2.1 存在问题

混氢原料经过 E101 反应产物加热后分 4 路进入加热炉 F101 进行加热，由于低负荷运行，4 路炉管内物料存在分布不均匀的可能，容易造成物料在炉管内偏流，存在炉管结焦的风险。在降低负荷过程中，由于反应剧烈，温升增大，反应温度升高，一般采取降低 F101 的炉出口温度，以控制反应温度在合理范围内。但实际操作过程中，装置负荷降到 65%左右时，加热炉氧含量控制手段受限，由于本装置鼓风机未采用变频技术，仅靠调节入口、出口控制阀实现氧含量和负压的控制，调节阀开度过小时不利于设备安全运行，操作困难。装置大幅度降低进料负荷后，造成F101负荷过低，热效率明显降低，排烟温度波动大，加热炉操作经济效益变差(如图3)，且如果装置一直长期低负荷运行，加热炉烟气排烟温度过低存在一定的露点腐蚀风险。

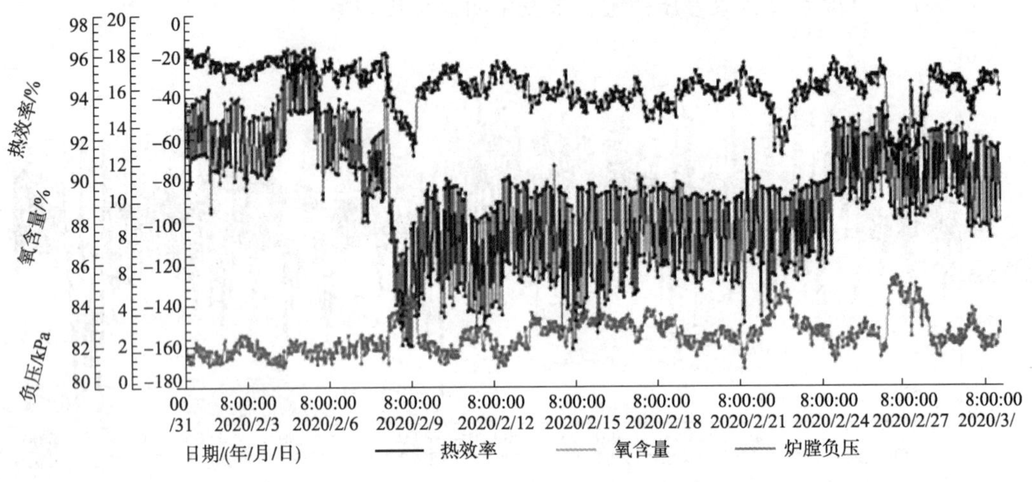

图3　F101相关参数趋势图

1.2.2　优化措施

首先通过加热炉炉管外壁和各支路炉管出口温度的监控，判断加热炉内是否存在偏流现象，保证各路温差不超20℃，若发现有变大的趋势，则提高反应进料量(同E101)。低负荷运行条件下加热炉排烟温度低，可以适当开大空气预热器烟气跨线阀，保证排烟温度高于露点温度，以防止露点腐蚀。调节加热炉出口温度时，注意炉膛负压、燃料气压力及氧含量等参数，燃料气压力可以通过调节火嘴入口手阀开度控制其压力稳定，氧含量难以控制时可适当高控(正常控制1.1%~1.6%，低负荷期间控制2%~3.5%)，但过程中必须保证炉膛负压及燃料气压力稳定，以防止其波动导致加热炉熄火。同时延长闭锁料斗循环时间(由25min/次延长至35min/次)，调节吸附剂活性，适当降低其活性，以增加加热炉负荷。通过以上调整加热炉出口温度稳定，各支路温差在允许范围内(如图4)。

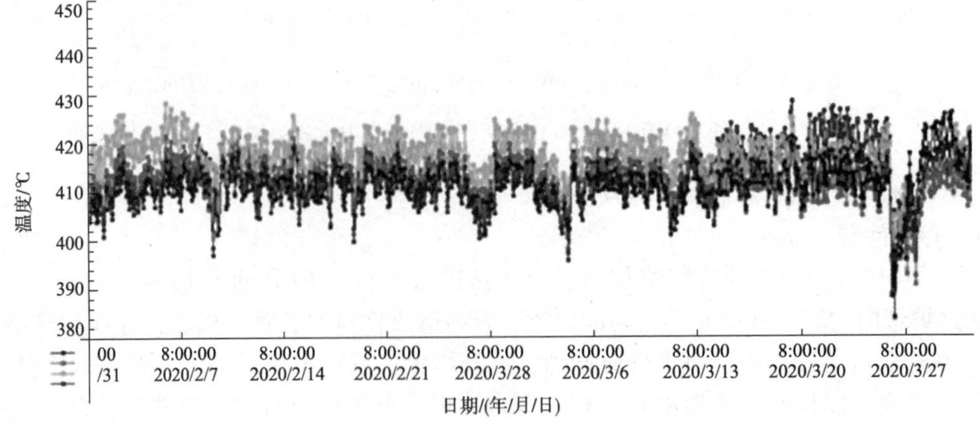

图4　F101四支路炉管出口温度趋势图

1.3 反应器过滤器 ME101 的影响

1.3.1 存在问题

对单系列炼化厂受上游装置低负荷运行时供料影响，装置进料量波动较之前变大，频繁调整进料量，破坏系统平衡，易导致装置核心设备反应器过滤器 ME101 受冲击，造成过滤器永久滤饼脱落或局部滤芯失效，低负荷运行时表现不明显，但随着提高进料量后会表现出过滤器差压上涨趋势过快、反吹前后差压恢复值过大(本装置一般控制在 3.5kPa 以内)等现象，造成过滤器差压出现“跃升”过程[2]，最终影响过滤器使用寿命。

1.3.2 优化措施

低负荷运行期间进料量频繁调整时，严格监控 ME101 运行状态，反吹比按要求(一般反吹压力按反应压力 2.0~2.2 倍，本装置暂按 2.06 倍控制)进行控制，严禁频繁调节；关注每次反吹时反吹阀的动作情况及反吹压力降低值(控制 0.5~0.7MPa)，控制反吹温度不得低于 240℃，适当延长反吹周期(由 60min/次逐步延长至 120min/次)，关注温控阀 TV2101 动作情况，尽可能保证进料量稳定，紧急情况下可采用将部分产品汽油打循环的方式稳定进料量[2]。调节进料量时确保线速稳定，根据差压变化趋势及时调整相应反吹参数以确保过滤器运行正常。通过以上调整本装置过滤器运行稳定(ME101 压差趋势如图 5)，压差稳定(正常时 20kPa，低负荷时 16kPa)。

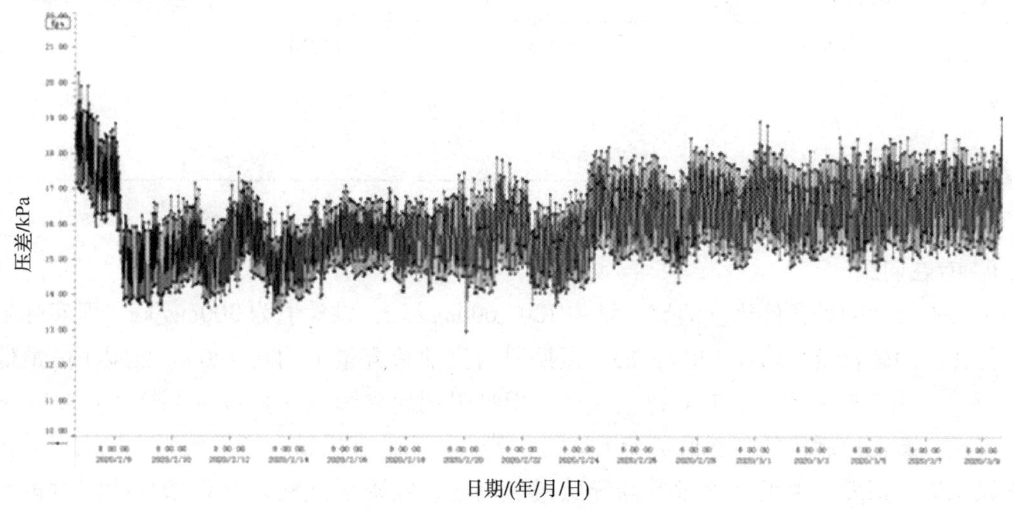

图 5 ME101 压差趋势图

1.4 对反应器底部分配盘泡罩及接收器 D105 的影响

1.4.1 存在问题

装置大幅降量以后，泡罩差压 PDI2001 随之减小，正常时压差 33~38kPa，低负荷(65%)运行时反应器底部分配盘泡罩处压差 17~23kPa，若长时间低于 17kPa 运行，存在泡罩及分配盘磨损的风险，最终导致反应器内局部流化态被破坏而造成吸附剂大量破损及脱硫失效等问题，同时装置均出现过不同程度的磨损问题。另外低负荷运行时反应器接收器 D105 收料困难，当卸料至闭锁料斗后，其锥部无吸附剂完全覆盖，容易导致锥部法兰受松动氢气冲刷磨损而泄漏，横管吹扫松动气下部存在过度吹扫冲蚀的风险，负荷过低时 D105 无法正常收料，闭锁料斗 1.2 步时间长，甚至导致吸附剂不能正常循环。

1.4.2 解决措施

适当提高循环氢流量，由 8600Nm^3/h 提至 8800Nm^3/h，根据循环氢气流控阀 FV1102 开度及 K101 出口温度同步提高或降低 K101 出口压控阀 PV1301 设定值，控制 K101 出入口压差≥0.6MPa。调节出口压力时严防循环氢气流量及还原氢流量大幅波动，导致循环氢气流量联锁停车事故(本装置联锁值 6400Nm^3/h)。泡罩压差控制不能低于 17kPa，若长时间低于该值，则必须采取精制汽油部分循环，以提高反应进料量，保证反应器底部分配盘泡罩处形成“气垫”，以防吸附剂落入泡罩造成磨损。降低反应压力保证线速在 0.3~0.33m/s，适当提高反应器藏量，保证 D105 横管正常收料，同时将闭锁料斗循环周期由 25min/次延长至 35min/次，以增加吸附剂在 D105 停留时间。针对锥部法兰、横管等部位冲蚀问题，因为降低气速是影响管道磨损的一个重要因素[3]，因此将横管吹扫氢气由 38Nm^3/h 下调至 17Nm^3/h，锥部松动氢气量由 26Nm^3/h 下调至 13Nm^3/h，D105 气提氢气量由 660Nm^3/h 下调至 570Nm^3/h(如表 1，延长闭锁料斗第三步吹烃时间至 600s，以保证吸附剂上油气吹扫彻底)，通过以上调整，D105 收料正常，通过降低吹扫氢气量缓解了氢气冲蚀设备问题。

表 1 D105 相关参数调节对比表

相关参数	横管吹扫/(Nm^3/h)	锥部松动/(Nm^3/h)	气提氢气/(Nm^3/h)	闭锁料斗吹烃时间/s
位号	FT2302	FT2303	FT2301	
正常时	38	26	660	380
低负荷时	17	13	570	600

1.5 再生器 R102 存在的问题

1.5.1 存在问题

本装置设计的进料催化汽油硫含量为 120~600mg/kg，设计值为 300mg/kg。但实际生产中，催化汽油硫含量平均在 170mg/kg，近期原料汽油硫含量平均在 120mg/kg 以内(最低时 78mg/kg)，由于吸附剂上有硅酸锌生成，待生吸附剂硫含量约 5%~7%，碳含量 2%~3%。本装置反应藏量控制较低，在低负荷下运行，若大幅降低配风量，则导致再生熄火；若控制高配风系数，则发生再生氧含量升高导致过氧问题，吸附剂硅酸锌含量增加的同时再生器 R102 温度控制比较困难；若过度降低取热水，则会引起再生器取热系统个别管束干烧，造成取热盘管泄漏以及再生器过氧操作问题。

1.5.2 解决措施

再生系统严格控制再生氧含量 AT2903≤0.2%，根据原料硫含量及再生氧含量在线分析仪变化趋势及时调节再生风量(再生风量=反应料量×硫含量×系数，系数按 10~13 控制)，同步加大氮气配量，维持再生器线速在 0.25m/s 以上。为了控制再生器温度在 500℃左右，再生器低料位控制(33%~40%)，由于检修对取热系统进行了改造，即每支路增加一组 1.0MPa 蒸汽取热，低负荷运行期间，仅一根投用取热水，其余 5 根投用 1.0MPa 蒸汽取热，确保再生温度的同时防止取热盘管干烧，必要时投用再生风电加热器。加强待生剂及再生剂硫碳含量的监控，保证吸附剂载硫、载碳在合理范围内，确保系统稳定。

2 精制汽油产品质量存在问题及解决措施

2.1 存在问题

正常生产时，为了降低反应烯烃和汽油辛烷值损失，氢油比控制在 0. 22~0. 24，循环氢气流量控制 8600Nm^3/h(联锁值 6400Nm^3/h)。由于低负荷状态下，受进料量和加热炉的制约，同时进料量波动较之前大，调节反应压力时易导致循环氢气流量波动，所以提高循环氢气流量至 8800Nm^3/h，氢油比增大导致加氢反应剧烈，致使烯烃和汽油辛烷值的损失增大。在低负荷(65%)运行条件下，热高分 D104 的温度相应降低(由 132~142℃降低至 125~130℃)，降低约 10℃左右，降低了氢气在汽油中的溶解度，可以避免大量氢气带入稳定塔。但同时稳定塔 C201 热进料温度由 130℃降低到 120℃，加之稳定塔 C201 底重沸器 E203A/B 未投用，可能导致精制汽油中水不能正常闪蒸通过塔顶分离出，存在精制汽油带水的风险。

2.2 解决措施

针对辛烷值损失问题，调整反应压力以降低氢气分压，减少烯烃饱和反应，适当增加再生吸附剂硫碳含量(硫含量由 6%提高到 8%，碳含量控制≤2%)，以缓解辛烷值损失过大的问题。针对稳定塔顶温度过低问题，首先降低塔顶压力(由 0. 72MPa 降低至 0. 63MPa)，减小回流比，减小精馏段负荷，使氢气和水从塔顶蒸出；若仍带水严重则采取以下措施：①精制汽油打部分循环将进料量提至 140t/h；②若不具备提量条件则投用塔底再沸器以保证塔底精制汽油质量合格。

3 结语

S Zorb 装置长期低负荷运行对设备和装置安稳运行造成一定的影响，同时一定程度上会缩短装置运行周期。本装置在低负荷运行期间，通过对存在风险的识别不断探索改进应对措施，对关键控制点重点把控，采取以下措施后，使装置在低负荷运行期间实现了安稳运行。

1) 设定装置反应进料下限(≥116t/h)，尽可能稳定进料量，提降量操作时遵循“提量先提压、降量后降压”原则，稳定反应线速，使反应系统工况稳定，减少波动。

2) 对装置核心设备加强监控，若发现问题及时采取有效措施。如 E101 两列管壳程出口温差(≤30℃)若有变大趋势则需提高进料量，监控 ME101 压差及反吹压差恢复值变化维护好过滤器安稳运行，监控反应器底部分配盘泡罩运行压差(≥17kPa)，适当降低反应器接收器锥部松动及气提氢气量以防止对管线和设备的磨损冲蚀，确保装置稳定运行的基础上不牺牲装置运行周期。

参 考 文 献

[1] 胡跃梁，孙启明. S Zorb 吸附脱硫装置运行过程中存在问题分析及应对措施[J]. 石油炼制与化工，2013，44(7)：71.

[2] 包材保. S Zorb 装置过滤器差压高的处理方法[J]. 炼油技术与工程，2014，44(6)：38-41.

[3] 李辉. S Zorb 装置再生系统转剂线泄漏原因及对策[J]. 炼油技术与工程，2016，46(10)：22.

S Zorb 装置低负荷低硫运行总结

苏福辉　李茂佳

（中国石化海南炼化公司　海南洋浦 578101）

摘　要　总结了中国石化海南炼化公司 1.4Mt/a S Zorb 装置在低硫低负荷下运行的进料换热器出现偏流结焦现象、再生烧焦温度低、汽油辛烷值损失大等问题。通过分析问题产生的原因，并做出了对应的调整措施。通过将偏流换热器管程入口手阀进行限流，再生取热盘管改用蒸汽取热，延长闭锁料斗运行时间，降低吸附剂活性等方法有效地解决了低硫低负荷运行出现的问题，保证了装置长周期平稳运行。

关键词　低负荷；低硫；辛烷值损失；偏流；结焦

中国石化海南炼化公司原 1.2Mt/a S Zorb 催化汽油吸附脱硫装置（以下简称S Zorb），采用S Zorb 吸附脱硫专利技术，基于吸附作用的原理，通过吸附剂选择性吸附含硫化合物中的硫原子达到脱硫目的。装置由中国石化工程建设有限公司（SEI）进行设计，2018 年大检修将装置由 1.2Mt/a 扩能至 1.4Mt/a，并于 2018 年 1 月 25 日开车正常。第三周期运行至 2020 年 5 月累计运行 28 个月，反应器过滤器压差稳定在 29kPa 的较好水平。本文通过总结装置在低负荷且原料硫含量低的运行过程中出现的各类问题，分析其产生的原因，找出相应的解决措施，为装置长周期平稳运行积累了宝贵经验。

1　装置运行概况

S Zorb 装置于 2018 年 1 月检修完开车正常后，装置运行平稳，平均加工负荷在 80%左右，反应器过滤器 ME101 开工后差压为 14kPa，进料换热器 E101 管程差压为 59kPa。2020 年随全厂加工负荷调整，装置加工负荷降至 65%，为保证反应接收器 D105 正常收剂，反应进料负荷仅降至 75%，原料不足时通过精制汽油部分循环至原料罐进行维持运行，装置各项运行数据见表 1。

表 1　装置各项运行数据

项　　目	单位	1 月 15 日	2 月 1 日	2 月 15 日	3 月 1 日	3 月 15 日	4 月 1 日	4 月 15 日	5 月 1 日	5 月 15 日
反应进料量	t/h	134.3	125.3	123.8	123.7	125.3	124.0	140.1	142.1	145.2
循环氢流量	Nm^3/h	6540	6548	6585	6548	6546	6566	6550	6560	6566
E101 壳程出口总管温度	℃	129	124	122	122	121	127	130	129	131
E101 管程出入口压差	kPa	65.7	62.4	62.2	61.3	63.4	63.5	68.7	71.0	71.2
E101A 列壳程出口温度	℃	139.5	134.5	129.9	134.5	131.7	138.1	140.8	139.4	142.2
E101D 列壳程出口温度	℃	124.5	120.1	117.1	118.5	116.9	122.9	127.2	125.7	128.6
壳程两列出口温差	℃	15.0	14.4	12.8	16.0	14.7	15.2	13.6	13.7	13.6
反应器线速	m/s	0.35	0.33	0.33	0.33	0.33	0.33	0.36	0.36	0.37

续表

项　　目	单位	1月15日	2月1日	2月15日	3月1日	3月15日	4月1日	4月15日	5月1日	5月15日
反应器藏量	t	17.4	17.8	18.1	18.6	17.9	19	17.4	16.6	17
反应器氢油比		0.234	0.25	0.25	0.25	0.25	0.25	0.22	0.22	0.214
反应器过滤器 ME-101 压差	kPa	23.2	21.7	22.3	22.5	23.0	23.8	27.5	29.3	29.2
闭锁料斗循环时间(设定值)	min	50	55	45	43	40	35	30	40	40
再生器底部温度	℃	500.8	504.7	505.5	506.4	507.4	514.8	505.2	511.5	505.8
再生器藏量	t	1.86	1.76	1.85	1.95	1.85	1.88	1.92	1.94	1.83
再生空气流量	Nm^3/h	200.8	201.2	229.2	239.6	270.8	300.2	325	300	270
再生流化氮气量	Nm^3/h	270	250.4	210.1	200.3	190.0	210.1	138	150	180

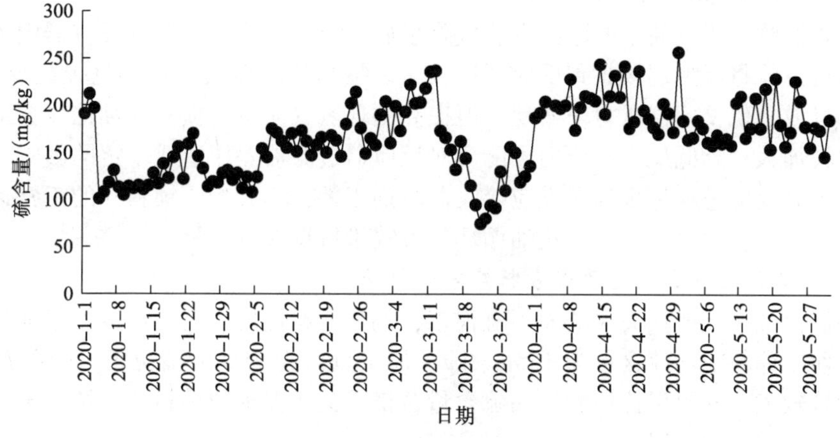

图 1　原料硫含量趋势图

原料汽油硫含量趋势如图 1 所示，平均硫含量 165mg/kg，最小值仅有 74.4mg/kg，最大值为 257mg/kg。由于原料硫含量低，既要保证产品质量合格，又要保证再生系统平稳运行。

2　低硫低负荷运行下出现的问题

2.1　反应接收器收剂困难

装置加工负荷随全厂降量进行调整，当负荷降至 74%(123t/h)，反应接收器 D105 差压由 20kPa 逐渐下降至 8kPa。由于装置降量，反应器线速由 0.35m/s 下降至 0.33m/s，反应接收器无法正常通过横管进行收料。装置的底部和中部转剂线自首次开工以来均从未使用过，考虑两根转剂线长期使用易出现磨穿泄漏着火的风险，因此此次低负荷操作未投用底部和中部转剂线。

2.2　精制汽油辛烷值损失大

表 2　精制汽油平均辛烷值损失

月　　份	1月	2月	3月	4月	5月
平均辛烷值损失(RON)	0.62	0.75	0.74	0.78	0.5

由表 2 可看出，自 2020 年 2 月份装置加工负荷开始下降后，精制汽油平均辛烷值损失

增大，4 月上旬开始装置加工负荷逐渐提高，但 4 月加工负荷不稳定，经常调整负荷对产品辛烷值损失的影响较大，且 4 月为应对进料量的增加提高了吸附剂的活性，保证脱硫效果的同时也增加了辛烷值的损失[1]。5 月装置稳定后加工负荷未再做调整，装置操作也趋于稳定，精制汽油平均辛烷值损失也得到了很好的控制。

2.3 进料换热器结焦偏流

装置自 2018 年 1 月开工运行至 2020 年 1 月，累计运行 24 个月，进料换热器 E101 管程差压变化不是很明显，但两列壳程出口温差逐渐扩大，尤其在 2 月份装置加工负荷下降后，两列壳程出口温差由 13℃快速上涨至 16℃。4 月装置加工负荷提高后温差也下降至 13℃。5 月维持稳定，未出现温差上涨情况。

3 解决的方法和对策

3.1 反应接收器收剂困难的原因分析及对策

反应接收器收剂困难的主要原因是装置降量后反应器的线速降低且反应器内吸附剂藏量低，较难通过横管将吸附剂接收到反应器接收器。提高反应器线速可通过提高反应进料量、循环氢气流量或降低反应器压力来实现。但提高循环氢气流量将提高氢油比，会造成精制汽油辛烷值损失加大；降低反应器压力可能会对反应器过滤器差压造成一定的影响。因此本装置通过适当提高反应进料量来确保反应接收器收剂正常，不影响闭锁料斗的正常运行。而催化装置来料不足时，通过部分精制汽油循环的方式维持反应进料量。

3.2 精制汽油辛烷值损失大的原因分析及应对措施

造成精制汽油辛烷值损失大的原因有很多，例如原料性质、反应温度、氢油比、吸附剂活性等等。而在原料平均硫含量为 165mg/kg，加工负荷为 75%的情况下，吸附剂活性对辛烷值损失影响较大。既要保证精制汽油硫含量合格，又要保证闭锁料斗系统、再生系统正常平稳运行，本装置采取了以下措施：

1）将闭锁料斗循环时间设定逐步提高至 50min，待生、再生下料滑阀关闭，通过阀门内漏“下料”维持吸附剂连续循环；

2）再生温度低于 500℃，吸附剂再生烧硫的效果不佳。由于装置加工负荷低且原料硫含量低，吸附剂经反应后载硫量降低，再生过程放热量也下降，使得再生温度较难控制到 500℃以上。同时除氧水可能发生偏流或断流，增加了取热管烧穿的可能性[2]。低负荷运行时本装置再生器 6 路取热盘管均增加 1.0MPa 蒸汽流程，然后将冷凝水泵 P105 停运，再生取热盘管全部改为蒸汽保护，保证了再生温度维持在 500℃以上。

3.3 进料换热器结焦偏流原因分析及调整

装置经 2017 年大检修扩能改造后，在进料换热器 E101 两列上方均各加了一台换热器。在开工初期，两列壳程出口温度差仅有 2℃，而装置长期维持在 80%左右运行，使得换热器随着时间的运行，慢慢出现 A 列结焦偏流情况。而 2 月份加工负荷降至 75%，换热器结焦偏流情况更加严重，只能通过限流 D 列的管程入口手阀，降低两列温差。现手阀仅剩三分之一的阀位。在 4 月加工负荷提高后，两列的壳程出口温差下降至 13℃，管程差压也稳定在 71kPa。

4 结论

1）低负荷运行，反应接收器无法正常通过横管收剂时，采取维持一定反应进料量来保证吸附剂正常循环，原料来料不足时通过精制汽油部分循环维持原料罐液位。保证了装置反应器过滤器平稳运行，避免转剂线磨损泄漏的风险，且还能降低进料换热器因低负荷下发生结焦结垢的风险。

2）低硫低负荷下运行时吸附剂活性高，精制汽油辛烷值损失大，通过延长闭锁料斗循环时间，降低再生空气量来维持吸附剂活性。再生温度低时将取热水改为蒸汽，避免了取热水盘管水击或干烧造成取热水盘管泄漏。

3）低负荷运行时进料换热器管程线速下降，为降低换热器的结焦结垢速度，采用了通过精制汽油部分循环至原料罐的方法提高进料线速，以及将换热器入口手阀进行限量避免偏流的措施。

参 考 文 献

[1] 曹文磊 . S Zorb 装置长周期生产低硫含量汽油的影响因素及对策[J]. 石油炼制与化工，2014，45(2)：74-78.

[2] 白永涛，马建伟，宋红燕 . S Zorb 装置节约吸附剂的措施[J]. 石油炼制与化工，2018，49(8)：70-73.

S Zorb 装置开工进料及再生点火方法浅析

张佳杰

（中国石化金陵石化公司　江苏南京 210033）

摘　要　S Zorb 装置开工主要涉及反应器进料和再生器升温两项重要工作。在反应器进料初期，通过观察反应温升变化情况，合理控制汽油进料速率，避免反应器飞温；在反应器进料后期，需结合原料换热器 E101 热端温差变化趋势，稳步建立 E101 热平衡，避免换热器偏流引发泄漏。再生器升温过程中，根据不同阶段再生温度的变化情况，合理调配再生风量，当吸附剂上的碳、硫开始燃烧后，再生器升温点火成功。

关键词　进料速率；反应温升；E101 热端温差；碳燃烧；硫燃烧

中国石化金陵石化公司Ⅱ-S Zorb 装置于 2020 年 2 月 6 开始停工消缺，主要进行反应器过滤器 ME101 更换和原料换热器 E101 清洗等工作。装置于 3 月 12 日 10：00 反应器开始喷油，在进料过程中，通过合理控制汽油进料速率，避免了反应器飞温及换热器偏流、泄漏等问题。装置在 14：00 进料量达到 132t/h，并产出了合格汽油；20：40 再生器温度达到 510.9℃，吸附剂开始正常循环，装置一次性开车成功。

1　开工进料调整方法

1.1　进料前准备条件

在反应器进料前，反应系统需要达到以下条件：①循环氢气压缩机开双机，保持氢气量约 13000～15000m^3；②反应器压力控制在 1.8～2.0MPa；③反应器中吸附剂已进行充分还原，产生的明水通过换热器 E101 底部、冷高分 D121 底部间断排出；④反吹氢气压力约 4.0MPa，能够保证 ME101 正常反吹；⑤D105 流化氢气约 600Nm^3/h，D102 流化氢气约 900Nm^3/h；⑥反应器底部温度 TI2004≥340℃，加热炉出口温度 TI1606≥350℃，满足发生反应的温度条件。

此次装置开工使用的原料为催化装置直供汽油，其体积组成为：烷烃 54.0%、烯烃 21.3%、芳烃 24.2%，与装置停工前原料的性质基本相同（见表 1）。

开工吸附剂使用平衡剂，其载硫量约为 9.2%、载碳量约为 4.4%，吸附剂活性适中，数据如表 2 所示。结合原料和吸附剂的实际性质，本次开工未添加注硫剂（二甲基二硫）。

表 1　Ⅱ-S Zorb 原料三组分含量数据　　单位：%（体）

时间	烷烃	烯烃	芳烃
1.22	52.9	23.0	24.0
1.27	55.0	20.2	24.8
2.3	54.6	23.1	22.3
3.12	54.0	21.3	24.2
3.16	54.3	21.0	24.7

表 2 Ⅱ-S Zorb 再生吸附剂硫、碳含量数据 单位:%(体)

时间	1.21	1.22	1.23	1.25	3.12	3.13	3.16
碳含量	3.7	3.4	4.03	4.35	4.4	4.46	4.5
硫含量	8.27	8.96	9.18	9.5	9.2	11.27	11.44

1.2 进料第一阶段：以反应器温度为主控制进料速率

在氢气环境中，汽油与吸附剂会发生强烈的吸附反应，同时吸附剂中的活性组分 Ni 会促进烯烃加氢反应，两种反应放出的热量会对反应温度变化产生重要影响。所以在开工进料第一阶段，由于吸附剂活性高，主要根据反应器温度变化趋势来调整进料量，避免反应器飞温。开工过程中各关键点温度数据如表 3 所示。

表 3 开工进料过程中各关键点温度数据

时间	进料量/(t/h)	TI2004/℃	TI2103/℃	TI1601/℃
10：03	18	348.7	334.3	266.2
10：14	20	350.7	348.1	270.4
10：20	23	368.3	359.7	273.5
10：31	25	384.3	373.5	278.1
10：34	30	386.5	375.2	276.2
10：46	39	396.2	388.5	266
10：50	45	398.7	391.1	266.2
10：55	51	398.4	392.7	266.7
11：21	70	387.5	389.4	315.1
11：37	80	391.1	391.4	315.6
12：02	97	394.8	396.8	325.9
12：32	102	387.4	391.1	326.9
12：51	111	384.3	388.8	327.7
13：34	121	414.7	416.4	352.9
13：39	128	413.6	417.2	353.5
13：46	132	417.1	421.7	359.1
14：00	132	420.5	425.5	368.4

1.2.1 吸附放热阶段

3 月 12 日 10：00 开始进料，进料量为 18t/h。刚开始进料量较低、放热少，平稳进料 15min 后，反应器底部温度 TI2004 由 347.3℃上升至 367.3℃，反应器上部温度 TI2103 由 334.6℃上升至 340.3℃，上升幅度均约为 1℃/min。10：15 进料量提升至 20t/h，此时大量的吸附反应开始发生，床层温升幅度增加。在 10：15~10：31 期间，处理量增加了 5t/h，TI2103 温升速率约为 1.5℃/min，TI2004 温升速率约为 2.1℃/min。开工进料量变化趋势如图 1 所示。

随着进料量的增加，床层底部吸附剂载硫、载碳量逐渐上升，吸附剂活性下降，吸附反应逐渐沿床层向上转移。11：20 进料量达到 70t/h 时，反应器上部温度 TI2103 开始高于反应器底部温度 TI2004，此时认为硫含量较高的汽油已到达吸附剂床层顶部，暂时维持进料量不变。当反应器上部温度上升幅度放缓且接近平稳时，可认为反应器中吸附剂已全部参加反应，吸附反应基本结束。

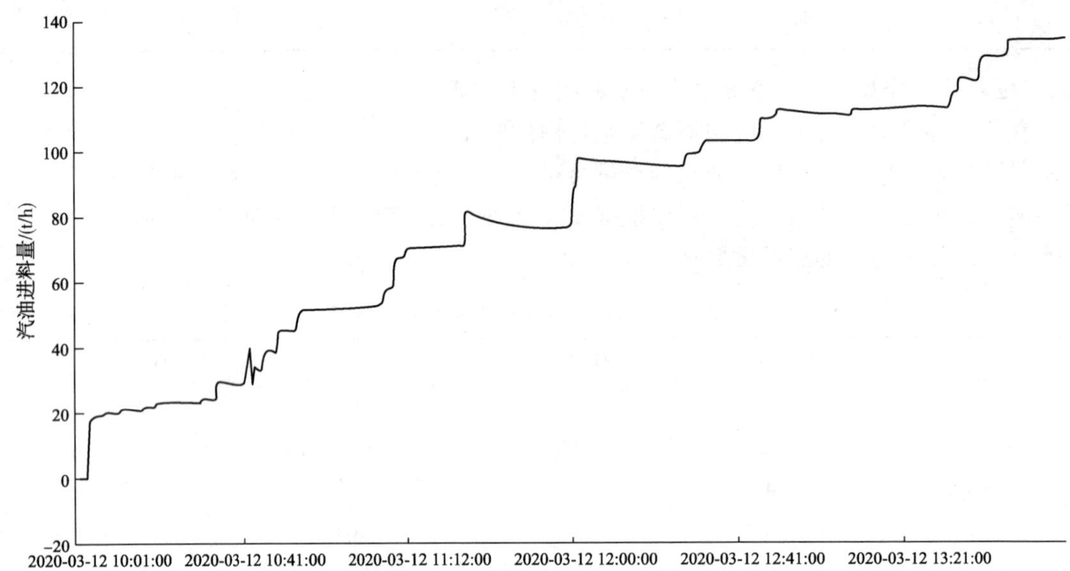

图 1　开工汽油进料量变化趋势

1.2.2　烯烃加氢放热阶段

吸附反应基本结束后，烯烃加氢反应成为主要反应。11：00 反应器压力快速下降，11：24压力下降至最低 1.64MPa，意味开始发生烯烃加氢反应，反应耗氢导致压力下降，此时需要及时补充新氢气。反应器压力变化如图 2 所示。

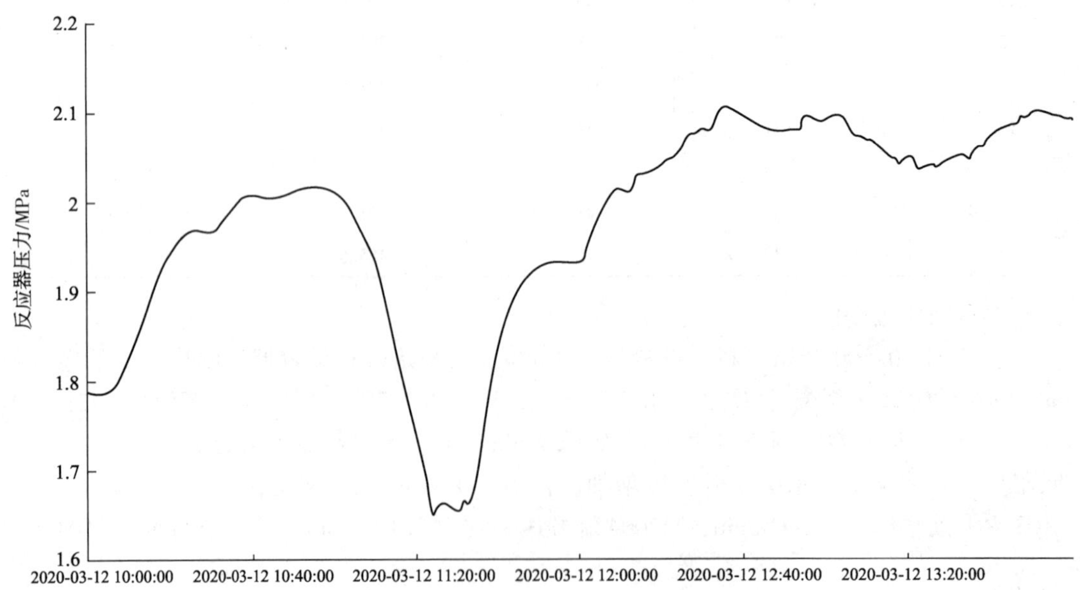

图 2　开工阶段反应器压力变化趋势

反应器上部氢气量充足，大量烯烃加氢反应产生的热量导致反应器上部温度 TI2103 始终高于反应器底部温度 TI2004，且随着反应强度增加两者之间温差逐渐上升。当 TI2103 与 TI2004 的温差开始逐渐缩小且小于 10℃时，可认为烯烃加氢反应放缓(反应器温升如图 3 所示)。至此，两种放热反应对反应器飞温的威胁程度已经大幅降低，后续进料过程中主要控制好炉出口温度即可。

在进料过程中需要注意，加热炉出口温度 TIC1606 不能低于 316℃，避免油气液化，现场要及时调整瓦斯量控制炉出口温度。

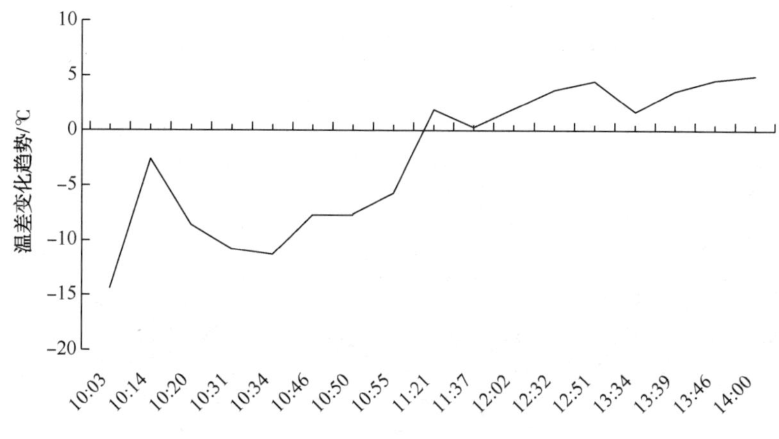

图 3　反应器上部温度与反应器底部温度温差变化趋势

1.3　进料第二阶段：以 E101 热端温差为主控制进料速度

在第一阶段进料过程中，随着放热反应的进行，反应器上部温度逐渐上升，原料换热器 E101 热端入口温度也随之上升，而经过换热后的热端出口温度并没有同步变化，出现先下降后上升的变化趋势(如图 4 所示)，原因是 E101 的换热平衡没有建立、换热效果差。故在第二阶段进料速率主要根据 E101 热端温差变化情况进行调整，最终建立换热平衡。

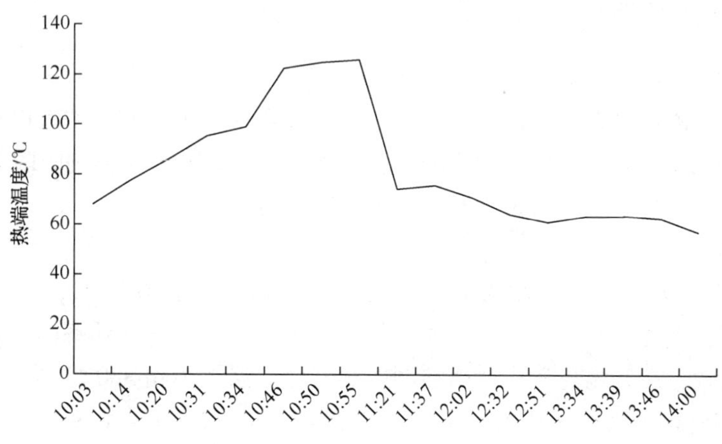

图 4　E101 热端温差变化趋势

10：00 开始进料时，E101 管程出口温度 TI1601 为 266.2℃，E101 壳程入口温度为 334.3℃(近似于 TI2103 温度)，温差 68.1℃。进料量由 32t/h 提至 50t/h 的过程中，在

TI2103 温度一直处于上升趋势的情况下，TI1601 却缓慢下降(如图 5 所示)，是因为此段时间内由于冷进料量增加，从反应器顶部返回换热器壳程的油气所携带的热量不足以起到对冷进料持续升温的作用，导致热端温差最大时达到约 120℃。11：34 随着反应器吸附放热基本结束，处理量由 70t/h 提升至 80t/h 时，TI1601 温度趋势再次发生大幅波动，原因同样是换热不平衡。随着进料量的增加，E101 管程管束逐渐被冷汽油填充满，管壳程冷热介质换热效率增加，热端温差逐渐缩小且趋于恒定。当处理量为 132t/h 时，热端温差达到约 57℃。

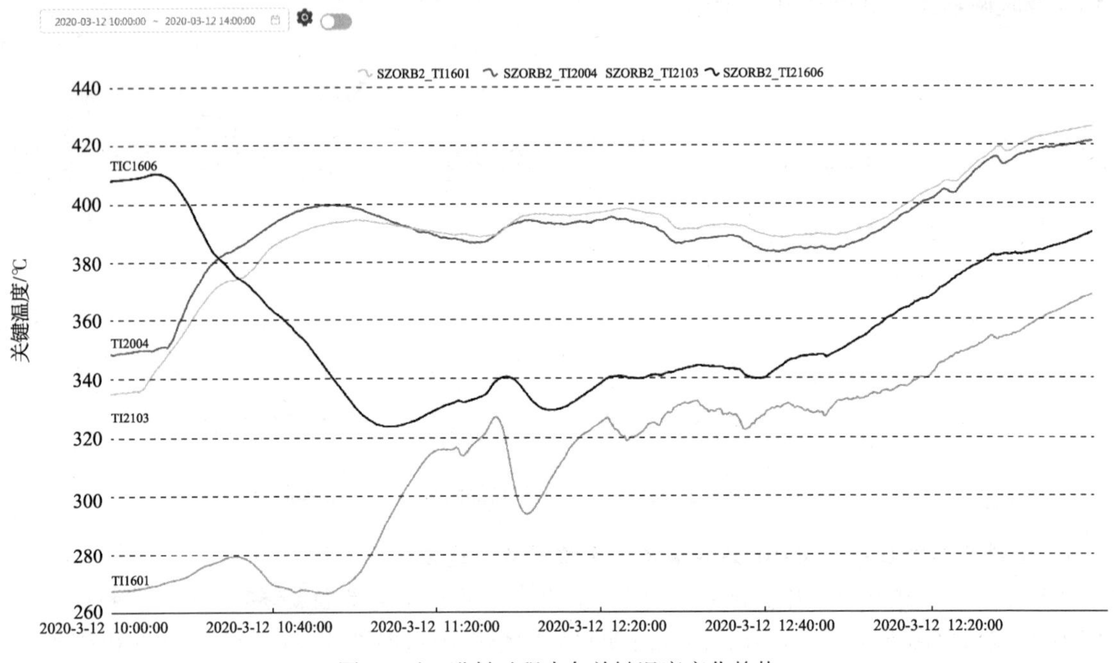

图 5 开工进料过程中各关键温度变化趋势

2 再生点火调整方法

2.1 点火前准备工作

再生器装填平衡剂约 3.7t，接近正常生产时的吸附剂藏量，同时通过电加热器缓慢升温至 150℃以上。考虑到开工过程中吸附剂管线中会有吸附剂块堵塞影响吸附剂输送，故将再生进料罐下料阀门更换为手阀，再生器投用大跨线下料。

2.2 再生器升温点火

3 月 12 日 10：00 再生器温度为 158.2℃，14：00 温度为 167.1℃，此期间通过加热氮气对再生器升温，温度上升幅度极小。原因是受再生气体电加热器功率的影响，为避免电加热器超温导致烧毁，在升温过程中严格控制电热器出口温度不超 380℃。

14：00 反应进料平稳后，开始准备再生器点火。14：30 将再生风引入再生器中，流量为 237.1m^3/h，此时再生温度为 177.1℃。再生风引入后，再生温度上升幅度明显，14：55 温度上升至 212.5℃，温升幅度约 1.4℃/min。受平衡剂硫、碳含量以及温度的影响，在反应器中吸附剂进入到再生器之前，再生温度上升较慢，温度上升幅度约为 0.14℃/min。再生器升温时各关键指标数据如表 4 所示。

表 4　再生器升温过程中各关键指标数据

时间	再生风量/(m^3/h)	再生藏量/t	再生器温度/℃
10：00	3.2	3.7	158.2
14：00	3.5	3.7	167.1
14：30	237.1	3.8	177.7
14：55	271.9	3.7	212.5
16：09	345.2	5.1	221.8
16：25	377.3	5.6	226.8
17：08	401.5	5.6	233.4
17：42	572.3	6.8	242.8
18：23	385.6	5.5	260.2
18：58	473.2	5.5	278.3
20：23	475.5	4.57	450.6
19：41	470.5	4.3	316.5
20：40	275.3	4.2	510.9

2.2.1　油气燃烧放热

此次检修更换了新的反应器过滤器，开工时需要重新建立滤饼，所以装置处理量不能过高，最高维持在 132t/h。低处理量导致反应器线速较低，反应器接收器收料困难。16：25 开始反应器中硫、碳含量较高的待生吸附剂进入再生器，吸附剂藏量增加约 1.8t，此时进一步提高再生风量至 345m^3/h。由于来自反应系统的吸附剂温度相对较高(约为 240℃)且会携带部分油气，油气燃烧产生的热量有利于再生器温度的上升，在 16：25 至 18：23 期间，温度上升幅度为 0.28℃/min。

2.2.2　碳燃烧放热

17：42 来自反应器的吸附剂再次转入再生器，此时提高再生风量至 572m^3/h，考虑到再生器藏量过高不利于再生器升温，故将再生器底部的吸附剂适当转移部分至再生器接收器。再生温度升温至 260℃时，吸附剂上的碳开始燃烧，此时需要提高再生风量，同时降低氮气量(19：13 停氮气)，在保证电加热器不超温的情况下，促进碳充分燃烧。碳开始燃烧后，再生温度上升幅度也增大，到再生温度达到 316℃之前，温升幅度为 0.72℃/min。

2.2.3　硫燃烧放热

再生温度达到 316℃时，吸附剂上的硫开始燃烧，放出的热量促进再生温度快速上升，温升幅度为 3.24℃/min。在此过程中要密切注意再生温度的变化趋势，当温度达到 450℃时现场及时开取热水泵，并通过降低再生风量和调整电加热器负荷等手段来控制再生温度，最终在 20：40 将再生温度平稳控制在 510℃左右，至此再生器升温结束。此后将再生系统各工艺参数调整到位后，开始正常的吸附剂循环。再生器升温曲线如图 6 所示。

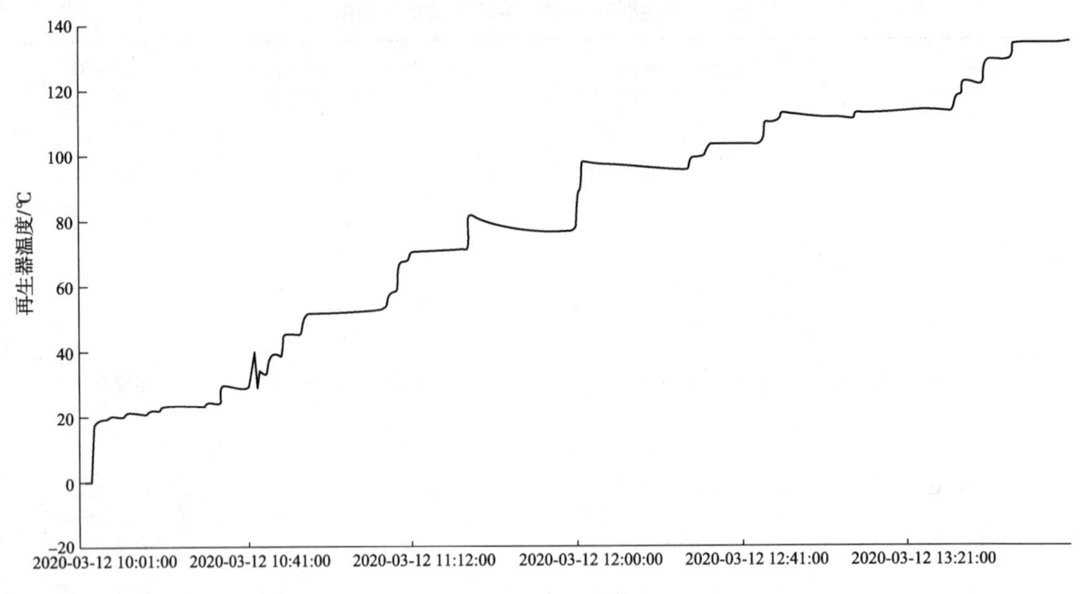

图 6　再生器升温曲线

3　结语

3.1　开工进料

反应器进料速率主要根据反应温度的变化趋势和换热器 E101 热端温差适时调整。进料初期，汽油与吸附剂先发生吸附反应，在此过程中，根据反应器上部、底部温升的变化趋势判断反应发生的程度，当反应器顶部温度高于反应器底部温度时，吸附放热反应基本结束。反应器压力迅速下降标志着烯烃加氢反应开始发生，整个过程中反应器上部温度始终高于底部温度，当两者温差小于 10℃时，说明烯烃加氢反应放缓。反应器中两大放热反应速率放缓，反应器飞温风险大幅降低，开始建立原料换热器 E101 热平衡。通过观察 E101 热端温差的变化趋势，判断其换热效果，在热端温差接近 60℃且保持平稳后，表示 E101 管、壳程已全部充满介质，换热效率达到最大，E101 热平衡建立。

3.2　再生点火

再生器升温初期主要通过电加热器加热氮气进行升温，随着反应器中吸附剂陆续进入再生器，适时引入再生风，通过化学反应放热升温。再生器升温主要分为三个阶段：一是从反应器来的吸附剂携带少量油气，油气燃烧有利于再生器升温；二是当再生温度达到 260℃时，吸附剂上的碳开始燃烧放热；三是当再生温度达到 316℃时，吸附剂上的硫开始燃烧放热，达到真正意义的点火，再生温度开始快速上升。在再生温度达到 450℃时，及时现场开取热水，避免再生器超温。

参　考　文　献

[1] 侯晓明，庄明 . S Zorb 催化汽油吸附脱硫装置技术手册[M]. 北京：中国石化出版社，2013.

[2] 陈尧焕 . 汽油吸附脱硫(S Zorb)装置技术问答[M]. 北京：中国石化出版社，2015.

S Zorb 装置运行末期存在问题及解决措施

徐相伟　张　伟　张友超　刘　涛

（中国石化青岛炼化公司　山东青岛 266555）

摘　要　本文主要介绍了 S Zorb 装置在一个运行周期末期出现的再生器取热盘管泄漏、再生烟气过滤器压差高、吸附剂硅酸锌含量高、程控阀故障率高及反应器过滤器 ME101 压差上涨等问题。通过分析问题出现的原因及对装置安全稳定生产和产品质量的影响，提出了应对措施，通过这些措施的实施，确保了装置在运行末期的稳定生产，使装置实现长周期运行。

关键词　S Zorb；运行末期；问题；措施

中国石化青岛炼化公司 1.5Mt/a S Zorb 装置，于 2014 年 7 月首次开车成功，试运行一周后装置停工静置，于 2015 年 9 月开工运行至 2019 年 6 月停工进行首次大检修，装置首次开工运行即实现了四年一修目标。装置运行周期末期出现了一些影响装置稳定运行的问题，如再生器取热盘管泄漏、再生烟气过滤器压差高、吸附剂硅酸锌含量高、程控阀故障率高及反应器过滤器启动反吹异响等问题，影响了产品质量的稳定。本文对故障出现的原因进行分析，提出了应对措施，解决了装置运行末期出现的问题。

1　再生器取热盘管泄漏对装置的影响及解决措施

1.1　装置再生器取热盘管概况

本装置再生器高 17.476m，内径 0.838m，再生器设置内取热盘管入口管径为 *DN*40mm，设置旁通阀 *DN*15mm，出口蒸汽管线管径为 *DN*50mm，分布于再生器南北两侧各 3 组(共计 6 组)。装置运行后期出现了吸附剂硅酸锌含量升高及再生器过滤器差压高等现象，初步分析取热盘管可能存在泄漏问题，通过试漏于 2017 年 3~5 月份逐步切除南侧 3 组盘管，加装盲板，仅投用北侧三组维持运行。2018 年 6 月再次出现再生器烟气过滤器 ME103 压差持续上涨并无限接近于联锁值现象，经试漏后于 7 月份切除北 1 盘管，2018 年 10 月切除北 3 盘管。最后仅剩北侧中间盘管运行，给装置正常生产带来一定影响。

1.2　对生产的影响

① 导致再生超温，影响催化汽油脱硫能力。再生器取热盘管泄漏后吸附剂硅酸锌含量大幅上涨(最高时 39%)，可以满足催化汽油硫含量≤170mg/kg 的脱硫，但原料硫含量波动超过该值时会出现再生器超温，产品精制汽油硫含量超标问题。当时正值全厂装置处于运行周期末，催化汽油硫含量高且波动大，对产品质量造成一定影响。②再生烟气过滤器 ME103 压差高，存在再生系统联锁停车风险，影响吸附剂正常运转，严重时造成再生烟气无法排出，再生器压力超高，装置面临降量或停工风险[1]。

1.3　应对措施

1.3.1　确保最后一根在用取热盘管运行正常的措施

首先通过工艺调整，保护好在用一根盘管的安稳运行，在现有基础上采取措施，控制再生器温度稳定，满足再生过程对温度的需求。

(1) 确保再生取热水和背压蒸汽管网系统稳定，避免背压蒸汽波动对盘管造成冲击

再生取热水进入取热盘管后经过加热产生 0.45MPa 蒸汽，初期并入公司系统管网，后进行了管网改造，即制氢和 S Zrob 装置作为供汽，加氢裂化装置作为用户，由三套装置维持小管网，与总管网隔离。通过对比分析改造前后管网压力、流量波动情况(如图 1、图 2)可以看出改造后管网小、稳定性差、波动大，一定程度上影响了取热盘管安稳运行。于是通过相关部门协调管网确保其他两个装置稳定操作，确保小管网系统稳定。当压力升高时及时联系用户将压力稳定在 0.38MPa 以内，确保外送顺畅，以免发生水击。

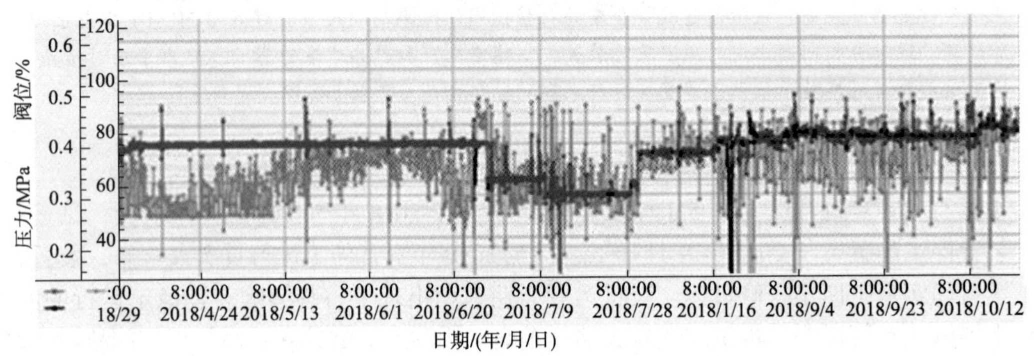

图 1　取热蒸汽压力趋势图

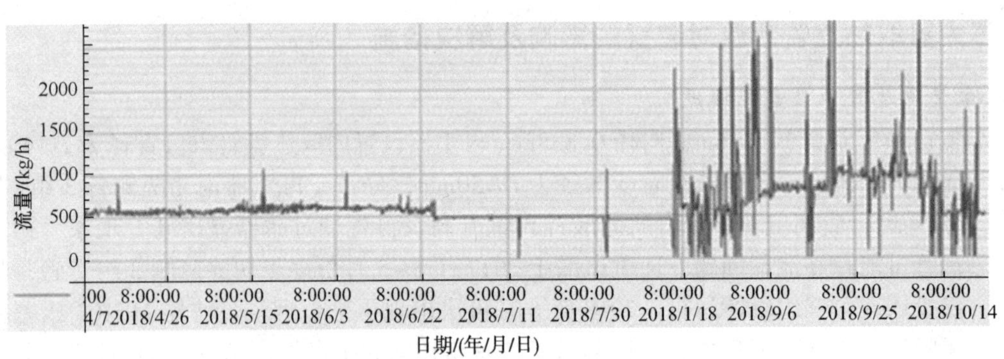

图 2　取热蒸汽外送流量趋势图

(2) 工艺调整，提高换热效率

将再生器料位由约 40%提高至 68%控制，以增加取热量；提高再生器压力(由 0.08MPa 提高至 0.12MPa)，以提高取热效率。

(3) 采取工程措施，增加自然散热

拆除再生器取热段部分保温以增加自然散热。在原料硫含量≥180mg/kg 阶段将再生器取热段保温拆除增加散热以控制再生温度稳定。随着后期催化汽油硫含量逐步升，为已满足吸附剂再生的温度控制，同时拆除取热段上部保温。根据当时运行情况，当催化汽油硫含量≥200mg/kg 以上时，需同时拆除上部保温(如图 3)，方可满足生产需求。

图 3 再生器取热段保温拆除图

1.3.2 取热盘管全部泄漏切除后处理方案

由于公司为单系列装置运行，装置停工直接影响汽油产品出厂，特制订在取热盘管泄漏后采取的预案，拟在取热段外壁加装夹套采取外取热措施维持装置运行。当取热盘管全部切除后立即安装夹套，采用外取热形式控制再生温度。委托设计单位对再生器外部夹套取热进行了核算，根据计算在取热段做夹套，利用除盐水上水，回水至 D123 后利用 P105 送至凝结水管网(如图 4)，根据核算数据制作做夹套备用。

通过以上工艺调整及拆除保温等措施的实施，使装置可以满足催化汽油硫含量在 360mg/kg 以内的脱硫。若取热盘管全部切除，则按预案紧急安装备用夹套投用除盐水取热，确保再生系统正常运行，以保证装置运行末期的正常生产。

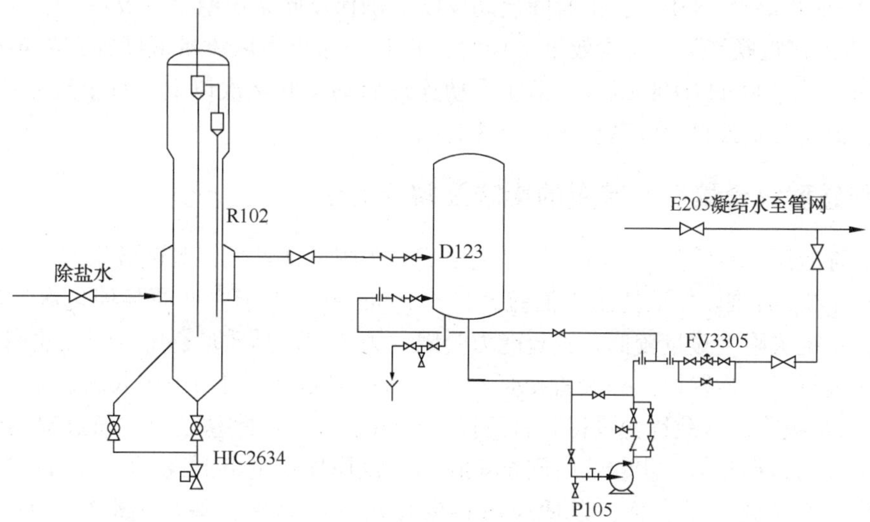

图 4 再生器取热段增加夹套图

2 再生器过滤器 ME103 差压高对装置的影响及解决方法

内取热盘管泄漏后，再生器过滤器 ME103 受水影响使吸附剂架桥，另外，再生取热盘管泄漏导致大量硅酸锌生成后，吸附剂产生细粉较多，吸附剂粒径较低，水汽携带吸附剂细粉进入 ME103 遇冷后会导致大量吸附剂细粉黏附在过滤器表面而导致过滤器差压快速升高[2]，且反吹效果不佳，压差高波动大(如图 5)。

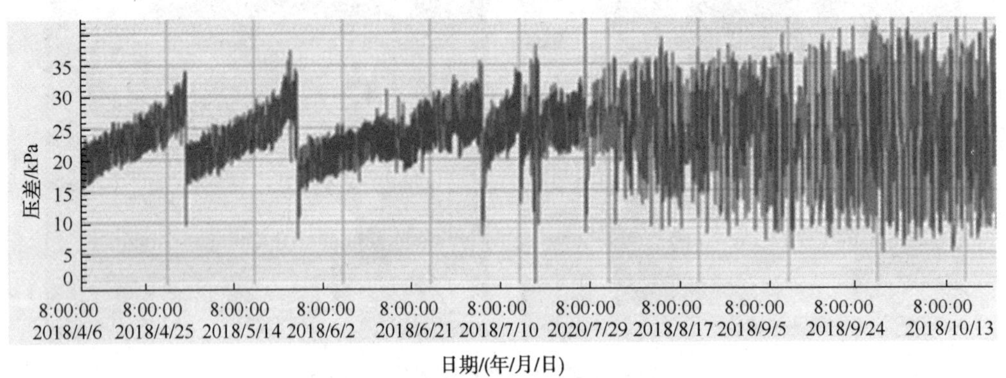

图 5 再生器过滤器 ME103 差压趋势图

2.1 对装置的影响

本装置 ME103 差压高联锁值为 41kPa，由于压差持续升高，导致反吹系统经常因为差压高触发启动反吹，影响系统稳定，偶有触发压差高联锁造成吸附剂传输故障，导致产品硫含量升高。

2.2 解决措施

1）定期根据运行情况检查取热盘管运行情况，及时切除泄漏盘管，防止形成恶性循环；

2）对过滤器反吹系统进行调节：适当提高反吹氮气压力(由 0.55MPa 提高至 0.59MPa)，缩短反吹周期(由最初 120min 逐步缩短至 30min)，提高触发反吹动作的反吹启动值(由 33kPa 提高至 38kPa)，由时间启动反吹，确保反吹系统稳定有效；

3）当压差接近联锁值，反吹效果不佳时，临时切除再生风流量低联锁，将再生风降低至 40Nm^3/h 左右，降低 D109 压力，迅速手动连续启动反吹 2 次以上，直至压差明显降低，正常投用，提高反吹效果，以延长压差上涨时间。

3 吸附剂硅酸锌含量高对装置的影响及解决方法

取热盘管泄漏导致吸附剂上硅酸锌大量生成，吸附剂活性低，脱硫效果差，在原料硫含量高于 200mg/kg 时难以保证精制汽油硫含量≤10mg/kg。由于末期原料催化汽油硫含量高且波动大，系统吸附剂藏量较低，脱硫能力受限。为了使产品质量稳定，切除泄漏盘管后对系统吸附剂进行了分步置换，一次置换量约 5t 左右(受低藏量下 D105 收料影响)，先后共计置换约 12t，吸附剂硅酸锌含量得到有效控制(如图 6)。在此基础上，通过提高吸附剂循环速率、延长闭锁料斗第三步吹烃时间至 400s、将反应器藏量由 15.8t 提高到 18.8t 等措施，使生产平稳，产品硫含量合格，以适应原料催化汽油在高硫含量(如图 7)条件下的正常生产。

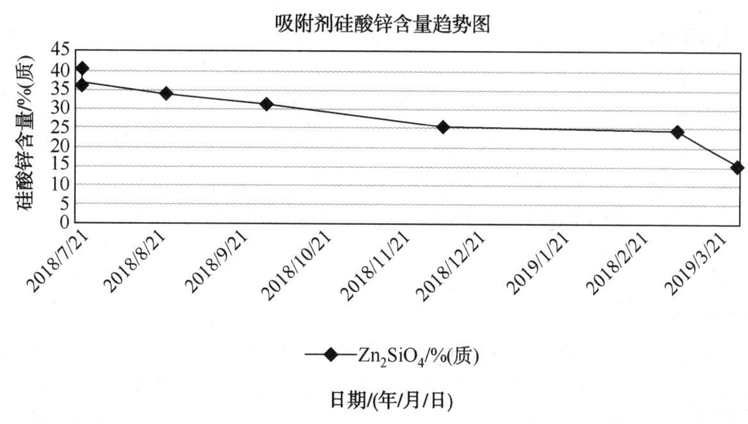

图 6　吸附剂硅酸锌含量趋势图

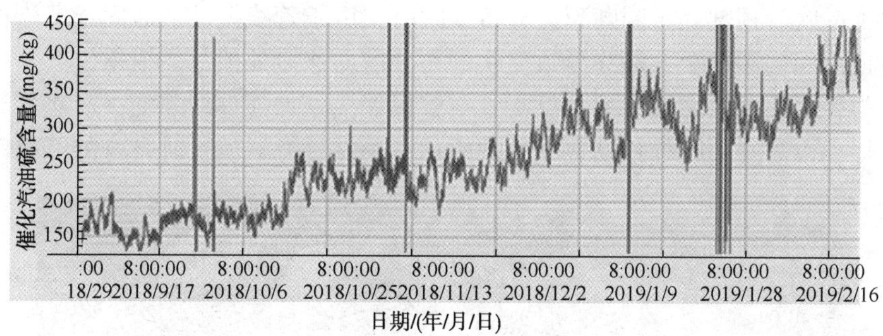

图 7　催化汽油硫含量趋势图

4　程控阀故障问题及解决措施

4.1　故障现象

装置运行周期末程控阀随着运行时间累积，出现了阀门内漏、填料密封泄漏、开关卡涩不到位、开关不动作、回讯器故障、电磁阀膜片破损漏气等问题。程控阀出现开关故障除了阀球损伤外，主要问题是因为执行器内弹簧老化弹力减弱而关闭力量不足、阀门动作缓慢[3]，甚至不动作。回讯器常见的故障有回讯器转杆卡涩磨损及内部触点不到位等。由于程控阀故障导致吸附剂转输中断，易造成产品硫含量超标。

4.2　应对措施

分析阀门故障原因，根据故障类型采取相应解决措施：①电磁阀故障主要是切换气路的双层膜片破损导致仪表风泄漏(因其柔韧性差，在低温下易折断，冬季故障率高)，无法动作，备用一定量膜片或电磁阀，当故障时根据现场情况决定更换电磁阀或电磁阀膜片，冬季时对其加装保温；②回讯器故障，若是触点松动等问题则在线维修，若问题难以排查则直接更换备用回讯器，将故障回讯器拆除维修后备用；③对个别工作环境严苛的阀门对其执行器进行了一定的改造(如 XV2401、XV2403、XV2413、XV2420 等)，在关闭侧引气源加两位五通式电磁阀，助力阀门关闭；④对内漏严重阀门经评估后直接更换。通过以上措施的实施，2018 年一整年未更换一台程控阀，均运行正常。

5 ME101 反吹异常及解决措施

5.1 异常现象

2018 年 8 月份开始，当 ME101 反吹阀 XV2130D 阀开启时反吹压力降低远大于其他阀门动作时压力降(1MPa 左右)，且差压有明显上涨趋势，现场检查阀门开关情况正常，为了排除阀门原因随即更换了 XV2130D 阀，投用后无好转迹象。随着运行累积，XV2130D 阀开启时反应器内产生异响。

5.2 问题分析及建议

根据该区域反吹时异常现象初步判断可能为反吹管破裂或者反吹喷嘴脱落所致。根据过滤器运行差压及时调整反吹参数(缩短反吹周期至 40min/次、提高反吹压比 2.2 倍等)，对故障阀门及时更换，以确保过滤器末期安稳运行。2019 年大检修拆开发现 D 区反吹管掉落(如图 8)，检查反吹管发现反吹管分配器与管板外围连接处螺栓均松动，反吹管与分配器连接丝扣磨损，反吹管顶部固定圈断裂。分析反吹时，由于管线振动造成固定螺栓松动，反吹管晃动致使顶部固定圈断裂，最终导致反吹管与分配器连接处掉落。根据以上分析，建议将反吹分配器与管板连接处螺栓点焊，反吹管与管板焊接处加强焊接强度，反吹管与分配器法兰连接处满焊，以防止由螺栓松动造成反吹故障，确保过滤器运行时自身的可靠性。

图 8 ME101D 区反吹管掉落图

6 结语

S Zorb 装置各系统间联系紧密，关联度高，所以长周期运行离不开“稳定”和“精细”，即系统工况及原料性质稳定，精细管理和精细操作。若一个小问题不及时解决可能会扩大影响甚至损坏设备，尤其在装置检修周期末期，做到以下几点可以延长装置运行周期，确保末期的安全生产。

1）装置运行末期确保系统工况稳定，避免进料量及原料性质大幅波动对生产造成影响；

2）注重细节，做好装置关键核心设备的监控维护，及时发现问题并正确处理，确保其稳定运行；

3）定期检查高温法兰泄漏情况，若有泄漏及时紧固处理，以防止泄漏扩大，定期检查测厚吸附剂管线及反应器脱气线，确保情况受控；

4）监控吸附剂运行情况，尤其关注粒径和硅酸性含量变化，及时调整置换以确保吸附剂稳定；

通过措施以上的实施，确保了装置运行末期的安稳生产，使装置实现了“四年一修”目标。

参　考　文　献

[1] 毛文华，张昆 . S Zorb 再生器内取热管故障分析[J]. 炼油技术与工程，2016，46(1)：41.
[2] 包材保 . S Zorb 装置过滤器差压高的处理方法[J]. 炼油技术与工程，2014，44(6)：38-41.
[3] 何龙等 . S Zorb 装置闭锁料斗阀门的故障分析和处理[J]. 石油化工设计，2014，31(4)：52-55.

S Zorb 装置长周期运行问题的分析及对策

郭立本　苏福辉

(中国石化海南炼化公司　海南洋浦 578101)

摘　要　总结了中国石化海南炼化公司 1.4Mt/a S Zorb 装置长周期运行中出现的再生烟气过滤器 ME-103 差压持续偏高，精制汽油硫含量超标及颜色变绿和还原器吸附剂死床等问题，分析了出现这些问题的原因以及应对措施。通过切除再生器 1#取热盘管，调整反吹氮气压力提高至 0.6MPa，调节温度降低至 130℃，置换原料混入柴油组分，将重整氢气改为制氢氢气，消除管线结盐等措施，有效解决了长周期运行中出现的一系列生产问题。

关键词　长周期；过滤器差压；吸附剂死床；硫含量；解决措施

中国石化海南炼化公司 1.2Mt/a S Zorb 催化汽油吸附脱硫装置，采用 S Zorb 吸附脱硫专利技术，基于吸附作用的原理，通过吸附剂选择性吸附含硫化合物中的硫原子达到脱硫目的。装置由中国石化工程建设有限公司(SEI)进行设计，于 2013 年 11 月 3 日装置首次开车成功，开始生产“国Ⅴ”汽油，装置第一周期累计运行仅 19 月，反应器过滤器 ME101 差压已达到 167kPa，并于 2015 年 5 月 26 日停工更换反应器过滤器，6 月 9 日装置重新开车运行。期间于 2016 年 3 月 14 日再生烟气过滤器 ME-103 差压出现缓慢上涨；9 月 23 日出现产品汽油硫难于脱除，且颜色变为浅绿色的情况；2017 年 4 月 17 日出现了还原氢过滤器 ME109B 死床的情况等等。装置第二周期累计运行 30 个月，反应器过滤器差压 56kPa 随全厂进行大检修。大检修将装置由 1.2Mt/a 扩能至 1.4Mt/a，于 2018 年 1 月 25 日开车正常。第三周期运行至 2020 年 5 月累计运行 28 个月，反应器过滤器差压稳定在 28kPa 的较好水平。本文通过总结长周期运行中出现的各类问题，分析其产生的原因，找出相应的解决措施，为装置下一周期长周期运行积累了宝贵经验。

1　长周期运行遇到的问题

1.1　再生烟气过滤器 ME-103 差压高

2016 年 3 月 14 日，S Zorb 装置再生烟气过滤器 ME-103 差压缓慢上涨，多次进行氮气反吹未有明显下降效果，造成再生器压控阀全开，且再生器压力也出现缓慢上涨现象，17 日差压上涨至 90kPa，变化趋势如图 1 所示。

1.2　精制汽油硫含量超标颜色变绿

2016 年 9 月 23 日起，装置出现原料汽油硫难于脱除，产品硫含量波动大的情况，且采样发现原料和产品汽油颜色由原来正常的无色透明变为浅绿色如图 2 所示。到 10 月 20 日，排查到催化裂化装置换热器存在内漏现象，较重的吸收油组分漏入原料催化汽油中，引起汽油颜色变黄，从而导致以上情况。催化装置调整后，精制汽油硫含量由 10μg/g 左右降低到 2μg/g 左右，装置脱硫效果恢复正常状态。

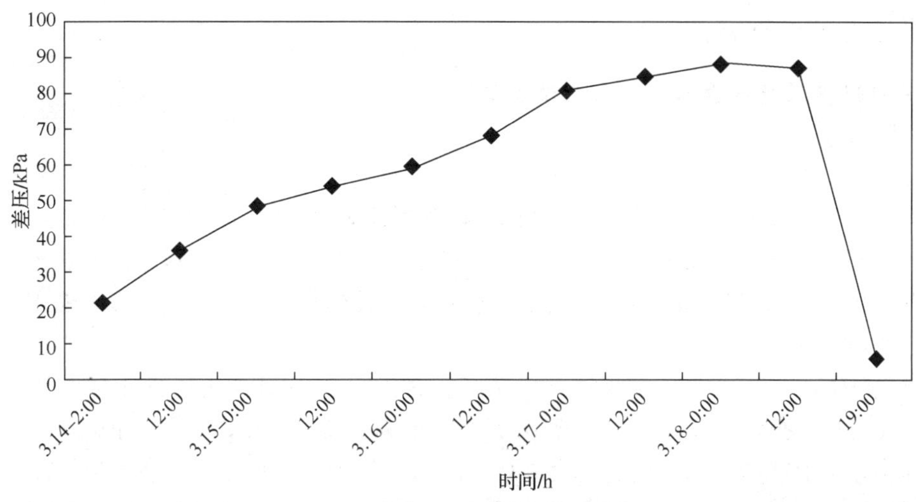

图 1　ME103 差压变化趋势图

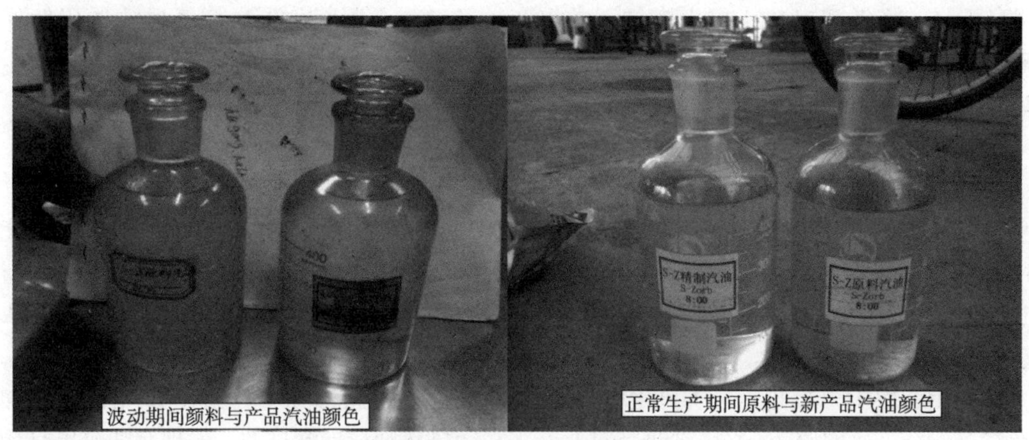

图 2　波动前后原料及产品汽油颜色对比

1.3　还原器吸附剂死床

2017 年 4 月 17 日 18：43 还原氢过滤器 ME109B 切至 A 运行，切过去后差压 PDI3502 由 14kPa 上涨至 61kPa，D-102 流化氢气 FIC2801 由 912Nm^3/h 降至 418Nm^3/h。19：11 D-102 流化氢气 FIC2801 降为 0Nm^3/h，将还原氢气过滤器 ME109A 切回至 B 运行，差压 PDI3502 由 61kPa 降至 3.83kPa，D-102 流化氢气 FIC2801 仍为 0Nm^3/h，流化氢气无法进入 D-102，D-102 压力由 2.77MPa 上涨至 3.08MPa。

通过现场导淋排放，确认无吸附剂倒流至管线内，堵塞流化氢气分布管，吸附剂堆积在 D-102 内，造成还原器内吸附剂死床。

1.4　再生剂提升线磨损泄漏

2020 年 3 月 18 日 15：30 左右，S Zorb 装置再生剂提升线磨穿泄漏，停运再生系统，经现场对管线测厚，发现管线上部其他位置也出现不同程度磨损情况。该管线泄漏点位于提升线至再生接收罐 D110 前斜管段，是 2019 年 2 月 18 日更换的衬陶瓷耐磨管线，共运行 13 个月。

2 原因分析及处理方法

2.1 ME-103差压高的原因分析及处理方法

(1) 原因分析

通过逐一对再生烟气后路碱洗系统、反吹阀、再生粉尘罐D-109料位、再生器旋风分离器及再生烟气冷却器E-105等可能造成再生烟气过滤器ME-103差压上涨的部位进行排查后，判断可能为再生器取热盘管出现泄漏，造成取热水泄漏至再生器内，取热水汽化随烟气带到再生烟气过滤器处后冷却，与吸附剂细粉混合敷在滤芯上，造成差压上涨[1]。

(2) 处理方法

为保证“国V”汽油生产，需保证再生系统正常运行。18日对再生器4根取热盘管进行了逐一试漏排查(之前已切除2根)，确认1#盘管泄漏，将其切出改氮气保护。

在解决差压上涨源头后，对过滤器进行了反吹，但未见差压下降，保持在87kPa。为了提高反吹效果，进行以下几个调整：①将反吹氮气压力由0.5MPa提高至0.6MPa，②反吹氮气温度由175℃降低至130℃，手动开启反吹阀对过滤器接连进行4次反吹后，差压出现了明显下降，降低至9kPa，再生恢复正常生产。经过数天跟踪，再生烟气过滤器仍然保持稳定在9kPa左右。

2.2 精制汽油硫含量波动处理及分析

(1) 处理过程

经过系列参数调整，排查吸附剂活性下降的原因，期间置换新鲜吸附剂8.25t，将反应温度由417℃提高至418℃、循环氢气量6700Nm^3/h提高至7000Nm^3/h，再生风量由340Nm^3/h提高至570Nm^3/h进行系列调整，闭锁料斗循环时间由30min缩短至20min，精制汽油硫含量仍在10μg/g左右波动，情况未见好转，且出现原料换热器E101差压由70kPa快速上涨至95kPa的情况。

10月16~17日开始排查：①再生取热盘管试漏排查，盘管无泄漏迹象；②精制汽油加样总硫12.1μg/g、硫醇硫4μg/g；③现场打开开工稳定塔垫油线导淋排油，发现有油排出且颜色和原料一样发黄，将垫油线内存油排完后倒盲，但加盲板后装置问题依然存在；④怀疑E101存在内漏情况，对E101A列和D列壳程汽油分别加样分析，结果如表1和表2所示。

表1 E101壳程出口分析结果统计 单位：μg/g

时间	E101壳程出口			
	A列		D列	
	总硫	硫醇硫	总硫	硫醇硫
8：00	10.8	1.7	10.3	1.3
20：00	8.8	1.3	7.4	1.8

表2 原料汽油分析结果 单位：μg/g

时间	原料总硫	原料硫醇硫	产品总硫	产品硫醇硫
18日	165.6	22.8	9.5	1.2
19日	119.4	16.6	4.9	1.8

通过A、D列加样结果分析总硫及硫醇硫基本相近，两列同时出现泄漏的概率很小，因此判断E101泄漏的可能性小。

经过系列排查后发现，催化裂化装置负荷波动稳定塔重沸器可能存在内漏，催化裂化装置进行压力调整后，精制汽油在线硫含量表下降明显，各项调整的参数均恢复至波动前参数，产品硫含量各项指标均正常，颜色也逐渐恢复无色透明状态。

（2）波动前后数据分析

从表3和表4中看出，原料硫含量在100~210μg/g之间波动，属正常情况。但从9月23日开始，精制汽油硫含量开始逐渐上涨，经过调整加热炉出口温度、氢油比、吸附剂藏量、再生风量及闭锁料斗循环时间等各参数，其中总共添加8.25t新鲜吸附剂(置换4t旧剂)，再生空气量由320Nm^3/h提至540Nm^3/h等，看出再生吸附剂硫含量经参数调整后由4.85%下降至1.15%，催化剂活性提高。但精制汽油硫含量总在10μg/g左右波动。

表3 波动前后化验分析情况

项目＼日期	9月23日	9月29日	10月5日	10月12日	10月20日	10月21日
原料硫含量/(μg/g)	166.7	197.5	194.2	160.4	138.6	183.5
精制汽油硫含量/(μg/g)	7.7	10.2	11.5	9.8	11	1
原料汽油干点/℃	204	204.7	204.1	205.1	199.2	201
待生吸附剂硫含量/%(质)	5.43	4.81	4.17	2.28	4.75	3.91
再生吸附剂硫含量/%(质)	4.02	2.43	3.1	1.58	3.78	3.55
待生吸附剂碳含量/%(质)	0.94	0.97	1.19	1	1.1	1.31
再生吸附剂碳含量/%(质)	0.64	0.38	0.44	0.44	0.75	1.04

表4 波动前后主要运行参数统计

项目＼日期	9月23日	9月29日	10月5日	10月12日	10月21日
反应进料量/(t/h)	119.62	120.7	120	120.4	120.5
反应出口温度/℃	424.2	423.7	423	430.1	433.4
反应器吸附剂藏量/t	18.7	18.5	20.3	19.4	21.3
氢油比	0.26	0.259	0.26	0.255	0.25
ME-101压差/kPa	26.71	27	27.7	28.3	30.4
压力/MPa	2.5	2.5	2.5	2.48	2.55
闭锁料斗循环时间/min	30	22	20	20	30
再生器吸附剂藏量/t	1.97	2.01	2.01	2.08	2.11
再生空气流量/(Nm^3/h)	340.7	466	445	537	290

综上分析，本次硫含量波动是催化裂化装置稳定塔重沸器存在内漏导致，汽油原料中混入较重组分，引起原料产品汽油颜色发黄，原料中重组分硫化物的增加是导致无法正常脱除的主要原因[2]。

2.3 还原器吸附剂死床处理及分析

（1）处理过程

1）关闭流化氢气进入还原器的器壁阀及流化氢气控制阀FIC2801后手阀，通过现场导淋排放，确认无吸附剂倒流至管线内，堵塞部位确认在还原器内流化氢气分布管处。

2）手动将闭锁料斗内吸附剂手动置换合格后全部压至再生进料罐 D-107 内。然后通过手动对闭锁料斗充压至循环氢压缩机出口压力 3.15MPa，打开 13#、14#阀，将循环氢往 D-102 内吹，D-102 压力降至 2.77MPa，但流化氢气 FIC2801 仍然无量。(2014 年 9 月 24 日全厂大晃电夜出现过类似情况，经闭锁料斗充压多次吹扫后吹通)

3）将反应系统压力由 2.55MPa 降至 2.25MPa，循环氢压缩机出口压力由 3.15MPa 提高至 3.35MPa，闭锁料斗与 D-102 差压达到了 0.9MPa，经多次吹扫后仍无效果。

4）闭锁料斗降压至 1.5MPa，打开 13#、14#阀，D-102 内吸附剂倒流至闭锁料斗内，再手动吹扫闭锁料斗内吸附剂合格后卸至 D-107 内。又将闭锁料斗充压至 3.2MPa 进行吹扫，但仍无法吹通。(吸附剂倒流至闭锁料斗，将会把反应器内油气带至 D-102 内，D-102 温度仅有 200℃，考虑油气会冷凝与吸附剂混合，因此未重复此操作)

5）D-102 底部盲板拆除，将反应器底部提升用的氢气引至 D-102 底部，用循环氢气倒顶 D-102，但无法顶通。最后，现场采用铜锤敲击 D-102 底部阀门处，经多次敲击后，D-102 流化氢气 FIC2801 吹通至满量程。

(2）原因分析

1）由于还原氢过滤器 ME109A 入口管线结盐堵塞造成过滤器差压高，在切换过滤器后未及时将过滤器切回[3]，具体位置如图 3 所示。

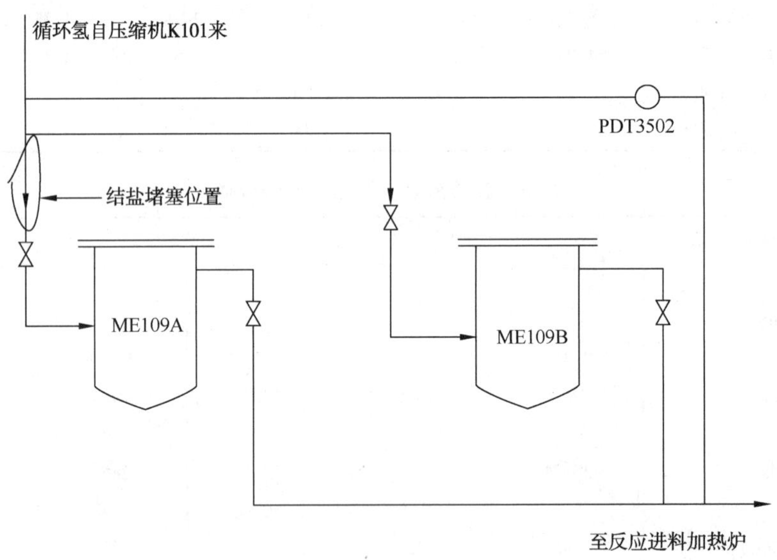

图 3 ME109A 入口管线结盐堵塞

2）闭锁料斗运行至第 9.0 步，D-102 开始装剂，流化氢气降低后未能及时将吸附剂提升至反应器内，造成吸附剂堆积在 D-102 内，堵塞流化氢气分布管。

2.4 再生剂提升线磨损泄漏处理及分析

(1）处理过程

由于无备用衬陶瓷耐磨管，现场将管线更换为原设计的铬钼钢管线，再生系统恢复正常运行。将更换下来的衬陶瓷耐磨管线切开检查，发现管线内部陶瓷管未出现磨损破裂情况，但泄漏点位于内部陶瓷管间接口处(见图 4)。

（2）原因分析

从切开的衬陶瓷管进行原因分析(见图5)，内部衬陶瓷管完好无损，而外部管线却出现磨损现象。主要是衬陶瓷耐磨管在生产过程中内部陶瓷管段仅简单的放置在外管中，未采取任何措施将陶瓷管段间的缝隙进行处理，使得运行过程中吸附剂通过该缝隙进入陶瓷管与外管间的空隙内，加上管线内一直有氮气通过，造成吸附剂在此空隙内形成涡流，不断的磨损外管，最终将外管磨漏。

图4 再生剂提升线泄漏点

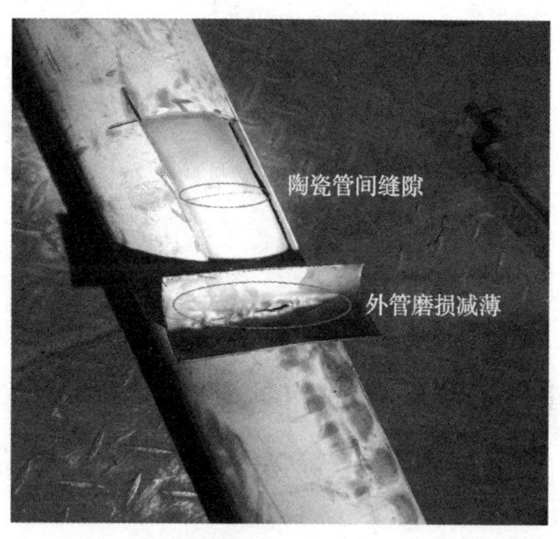

图5 泄漏点管线磨损减薄

3 结论

1）再生器各路取热盘管增加蒸汽流程，避免在再生负荷低时，取热盘管由于取热水分配不均造成水击，引起取热盘管拉裂泄漏。

2）关注原料及产品汽油颜色情况，收集装置各关键参数数据，出现异常情况进行对比分析。

3）正常运行中采用重整氢，若开始出现结盐现象，及时将重整氢改为制氢氢，并要求重整装置定期更换低温脱氯剂，保证下游装置用氢安全。

4）将衬陶瓷耐磨管生产过程中的不足之处与生产厂家交流，让生产厂家加以改进。更换完管线后定期对管线进行测厚，避免再发生类似泄漏事件。

通过分析装置长周期运行发生的问题，查找出现问题的原因及处理，加深对装置的理解和操控性，为今后稳定生产，延长运行周期积累了经验。

参 考 文 献

[1] 包材保 . S Zorb 装置过滤器差压高的处理方法[J]. 炼油技术与工程，2014，44(6)：38-41.

[2] 徐广通，刁玉霞，等 . S Zorb 装置汽油吸附脱硫吸附剂失活的原因分析[J]. 石油炼制与化工，2011，12(42)：1-5.

[3] 侯晓明 . S Zorb 催化汽油吸附脱硫装置技术手册[M]. 北京：中国石化出版社，2013.

催化裂化原料大量带水或柴油的判断及应对处理

马占伟　田　军

(中国石化洛阳石化公司　河南洛阳 471012)

摘　要　阐述了中国石化洛阳石化公司Ⅰ套催化裂化装置生产过程中原料带水或柴油的冲击造成实际操作波动的问题。针对上述问题分析了原料大量带水或柴油的现象及判断依据，指出了原料带水或柴油对催化裂化装置生产运行带来的影响，提出应对此类影响的解决方案。

关键词　催化裂化；柴油；水

1　前言

催化裂化是现代炼化企业最重要的原油二次加工过程之一，是重油轻质化的主要工艺技术。

中国石化洛阳石化公司 1#催化裂化装置由中石化洛阳工程有限公司设计，1984 年 10 月试运投产，2019 年进行了 MIP 技术扩能改造后，加工规模提高至 1. 8Mt/a。原料主要为加氢精制蜡油(含少量罐区冷蜡油)，掺炼部分减压渣油，掺炼比例为 20%左右，再生部分为单段完全再生，与沉降器高低并列布置，烟气进烟机回收能量后，再进余热锅炉进一步回收能量。

扩能改造完成后，装置各项参数比较稳定，运行一直处于良好状态。但是在 2020 年 4 月(图 1)，进料量突然下滑并大幅波动，沉降器料位也大幅波动，密相温度大幅降低，但反应温度下降不多，原料油换热器浮头有泄漏，操作人员迅速改原料油走副线，并及时联系上游装置进行原料调整，从而避免了严重事故的发生。针对以上现象，对引起波动的原因进行了分析判断并提出应对措施。

2　原料大量带水或柴油的现象分析及判断

2.1　本次波动的现象

1#催化装置经常需要调整罐区冷蜡油进装置量，以维持混合进料性质和进料量的稳定。2020 年 4 月 24 日 15：59，进料量(正常 172t/h)开始有下滑迹象，5min 后开始大幅滑量并波动，10min 后降至 100t/h 以下，随后在 0~216t/h 波动，此过程持续了约 1h。在此期间如图 1 至图 2，反应温度由 520℃降到 508℃、反应压力快速上升、沉降器料位在 49%~73%之间波动、密相温度由 670℃降到 622℃，至 17：01，进料量逐渐稳定到 134t/h，不再波动，该股进料影响消除，逐渐恢复进料量至正常。

因装置之前曾多次受到进料冷蜡油带水的冲击，本次进料开始波动时，初始判断是冷蜡带水。

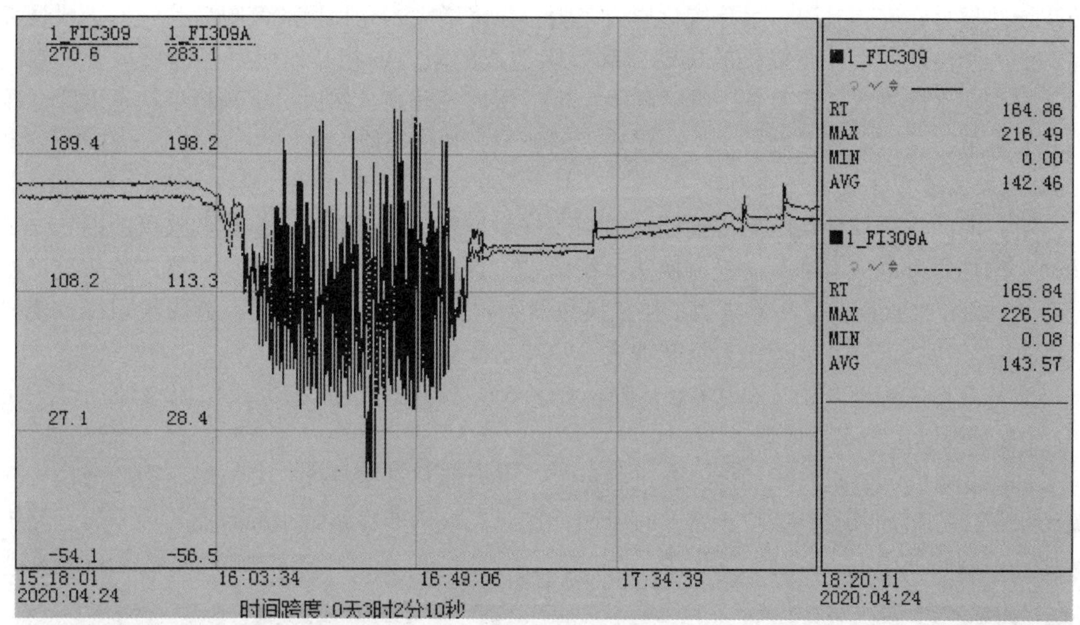

图 1　提升管进料量变化趋势图

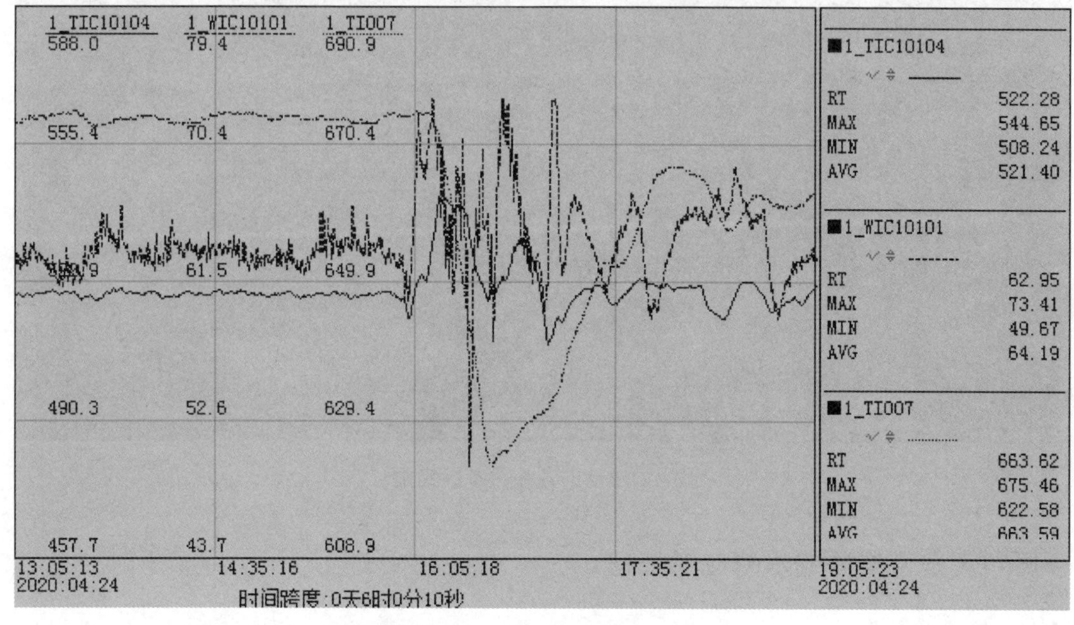

图 2　主要参数变化趋势图

2.2　原料大量带水现象

冷蜡带水时，冷蜡油温度会降低，混合原料油进罐温度会降低(原料罐压力 0.15MPa，此压力下水的汽化温度为 127℃，混合进料温度在 150℃左右)，水分进入原料油罐后一部分汽化成水蒸气，通过罐顶挥发线进入分馏塔，引起分馏塔中上部温度降低，分馏塔顶压力升高，水蒸气在塔顶冷却器冷却成水，造成出装置含硫污水水量大幅上升；另一部分水会逐渐沉降并随着原料油进入原料油泵，易引起原料油进料泵抽空，然后热路原料油进入原料油与油浆换热器，在壳程升温，水分汽化形成气阻，压降增大。壳程形成气阻后，致使进料量大幅下滑，随后在原料油泵提供的推动力和气阻造成的阻力的相互作用下，进料量会大幅波动。未汽化水分进入反应系统，继续膨胀，反应压力先升高，然后由于进料量快速下降，压力开始降低，反应温度受制于水汽化潜热大的影响，快速下降。

2.3　原料大量带水或柴油的判断

第一时间将冷蜡油切断后得到调度通知，进料加氢精制蜡油中因操作调整可能混入大量柴油，柴油组分经原料油泵向进料换热系统前进。首先经过原料与油浆换热器，油浆进口温度高达320℃，原料大量携带柴油，在该换热器壳程上部形成汽化空间，造成气阻，致使提升管进料量快速下降并波动，大量柴油进一步冲击反应系统。

波动前反应温度开始从520.6℃下降至518.6℃，因正常生产期间反应温度波动范围是1℃左右，难以作为判断依据。

从图3可看出，进料波动前，各进料温度、混合原料进罐温度、分馏塔压力、液位、含硫污水量、原料油泵等参数均正常。可判断此次进料波动非冷蜡带水导致而是由于另一路进料加氢精制蜡油中混入大量柴油所致。

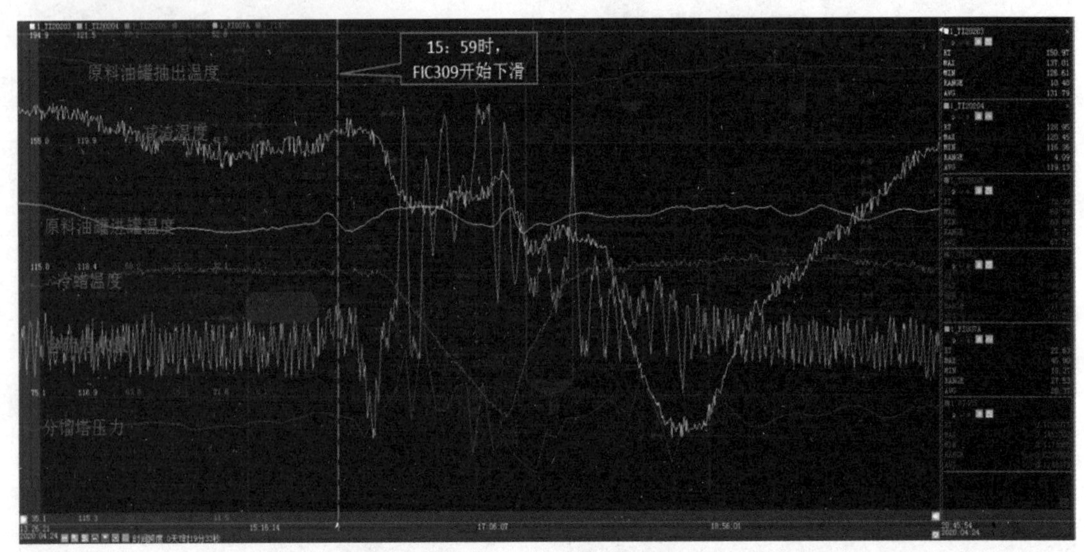

图3　波动前各相关参数变化

3　原料大量带柴油或水的应对处理

3.1　总体调整思路

反应进料下降时，反应压力反而上升，反应温度也同时下降，这种现象可作为提升管进料夹带柴油或水分的一个前期特征。

及时发现后，迅速判断(带水还是带柴油)；切断源头(切断水源和柴油来源)；保持提升管较低进料，维持各参数在指标以内波动，避免联锁动作；置换罐内存水(柴油)后，快速恢复操作。

3.2　总进料量

判定进料带柴油或带水后，进料调节阀阀位应适当关小(见图4)，以减少进入提升管的物料总量，使进料在较小的范围内波动。

1）缩小反应压力的波动范围，减小反应压力波动对两器差压、汽提段料位、反应温度的影响。

2）进料量下滑或波动一般是由调节阀故障、机泵抽空、换热器气阻、原料油液位过低等原因造成的。以上原因消除后，原料油进料量会迅速增加，提前关小调节阀可防止提升管进料突然增加。特别是对于进料调节阀的阀位和流量对应关系比较差，相同的阀位并不对应相等的流量时，应根据反应温度和压力的波动范围进行适度关小阀位。

3）进料量长时间过低时，应逐渐开大原料油换热器冷路调节阀，或开大原料油换热器副线，保持一定进料量。

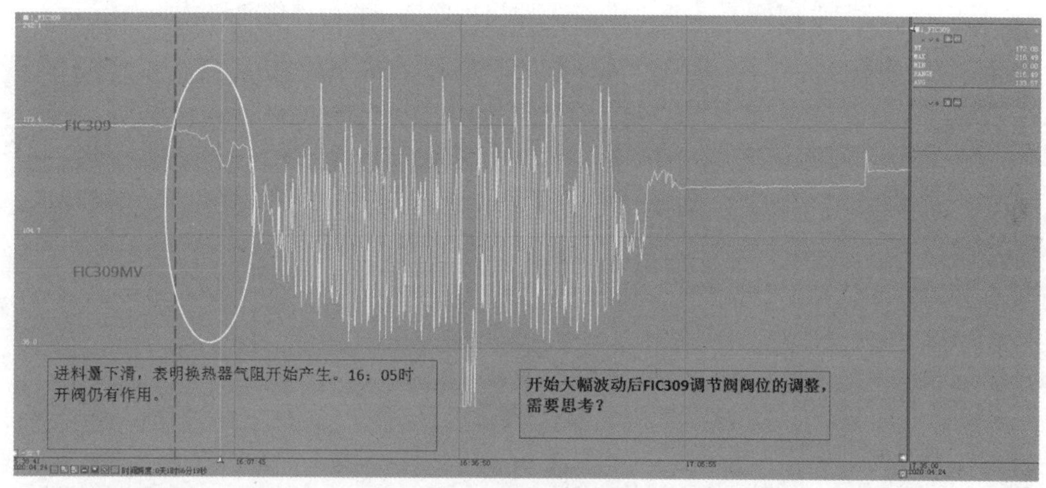

图 4　进料量和阀位

3.3　分支进料

未判定热蜡带柴油时，果断减少甚至关闭冷蜡进料(见图 5)。

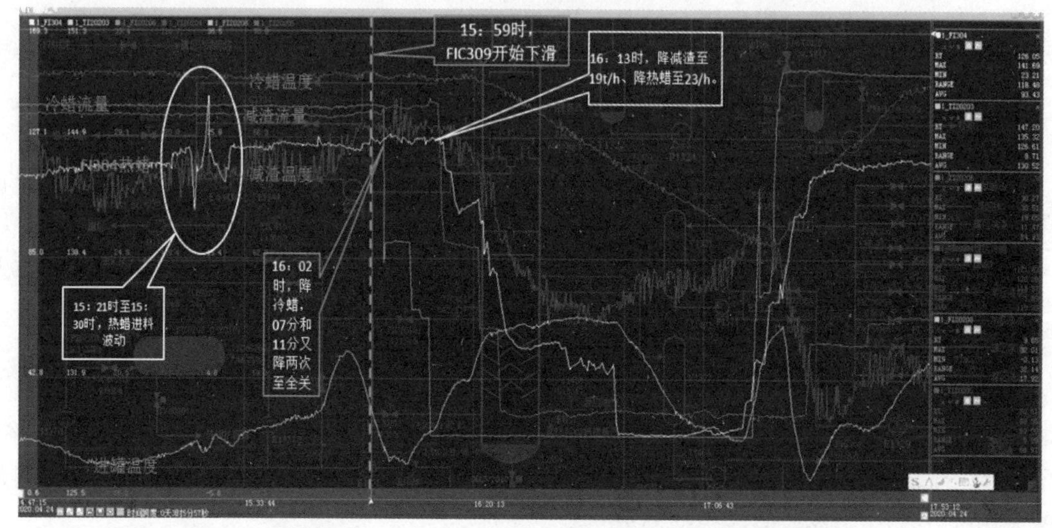

图 5　分支进料的调整

如果认定冷蜡带水，可直接关闭冷蜡进料。同时通知罐区加强脱水，联系2[#]催化操作人员，进一步确认冷蜡带水情况。

确认热蜡带轻柴油后，大幅降低精制蜡油进料量，同步降低减渣进料也很有必要，防止进料掺渣比过高后，引起进料喷嘴工况变差、反应器结焦等次生影响。

3.4 反应温度

如图6所示反应温度变化范围过大时应将再生滑阀打至手动，快速调整阀位后，可再改回自动控制，利用自动调节，可避免因忙乱、疏忽造成的波动加大。

反应温度大幅波动时，将反应温度低联锁改至旁路，避免触发联锁，扩大范围，同时必须保证反应温度控制在460℃以上。

如果反应温度长时间低于460℃时，应及时启用联锁，避免催化剂和泥。

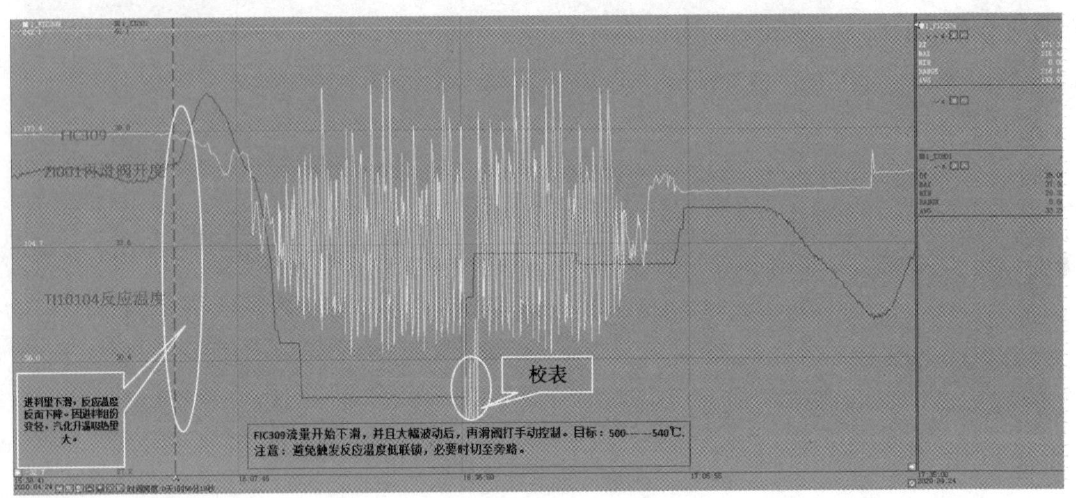

图6　反应温度的调整

3.5 反应压力、线速

进料带水或带柴油对操作影响最大的就是反应压力。原料油带柴油或水引起波动时如图7所示，可在保证进料温度≥200℃前提下，通过调整开大原料油换热器冷路阀，来减少进入原料油换热器的量，从而减少气阻的产生。这样可实现原料油冷路流量的匀速调整，减少对反应压力的影响。

反应压力下降时，根据进料量情况，提高预提升蒸汽、事故蒸汽、降温汽油量等保证线速。

反应压力快速升高时，两器差压<5kPa，开启*DN*600放火炬；压力快速降低时，两器差压>40kPa，可先旁路两器差压联锁(注意避免差压长期超指标)；气压机手动调整防喘振开度和提高转速配合调整，同时兼顾机组的安全运行。

3.6 两器差压及沉降器料位

如图8所示，沉降器汽提段藏量量程为0~70t，为保证汽提效果，平时料位在60~65t控制，离上限很近。发生波动，尤其是反应压力急剧降低时，藏量容易超上限，沉降器料位波动过快时，待生滑阀及时改手动调整，避免超标。

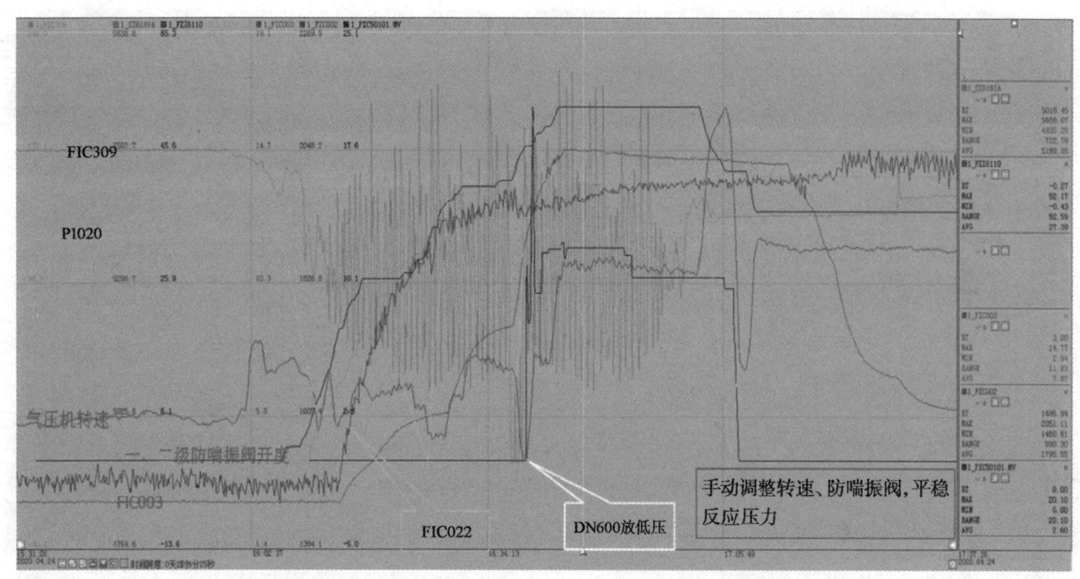

图 7　反应压力、线速的调整

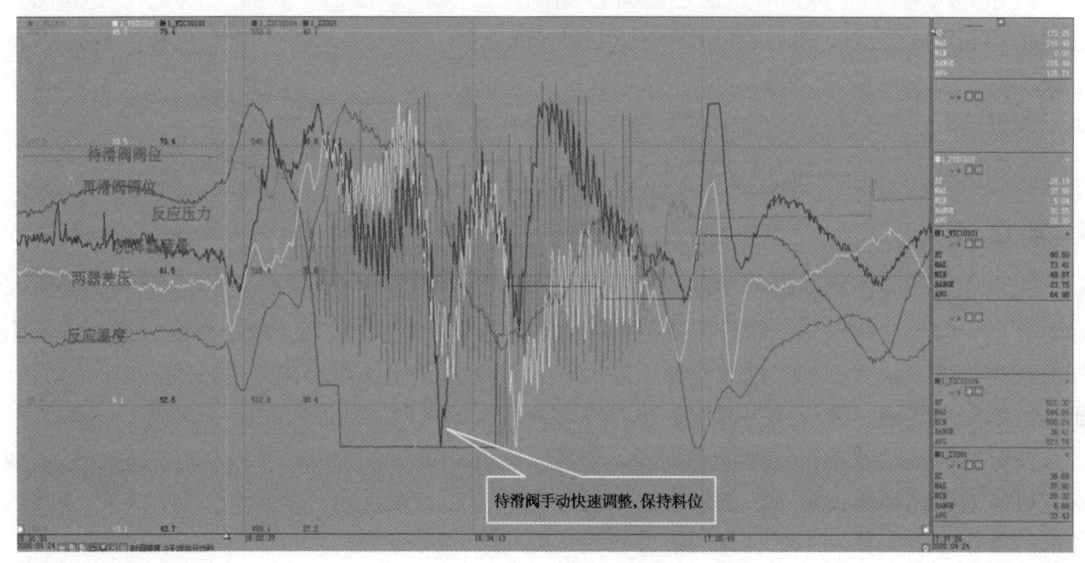

图 8　两器差压、沉降器料位的调整

3.7　再生温度及外取热

进料带柴油或带水，引发换热器气阻，进料量发生大幅波动，但整体上，提升管的进料量是降低的，而且调整操作时也会人为减少进料，这样就会减少焦炭产率。随后，再生温度会逐渐降低。此时，应逐步关小外取热下滑阀，减少产气，保持密相温度。

如图 9 所示此次波动中外取热滑阀分两次快速由 31%关至 5%，外取热汽包液位最低降至 29%。这说明，再生器密相温度快速降低时，外取热下滑阀每次快速关小 10%，外取热汽包液位是完全可以自动调整平稳的。

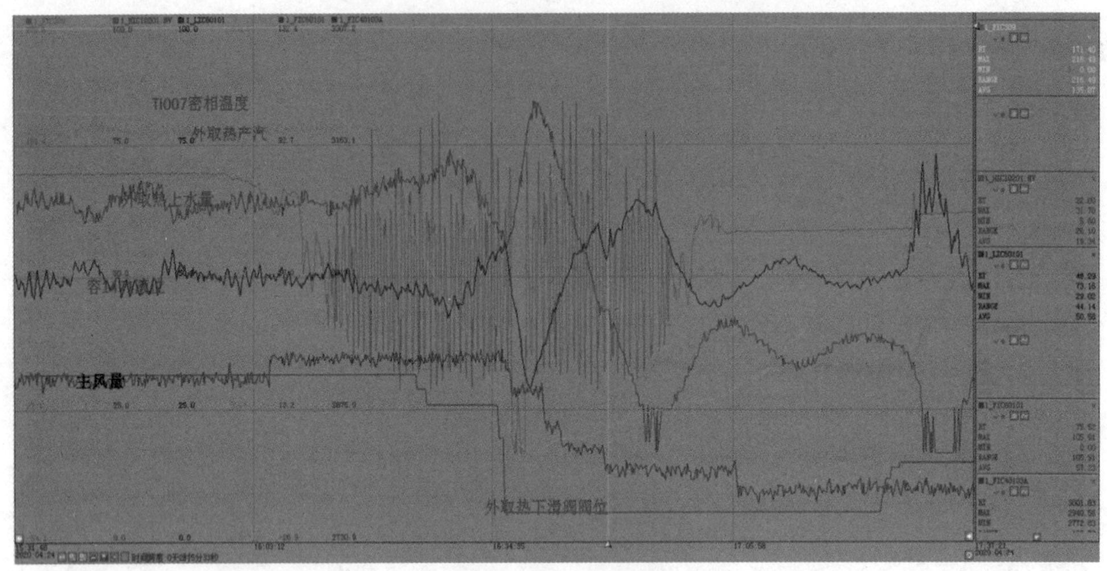

图 9　再生温度、外取热的调整

另外主风量的同步下调，也是保持密相温度的手段。目前，装置主风量调整范围是 $2600m^3/min$ 到 $2950m^3/min$，空压风约 $250m^3/min$。当主风量 < $2600m^3/min$，一旋线速会低于设计值；当主风量 > $2950m^3/min$，三旋线速会超设计值。进料量大幅降低时，应在装置主风量调整范围内相应降低风量，以保持合适的密相温度。

上述调整后，如果密相温度 < 630℃，应引燃烧油至喷嘴前，准备喷燃烧油。

4 结论

本次波动的原因是热蜡带柴油而不是冷蜡带水，反应温度、反应压力波动控制起来相对容易一点，但也非常危险，特别是在进料大幅波动的不稳定状态下，两器料位、差压、压力等参数控制难度很大，如果动态调整不及时，很可能演变出次生事故；另外现场多台原料油换热器因发生气阻，造成浮头泄漏，也存在较大风险。

及时发现波动现象，迅速正确处理，避免了进料中断、两器切断等生产事故和换热器泄露、机泵抽空损坏等设备事故的发生。通过分析和总结，能够进一步提高处理原料带柴油或带水的操作能力，找到不足，开展有针对性的培训和应对处理。

催化裂化装置跑剂原因探究及措施

刘　洁　李晓东　周石磊

［中科(广东)炼化公司　广东湛江 524000］

摘　要　催化装置跑剂是造成装置非计划停工的重要原因之一，某催化装置因沉降器旋风分离器料腿断裂造成大量跑剂而停工。本文从油浆固含、单级旋风分离器线速、再生剂粒径分布、油浆灰分等方面分析了沉降器跑剂现象。催化沉降器结焦主要原因是，位于提升管粗旋防倒锥下方出现三处裂口，造成提升管油气泄漏至沉降器内结焦；催化沉降器旋风分离器跑剂主要原因是，沉降器内结焦导致单级旋风分离器被焦炭包裹，非计划停工降温过快使料腿因冷热应力而拉裂。改进措施包括：提升管汽提段以上部分在外壁增加衬里、装置不要超负荷运行、控稳催化剂循环量、监控好关键参数走势。

关键词　催化裂化；催化剂；油浆固含；旋风分离器；结焦

催化裂化装置是近年来发展迅速的炼油再加工装置[1]，是我国炼化厂生产汽油、柴油的重要装置，对于炼化厂效益贡献较大，因此催化装置的平稳运行是效益的有利保障[2-4]。但是催化装置采用流化床形式，催化剂循环量大，线速较高，操作难度大[5-7]，发生非计划停工的比例也较大，其中因跑剂而造成停工的例子不胜枚举。本文分析了某炼化厂跑剂现象及原因，并提出了整改措施，为同类装置提供参考。

某炼化厂催化裂化装置原设计规模 1.7Mt/a，催化裂化反应部分采用 MIP 工艺，再生部分则采用快速床-湍流床主风串联再生技术。该装置于 2011 年 12 月 29 日实现首次投产。2015 年底，装置进行质量升级扩能改造，改造后装置的处理能力提高至 2.1Mt/a，采用中国石化石油化工科学院研发的 MIP-DCR 工艺技术，再生采用富氧再生技术。装置于 2018 年多次非计划停工，2018 年 6 月 5 日 5：18 催化装置再生器压力回路安全栅故障造成的假测量值，使双动滑阀开度过大，再生器压力波动导致两器压差低联锁动作后装置切断进料。2018 年 8 月 27 日主风机入口喉部压差变送器故障，触发主风机假性喘振，继而主风机组进入安全运行状态，联动引发主风机低流量联锁。装置自 2018 年 11 月下旬开始，油浆固含量多次超标，2019 年 1 月以来连续超标，沉降器跑剂量逐渐变大，难以维持正常运行。

1　跑剂现象分析

1.1　油浆固含量变化趋势

对催化油浆定期采样并进行固含量分析，如图 1 所示。自 2018 年 6 月 5 日停工后至 2018 年 8 月 27 日停工之前，油浆固含量已有升高趋势，有个别样品开始超过 6g/L。2018 年 8 月 27 日停工之后至 2018 年 11 月底之前，油浆固含量继续走高，固含超标频率有所上升。自 2018 年 11 月底起，油浆固体含量开始快速上升，并持续超标，2018 年 12 月 24 日开始，油浆固含量一直维持在 10g/L 以上，且继续上涨。如图 2 所示，进入 2019 年 1 月后，油浆固含多次超过 15g/L，并在 1 月 10 日达到最高的 28g/L。

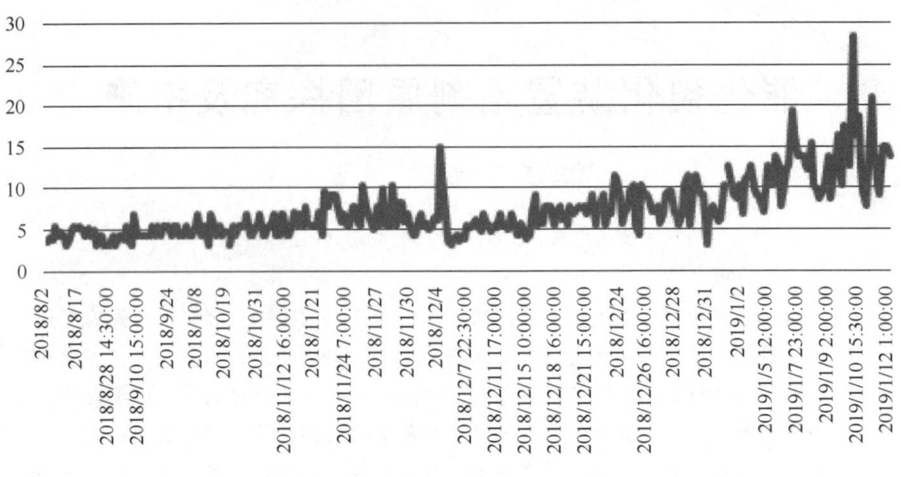

图 1　2018 年 8 月至今油浆固含量走势

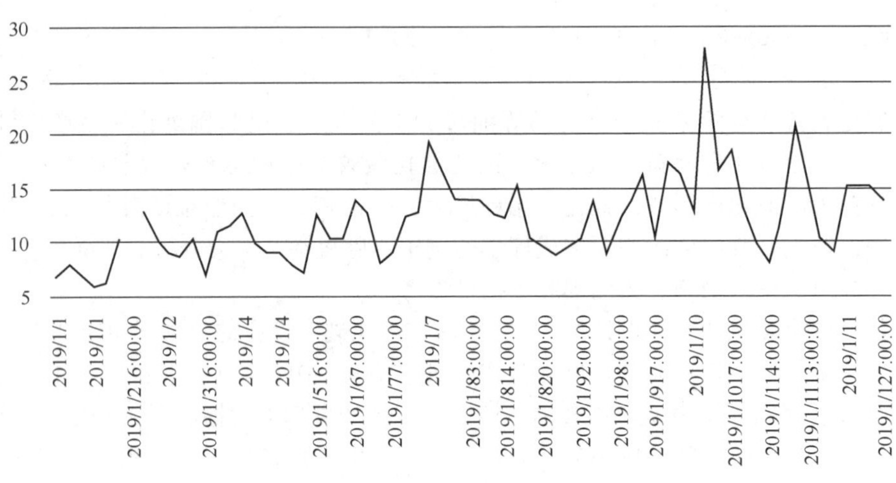

图 2　2019 年 1 月至今油浆固含量走势

1.2　单级旋风分离器压降趋势

2018 年 8 月 27 日沉降器单级旋风分离器压降由 16kPa 降至 14kPa 左右；自 11 月底开始，单级旋风分离器压降持续降低，至本次停工前已由 11 月底的 14kPa 降低至 10kPa。单级旋风分离器压降由于旋风分离器改硬连接时未改变测点位置，正引压点始终检测的是沉降器内压力，因此单级旋风分离器压降与真实值偏差较大，参考意义不大，但单级旋风分离器压降的总体变化趋势与油浆固含的走势基本成正相关关系。

1.3　再生剂粒径分布

正常情况下，再生剂中 20~40μm 颗粒占 16%~20%，而本装置再生剂中 20~40μm 颗粒明显偏少，如图 3 所示，12 月前，20~40μm 颗粒平均占比约 10%，进入 12 月之后均在 10%以下，进入 2019 年 1 月后迅速降至 3%左右，表明 20~40μm 颗粒跑损严重。

2018 年 8~12 月，40~80μm 颗粒占比较为稳定，一直维持在正常值 50%左右，进入 12 月后开始明显下降至 47%左右，进 2019 年 1 月后快速下降，最低至 42%；同时 80μm 以上颗粒占比快速升高至55%，如图4所示。综上看出，进入2019年1月后，再生剂中20～40μm以及40～80μm颗粒占比快速下降，油浆中固含量迅速增加，说明沉降器旋风分离器存在跑剂现象，旋风分离器效率已明显降低。

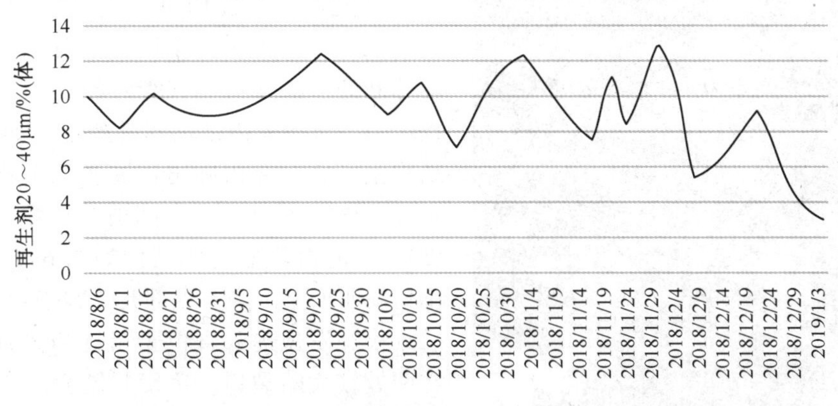

图3　再生剂20～40μm颗粒分布

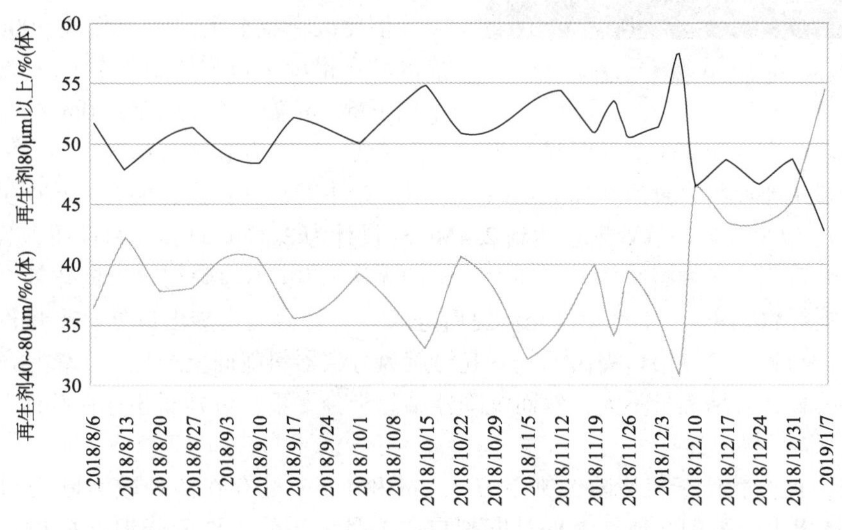

图4　再生剂20～40μm、80μm以上颗粒分布

1.4　油浆灰分

从表1看出，2019年1月2日，油浆中催化剂粒径分布(灰化后激光粒度)明显异常，正常情况下油浆中催化剂粒径应在20μm以下，而本装置油浆灰分分析中小于20μm的催化剂颗粒仅占24.78%，20～40μm的催化剂颗粒体积分数为28%，40～80μm的体积分数为38.76%，说明跑剂严重。

表1　油浆灰分分析数据

催化油浆(灰化后激光粒度)	<20μm%(体)	20～40μm%(体)	40～80μm%(体)	>80μm%(体)	采样时间
	24.78	28.29	38.76	8.17	2019/1/2

图 5　沉降器内构件示意图

2　停工检查及原因分析

2.1　停工检查情况

催化装置于 2019 年 1 月 12 日停工，开人孔后发现沉降器内一单级旋风分离器料腿焊缝整体断开。沉降器导气管和粗旋出口膨胀节破损严重，沉降器内结焦非常严重，如图 5 所示，结焦主要集中在粗旋出口膨胀节至格栅下部一米处，该区间内几乎全部被结焦填满，结焦高度约 10m(沉降器内部结构如图 6 所示)；粗旋出口膨胀节至沉降器顶部几乎没有结焦的情况。后续检查发现提升管位于粗旋防倒锥下方处存在两处较大断裂口，单旋料腿六个翼阀阀板全部磨穿。

2.2　结焦异常原因分析

催化沉降器本次共清出焦块 400t 左右，结焦区域自粗旋出口膨胀节至旋风分离器料腿处格栅下部 1m 处，总高度约 10m 左右，焦块几乎填满该区域所有空间，生焦量明显大于同规模装置，结焦存在异常情况。

催化装置主要原料为直蜡和加氢焦蜡，加氢焦蜡中芳烃含量高，混合原料中芳烃含量一直在 50%(质)以上，且装置处理量达到 2.4Mt/a(设计为 2.1Mt/a)，原料性质差且超负荷运行易造成提升管剂油接触瞬间部分多环大分子油无法汽化(不够确切，未汽化油、转化生成的重油都可能导致结焦)，未汽化油经汽提后进入导气管后至粗旋出口处。少量汽提油气未进入导气管，与粗旋料腿出口溢出油气一起沿旋风分离器料腿向上结焦。正常情况这部分焦只存在于料腿处，且结焦量不大，然而沉降器结焦十分严重，可判断还存在其他漏点而造成结焦。

经检查，提升管位于粗旋防倒锥下方 1.2m 和 1.6m 处存在两处较大断裂口，断裂口宽度达 15cm 以上，如图 7 所示，两处断裂口主要是由于停工期间降温造成拉裂。在停工拉裂之前，提升管粗旋防倒锥下方 1.2m 存在一个小裂口，粗旋防倒锥下方 1.6m 处存在两个小裂口，这三个裂口的存在使提升管油气泄漏至沉降器内，这是沉降器结焦的主要原因。

提升管三个裂口的形成原因主要有四点；第一是扩能改造至 2.1Mt/a 加工量时更换了直径更大的旋风分离器，防倒锥与提升管距离过近，只有 0.7m。第二是处理量过大、催化剂循环量过大。装置长期按 2.3~2.40Mt/a 加工量运行，原料性质较差，多环芳烃含量高不易裂化，轻油收率偏低，且 DCR 技术本身催化剂循环量就大于同规模装置，因此造成催化剂循环量过大达到 1.8kt/h 以上，粗旋料腿线速增大，催化剂离开防倒锥边缘速度增大，催化剂下落后与提升管外壁接触产生冲刷。第三是提升管汽提段以上部分没有衬里，催化剂直接磨损提升管外壁。第四是三个裂口中位于上部的裂口形成后大量油气进入沉降器，油气中的硫化氢在提升管外壁产生硫化亚铁腐蚀，加速了下部两个裂口的磨穿速度。

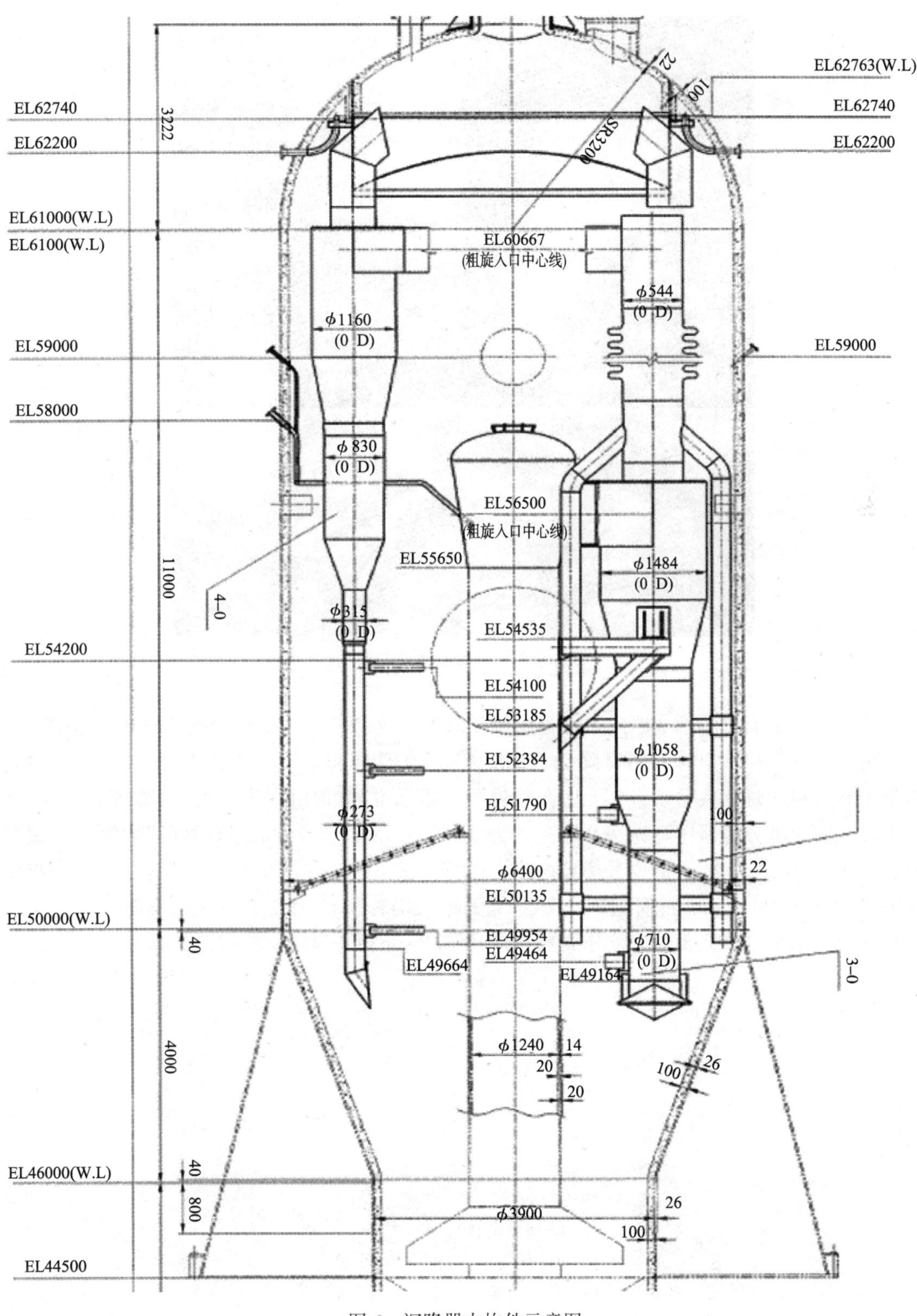

图 6　沉降器内构件示意图

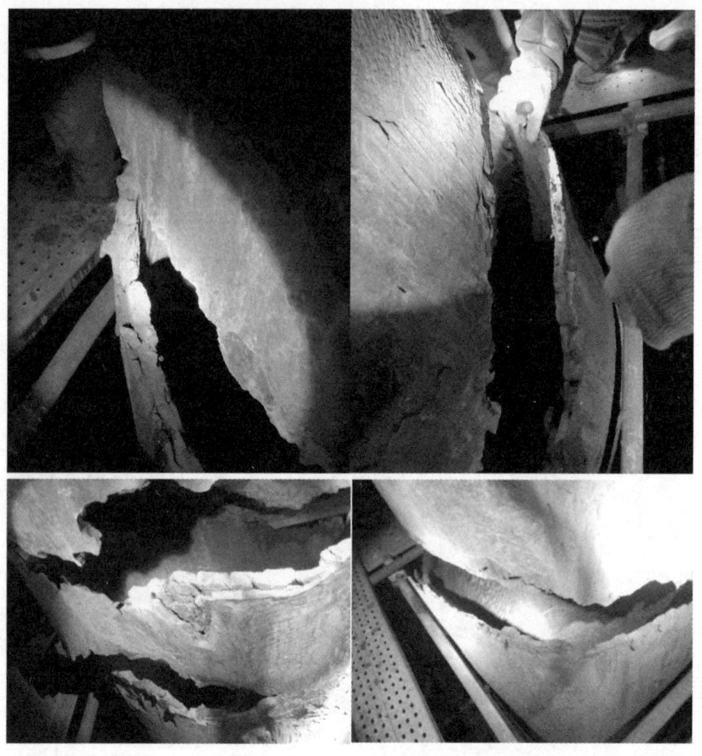

图7 提升管裂口现场图

提升管三个裂口的形成时间可根据粗旋压降变化来判断，当提升管破裂时粗旋压降正测点压力会下降，粗旋压降会明显降低。2017 年 8~9 月期间旋风分离器压有一次明显降低，但由于 8 月和 9 月的数据缺失，无法在趋势图上显示准确的压降变化时间。如图 8 所示，8 月 3 日之前旋风分离器压降为 9kPa，9 月 28 日开始压降降至 7kPa，该时间段内第一个裂口形成；2017 年 10 月 24 日旋风分离器压降发生第二次下降，如图 9 所示，旋风分离器压降由 7kPa 下降至 5kPa 左右，此时为第二个裂口形成；2017 年 12 月 2 日旋风分离器压降发生第三次下降，如图 10 所示，旋风分离器压降由 5kPa 下降至 4kPa 左右，此时为第三个裂口形成。

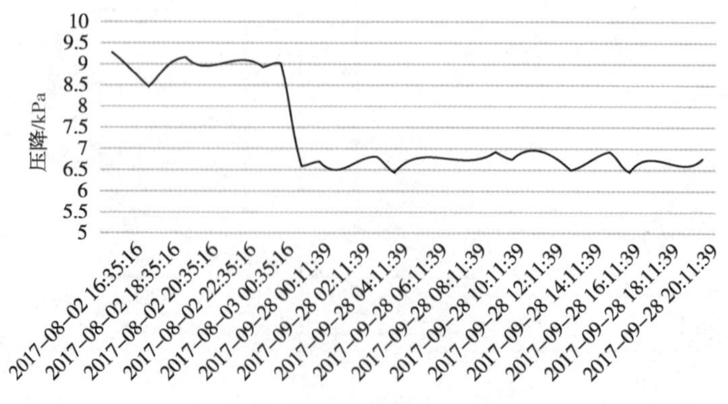

图8 粗旋压降第一次下降走势图

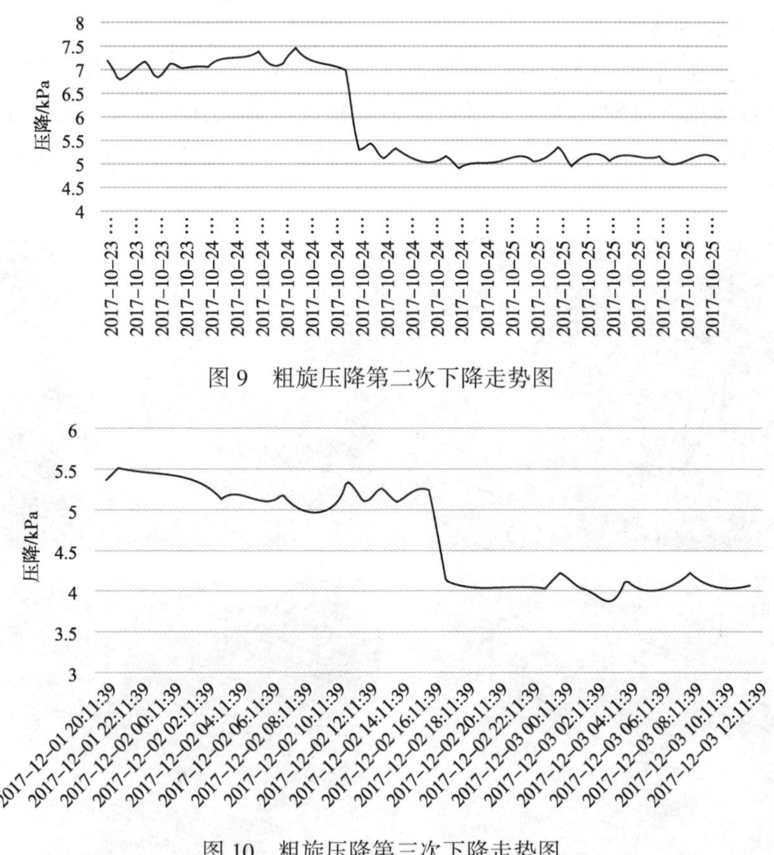

图 9　粗旋压降第二次下降走势图

图 10　粗旋压降第三次下降走势图

三个裂口在现场的具体位置如图 11 所示，最上方应为第一个裂口，因为第一个裂口磨穿之前粗旋料腿线速最高，催化剂离开防倒锥边缘时水平方向速度最高，运动时间最短，所以垂直方向运动距离最短，催化剂与提升管外壁接触位置最高；第一个裂口形成后，粗旋压降降低，粗旋料腿线速降低，催化剂离开防倒锥边缘速度也降低，垂直方向运动距离增大，因此催化剂与提升管外壁接触位置下移，因此第二、第三个裂口的位置位于第一个裂口下方。经检查，西南侧结焦比北侧结焦量更大，而且焦更坚硬，可判断西南侧泄漏油气时间更长，所以西南侧裂口为第二个裂口，北侧裂口为第三个裂口。

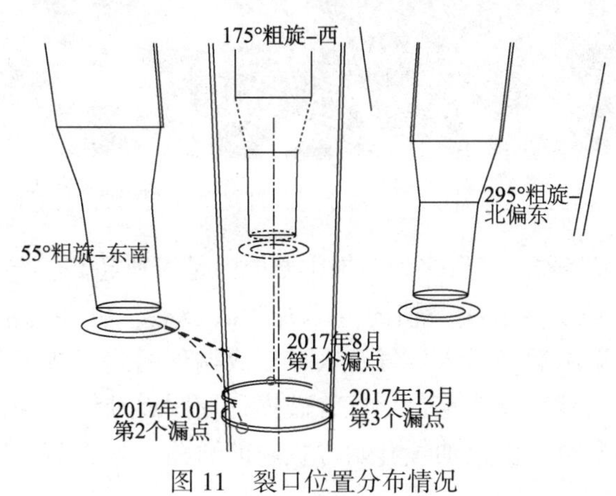

图 11　裂口位置分布情况

2.3 内构件破损原因分析

经检查，沉降器内除了单旋料腿断裂以外，粗旋出口三个膨胀节均出现破损，沉降器内六根导气管中有四根导气管弯头存在多处破损的情况，如图12所示，破损处都是锋利口在外面，说明膨胀节和导气管都是自里面磨穿。沉降器单级旋风分离器料腿翼阀阀板全部磨穿，磨穿位置都在上部马蹄口处，磨损程度较严重，如图13所示。

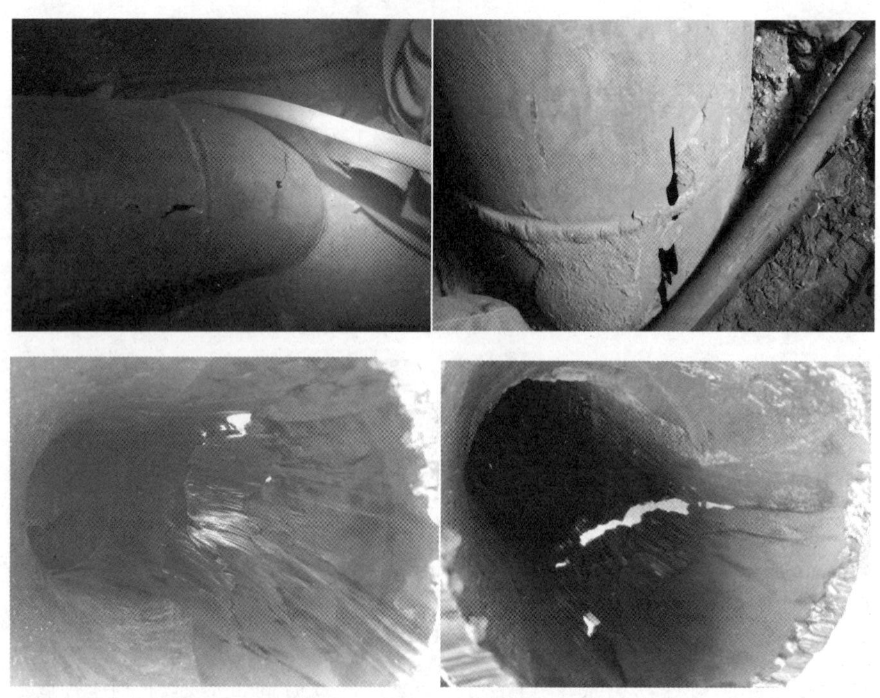

图12　沉降器导气管破损情况

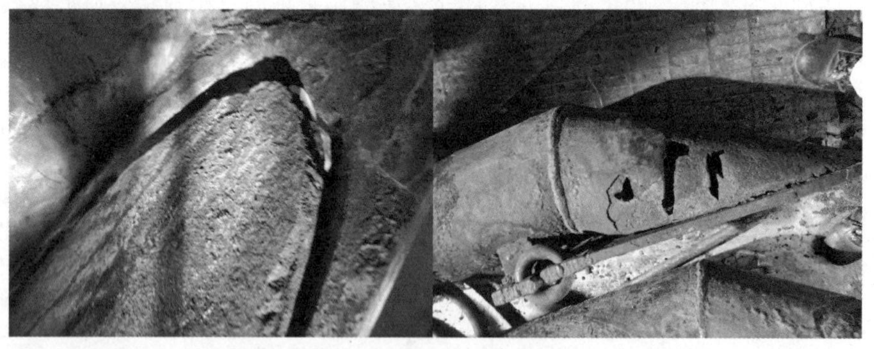

图13　沉降器单级旋风分离器料腿翼阀阀板磨损情况

粗旋出口膨胀节和沉降器导气管多处破损主要原因是线速超高，导气管设计线速为8m/s，当线速在10m/s以下时是不会造成磨损的。提升管破裂后，更多的油气进入导气管造成超线速磨损，破损处油气溢出后又进入导气管入口形成循环通路。导气管破损处油气和提升管溢出油气在沉降器内结焦越来越严重，导气管破损处周围逐渐结焦并被焦炭包裹，导气管溢出油气的循环通路逐渐变窄，多余油气开始寻找新的通路，膨胀节处磨损逐渐加剧并最终破裂，油气溢出，这些油气一部分结焦，另一部分进入导气管形成循环通路。

沉降器单级旋风分离器料腿翼阀阀板磨穿主要原因是：催化剂循环量过大，翼阀开关频繁，翼阀打开时上部马蹄口承受催化剂冲刷较多，因此磨穿处都在马蹄口上部。

2.4 跑剂原因分析

单旋料腿与灰斗连接处断裂情况和断裂位置如图 14 和图 15 所示。

图 14　沉降器单级旋风分离器料腿断裂情况

由上文分析可知，2017 年下旬提升管已出现裂口，油气大量泄漏导致沉降器内迅速开始结焦，单级旋风分离器筒体至料腿全部被焦块所包围。2018 年 6 月 5 日 5：18 两器压差低联锁动作装置切断进料期间，沉降器温度快速降低，单旋出口至集气室部分冷却后会产生向上提升的力，单旋被焦炭包裹部分温度较高，且焦炭与单旋紧密接触存在拉拽作用力，最终导致断裂。

料腿断裂后由于裂口被焦炭包裹，因此并未立即造成跑剂，但是高温油气和催化剂开始溢出并在焦炭内部打磨通路，经过一段时间后，在 2018 年 8 月初，料腿裂口与沉降器之间的通路被打通，溢出油气与沉降器建立连通（单旋料腿上部压力比沉降器压力低 7kPa 左右），此时油气进入沉降器的同时，沉降器内蒸汽开始间歇窜入旋风分离器料腿，扰乱旋风分离器内旋流，使旋流强度下降，影响旋风分离器分离效率，造成跑剂，由图 12018 年 8 月油浆固含量走势可以看出，8 月初开始油浆固含量开始上升。但此时油气通路较小，跑剂量较小，单级旋风分离器压降几乎没有变化。2018 年 8 月 27 日主风低流量联锁期间，由于焦块的热胀冷缩作用使通路扩大，此时油浆固含量开始以较快的速度上升，单级旋风分离器压降也明显降低，跑剂量开始逐渐增大。

了沉降器跑剂现象。

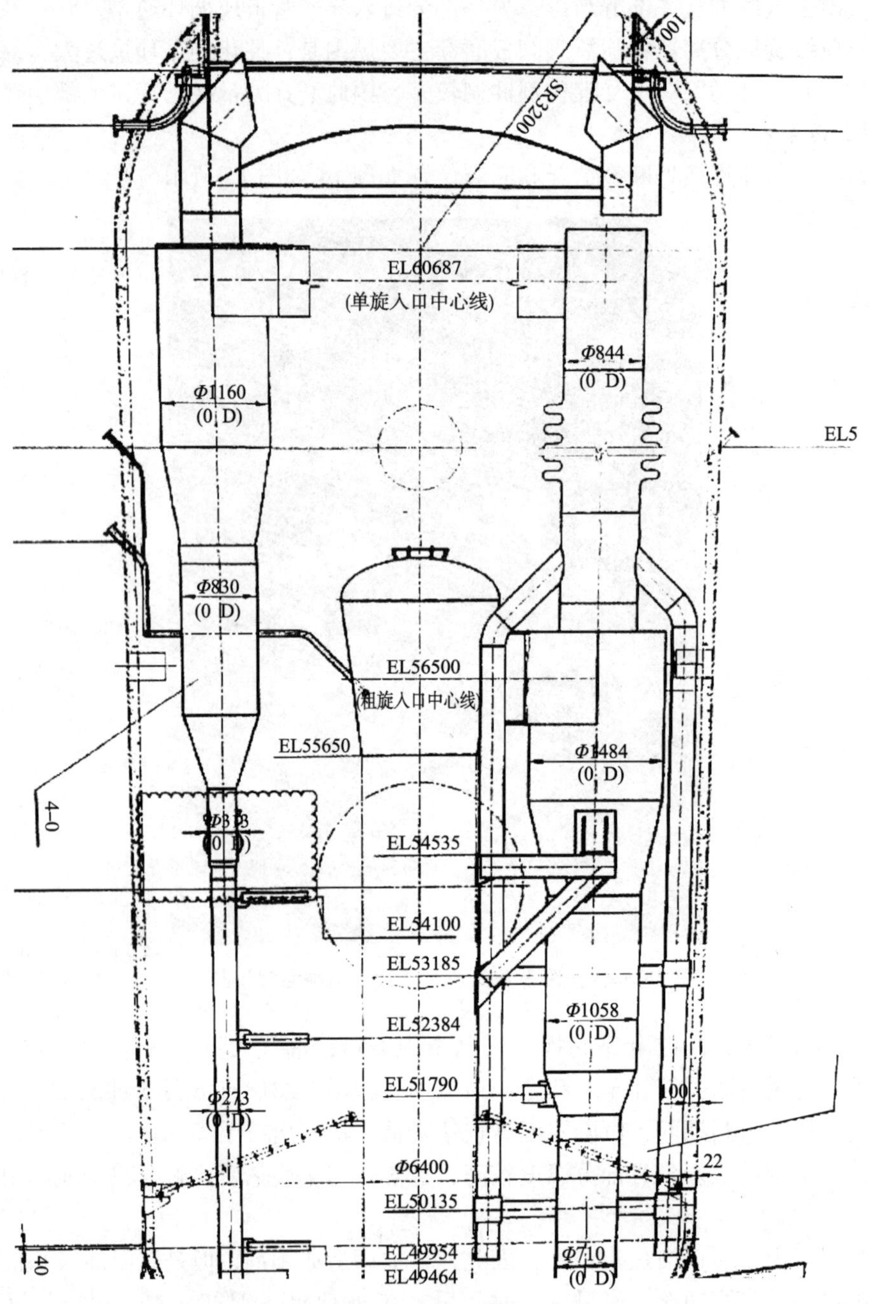

图 15　沉降器单级旋风分离器料腿断裂位置示意图

3　结论及改进措施

1）从油浆固含量、单级旋风分离器线速、再生剂粒径分布、油浆灰分分析等方面分析了沉降器跑剂现象。

2）催化沉降器结焦主要原因是：提升管位于粗旋防倒锥下方处因防倒锥下落催化剂磨损出现三处裂口，造成提升管油气泄漏至沉降器内结焦。催化沉降器内构件损坏严重、导气管和膨胀节破损原因主要是：提升管破裂后，大量油气进入导气管造成超线速磨损破裂。单级旋风分离器料腿翼阀阀板磨穿主要原因是：催化剂循环量过大，翼阀开关频繁，造成阀板磨穿；催化沉降器旋风分离器跑剂主要原因是：沉降器内结焦导致单级旋风分离器被焦炭包裹，非计划停工降温过快使料腿因冷热应力而拉裂。

3）改进措施：提升管汽提段以上部分要在外壁增加衬里，防止粗旋料腿下落催化剂直接与提升管外壁接触而造成磨损；尽量不要超负荷运行，防止平衡管和旋风分离器硬连接处超线速磨损；控稳催化剂循环量，防止翼阀和料腿磨损；监控好旋风分离器压降、油浆固含、再生剂颗粒分布等参数，定期做趋势图分析参数变化情况，发现异常波动则可能存在跑剂风险，应立即采取相应措施。

参 考 文 献

[1] 郝天歌，于娇洋，夏志鹏，等．流化催化裂化装置旋风分离器的研究及分离效率的优化[J]．当代化工，2017，4：700-703.

[2] 白锐，王晓，王振卫，等．重油催化裂化装置再生器催化剂流化异常原因及对策[J]．石油炼制与化工，2013，2：61-65.

[3] 张涛，李鸿儒，等．重油催化裂化装置流化输送技术的改进[J]．石油炼制与化工，1996，27(5)：11-15.

[4] 陈俊武，卢捍卫．催化裂化在炼油厂中的地位和作用展望[J]．石油学报，2003.19(1)：1-11.

[5] 吴群英，达志坚，朱玉霞．噻吩类硫化物在催化裂化过程中转化规律的研究[J]．石油炼制与化工，2012.43(12)：29-34.

[6] 薛德莲，吴雷．CGP-C 催化剂在 MIP 催化剂装置上的应用[J]．化学工程与装备，2010.(5)：48-50.

[7] 黄如奎，韩文栋．MIP-CGP 工艺对汽油硫含量的影响[J]．石油炼制与化工，2006.37(7)：35-40.

同轴式重油催化裂化装置长周期运行分析

王中军　聂白球

（中国石化巴陵石化公司　湖南岳阳 414014）

摘　要　中国石化巴陵石化分公司针对 1.05Mt/a 重油催化裂化装置在长周期运行过程中遇到技术难题和问题，如反应系统结焦，旋分器料腿堵塞，烟机结垢等，认真进行原因分析，并采取了一系列有针对性的改进措施。近年来，长周期运行取得了良好效果，自 2012 年以来未发生非计划停工，已经圆满实现了 2 个“三年一修”，即将迎来“四年一修”。长周期的生产实践证明，整改措施行之有效，一系列难题的解决为炼油装置整体“四年一修”的长周期运行提供了重要的技术保障。

关键词　催化裂化；长周期运行；结焦；结垢

巴陵石化公司催化裂化装置由中石化洛阳工程有限公司设计，1998 年 6 月建成投产，采用同轴式反应-再生器，原设计加工能力 800kt/a，采用 ARGG 工艺，现加工能力为 105Mt/a，采用 MIP-CGP 工艺技术，再生部分采用逆流单段贫氧再生(不完全再生)技术。炼油装置为巴陵石化新装置，之前没有运行管理经验，自建成投产以来，催化裂化装置长周期运行遇到诸多难题，通过不断总结与改进，2012 年以来装置顺利实现了“三年一修”，目前装置运行平稳，有望首次实现“四年一修”。

1　长周期运行出现问题

1.1　沉降器内部旋分器结焦

装置自 1998 年 6 月投产至 2003 年，沉降器结焦造成非计划停工 6 次。其中 1999 年 5 月，沉降器一个 PV 型单旋料腿内部结焦堵死，旋风分离器偏流导致油剂的分离达不到要求，催化剂进入分馏油浆系统，油浆中固含量严重超标，并将一阀门磨穿，油浆泵故障频频，生产无法维持，装置也被迫非计划停工抢修。2000 年 8 月份，由于沉降器结焦，单旋料腿堵塞，逼迫装置停工抢修 8 天；2002 年 1 月份，沉降器结焦及沉降器旋分器失效造成非计划停工抢修。由于沉降器的结焦导致运行周期缩短至 3~6 个月以内，严重影响了装置加工量的完成及经济效益。

1.2　再生器主风分布管喷孔磨损，偏流，再生器流化状况变差，催化剂跑损

2001~2004 年运行周期主风分布管约有 1/2 的喷嘴出现不同程度的外磨，需要更换，还出现部分支管因喷嘴内部磨损而被割断的情况。2011 年，主风分布管采用大孔喷嘴，数量少，压降较低，无法满足不完全再生工艺对主风分布的高要求，催化剂自然跑损率达到 1kg/t 左右。主风分布管问题造成主风分布差，再生器稀相密度大，催化剂跑损，已成为装置长周期运行必须解决的一个“瓶颈”问题。

1.3　待生立管松动风和引压管断裂

装置大修开工后再生器和沉降器多次出现松动和引压管断裂情况，两器内密度及藏量测

量点显示异常或不能显示，严重影响装置长周期运行。特别是 2014 年大修开工后 1 个月内沉降器汽提段藏量测量引压管断裂，沉降器藏量测量值大幅波动，不能自动控制。

1.4 待生立管穿孔、汽提段底部与待生立管之间过渡段穿孔

2011~2014 年运行周期，因待生立管与待生套筒间密封坏，运行过程晃动厉害，该处立管穿孔，催化剂漏出偏流，烧焦效果变差；汽提段底部与待生立管之间过渡段也有穿孔现象，待生立管上部密度波动，沉降器藏量波动。

1.5 再生器二级旋分器内部结垢，料腿结垢，内部龟甲网表层衬里脱落堵塞料腿

2005 年二级旋分器 2 组料腿结垢堵塞导致催化剂跑损停工。

1.6 烟机结垢

催化裂化装置是原烟机型号为 YL6000A 型，2001 年装置扩能到 1.05Mt/a，并采用不完全再生方式；由于烟气量大增，为回收更多的烟气能量，2005 年烟机型号更换为 YL7000D，并合理优化烟机运行操作使其运行达到最优工况，减少了烟气大量压力能和热能的损失，充分降低装置电耗。每次开工初期前 13 个月以内，烟机运行基本正常，但是开工周期一长，烟机运行极不正常，特别是在 2005~2007 年，由于装置处理能力大幅度增加，两器烟气催化剂旋分回收设备和烟机叶片等多处部位出现结垢现象，多次导致烟机因振动值突增而停机，造成装置能耗和物耗上升，处理能力下降，开工周期难以延长。

1.7 施工质量

2013 年 1 月 24 日，汽提蒸汽管线焊缝处因施工质量问题穿孔泄漏，蒸汽击穿沉降器后再次击穿再生器，不得不停工 10 天处理。从 2002 年 7 月份起，外取热内壁衬里脱落现象严重，进行了外补衬里，未影响到生产，但 10 月 23 日时，外取热被衬里堵塞流通面积，取热接近中断。施工质量的好坏直接影响装置长周期运行效果。

2 原因分析

2.1 沉降器内部旋分器结焦

1）油浆回炼影响。装置最初设计的情况是油浆全回炼，设两个油浆进料喷嘴，但很快发现油浆全回炼后，油浆性质密度大质量差，油浆冷却后可搓成粉，氢含量低至 6%~7%，回炼后不但生焦率高，而且造成油浆系统故障，如油浆系统结垢结膜导致油浆蒸汽发生器每月清洗一次，沉降器单旋内部升气管外壁、料腿内部、沉降器内构件严重结焦，开工周期不超过 6 个月，最短仅 3 个月。

2）粗旋料腿料封不严，粗旋出口至单旋入口间隙过大，反应油气通过料腿和粗旋出口间隙跑出，在沉降器内停留时间过长造成结焦。

3）反应温度高，平均 525℃，油气在沉降器内的继续热裂化结焦。

2.2 再生器主风分布管喷孔磨损及设计问题

主风分布管喷嘴的磨损分为内磨和外磨。外磨是在喷嘴线速度较高和较低时都会出现的磨损形式，较为普遍。内磨是在喷嘴线速度较高时存在的磨损形式，过高的线速度在支管内产生负压，将催化剂通过喷嘴吸入支管而产生磨损。一般情况下，内磨的破坏程度远大于外磨，因为内磨往往会因喷嘴的磨损扩大而将支管在根部切断，给床层流化和烧焦带来严重影响。巴陵石化催化裂化装置 2001 年扩能改造，但主风分布管未相应改造，主风线速低，主风分布管磨损在该运行周期内为影响长周期运行主要问题之一。2011 年主风分布管采用大

孔喷嘴，数量少，压降较低，无法满足不完全再生对主风分布的高要求。

2.3　待生立管松动风和引压管断裂

待生立管松动风和引压管断裂原因是设计以及安装存在问题。松动风经稀密相间变径段改水平走向易晃断，同时固定不牢晃动也导致损坏。

2.4　待生立管穿孔、汽提段底部与待生立管之间过渡段穿孔

2011~2014年运行周期，因待生立管与待生套筒间密封坏，待生立管对中不良，运行过程晃动厉害，导致该处立管穿孔；汽提段底部与待生立管之间过渡段也有穿孔，原因是四路松动蒸汽孔板孔径过大，达4.5mm，蒸汽冲刷过渡段致穿孔。

2.5　再生器二级旋分器内部结垢料腿结垢

再生器二级旋分器内部结垢料腿结垢缩小料腿流通面积，内部龟甲网表层衬里脱落堵塞料腿。

装置扩能改造后，二级旋分器未进行同步升级，尺寸小，速度高，造成料腿入口处催化剂流旋转流速度过高，产生足够形成结垢的压紧力；旋分器入口和料腿温差大，旋分器压降高。以上两因素致再生器二级旋分器内部和料腿结垢。

2.6　烟机结垢问题

不管催化剂细粉成分如何，烟机结垢的物质基础是催化剂细粉；结垢处存在催化剂流旋转或冲击结垢部位处并在该部位处形成逐层结垢现象，扩散段涡流、料腿内部催化剂旋转和烟气对叶片的冲击导致催化剂细粉对结垢部位形成压紧力，当这种压紧力足够大时便形成结垢；并不是所有区域都存在结垢现象，只是存在压紧力的局部区域，如二旋料腿入口段、三旋下料管收缩处、临界流速喷嘴的喉部和扩径段，烟机叶片进风端。

2001年装置扩能改造后，二旋和三旋未进行同步升级，尺寸小，速度高，造成料腿入口处催化剂流旋转流速度过高，产生足够形成结垢的压紧力，这种压紧力无法消除，造成烟机结构振动高。从本装置结垢史发现，装置开工一年后才出现严重结垢现象，而经过烟机检修重新投用后，因振动高高报而重新停机的时间间隔，均不超过1个月。这种现象，分析认为三旋超负荷运行致三旋排尘结垢，且临界流速喷嘴的结垢堵塞更使得三旋烟气下泄量减少，进而更容易引起结垢烟气至烟机叶片，即导致烟机叶片严重结垢的原因是三旋因结垢失效，只要三旋保持正常运转，烟机叶片出现严重结垢的时间会大大推迟。

3　技术措施及效果

3.1　沉降器内部旋分器结焦

随着装置加工原油日趋重质化、劣质化及苛刻度增加，沉降器结焦已成为国内各催化裂化装置越来越普遍的问题。为此，巴陵石化成立了沉降器结焦防治技术的攻关课题小组，对该技术进行了持续的技术研究。历时10年，分阶段实施各项措施，最终取得了令人满意的效果。具体措施：

1）设备结构改进。1999年针对沉降器防结焦主要进行了三处技术改造，一是将粗旋的料腿加长了2038mm，建立低密度料封；二是将粗旋与单旋接口加长了218mm，仅剩50mm；三是在沉降器标高41m处设置拦焦格栅，规格为100mm×100mm。2002年更换翼阀，新翼阀去掉了护罩和限位板，安装角度不变，防止翼阀被结焦糊死，以免单旋失效。2014年MIP改造设备改进，取消了以前延长粗旋料腿、提升沉降器藏量、去掉单旋翼阀护罩和限位

板的措施，恢复单旋翼阀护罩和限位板，降低沉降器藏量到原设计水平；更换沉降器内部各旋分器，软连接间隙为50mm，盒形通道内壁敷衬里；设置溢流斗，将料腿插入其内，溢流斗内设置少量蒸汽松动，其催化剂流化密度达550kg/m^{3}左右。

2）应用高效雾化喷嘴。喷嘴的形式对焦块的形成有很大的关系。喷嘴的好坏影响油的雾化能力，直接影响未汽化油量及焦炭产率。未汽化组分是影响结焦的一个重要组成部分，其附着力大，容易在分离后线速低处形成附着，并发展为结焦中心，逐步形成大的焦块。因此，选择雾化分散效果好的喷嘴相当重要。采用的SKH-4喷嘴替代LPC型喷嘴，气体的速度被加热到超音速，气体与液体速度差增大，雾化效果好，在相同条件下其焦炭产率下降了0.42个百分点(与LPC-1喷嘴比)，这对减少结焦是很有好处的。2008年试用CS喷嘴，也取得了较好的效果，除了催化剂用量有较大幅度的下降外，结焦量有所减少。

3）减少油浆回炼比例甚至完全停止回炼。自1998年逐步实施油浆部分外甩和部分回炼，油浆收率控制在1%～2%以内，油浆平均比重从投产初期的1.16调整到2002年的1.016。为了进一步降低焦源，自2004年起减少油浆回炼比例，相应增大油浆外甩量，油浆收率达到3.0%～4.0%。另外，废弃油浆喷嘴，甚至油浆线仅保持预热效果，2007年改蒸汽预热，油浆回炼管线因内漏堵塞后于2008年拆除。不但如此，由于汽油降烯烃深入开展，反应深度大，2008年起回炼油回炼也开始停止，装置完全实现单程进料，对减少焦源非常有利。

反应沉降器结焦防治技术措施改进，取得了较好的效果，2002年解决了结焦导致非计划停工的问题，使装置具备了长周期运行的基础，2002～2009年后装置运行周期达到500天左右。2011年结焦量仅为5t左右，与以往停工清焦经常达到100t相比取得了显著效果。但由于烟气系统结垢问题困扰，装置没有达到更长周期运行时间。

2009年烟气系统结垢问题解决后，2009～2011年装置取得了连续开工运行710天的成绩，因要进行热联合技术改造，于2011年7月停工，否则连续开工运行周期一定会刷新纪录

3.2 主风分布管磨损及设计问题

2006年大修期间，对主风分布管进行了部分堵孔改动，堵孔100个，减少开孔面积10%，提高主风线速，但大修开工后仍不正常，存在内磨损、分布管穿孔、喷嘴脱落现象，每次大修均要检修。

2014年大修期间针对主风分布管存在的问题，结合所使用过的两种主风分布管的经验，重新设计主风分布管。主风分布管喷嘴个数设为1300个，较2006年投用的增加300多个，喷嘴孔径由20mm改为14mm，为前两次孔径的平均值，同时喷嘴内外采用耐磨陶瓷处理。改造后，第3代主风分布管的喷嘴个数、喷嘴孔径适宜，压降由第2代的5kPa提高到了7.5～8.5kPa，低于1998年投用的第1代的10.5kPa，压降适宜，布气效果更均匀，主风分布管喷嘴耐磨陶瓷处理又有利于减缓磨损。2017年大修期间检查发现主风分布管喷嘴端面不需要检修，只有轻微磨损。

3.3 待生立管松动风和引压管断裂。

2014年大修松动风经稀密相间变径段改水平走向改为稀相段改水平伴待生立管下行经过稀密相间变径段，并加以固定(只能上下活动)，穿过待生套筒顶部的管线采用焊接形式，在再生器内壁上留足膨胀弯头并固定，取消过多的密度计、松动风管。2017年大修开工后

未再出现松动风和引压管断裂现象。

3.4　待生立管穿孔、汽提段底部与待生立管之间过渡段穿孔

2014 年大修将四路松动蒸汽孔板孔径由 4.5mm 改为 2mm，待生立管上部密度波动稳定且上升，穿孔问题得到解决，沉降器藏量波动不能投自动原因消除。2017 年大修待生立管重新对中，密封形式改为塞陶纤密封，解决了密封损坏问题。

3.5　二级旋分器内部结垢，料腿结垢

针对再生器一、二级 PV 型旋分系统使用时间较长、内部衬里鼓包脱落现象严重、以及线速超高等情况，2006 年全部更换为 PLY 型旋分器系统；除了选型更换外，主要是扩大处理能力，如二旋入口面积由原来的 0.267m^2/台增加到 0.306m^2/台，增加了 14.6%；二旋料腿由原来的 ϕ168 改为 ϕ205。经计算，最大负荷时二旋入口仅为 22.9m/s，同比减少了约 4m/s，合乎旋分器使用要求，恢复到装置最初设计水平。

自 2006 年大修后，再生器二旋经历多次停工吊绳检查，都畅通无阻，均未发现结垢现象，催化剂用量逐年下降。2005 年曾发生两组二旋料腿堵塞，年催化剂消耗达到 1.447kg/t，为历年最高消耗值，这还是在异常情况下采用了回补三旋回收剂和以前积聚的平衡剂的结果。回补三旋回收物每周一次，累计加入平衡剂 100t。2006 年大修后消耗量转为正常且不断下降，二旋回收效果处于正常水平，2006 年与 2005 年相比，新剂消耗少了 0.067kg/t，当年加工量为 103.67t，则催化剂少消耗 69.7t，效果明显。

3.6　烟机结垢

(1) 解决催化剂细粉含量高问题

2008 年 1 月检修时更换了提升管原料油喷嘴，原喷嘴为 SKH-4 型，系高速喷嘴，要求蒸汽使用量不超过进料的 5%(质)，但装置原料油系常压渣油性质，设计上又要求蒸汽使用量大于该值，而且该喷嘴系高速喷嘴，速度为 60~90m/s。实际应用过程中，装置喷嘴蒸汽用量平均为 6.5%(质)左右，有利于渣油雾化，但易引起催化剂破碎，不利于催化剂保护，平衡催化剂细粉一直保持在 30%以上。检修后喷嘴改型为 CS 型喷嘴，其特点是低压降喷嘴，喷嘴速度仅为 60m/s，但蒸汽比例可保持在较高的水平。自 2008 年 1 月以来，装置催化剂消耗为 1.19kg/t，而过去达到 1.37kg/t，特别是催化剂三旋回收细粉量大幅度减少，过去每天 1.1t/a，现在 0.5t/a。细粉含量减少，则相应减少了结垢的物质基础。

(2) 通过改造和优化工艺，降低一旋入口温差和浓度差。

调整主风分布管开孔率，缩小温差有利于减少二旋入口浓度差别过大，减轻了部分二旋回收负荷，有利于减轻二旋料腿结垢现象。

(3) 解决三旋排尘管结垢问题

临界流速喷嘴换型。2001 年装置扩能后，加工任务逐年上升，特别是 2004 年催化处理量达 1.12Mt/a，再生压力和烟气量均有不同程度的增加，特别是烟气量增加明显，导致三旋下泄烟气比例减少到 2.61%，低于设计规定的 3%下限。2008 年 1 月检修时用免维护型孔板式临界流速喷嘴代替文丘里式临界流速喷嘴，同时将孔径尺寸增加 9mm，达到 ϕ88，以前的喷嘴喉径为 ϕ79。整个孔板置于烟道内，且孔板后没有管路，气流经孔板直接喷入烟道内，不存在喷出口区结垢的附着部位。

三旋烟气下泄量由原设计的 55Nm^3/min，增加到 82Nm^3/min，增加了 49%。下泄量占总烟气量的 3.34%，满足 3%的原设计水平。烟气下泄量增加有两个好处，一是降低了排料粉尘浓度，二是减少了旋转力度，三旋排料管第一锥出口催化剂速度方向拉向竖直方向，避免催化剂细粉冲击到第二锥内表面形成结垢的可能性。36 组排尘管内，去掉 3 排工艺双锥结构，改为喇叭口结构，降低线速。

2009 年 6 月检修中发现，临界流速孔板没有任何结垢痕迹，表明该项措施十分有效。临界流速孔板不结垢保证了三旋下泄烟气量，减轻了三旋 76 组排尘双锥的结垢的程度，三旋各组排尘双锥结垢虽然存在，但没有一组出现堵塞的情况，特别是只有第二锥出口存在结垢现象，第一锥结垢现象消失，结垢后开口内径最窄处减少到 37~60mm，其中 2 组为 37mm 左右，其他均大于 50mm，全部排尘锥无一堵塞，清除结垢后开口内径为 89mm，三旋系统结垢程度已大为减轻。烟机从 2008 年 1 月到 2009 年 6 月持续运行，开工周期长达 17 个月，装置在烟机正常运转情况下实现了按正常计划停工。

三旋在装置满负荷生产条件下处于超负荷运行状态，压降比原设计增加了 5kPa，过快的粉尘流旋转速度满足结垢所需的压紧力条件。为解决此问题，2011 年装置大修期间对三旋分离单元进行了改造，分离单元由 PDC 型更换成 60 根 PST-300 型分离单管，该分离单管采用改进的导向器，排气结构为分流锥，排尘结构为排尘稳定扇，更换后风量比 PDC 型增加 $150m^3/h$，效率提升 0.6%，三旋压降恢复到原设计水平，烟机入口粉尘浓度由 $150mg/m^3$ 下降到 $85mg/m^3$。

3.7 严格施工质量管理

2014 年和 2017 年大修均对施工质量进行了严格把控，两个运行周期均未再出现施工质量问题导致的非计划停工。

4 结束语

巴陵石化催化裂化装置使用常压渣油作为原料，液态烃收率较高，系统的运行条件较为苛刻。装置在长周期运行过程中遇到很多技术难题，通过对装置进行长期的技术攻关，并采取一系列有针对性的措施，效果较好，实现催化裂化装置“四年一修”的目标。

参 考 文 献

[1] 聂白球，曾光乐. 催化裂化装置沉降器防治结焦技术研究鉴定材料[R]. 2011.

[2] 聂白球，黄伊辉. 提高催化裂化装置再生剂活性及降低催化剂消耗技术研究[R]. 2015.

[3] 聂白球，曾光乐. 催化裂化再生烟气系统防结垢技术应用研究鉴定材料[R]. 2009.

[4] 钮根林，杨朝合，王瑜. 重油催化裂化装置结焦原因分析及抑制措施[J]. 石油大学学报：自然科学版，2002，26(1)：79-82.

[5] 卞凤鸣，李志军，梁先耀. 重油催化裂化装置沉降器结焦原因分析及对策[J]. 石油与天然气化工，2002，31(5)：259-262.

[6] 李鹏，曹东学. 催化裂化装置三旋、烟机结垢原因分析及对策[J]. 炼油技术与工程，2005，35(3)：11-14.

[7] 徐振领. 重油催化裂化装置降低催化剂消耗的方法[J]. 工业催化，2004，12(8)：11-14.

[8] 陈俊武. 催化裂化工艺与工程[M]. 北京：中国石化出版社，2005.

重油催化裂化装置再生器催化剂大量跑损原因分析与处理

安士新　吴　笛　齐笑达　贾振东

（中国石化燕山石化公司　北京 102500）

摘　要　国内某2.0Mt/a重油催化裂化装置因生产调整造成波动，从2月中旬开始出现跑剂现象，经过工艺调整后跑剂量控制基本稳定。利用3月下旬装置检修确定跑剂具体原因并总结改进措施。

关键词　催化裂化；再生器；跑剂；稀相尾燃；旋风分离器

引言

国内某2.0Mt/a重油催化裂化装置是以加氢蜡油和常压渣油为主要原料，其中掺炼常压渣油40%~60%，再生器采用并列式两段串联再生技术，操作弹性较大。本周期装置从2016年7月11日开工，装置在2020年2月11日生产调整过程之后，再生系统出现了较严重的跑剂现象。经过工艺调整后跑剂量被控制并基本稳定，跑剂量维持在20~30t/a左右，2020.3.26停工检修对受损设备进行了更新。

1　2.0Mt/a装置反应再生系统概述

原料与回炼油混合后进入提升管第一反应区，与第二再生器来的高温催化剂发生裂化反应，生成轻质产品、油浆、干气及焦炭。提升管出口粗旋和沉降器内四组单级旋分器将油气与催化剂分离，经过分离后的油气、蒸汽去分馏塔，分离出的催化剂通过料腿返回汽提段汽提后，一部分通过待生斜管进入第一再生器，另一部分返回第二反应区下部以维持第二反应区的催化剂藏量。

催化剂在第一再生器床层中烧掉全部的氢和部分碳。带有CO的贫氧烧焦烟气经旋分器后与第二再生器来带有过剩氧气的烟气混合燃烧达到970~1030℃，进入高温取热器形成中压蒸汽，烟气温度降至700℃以下进入烟机发电，做功后的烟气进入余热锅炉。

从第一再生器出来的半再生催化剂经半再生立管进入空气提升管，由增压风提升至第二再生器，催化剂上剩余的焦炭在过量氧气条件下完全燃烧。再生催化剂从第二再生器出来进入脱气罐并顺次进入再生立管经再生滑阀进入提升管底部，实现催化剂的连续循环。

2　再生器跑剂过程及处理经过

2.1　再生系统出现跑剂，提风效果不明显

2020年1月底，因受新冠疫情影响，燃料油市场需求下降，装置降低加工量。该装置

有两台主风机，驱动机为一汽一电。2 月 11 日，装置加工量 150t/h，为正常负荷的 60%。本装置第一再生器设计为贫氧操作，因处理量波动、生焦减少，主风过剩，使第一再生器由贫氧操作转变为过剩氧气操作，第一再生器稀相出现尾燃。为平衡主风和降低装置耗电量，决定将 2 号主风机组切出系统停机，平衡烧焦供氧。2 月 13 日夜，烟气脱硫塔浆液沉淀物增加，沉淀器刮泥机扭矩上升速度加快，油浆固含无明显上升，判断仅为再生器跑剂。计算发现，第一再生器一级、二级旋风分离器入口线速为 19. 34、21. 22(m/s)，低于 21. 54、24. 74(m/s)的设计值，旋风分离器压降 3. 23kPa 低于 5. 27kPa 的正常值，初步判断旋风分离器入口线速不足，旋分效率下降造成跑剂，决定开 2 号主风机组，尝试恢复停机前操作工况。为缓解跑剂，反再系统降压，提升烟气体积流量，同时增加新鲜剂加料量至 40kg/6min，再生器跑剂现象未缓解，跑剂量经计算约为 15t/d。

2.2 电网波动晃停烟机，造成反再系统均跑剂

2 月 15 日 14 时 53 分 2 号主风机开机，4 分钟后因电网原因造成烟气轮机和 2 号主风机停机。烟机旁路 42 寸阀门卡涩，造成再生器超压至 0. 32MPa，反再系统大幅波动。15 日 23 时油浆固含量上升至 23. 4g/L，同时再生系统跑剂加剧。烟气脱硫塔采样固体含量增加，再生压力进一步降低至 0. 17MPa，提高一再大分布环风量至 900Nm^3/min，以提高一再旋风分离器线速；投用小型加料，提高加剂速度，此时加剂速度约为 12~15t/d。2 月 16 日 10 时油浆固含降至 10g/L。单机操作期间，一再密相温度降低，第二外取热器发汽量低于 15t/h。汽包上水量在 15~20t/h 波动，判断第二外取热器有管束泄漏可能。将第二外管束逐个切出排查，发现第 18#炉管在切断上水发汽后，管内压力不断下降，判断内漏，切出炉管。切换至中型加料，向系统内加入平衡剂，加剂速度约 35~45t/d，系统藏量维持不再下降。18 时 2 号主风机开机向系统并风，开始向停机前工况恢复。2 月 17 日 9 时油浆固体含量降至 3g/L。

2.3 恢复停机前工况，再生跑剂情况加剧

2 月 17 日，恢复至停机前工况，跑剂状况不见好转，反而有加剧趋势。加剂速度依旧维持在约 50t/d，催化剂藏量持续下降至 250t。2 月 18 日，因降量期间催化原料偏轻，引入四蒸馏装置减压渣油 10t/h 用于补充烧焦。此时烟气脱硫塔浆液固体含量超标 40 倍，为缓解烟气脱硫塔负荷，三级旋风分离器废剂储存罐卸剂。三旋效率恢复后，烟气脱硫塔浆液固体浓度不断下降，至 20 日烟气脱硫塔浆液恢复正常水平。

2.4 再生器调整操作

2 月 19 日，三旋细粉分析与平衡剂筛分基本相同，判断第一再生器旋风分离器内构件损坏，再生器线速越高，跑剂越剧烈。提高第一再生器压力，降低第一再生器风量，有利于降低再生器线速，同时降低稀相密度，稀相密度由 9. 8kg/m^3 降低至 2. 1kg/m^3，经一日观察，跑剂现象明显好转，催化剂系统藏量不再下降，基本稳定在 240t。2 月 20 日，由中型加料改自动加料器，加剂速度 40kg/5min，催化剂藏量可维持稳定，跑剂量约 20~25t/d。

2.5 尝试封住再生器旋分器料腿受损部位

2 月 21~22 日，根据 20 日摸索条件，改为中型加料，快速向系统补入平衡剂，将系统藏量补充至 290t，控制沉降器料位至 60%，第二再生器料位 40%，第一再生器料位保持在 30%。根据图纸判断，旋风分离器料腿破损位置可能位于第一再生器料位 60%处的焊缝处。为尝试封住泄漏点，将沉降器料位快速下放，将第一再生器料位提至 60%，经过 6 个小时运行观察，跑剂现象加剧。封闭漏点失败后，恢复至 20 日生产状态，对第一再生器降风操作，

提高再生温度，降低第一再生器料位，催化剂藏量稳步上升。经过摸索总结操作方法，基本可控制跑剂量在20~25t/d，装置在此工况下维持生产一个月至计划停工检修。

3 跑剂原因分析

该重油催化裂化装置第一再生器设置有8组旋分器共16个，每组旋分器由一个一级旋分器和一个二级旋分器组成。内部检查发现一再旋分器料腿断开6根，其中一级旋分器料腿断2根，二级料腿断4根，断口位置为灰斗下方焊口，断裂方式为料腿焊口整体开焊断裂(见图1)。由此可见，多根料腿断裂是本次跑剂的主要原因。

经过对料腿拉杆的检查发现，其他开焊断裂的料腿均由西南侧开焊料腿向外放射状分布，可能与西南侧一级料腿开焊断裂有关。第一再生器内部料腿之间均采用拉杆捆绑式连接成笼状。这种固定方式可能导致了一根料腿开焊后，料腿下部自重使其他料腿焊口都受应力，致其他料腿焊口相继开焊。西南侧一级料腿断开高度为其中最大，约10cm，怀疑其首先断开，然后其自重坠开其他料腿焊口(见图2)。

图1 一再二级旋分器料腿开焊

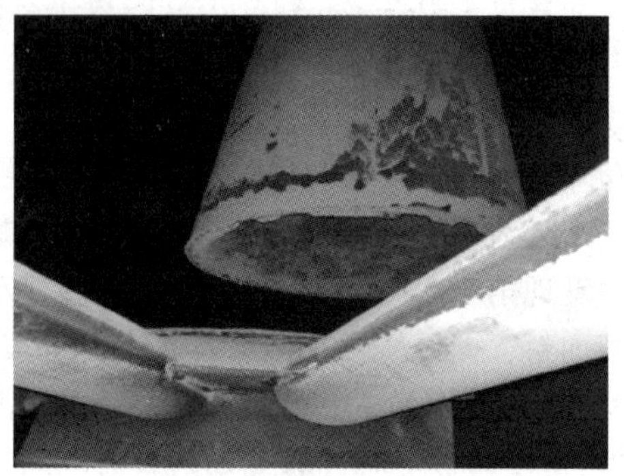

图2 一再西南侧粗旋料腿焊口断裂

4 第一再生器旋分器料腿开焊原因分析

4.1 烟机停机造成反再系统压力大幅波动

该装置再生系统采用并列式两段串联再生工艺，第一再生器旋分器内置，第二再生器采用外置旋分器。本周期运行期间，装置频繁调整加工量，因此工艺操作上频繁调整再生器烧焦风量。2020年1月20日，装置烟机发电机组突然停机，导致第一再生器稀相超压至0.35MPa，随后反再系统通过烟机旁路阀泄压后恢复正常操作压力。1月20日至2月15日期间油浆固含量无超标记录，均在3.4g/L以下。2月15日，烟机发电机和2号主风机因电网原因停机，造成一再稀相超压至0.32MPa，随后通过烟机旁路阀泄压后恢复正常压力，2月16日油浆固含量峰值达到23.4g/L，2月17日油浆固含量下降至5.6g/L，2月18日油浆固含量恢复正常。两次再生器超压时间点相近，且都造成了再生器压力大幅波动，同期因装置负荷与原料变化、烧焦负荷变化致使第一再生器烧焦风量过剩使得稀相超温，可能导致了第一再生器内置旋分器料腿的开焊断裂。从油浆固含趋势来看2月15日的反再系统压力波动应是造成了第一再生器内6根旋分器料腿开焊的直接原因。图3为2月14~20日油浆固含趋势(一天多次分析结果的取最大值)。

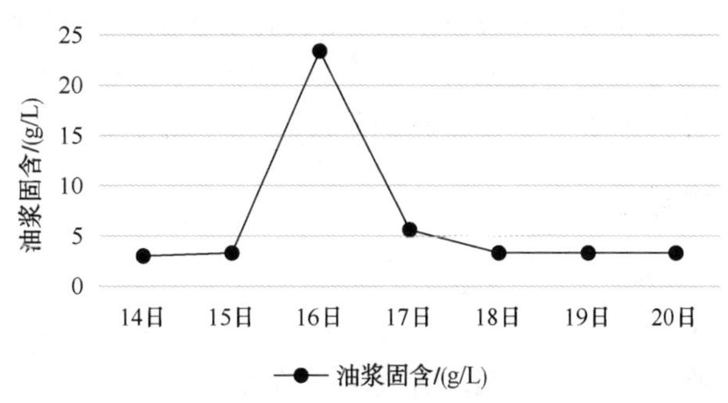

图3　2月14~20日油浆固含趋势

4.2　低负荷下第一再生器稀相超温

该装置反再系统采用并列式两段再生，第一再生器为不完全再生，在贫氧条件下操作。在本周期运行期间，装置频繁调整加工量，因此工艺操作上频繁调整再生器烧焦风量，在运行周期末期，装置维持低处理量。正常生产时，第一再生器稀相床层温度 T144 应等于或小于密相床层温度 T145，工艺管理要求控制 T144 温度不超过 700℃。在日常生产中，装置采用了加 CO 助燃剂的措施降低第一再生器稀相温度。2020 年 1 月 30 日，装置降低处理量。2 月 9 日，T144 温度超过 T145 温度，后续稀密相温差继续加大，说明第一再生器稀相出现尾燃情况。2 月 10 日，T144 超过 700℃，此后第一再生器稀相长期处于超温状态，并间歇性出现 750℃以上高温，稀密相温差在 50~100℃内波动。停工前装置低负荷运行期间，原料性质较轻，反再系统生焦量减少，造成第一再生器稀相氧过剩，不完全再生所产生的 CO 在稀相遇过剩氧发生稀相尾燃，出现稀相超温，对设备内构件造成影响。停工前的 2 个月内的超温运行可能导致了受压力波动影响的第一再生器内构件进一步损坏，是第一再生器旋分器料腿开焊的间接原因。图 4 为 2 月 13 日第一再生器大风环风量 F104 与第一再生器稀相温度 T144 趋势对比。趋势显示一再稀相温度与一再大风环风量呈正相关趋势。

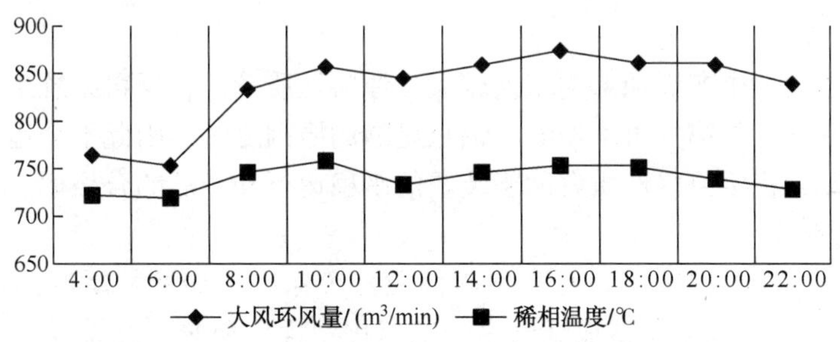

图4　一再大风环风量 F104 与一再稀相温度 T144 趋势

4.3　旋分器使用周期及焊接质量

一再旋风分离器为 2007 年大检修期间更换，至 2020 年累计运行达 13 年，超过设计寿命(设计寿命一般 8 年)。再生器内部环境为高温环境，且有大量流化状态催化剂。高温环境会造成钢材强度下降，同时因操作条件的频繁变化，在应力作用下影响设备使用寿命。大量流化催化剂冲刷焊口会导致焊口减薄。高温、催化剂冲刷最终导致焊口被应力拉断。料腿断裂部位为旋风分离器灰斗底部与料腿结合部位，处于有衬里与无衬里的过渡部位，焊口均为脆性整体断开。该部位材质为0CR18NI9，长期在高温环境下使用使材质尤其是焊口位置处产生裂纹，在应力作用下引起脆性断裂。断口处发现均存在未熔合、未焊透现象。因此分析该次旋分器料腿焊口开焊断裂应与设备超期服役和焊接缺陷有关。

5　预防旋分器料腿损坏措施

5.1　设置装置最低运行负荷

该装置在生产周期末期频繁调整处理量和长期处于低处理量是造成第一再生器频繁出现超温的原因。因此应根据装置具体情况设置装置的最低处理量，并在下个运行周期内保证处理量在最低处理量和最低烧焦负荷以上，防止生焦量过少出现再生器稀相氧气过剩造成尾燃。

5.2　操作上避免大幅波动

该装置在生产周期内频繁调整处理量，造成装置反再系统内温度、压力不稳定，装置运行风险增加。装置反再系统在运行周期末期产生过两次大的压力波动，是这次料腿开焊的直接原因。因此在下个运行周期内应尽量平稳操作，在降处理量时应适当降压以控制旋分和分布管等各部分线速。减少关键机组的不必要停机和启动，保证装置的平稳运行状态。

5.3　整体更换第一再生器2组16台旋风分离器

料腿开焊断裂与设备超期服役有关，因此决定对料腿进行整体更新，第一再生器16台旋风分离器全部换新。对已接近或超过使用寿命的静设备内构件进行详细检查，建立设备缺陷台账，对出现缺陷次数过多及出现过较为严重缺陷的内构件不再维修而是更换新件，以保证运行周期内的平稳安全运行。

5.4　严控焊接质量，增加加强拉筋

料腿焊接时使用专用焊材，不能有油污，焊接口打坡口，氩弧焊打底；安装时按照设计图纸定好基准高度，确保各组旋风分离器标高一致。在旋分器灰斗下方料腿焊口处增加加强拉筋，减少焊口开焊风险。

5.5　平稳原料性质

该装置原料性质在生产周期末期变化较大，原料性质较轻，反再系统生焦量减少，致第一再生器出现过剩氧，是第一再生器出现稀相尾燃的原因之一。因此下个运行周期应尽量减少原料性质的波动，稳定原料性质有助于装置的平稳运行和产品的合格率。

5.6　更换助燃剂型号

该装置在生产周期内因加工量低，原料性质轻等原因出现稀相尾燃，因此采用了加注CO助燃剂的措施。但该措施会造成烟气中的氮氧化物含量和非甲烷总烃含量两个指标的波动，容易造成烟气环保指标超标。因此该装置考虑下周期采用双效脱硝助剂代替CO助燃剂，可以在助燃的同时更好的控制氮氧化物含量，使再生系统不易发生稀相尾燃同时也能较好的控制烟气环保指标。

6　总结

6.1　跑剂原因

2.0Mt/a重油催化装置跑剂原因经设备内部检查确定为第一再生器内多根一级及二级料腿焊口断开所致，在检修中进行了更换。料腿焊口断开的直接原因为焊接质量，间接原因为

使用寿命到期超期服役。

6.2 预防措施

设置装置最低运行负荷，防止生焦量过少导致再生器稀相尾燃；操作上避免大幅波动，减少关键机组的不必要停机和启动，保证装置的平稳运行状态；建立设备内构件缺陷台账，每次检修进行详细更新，对出现缺陷次数过多及出现过较为严重缺陷的内构件不再维修而是更换新件；严控焊接质量，降低焊口开焊风险；平稳原料性质，避免生焦量大幅波动造成的再生器稀相尾燃。

参 考 文 献

[1] 夏明川，常培廷，王建军，等．催化裂化装置再生器跑剂分析与对策[J]．炼油技术与工程，2017，47(4)：48-50.

[2] 潘登．催化装置再生器稀相尾燃的原因及解决措施[J]．河南化工，2019，36(1)：40-43.

二、工艺技术与优化

$1^{\#}$ S Zorb 装置稳定塔顶气回收液化气技术分析与实践

宋尚明

（中国石化燕山石化公司　北京房山 102503）

摘　要　S Zorb 稳定塔顶气组分较重，会对热炉燃烧造成不利影响，加热炉烟气 NO_x 不易控制。通过 $1^{\#}$ S Zorb 装置稳定塔顶气引至二催化装置分馏塔顶罐技改项目的实施投用有效解决了 $1^{\#}$ S Zorb 装置、航煤加氢装置加热炉烟气 NO_x 偏高问题，加热炉操作更加平稳，降低了安全生产风险，回收部分液态轻组分，增加了经济效益。

关键词　S Zorb；稳定塔顶气；瓦斯；轻烃；催化裂化

随着国内对环境保护工作的日益重视，成品油质量升级成为必然趋势。近年来，北京、上海、南京、天津等城市开始将汽油质量硫含量控制在 10×10^{-6}以下，并向全国推广。在此大环境下，S Zorb 装置已成为我国汽油质量升级的主力装置。S Zorb 装置加工的主要原料为催化直供汽油，产品除脱硫汽油外，稳定塔顶气收率在 1%以上，去向为瓦斯管网。因稳定塔顶气组分较重，会对热炉燃烧造成不利影响，加热炉烟气 NO_x 不易控制。稳定塔顶气可引至催化分馏塔顶回收为液化气，具有较高的经济效益。本文详细描述了 $1^{\#}$ S Zorb 装置稳定塔顶气引至二催化装置分馏塔顶罐技改项目的前期论证、实施、投用以及项目实施后的运行情况。

1　技术改造背景

原流程中，$1^{\#}$ S Zorb 装置稳定塔顶气送往瓦斯管网，作为 $1^{\#}$ S Zorb 装置及航煤加氢装置加热炉燃料气燃烧供热。$1^{\#}$ S Zorb 装置稳定塔顶气量在 0. 5t/hr 至 1t/h 之间，$1^{\#}$ S Zorb 装置加热炉 F101 燃料气耗量 0. 25t/h 左右，剩余的稳定塔顶干气送往航煤加氢加热炉。航煤加氢加热炉瓦斯耗量 0. 5t/hr 左右。$1^{\#}$ S Zorb 装置稳定塔顶气氢气体积含量 50%~60%，C_{3+} 组分含量 30%左右，与管网瓦斯相比，轻组分和重组分含量均偏高。由于 $1^{\#}$ S Zorb 装置原料汽油性质及加工量波动等原因造成的稳定塔顶气量的波动，导致航煤加氢燃料气性质波动较大，加热炉运行波动，不利于装置的平稳操作。

$1^{\#}$ S Zorb 装置加热炉 F101 燃料气 C_{3+}组分含量 30%左右，燃料气过重降导致加热炉火焰中心温度过高，造成氮气的高温氧化，最终导致加热炉烟气 NO_x 偏高。该流程投用前，航煤加氢装置加热炉烟气 NO_x 偏高长期在 50mg/Nm^3以上，$1^{\#}$ S Zorb 装置加热炉 F101 由于全部烧自产的稳定塔顶气，加热炉烟气 NO_x 在 65mg/Nm^3以上，有超标风险。

$1^{\#}$ S Zorb 装置稳定塔顶气 2018 年 1~8 月份产量累计 4624t，月均 578t。$1^{\#}$ S Zorb 装置稳定塔顶气 2018 年 1~8 月份 C_{3+}质量含量平均为 74. 57%，二催化装置 2018 年 1~8 月份干气中 C_{3+}质量含量平均为 10. 36%，如果将 $1^{\#}$ S Zorb 装置稳定塔顶气循环回二催化分馏塔，月均可回收液化气 371.13t。干气和液化气价差 2042.51 元/t，月均增加收入 75.8 万元。减去项目投资 30 万元，可实现增效 879.6 万元/a。

2 技术改造主要内容

利用已经不再使用的 1# S Zorb 装置至二催化装置的液化气线，将 1# S Zorb 装置稳定塔顶气引至二催化装置分馏塔顶罐 V201。在 1# S Zorb 装置界区将塔顶干气线与液化气线碰头，在二催化装置从界区液化气线接线引至 V201。1# S Zorb 装置稳定塔顶气压力 0.6MPa 以上，V201 压力 0.1MPa 左右，液化气线管径为 DN50，稳定塔顶气量约 $1000Nm^3/h$，可稳定输送。通过充分管线预制，实现了装置内施工过程零动火。经过水压试验，蒸汽吹扫，2018 年 8 月 10 日将此流程投用。

3 技术改造效果

3.1 加热炉运行状态优化

流程投用后，航煤加氢装置加热炉瓦斯性质趋于稳定，加热炉操作较之前更加平稳，如图 1 所示尤其是加热炉氧含量、负压波动变小。

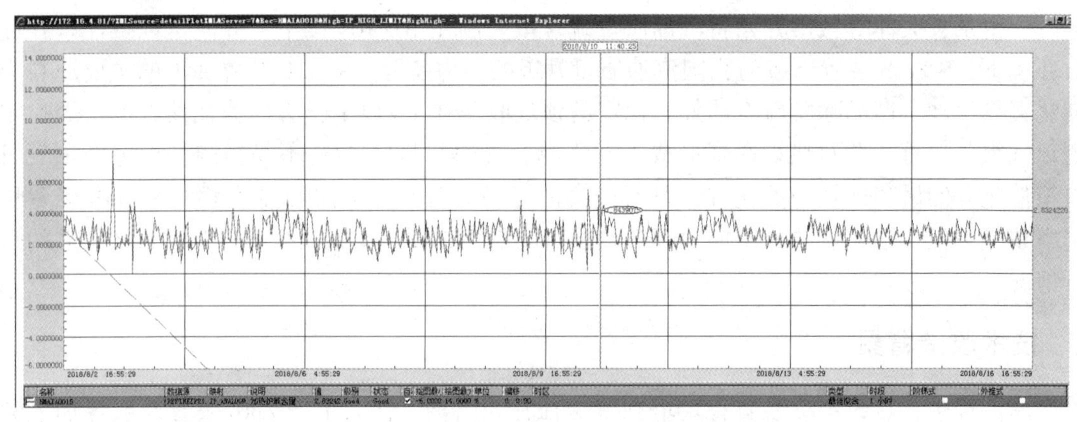

图 1 航煤加氢加热炉 F102 氧气含量波动情况

3.2 加热炉烟气 NO_x 大幅度降低

流程投用后，加热炉燃料气变为管网瓦斯，管网瓦斯 C_{3+}组分含量 5%左右，燃料气变轻。航煤加氢装置加热炉烟气 NO_x 可稳定控制在 $20mg/Nm^3$ 以下。1# S Zorb 装置加热炉 F101 烟气 NO_x 降至 $25mg/Nm^3$(图 2)。

3.3 加热炉瓦斯耗量上升

流程投用后，航煤加氢加热炉燃料气消耗由 0.5t/hr 上升至 0.6t/hr 左右，1# S Zorb 装置加热炉燃料气消耗由 0.25t/h 上升至 0.35t/hr，燃料气消耗大幅度上涨。

表 1 为稳定塔顶气和管网瓦斯气组成对比情况。管网瓦斯气中含有大量的氮气(16.62%)，主要可燃成分为氢气和甲烷(65%)。经过计算，管网瓦斯气的燃料低热值为 $22.205MJ/m^3$，而稳定塔顶气的燃料低热值为 $41.095MJ/m^3$，炼化厂瓦斯气的燃料低，热值仅为稳定塔顶气的 54%。

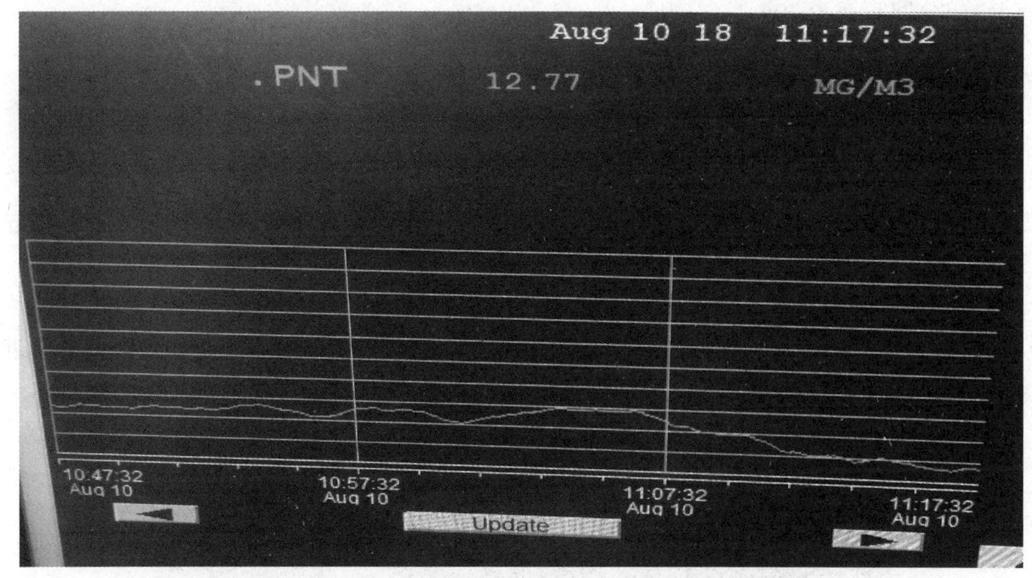

图 2　流程投用后航煤加氢加热炉烟气 NO_x 下降趋势图

表 1　稳定塔顶气和管网瓦斯气性质对比　%(体)

组　　分	稳定塔顶气	管网瓦斯气
O_2	0.65	0.81
N_2	3.58	16.62
二氧化碳	0.05	0.39
一氧化碳	0	0.5
氢气	58.16	39.35
甲烷	7.53	26.1
乙烷	6.4	7.26
乙烯	0.18	5.18
丙烷	3.02	1.54
丙烯	0.87	0.69
异丁烷	3.21	0.69
正丁烷	4.55	0.37
反丁烯	2.07	0.04
正丁烯	1.76	0.05
异丁烯	1.47	0.05
顺丁烯	1.32	0.03
C_5	5.18	0.33
燃料低热值 LHV-0/(MJ/m^3)	41.095	22.205

加热炉燃烧气低热值的降低，导致加热炉燃料气耗量大幅度上升。

3.4　二催化回收 C_{3+} 组分

投用该线后，尽管二催化液态烃收率未有明显上升，但 1# S Zorb 装置为降低产品汽油辛烷值损失，提高稳定塔顶压力，稳定塔顶气下降至 0.5t/hr 左右，C_{3+} 组分降至 23%，保守

估算 C_{3+}组分回收率为 70%，C_{3+}组分回收量为 8.4t/d，经济效益增加量。

4　技术改造造成生产波动

2018 年 12 月 12 日 3：26 分装置瓦斯管网压力降至 0.042MPa，加热炉炉前瓦斯压力低于联锁值 30kPa，装置联锁停加热炉，停原料泵。停炉停泵后立即关闭原料泵出口阀，关闭瓦斯线压控阀手阀，查看确认加热炉长明灯亮，3：56 点加热炉。3：57 开原料泵，装置逐步恢复操作。

此次生产波动的直接原因为瓦斯流量计 FI1301 前管线 U 形弯处有液封、冻凝现象。此次技术改造后，装置加热炉燃料气由稳定塔顶干气变更为管网瓦斯，冬季加热炉燃料气进装置温度降低，此处在冬季易积液、冻凝造成装置瓦斯中断(见图 3)。

图 3　FI1301 前管线低点

在实施本次技术变更前，未能识别出装置瓦斯进装置流量计 FI1301 前管线低点在冬季易积液、冻凝造成装置瓦斯中断风险。波动发生后，增加 FI1301 前管线 U 形弯保温伴热，控制瓦斯进装置温度在 3℃以上，对出现的问题及时处理，确保装置生产稳定。

5　结束语

1# S Zorb 装置稳定塔顶气引至二催化装置分馏塔顶罐技改项目的实施投用有效解决了 1# S Zorb 装置、航煤加氢装置加热炉烟气 NO_x 偏高问题，两套装置燃气中 NO_x 从改造前的 65mg/Nm³、50mg/Nm³ 分别降低到改造后的 25mg/Nm³、20mg/Nm³，加热炉操作更加平稳，降低了安全生产风险，回收部分液态轻组分，增加经济效益。发生联锁停加热炉问题暴露了在实施技术变更前风险识别不到位，响应措施不完善，以后在实施技术变更时应加强风险识别，确保装置平稳生产。

参 考 文 献

[1] 吴德飞，庄剑，S Zorb 技术国产化改进与应用[J]. 石油炼制与化工，2012，43(7)：76-79.

[2] 朱云霞，徐惠. S Zorb 技术的完善与发展[J]. 炼油技术与工程，2009，39(8)：7-12.

[3] 徐春明，杨朝合. 石油炼制工程[M]. 北京：石油工业出版社，2009.

MIP-DCR 工艺技术在催化裂化工业装置的应用

钟贵江　邵光明

（中国石化北海炼化公司　广西北海 536000）

摘　要　本文介绍了催化裂化 MIP-DCR 工艺技术的基本原理和工艺特点，并介绍了该技术在中国石化某分公司催化裂化装置的工业改造及工业应用情况。通过工业装置标定，在原料和操作条件基本相同的情况下，投用 MIP-DCR 工艺后干气收率下降了 0.04%，油浆下降了 1.00%，液化气收率增加了 0.17%，汽油收率增加了 0.27%，总液收增加了 0.06%，基本达到了装置进行 MIP-DCR 工艺改造的目标。

关键词　催化裂化；MIP-DCR；产品分布

1　引言

中国石化某分公司催化裂化装置由中石化广州（洛阳）石油化工工程公司设计，初始设计规模为 1.7Mt/a，操作弹性 60%~110%，年开工时数为 8400h，装置包括反应-再生部分、主风机及烟气能量回收部分、分馏部分、吸收稳定部分（含气压机部分）、产汽及余热锅炉部分，装置于 2011 年 12 月 29 日实现投料试车一次成功。装置反应器采用石科院开发的 MIP-CGP 工艺技术，装置布局采用高低并列式两器布置方案，即再生器、提升管反应器-沉降器并列布置；采用快速床-湍流床主风串联再生器，下部为快速床（亦即烧焦罐），上部为湍流床（即二密相），中间由低压降大孔分布板将两段隔开。2015 年 11 月 25 日至 2016 年 1 月 21 日检修期间，对装置进行扩能改造，采用富氧再生技术，处理能力由 1.7Mt/a 增至 2.1Mt/a，沉降器旋风系统由软连接改为直连结构，装置由 MIP-CGP 工艺改造为 MIP-DCR 工艺。

MIP-DCR 工艺技术通过设置混合预提升器的技术方案来实现冷、热两股催化剂的混合和提升整流，从而降低进入提升管反应器的再生催化剂温度来优化催化剂与反应进料的接触及反应。该工艺的关键是如何实现冷、热两股再生催化剂的均匀混合和提升。

2　MIP-DCR 工艺技术原理

2.1　MIP-DCR 工艺原理

干气中小分子产物是热裂化和质子化裂化反应的主要产物。H_2、C_1 和 C_2 等小分子是烃类热裂化反应的特征产物，反应温度越高，热裂化反应越剧烈。同时 H_2、CH_4、C_2H_6 也是质子化裂化反应的特征产物，高温低烃分压和低转化率条件下对质子化裂化反应有利，而低温高烃分压和较高转化率下对双分子裂化反应有利[1]。

质子化裂化反应发生在催化裂化工艺过程的反应初始阶段，原料中的烷烃分子在催化剂

B 酸性位上质子化生产非经典的碳正离子。此非经典的碳正离子断裂分为两种方式，一是断裂生成小分子烯烃，自身仍然是非经典碳正离子，直至生成经典的碳正离子和小分子烷烃或氢气；二是直接生产经典的碳正离子和小分子烷烃或氢气[2]。故在反应初始阶段降低油剂接触温差，可以有效的降低质子化裂化反应，同时降低热裂化反应。

高温、择形分子筛、低转化率以及较强酸性中心有利于质子化裂化反应的发生，质子裂化反应主要发生在反应的引发阶段，即催化裂化过程中原料油与催化剂接触的阶段；同时考虑到该阶段再生催化剂温度非常高也容易导致热裂化反应，因此，在催化裂化反应过程中，适当降低来自再生器的再生催化剂温度，降低油剂接触温差，可以减少烃类按质子化裂化和热裂化反应发生的比例。基于以上原理，MIP-DCR 技术以重质油为原料，通过降低再生催化剂与原料油的接触温差，一方面尽可能提高原料油预热温度，另一方面降低与催化裂化原料油接触前的高温再生催化剂的温度，增加原料油与催化剂的雾化接触面积，从而减少催化裂化反应过程中的质子化裂化反应和热裂化反应的比例，实现降低干气和焦炭产率以提高产品总液体收率、达到从石油资源中获取更多高价值产品的目的[3]。

2.2 MIP-DCR 工艺主要特点

MIP-DCR 工艺技术除了要求提高原料预热温度外，还在提升管底部采用了冷、热再生催化剂预混合降温技术。除保留 MIP 工艺的技术特征外，其还具有以下工艺特点：

1）串联提升管反应器底部增设催化剂预提升混合器，大幅度降低油、剂接触温差，减少热裂化和质子化裂化反应的比例，从而减少干气和焦炭产率，有利于产物分布的改善。

2）实现了反应温度、再生温度、原料预热温度的独立控制，打破热平衡的限制，从而使剂油比成为独立变量，有利于加工劣重质原料。

3）增加了操作模式的选择，如在相同反应温度下，可以选择高活性、低剂油比或者低活性、高剂油比。

4）高效预提升混合器在不同高度设置了冷、热再生催化剂进口，由于进入混合器的催化剂具有流动惯性，加之高差的存在，所以径向和轴向分布的均匀性均易保证；混合器设置的内置预提升管既满足催化剂提升、整流的要求，又起到冷热催化剂二次均匀混合的作用。

3 MIP-DCR 工艺技术工业应用

3.1 装置 MIP-DCR 工艺改造

通过前期的充分技术分析和认证后，中国石化某公司于 2015 年 11 月至 2016 年 1 月份大检修期间对其催化裂化装置进行了 MIP-DCR 工艺技术改造，装置改造前后反应-再生系统工艺流程图见图 1，主要改造内容如下：

1）提升管反应器：①新增预提升混合器，预提升混合器衬里后内径为 ϕ2000，整体高度约为 6635mm；②粗旋和单旋由软连接改为直连结构，原集气室顶放空移至升降器顶。

2）再生器：①在原循环斜管位置新增一台下流式肋片管外取热器，汽-水循环系统采用自然循环方式，返回管设置单动滑阀控制取热量，同时将原再生循环斜管移位至对面。②在主风管线上新增纯氧分布器，采用富氧再生技术。③为了降低烧焦罐的下部线速，增大烧焦罐的密度，从而增大烧焦罐的烧焦能力，在烧焦罐主风分布管上方增加一个二次主风分配器。

3）特阀类：新增 2 台滑阀，分别为外取热返回烧焦罐滑阀和外取热返回提升管滑阀。

外取热器返回管滑阀衬里后内径为 *DN*700；冷再生催化剂斜管滑阀衬里后内径为 *DN*700。

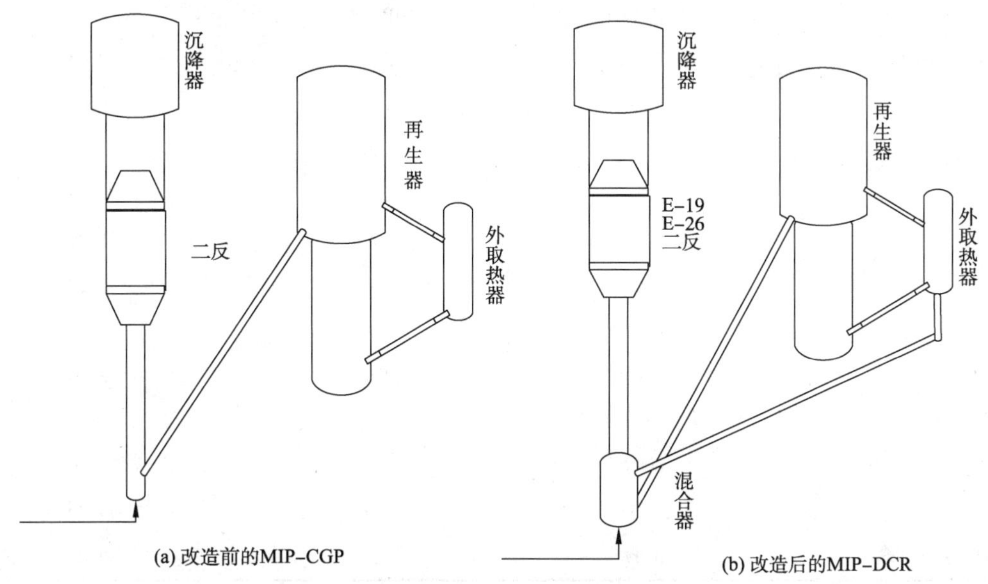

图 1 装置改造前后反应-再生系统流程对比

由图 1 可看出改造后 MIP-DCR 的大概工艺流程，新增外取热器发生中压饱和蒸汽取走再生烧焦过程的剩余热量，冷却后的催化剂分两路，一路进入烧焦罐下部，另外一路通过冷再生斜管与热再生斜管过来的热催化剂一起进入提升管反应器底部的预混合器，最终达到降低再生催化剂温度的目的，

3.2 工业应用情况

MIP-DCR 工艺技术改造一直投用运行至今，因没有进行空白标定，特选取改造前 2015 年全年的平均值作为空白数据，取 2017 年 2 月 14~15 日两天的数据为标定数据，原因是 2017 年 2 月份蜡油加氢装置停运，催化原料性质与 2015 年全年平均值相近，数据具有可比性。

空白期间 2015 年催化全年为 MIP-CGP 工艺技术操作模式，装置平均处理量 189.84t/h，负荷率 93.98%。标定期间 2017 年 2 月 14~15 日期间投用 MIP-DCR，蜡油加氢装置停运，焦化蜡油按正常流程进催化装置，焦化汽油由预提升干气管线注入冷热剂混合预提升器的底部，平均为 20t/h，焦化汽油的注入对产品分布的影响根据之前的标定数据在产品分布中给予扣除，装置处理量平均 237t/h，负荷率 95.08%(按富氧操作时计算)，两种工况下的原料性质见表 1，两次用的催化剂都是长岭剂催化剂厂的 MIP 工艺专用催化剂 CRMI-2，催化剂性质见表 2，两种工况的基本操作参数见表 3，两种工艺下产物分布见表 4。

表 1 MIP-DCR 改造前后催化原料性质

项 目	MIP-CGP	MIP-DCR	差 值
密度(20℃)/(kg/m^3)	935.71	933.1	-2.61
365℃馏出体积/mL	13.3	18.8	5.50
500℃馏出体积/mL	78.5	77.1	-1.40

续表

项　　目	MIP-CGP	MIP-DCR	差　　值
硫含量/%(质)	2.17	2.12	-0.05
残炭/%(质)	0.8	1.61	0.81
10%/℃	355.8	332	-23.80
30%/℃	401.1	391	-10.10
50%/℃	437.7	432	-5.70
70%/℃	478.2	475	-3.20
90%/℃	535.8	533	-2.80
95%/℃	558.6	556	-2.60
饱和烃/%(质)	37.7	41.7	4.00
芳烃/%(质)	60.7	57.4	-3.30
胶质/%(质)	1.3	0.6	-0.70
沥青质/%(质)	0.37	0.3	-0.07

从表1可看出：与MIP工艺相比，投用MIP-DCR期间混合原料密度、硫含量基本相当，从四组成看，MIP-DCR期间原料饱和烃含量高稍高，但是残炭增加了0.8个百分点；整体上看，投用MIP-DCR和MIP-CGP工艺期间原料性质几本相近。

表2　MIP-DCR改造前后催化剂性质

项　　目	再生催化剂		待生催化剂	
	MIP-CGP	MIP-DCR	MIP-CGP	MIP-DCR
催化剂型号	CRMI-2	CRMI-2	CRMI-2	CRMI-2
比表面积/(m^2/g)	137	136		
碳含量/%(质)	0.01	0.04	1.07	1.03
铁/(mg/kg)	1991	1856		
镍/(mg/kg)	1181	1002		
钒/(mg/kg)	1712	1807		
微反活性MA	57.6	57		
0~20μm/%	1.8	0.02		
20~40μm/%	14.8	13.18		
40~80μm/%	47.4	49.71		
>80μm/%	36	37.09		

从表2可看出，两种不同技术工况下使用的催化剂品种相同，均为长岭催化剂厂的CR-MI-2型催化剂，平衡剂活性及其他性能基本相近，催化剂性质对产品分布的影响基本可以排除。

表 3 MIP-DCR 改造前后操作参数对比

项 目	MIP-CGP	MIP-DCR	差 值
沉降器压力/MPa(绝)	0.343	0.350	0.007
新鲜原料处理量/(t/h)	184	237	53
第一反应区出口温度/℃	533	534	2
第二反应区温度/℃	525	529	4
原料油预热温度/℃	252	260	8
预提升混合器温度/℃	—	679	0
中止剂(水)注入量/(t/h)	0	0	0
烧焦罐藏量/t	55	75	20
烧焦罐温度/℃	683	685	2
二密相温度/℃	705	700	-5
稀相温度/℃	712	705	-7
剂油比/(质)	6.5	7.1	0.6

从表 3 可看出，装置扩能后新鲜进料每小时增加 53t，第一反应区出口温度基本相同，投用 MIP-DCR 工艺后，预混合温度控制为 679℃，原料预热温度提高了 8℃，剂油比提高了 0.6 个单位。

表 4 MIP-DCR 工业标定产品分布 %(质)

项 目	MIP-CGP	MIP-DCR	差 值
H_2	0.09	0.08	
H_2S	0.25	0.27	
CH_4	1.05	1.00	
C_2H_6	0.97	0.85	
C_2H_4	0.73	0.68	
干气(C_1~C_2)	4.06	4.02	-0.04
C_3H_8	1.85	1.76	
C_3H_6	5.42	5.46	
iC_4H_{10}	2.73	2.85	
nC_4H_{10}	0.72	0.75	
nC_4H_8	1.71	1.36	
iC_4H_8	0.71	0.68	
液化气(C_3~C_4)	16.17	16.34	0.17
汽油	40.76	41.03	0.27
轻循环油	21.61	21.23	-0.38
油浆	10.04	9.04	-1
焦炭	7.2	8.2	1
损失	0.16	0.14	-0.02
轻收+液化气	78.54	78.6	0.06
转化率	68.35	69.73	1.38

表4列出了两种工艺下的产物分布情况。经过对比，在基本相同的原料、催化剂性质和操作条件下，装置改造后，干气收率(未扣除非烃)下降了0.04%，液化气收率上升了0.17%，汽油收率增加了0.27%，轻循环油下降了0.38%，油浆下降了1%，生焦增加了1%，转化率增加1.38%，汽油+液化气增加了0.44%。根据Wielers[4]曾提出"裂化机理比例"(CMR)的概念：$CMR=(C_1+\sum C_2)/(i-C_4^0)$，用于定量描述正己烷裂化时质子化裂化反应机理和双分子反应机理发生的比例。CMR高(CMR>1)表示正己烷裂化中质子化裂化反应显著；CMR低(1>CMR>0)则意味双分子反应机理占主要地位。通过给出的裂化机理比例公式进行计算得到：MIP-DCR工艺标定期间CMR值为0.887，空白标定期间CMR值为1.007，MIP-DCR工艺标定期间比空白标定期间的CMR值低0.12，表明在MIP-DCR工艺标定期间质子化裂化和热裂化的发生程度明显低于空白标定期间。

按照MIP-DCR工艺技术原理，投用DCR工艺后装置生焦量从理论上应该会降低，但在实际标定期间装置生焦增加约1%。一般认为焦炭是由催化焦、污染焦、原料焦、剂油比焦及未汽化组分等五种焦炭组成，未汽化组分实际上是由于原料中高沸点组分在进料段难以全部汽化，黏附在催化剂表面在反应区内形成的焦炭。MIP-DCR工艺阶段生焦增加分析认为主要有以下几个原因：①催化焦随转化率的增加呈指数关系增长[5]，转化率的增加是生焦增加的原因之一；②冷热催化剂分布不是特别均匀，加之再生催化剂整体温度降低，导致油剂接触温度降低后，造成提升管内未汽化油增加，导致黏附在催化剂上增加了生焦；③剂油比增加，这主要是剂油比的增加所致，通过生产调整可以进行控制；④MIP-DCR投用后，因为残炭提高导致原料焦增加。

4 改造后反应-再生系统操作控制及变化分析

通过对MIP-DCR工艺技术投用前后的简单标定来看，可以肯定的是MIP-DCR工艺技术基本上达到了其设计目的，剂油比成为独立变量，可以进行适度调节，产品分布中干气、油浆收率降低，总液收增加，轻循环油收率略有下降。通过近两三年的装置实际运行情况，对装置改造后在操作上的一些变化进行分析和总结。

1) 开工反应系统烘炉操作变化：沉降器旋风系统由软连接改为直连结构后，在开工烘炉时，提升管反应器、沉降器旋风系统和集气室由大油气管线上的放空阀开度控制升温速度，而汽提段和沉降器的升温速度由沉降器顶放空阀开度控制，两个部分单独控制；

2) 开工两器流化期间操作控制：两器流化初期，稍开DCR冷再生滑阀以保持冷再生斜管有催化剂流通即可，提升管反应器的升温速度仍由原再生滑阀控制，直至装置进料操作平稳后再逐步开大DCR冷再生滑阀，通过调整预混合器温度来优化产品分布；

3) 再生器二密相温度控制：改造后新增了一个小外取，因此两个外取均可调节再生器二密相温度。为了规范操作简化操作，一般将新增DCR小外取下滑阀开度固定或微调，二密相温度主要通过原大外取下滑阀进行调节；

4) 反应温度控制：一般将一反出口温度作为反应温度的控制点，改造后原再生滑阀和新增的DCR冷再生滑阀的开度都会影响一反出口温度，为了规范操作，在日常操作一般将DCR冷再生滑阀进行微调只控制预混合器的温度，一反出口温度仍有原再生滑阀控制；

5) 剂油比调整变化：改为MIP-DCR工艺后，增加了一路冷再生催化剂，剂油比调节手段更加灵活，剂油比相比改造前增加了0.5~1个单位；

6）烧焦罐藏量调整变化：改造前在再生循环滑阀全开的情况下烧焦罐藏量只能达到 55t 左右，烧焦罐藏量调节几乎没有余地；改造后新增了一个 DCR 外取热器，多了一股二密相催化剂进入烧焦罐，在循环滑阀开度不到一半的情况下烧焦罐藏量可达到 75t 左右，烧焦罐藏量调节余地增加，藏量增加后烧焦量也提升了，再生器稀相尾燃情况也得到了改善；

7）装置抗波动能力变化：沉降器旋风系统由软连接改为直连结构后，由于提升管反应器、旋风系统和沉降器之间的相连通道大幅降低，导致提升管反应器抗波动能力随之大幅下降，因此在装置提降量过程要更加缓慢，若过快可能导致装置跑剂；

8）预混合器温度：通过不断摸索和总结，预混合温度在 675～685℃期间，产品分布较为理想。

5 结论

1）在操作条件、催化剂、催化混合原料性质相近的情况下，投用 MIP-DCR 后，加工负荷提高 28.80%，剂油比提高 0.6 个单位，相比 MIP-CGP 转化率提高 1.38 个百分点，干气降低 0.04 个百分点，液化气+汽油提高 0.44 个百分点，达到 DCR 工艺技术改造降低干气、提高重油转化、提高汽油与液化气产率的目的。

2）装置进行 MIP-DCR 工艺技术改造后，剂油比由非独立变量变成了独立变量，可以灵活调节，对优化装置操作、改善产品分布提供了更加灵活的手段。

参 考 文 献

[1] 陈俊武，许友好. 催化裂化工艺与工程[M]3 版. 北京：中国石化出版社，2015.

[2] 许友好. 催化裂化化学与工艺[M]. 北京：科学出版社，2013.

[3] 龚剑洪，许友好. MIP-DCR 工艺技术的开发与工业应用[J]. 石油炼制与化工，2013，44(3)：6-11.

[4] WielersA F H，Vaarkamp M，Post M F M. Relation between properties and performance of zeolites in paraffin cracking [J]. J Catal，1991，127(1)：51-66.

[5] 高金森. 反应温度及掺渣比对渣油催化裂化生焦率的影响[J]. 石油炼制与化工，1985，39(5)：12-14.

催化裂化液化气羰基硫脱除方法效果评估

蔺峰涛

（中国石化沧州炼化公司　河北沧州 061000）

摘　要　对来自催化裂化装置液化气中羰基硫的来源和去向进行了分析。液化气中羰基硫含量相对较小，其危害一般不是对液化气总硫的影响，主要危害是在气体分馏过程中富集到丙烯气中，成为聚丙烯工艺催化剂的有害毒性物质，影响丙烯聚合反应。本文通过对脱除液化气中羰基硫的各种方法进行分析，为企业采取适合自身特点的措施提出了建议。

关键词　催化裂化；液化气；丙烯；羰基硫

1　前言

催化裂化工艺是丙烯的重要来源，其产能占丙烯总产能的34%（2017年，中国）。丙烯是重要的有机化工原料，约68%用于生产聚丙烯（2017年，中国）。来自催化裂化装置和掺有少量延迟焦化装置的液化气中普遍含有羰基硫，液化气中羰基硫含量不高，对液化气总硫影响不大，但由于羰基硫沸点与丙烯非常接近且略低于丙烯，在气体分馏过程中会富集到丙烯气中。硫化物是聚丙烯催化剂的极有害毒性物质，影响丙烯聚合反应。聚丙烯装置通常配有原料精制系统，通过水解脱硫技术脱除羰基硫，但在原料丙烯硫含量上升幅度较大时，脱硫效果变差，同时消耗脱砷剂有效成分氧化铜，使脱砷效果下降，因为脱砷剂有更好的脱硫性能。沧州炼化公司对原料丙烯硫含量的控制指标是≤10μg/g，超过此指标时，可造成丙烯不发生聚合反应。

2　羰基硫的物化性质

2.1　分子结构

羰基硫又名氧硫化碳或羰酰硫，分子简式为COS或OCS，其分子结构较为简单，气态的COS分子为直线型，一个碳原子以两个双键分别与氧原子和硫原子相连，分子结构紧凑近似呈一头大一头小的椭球型，如图1所示，故而物理化学性质比较特殊且稳定。

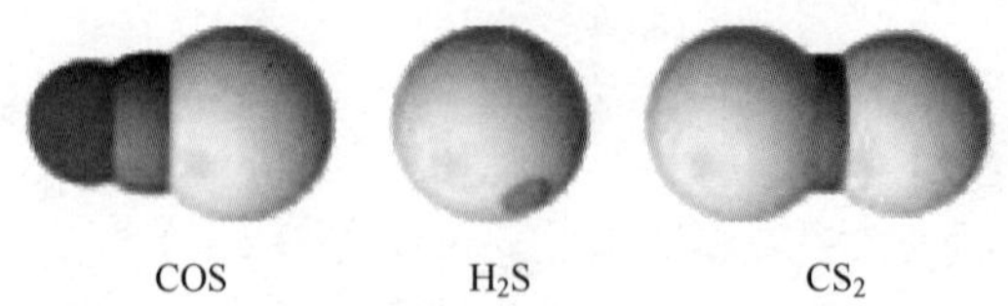

COS　　H_2S　　CS_2

图1　羰基硫、硫化氢和二硫化碳分子结构

2.2　化学性质

液化气中羰基硫可以发生氢解反应或水解反应转化成为硫化氢，生成的硫化氢再用活性炭或氧化锌等脱硫剂脱除。

氢解反应式：

$$COS+H_2 \longrightarrow CO+H_2S$$

水解反应式：

$$COS+H_2O \longrightarrow CO_2+H_2S$$

2.3 沸点及影响

液化气进入气体分馏时，硫化氢已被胺液、碱液接近全部吸收。

从表 1 可以看到，液化气脱硫后剩余的甲硫醇以及更重的乙硫醇、二甲基硫醚、甲乙基硫醚、二甲二硫醚等，由于沸点高于各丁烷、丁烯异构体，在经过脱丙烷塔分离后，基本进入塔底 C_4 馏分中。

羰基硫的沸点数据与丙烯极为接近且略低于丙烯，使得与丙烯的分离十分困难。在气体分馏中，除在脱乙烷塔顶随不凝气少量排出返回催化裂化吸收稳定系统，其他都被浓缩至精丙烯馏分中，是精丙烯含硫物的直接来源。

这一点从长期统计的化验分析数据中也可得到证实。气体分馏产品的 C_4 馏分中硫含量最高，承接了原料中绝大部分的总硫含量。精丙烯馏分硫含量随原料羰基硫含量变化而变化。丙烷馏分硫含量最低且稳定，常年保持<1.0mg/m^3(仪器检测不出)。

所以正常生产条件下，气体分馏装置精丙烯硫含量取决于原料羰基硫含量，与原料总硫含量无直接关系。

表 1 液化气中部分烃组分与硫化物沸点

组　分	沸点/℃	组　分	沸点/℃
硫化氢	-60.4	丙烷	-42.1
羰基硫	-50.2	异丁烷	-11.7
甲硫醇	7.6	正丁烷	-0.5
乙硫醇	36.2	异丁烯	-6.9
甲硫醚	38.0	正丁烯	-6.47
乙烷	-88.6	顺丁烯	3.72
丙烯	-47.4	反丁烯	0.88

3 液化气中羰基硫的脱除

2018 年初，沧州炼化公司精丙烯硫含量持续偏高，超出了聚丙烯脱硫精制系统的处理能力，对聚丙烯的生产造成了严重影响。

表 2 中可以看到，精丙烯硫含量持续偏高且波动较大，通过对硫形态进行分析，确认主要为羰基硫。为控制气体分馏精丙烯硫含量≤10μg/g，采取了一系列措施，以下对这些措施进行分析和讨论。

表 2 精丙烯硫含量

日　期	硫含量/(mg/kg)	日　期	硫含量/(mg/kg)
2018/2/7	3.2	2018/3/7	13.9
2018/2/14	11.8	2018/3/14	8.3
2018/2/21	11.8	2018/3/21	19.8
2018/2/28	14.6	2018/3/28	9.4

3.1 控制羰基硫的生成

催化裂化和延迟焦化的原料都是蜡油、渣油等重油，其中的硫化物结构复杂、种类繁多，反应过程也很复杂，会发生多次的裂化、缩合、氢转移、歧化等反应，要精确说明反应路径是很困难的。生成的羰基硫在大于300℃时还会发生分解反应：

$$COS \xlongequal{} CO+S$$

由于其复杂性，对于羰基硫的生成机理，目前尚未见到较深入的理论研究，因此很难根据反应机理来控制羰基硫的生成，但是企业仍然可以根据积累的经验来分析影响羰基硫生成的因素，采取一些积极的应对措施。

如某企业总结发现不同原油品种与液化气中羰基硫含量有对应关系，提出了从催化裂化原料调配的源头开展工作，控制羰基硫生成的措施[2]。

但总的来说，影响羰基硫生成的因素很复杂，原油的采购和加工流程可调整的余地也不大，从源头上主动控制羰基硫的生成目前缺乏可行性。

3.2 控制催化液化气中羰基硫向催化干气转移

羰基硫沸点略低于丙烯，同时存在于催化液化气和催化干气中。

催化干气经过胺脱后，硫化氢含量已不高，但总硫含量仍然很高，这部分硫化物主要为硫醇、羰基硫等有机硫化物。

原则上，催化裂化装置吸收稳定系统调整控制参数，气体分馏装置脱乙烷塔提高去催化吸收稳定不凝气的排放量，通过适当移动液化气和干气的分割点，是可以实现液化气中部分羰基硫向催化干气转移的。但实际上存在两个问题，一是羰基硫沸点与丙烯接近，造成液化气 C_3 的损失，效果不大且影响经济效益；二是动力锅炉烟气二氧化硫排放指标提高后($\leqslant 10mg/m^3$)，作为燃料的干气也要严格控制硫含量($\leqslant 48mg/m^3$)。从表3来看，脱硫化氢后催化干气硫含量已处于较高水平，增加催化液化气中羰基硫向催化干气转移也是缺乏可行性的。

表3 催化干气脱硫化氢后的硫组分

项　目	数　值	项　目	数　值
硫化氢/(mg/m^3)	2	总硫/(mg/m^3)	46

如延迟焦化装置干气用作制氢原料、液化气去气体分馏，保持焦化干气适当的 C_3 含量(2%~3%)，对于降低并稳定焦化液化气羰基硫含量是有益的，而焦化干气中增加的羰基硫及其他有机硫在制氢装置原料精制系统可通过氢解很容易除去。

3.3 醇胺溶液对羰基硫的脱除作用

醇胺溶液普遍用于脱除液化气中的硫化氢。按连接在胺基的氮原子上的“活泼”氢原子数，醇胺可分为伯醇胺(如MEA)、仲醇胺(如DEA、DIPA)和叔醇胺(如MDEA)三大类。碱性较强的伯胺和仲胺能够与羰基硫反应生成相应的硫代氨基甲酸盐。对于叔醇胺而言，氮原子上没有氢原子，通过脱除羰基硫的方式仅限于碱催化过程，反应速率更低，一般来说MDEA溶液脱除羰基硫的脱除率仅20%左右[3]。

醇胺首先与液化气中酸性较强的 H_2S 和 CO_2 反应，再与酸性较弱的有机硫反应。因此，要想提高脱除羰基硫的效果，保持胺液良好的再生效果(贫胺液硫化氢浓度低)、较高的胺浓度是必要的。如图 2 可以看出实际运行数据也能够体现出这一规律：

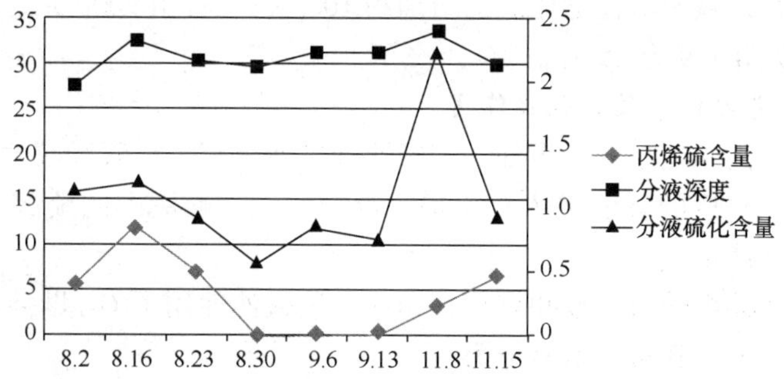

图 2 贫液浓度与丙烯中硫含量的数据对比(2017. 7. 12~11. 15)

3.4 脱硫醇预碱洗对羰基硫的脱除作用

在液化气脱硫醇工艺中，设置预碱洗的目的是控制液化气夹带的胺液和未脱净硫化氢进入脱硫醇系统。由于氢氧化钠可以起到了羰基硫水解催化剂作用，预碱洗可以同时脱除羰基硫，反应式如下[3]：

$$COS+4NaOH \xlongequal{} Na_2S+Na_2CO_3+2H_2O$$

理论研究证明，氢氧化钠溶液是羰基硫良好的水解吸收剂，其水解反应属不可逆快速反应吸收过程。水解速率随温度的升高而增大，起始氢氧化钠溶液离子强度高可以增加反应速率常数(这一现象可以强电解质溶液对水解反应的作用来解释)[3]。

预碱洗系统碱液容量小，少的新碱液的置换即可改善碱液质量，对羰基硫的脱除有良好的效果。

表 4 为 2018 年 4~7 月初，每次预碱洗系统置换新碱液前及置换后次日丙烯硫含量的变化，可以看到碱液置换后丙烯硫含量(羰基硫)下降明显，而且规律性非常强。

表 4 预碱洗碱液置换前后丙烯硫含量变化

置换时间	换前/(mg/kg)	次日/(mg/kg)
2018/4/6	10. 3	2. 8
2018/4/30	8. 2	3. 8
2018/5/22	5. 3	<0. 5
2018/6/7	13. 1	6. 1
2018/6/23	8. 6	2. 2
2018/7/6	18. 86	5. 2

根据此规律，2018 年 7 月初开始，在平稳控制贫胺液品质(贫液硫化氢含量平均 1. 37g/L，胺浓度平均 31. 8g/100mL)的基础上，大幅增大了预碱洗更换碱液数量。分别在 7 月 6 日、12 日、20 日、27 日、31 日分别置换碱液约 3t。7 月 20 日脱硫醇再生碱液更换 12t。随着大量碱液的使用，困扰多日的丙烯硫含量高的问题得到了解决。

7 月 8 日~8 月 8 日三个丙烯球罐硫含量分析数据统计如下：

丙烯罐 1：最高 4. 8mg/kg(7 月 8 日)，小于 1mg/kg 的分析数值占 81%；

丙烯罐 2：最高 1. 7mg/kg(7 月 19 日)，小于 1mg/kg 的分析数值占 89%；

丙烯罐3：最高7.7mg/kg(7月8日)，小于1mg/kg的分析数值占63%。

存在问题是，每月碱液消耗量比之前增加约10t，折合费用9000元，碱渣处理费用增加4万元，合计增加费用4.9万元/月。

3.5 碱液脱硫醇工艺对羰基硫的脱除作用

液化气脱硫醇工艺原理是液化石油气与碱溶液接触，硫醇与碱反应生成硫醇钠并转移到碱相中，与液化气分离后的碱液进入再生塔，混合空气，碱液中的硫醇钠被氧化成二硫化物，碱液再生后循环使用。

为增强对硫醇的抽提能力，沧州炼化公司在工艺碱液使用了GL助溶剂，主要作用是提高硫醇在碱液中的溶解度和碱液溶氧能力。

2019年1月，在GL助溶剂中复配了脱羰基硫助剂，以提高羰基硫在碱液中的溶解能力，加速羰基硫水解的催化反应速度。工业应用试验取得了较为满意的结果，脱除羰基硫效果确切，试验期间未发生丙烯硫含量(羰基硫)超过10μg/g的现象。虽然羰基硫水解生成的硫化氢和二氧化碳会消耗碱，最终增加碱渣排放，但由于羰基硫总量较小，影响不是很大。

4 总结

由于羰基硫沸点与丙烯极为接近且略低于丙烯，催化裂化液化气经气体分馏得到的丙烯中硫化物主要是羰基硫。焦化液化气丙烯含量少，羰基硫含量高，不建议进入气体分馏装置生产丙烯。

催化裂化原料中硫化物形态多样，液化气中羰基硫产生原理复杂，不可控因素多，实现源头上主动控制羰基硫的生成较为困难。

醇胺溶液可以脱除液化气中部分羰基硫。对于MDEA来说，由于叔胺特殊的分子结构，脱除羰基硫能力较差，可以考虑在胺液中加入亚砜等有机溶剂，通过物理吸收增强脱除羰基硫的能力。

氢氧化钠溶液是羰基硫良好的水解吸收剂，水解速率随温度的升高而增大，起始氢氧化钠溶液离子强度高可以提高反应速率常数。此方法脱除羰基硫的缺点是碱液消耗大，碱渣排放多。

目前推荐在脱硫醇循环碱液中使用脱羰基硫助剂，效果好，费用低。缺点是羰基硫水解产物消耗的碱液不可再生，会少量增加碱液消耗和碱渣的排放。

参 考 文 献

[1] 张成芳，钦淑均，郑志胜，等．羰基硫在氢氧化钠水溶液中的水解动力学[J]．化工学报，1992.4(2)：165-171.

[2] 冯海春．Hysys软件在分析精丙烯硫化物来源中的应用[J]．炼油设计，2002.10：32-35.

[3] 王亚军，李春虎，薛真，等．溶剂法脱除天然气中有机硫的原理及发展趋势[J]．天然气与石油，2015.6(3)：28-32+8.

催化裂化装置提高汽油产率的措施与效果

李向阳　王　卫　林春阳　颜世山

（中国石化济南炼化公司　山东济南 250101）

摘　要　本文通过对催化裂化装置的原料性质、催化剂与助剂的使用情况及装置操作参数等方面进行优化调整，使产品分布得到了改善，效益产品增加明显，汽油收率增加 1.72 个百分点，总液收率略有增加，对济南炼化汽油计划的完成及增效贡献巨大。

关键词　催化裂化；优化；汽油收率；效益

1　概况

中国石油化工股份有限公司济南分公司（简称：济南炼化）炼油二部催化裂化装置设计规模为 1.20Mt/a 重油+0.88Mt/aLTAG，采用双反应器双分馏塔工艺方案。其中，1.20Mt/a 重油催化装置加工高掺渣重油原料，主要由减压渣油、减压蜡油、焦化蜡油组成。该反应器采用石油化工科学研究院开发的 MIP 工艺技术，该技术突破了原有的催化裂化工艺对氢转移反应的限制，实现了可控性和选择性地进行裂化反应、氢转移反应和异构化反应以达到降低汽油烯烃含量，提高异构烷烃含量的目的。提升管出口采用中国石化工程建设有限公司（SEI）开发的密闭旋流式快速分离系统（VQS），再生部分采用重叠式两段不完全再生技术。装置改造后于 2018 年 9 月顺利开工，截止目前装置运行总体平稳。

2　提高汽油产率措施

2.1　优化装置原料性质

原料特性因数 K 值在评价催化裂化原料性质上被普遍使用。特性因数是由密度和平均沸点计算得到，K 值的高低，最能说明该原料的生焦倾向和裂化性能。原料 K 值越高越有利于裂化反应，且生焦倾向越小。由于装置掺量相当大部分的渣油以及原料中芳香烃含量较多，特性因数不能准确地表征其化学属性，使用时会导致较大的误差，我们选用“转化率前身物”的量、轻柴油前身物的量、焦炭和澄清油前身物的量来进行评价。转化率前身物包括了饱和烃和单环芳烃，他们最终可以裂化为汽油、裂化气和少量焦炭。

济南炼化炼油二部催化裂化装置主要原料由减压渣油、减压蜡油、焦化蜡油构成。自 2019 年 9 月中旬开始，结合全厂物料情况调整原料掺渣比，优化原料组成，以降低原料密度及重金属含量，提高汽油收率。措施实施后，原料性质见表 1。

表 1　原料油性质

项　　目	调整前	调整后
试样密度（20℃）/（kg/m^3）	951.5	947.3
2%馏出温度/℃	332	336

续表

项　　目	调整前	调整后
10%馏出温度/℃	387	375
50%馏出温度/℃	430	491
500℃馏出量/℃	475	52
残炭/%(质)	7.18	6.22
硫含量/(mg/kg)	7310	6660
氮含量/(mg/kg)	4042	4558.52
镍含量/(mg/kg)	16.75	15.04
钒含量/(mg/kg)	7.97	6.92
族组成/%(质)		
饱和烃	42.34	43.83
芳烃	31.93	32.12
沥青质	1.47	1.87
胶质	24.26	22.18

2.2　优化反应—再生操作条件

2.2.1　优化催化剂配方，提高平衡剂活性

针对原料中重金属含量高，尤其是 Fe 含量高达 35mg/kg 以上的现状，运行部及时反馈催化剂公司调整配方，增加催化剂的重油转化能力、选择性。调整配方后的催化剂在 Fe+Ni+V 含量高达 18701μg/g，其中 V 含量高达 7086μg/g 的情况下，仍能保持较理想的产品分布。10 月初开始催化剂置换，一是调整催化剂加料程序为：自动加料频次增加到 1 次/2h，加料时间 5min；二是根据原料油性质及反应深度的变化手动加料 1~1.5h。为有效跟踪催化剂活性的变化情况，一方面委托催化剂齐鲁分公司增加再生催化剂分析频次，为及时掌握催化剂活性变化趋势，另一方面由济南炼化检验计量中心协助加样分析(由于仪器及分析方法不同结果偏差较大)。10 月底催化剂置换结束，催化剂活性达到预期值 64.0%(质)，比表面积最高 103m^2/g，比表面积平均值为 99m^2/g，详细数据见表 2。

表 2　平衡剂活性及比表面积分析

采样日期	活性/%(质)(齐鲁分析)	比表面积/(m^2/g)(齐鲁分析)	活性/%(质)(济南炼化分析)	比表面积/(m^2/g)(济南炼化分析)
2019-10-07	60	90		
2019-10-13	62	97		
2019-10-14	60	94		
2019-10-15	60	98		
2019-10-16	62	96	67.88	88.4
2019-10-17	60	97		
2019-10-18			66.02	90.5
2019-10-20	62	93	65.39	92.2
2019-10-21	63	103		
2019-10-22	64	101		
2019-10-24	64	101	65.32	97.9

2.2.2 优化催化剂再生条件

催化剂再生效果评价直接的判别标准是再生催化剂含碳量，间接的标准则是催化剂的平衡活性。在保证催化剂再生性能的前提下，适当降低第一再生器(简称一再)温度(见图1)以降低催化剂出现水热失活及烧结导致永久性失活的可能性，保证催化剂活性的稳定。根据重油进料的性质、雾化效果、催化剂预提升段的催化剂分布情况、提升管的反应时间，确定合适的再生温度(二再温度)。现阶段调整方向为降低二再温度5℃左右(见图2)，适当提高剂油比，提高了催化剂选择性、反应速率，有效控制干气和焦炭产率，增加了目的产品转化率。方案实施过程中，对10月7日至11月28日平衡剂进行了加样跟踪分析，分析数据表明对平衡剂没有造成不良影响，统计到11月底在单耗不变的情况下，平衡剂碳含量、活性及比表面积等关键性能指标较优(见图3~图5)。

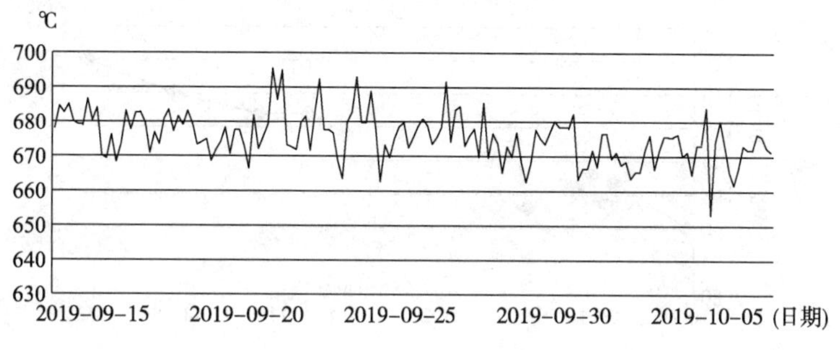

图1 一再密相温度变化趋势图

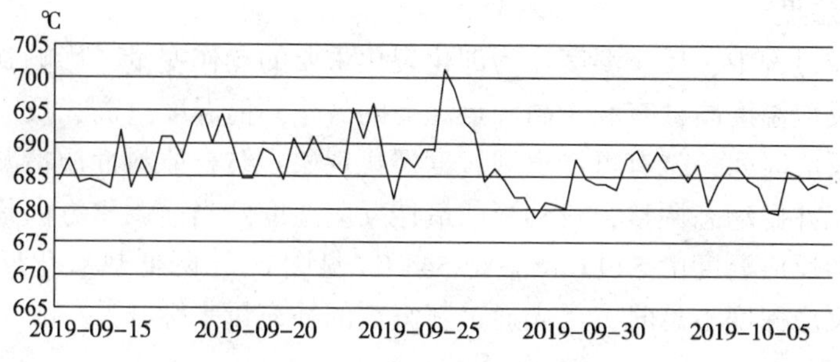

图2 二再密相温度变化趋势图

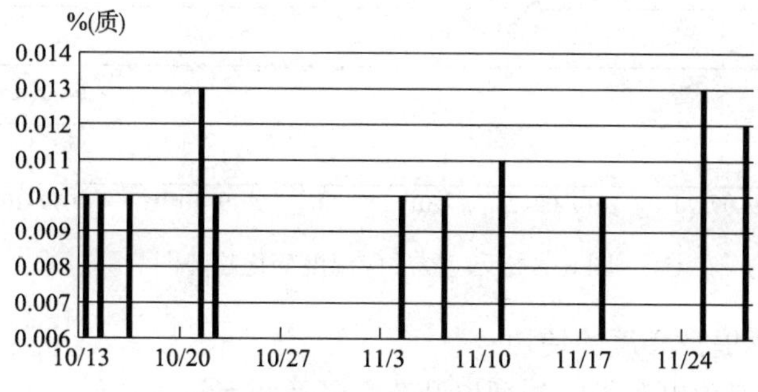

图3 平衡剂碳含量变化趋势图

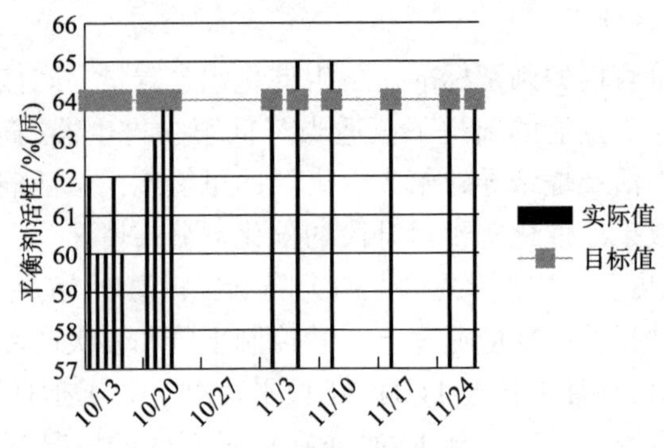

图 4 平衡剂活性曲线图

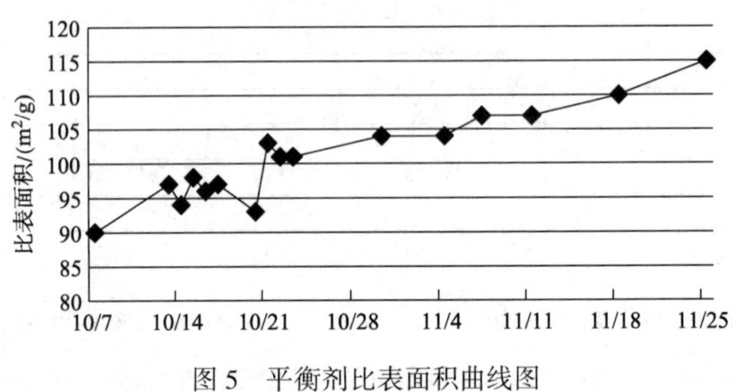

图 5 平衡剂比表面积曲线图

2.2.3 优化反应温度

催化裂化反应过程中，反应温度作为催化裂化重要的操作变量，影响到整个催化反应过程及反应产物。反应温度高，有利于高沸点烃类的气化。但温度过高，反应速度加快，如果不能有效地控制反应时间，就有可能出现过度裂化现象。结合原料性质情况及生产方案，对反应温度进行优化并做动态调整，找到当前最佳反应温度。当前调整方向是，以产品分布为导向，将主反应器反应温度由 549℃ 调整至 544℃（见图 6），降低热裂化反应程度并有效抑制二次反应。当反应深度不足时，优先通过新鲜剂的补充量来弥补。

图 6 主反应器反应温度变化趋势图

2.2.4 优化提升管预提升介质的使用

优化调整主反应器预提升干气与预提升蒸汽量及两者注入比例。在不影响气压机正常运行的前提下，适当增加了预提升干气量，不仅可以钝化催化剂上的重金属，而且还有利于催化剂在提升管内的输送，使催化剂和原料油充分混合、接触，有利于减少生焦，同时一定程度上减少了干气的产生。

2.2.5 优化金属钝化剂的使用

通过一段时间的密切关注，发现在钝化剂加注量保持正常的情况下，锑镍比一直处于相对较低的指标如图 7 所示。一方面运行部联系厂家根据目前原料性质调整钝化剂配方，提高挂锑率；另一方面适当提高金属钝化剂的加注量，以尽快恢复钝化剂对重金属的有效抑制，保持催化剂的活性，平衡催化剂锑镍比已提高到 0.23。

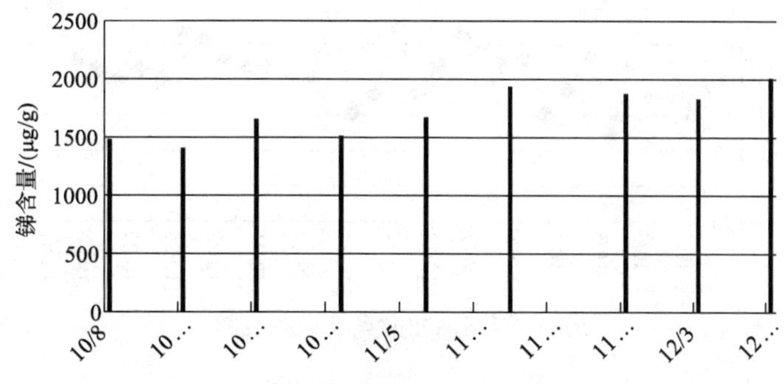

图 7 平衡剂锑含量变化曲线图

2.2.6 补充重质油强化助剂

10 月 12 日，开始加注 FCA-100A 型催化裂化强化助剂，以增加重油裂化深度。该剂具有丰富的中大孔，抗重金属污染强，活性中心可接近性及裂化性能好，抗水热稳定性高，具有良好产品分布。催化裂化强化助剂 FCA-100A 采用高岭土原位晶化方法生产，其主要技术指标见表 3。采取平衡加入的方式，加注量为 500kg/d。

表 3 强化助剂 FCA-100A 主要物性指标

项　目	规　格	典型值
磨损指数/%(质)	≤3.0	1.3
表观松密度/(g/mL)	0.65~0.85	0.71
比表面积/(m^2/g)	≥300	398
0~40μm/%(体)	≤18	15.6
0~149μm/%(体)	≥80	91.2
4h 活性/%(质)	≥80	81.4

2.2.7 优化再生器催化剂流化

催化剂颗粒自系统中的流动性经常遇到循环的故障，它与操作条件、催化剂性质和设备结构有关。在催化剂性质一定及设备结构无法在线干预的情况下，根据系统催化剂性质(粒度分布)及流化情况，动态调整半再生斜管松动点及半再生滑阀比例积分，确保催化剂流化稳定，保证催化剂再生的稳定性，实现装置的平稳运行。

2.3 优化分馏稳定操作条件

2.3.1 强化粗汽油干点的控制

粗汽油干点尽可能按照上限控制(≤206℃)，加强与检验计量中心的沟通，确保粗汽油干点用同一套仪器、同一种方法进行分析，对汽油生产形成有指导意义的分析数据。参考化验分析数据的同时，结合平时生产操作经验，密切关注粗汽油干点，在尽可能提高汽油收率的同时，防止出现不合格产品。

2.3.2　强化汽柴油分离的控制

为减少汽油在分馏塔分离过程中造成的损失，根据操作条件的变化及柴油化验分析结果，动态调整柴油汽提塔汽提蒸汽量，严格控制粗汽油干点和轻柴油初馏点(见图8)。

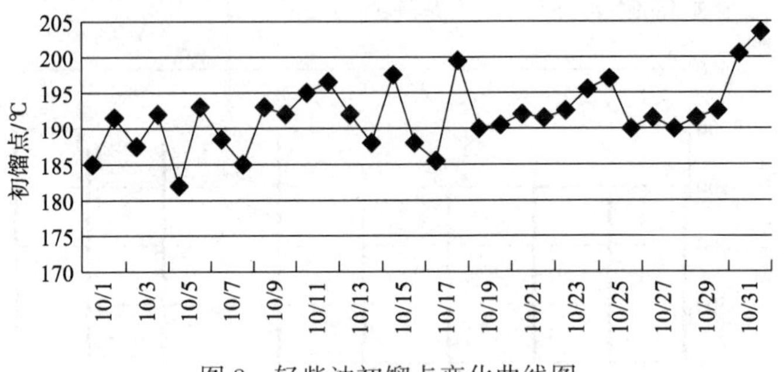

图8　轻柴油初馏点变化曲线图

2.3.3　强化稳定汽油与液化气分离的控制

严格控制稳定塔操作精度，减少汽油在稳定塔内与液化气分离过程中的损失，操作上卡边控制，在保证稳定汽油蒸汽压合格的前提下，尽量减少液化气中 C_5 及以上组分。

3　效果

3.1　产品分布情况

从统计数据(见表4)来看，转化率较优化前有所提高，效益产品汽油收率增加3.43个百分点，柴油收率下降2.09个百分点，干气收率也有所降低，产品分布得到了明显改善。

表4　优化前后产品分布　　%

物　料	收率(09-15~09-25)	收率(10-16~10-31)	收率(11-01~11-30)
干气	3.67	3.53	3.15
液化气	15.24	15.41	13.99
汽油	40.89	42.61	44.32
柴油	26.88	25.03	24.79
油浆	5.25	5.32	5.21
焦炭	7.88	7.91	8.34
损失	0.19	0.19	0.19
轻收	67.77	67.64	69.11
液收	83.01	83.05	83.11

3.2　催化剂单耗

调整前催化剂单耗为1.46kg/t原料，调整当月由于催化剂置换量较大催化剂单耗为1.52kg/t原料，调整后催化剂单耗稳定控制在1.42kg/t左右。

4 小结

通过运行部两个多月的优化调整，催化裂化装置运行平稳，产品分布有所改善，但剂耗也有所增加。接下来，将在继续保持催化剂活性62%(质)以上，比表面积在100m^2/g以上的前提下，结合原料性质变化情况，及时优化系统和分馏系统操作条件，提高催化剂及助剂使用的合理性，必要时联系催化剂公司优化催化剂配方和催化剂活性，最终实现产品和化工助剂的双赢。另外，上游装置对催化原料的优化与供应也需要进一步加强，控制原料密度、芳烃含量以及残炭等等在合理范围内；在保证全厂汽油品质的情况下，适当增加LTAG反应深度，以进一步提高效益产品收率。

参 考 文 献

[1] 陈俊武．催化裂化工艺与工程[M].2版．北京：中国石化出版社，2005.
[2] 曹汉昌，郝希仁，张韩．催化裂化工艺计算与技术分析[M]．北京：石油工业出版社，2010.
[3] 徐春明，杨朝合．石油炼制工程[M]．北京：石油工业出版社，2009.

催化吸收稳定系统降低干气 C_3 技术改造与效果

王 政

(中国石化青岛炼化公司 山东青岛 266555)

摘 要 某公司催化裂化装置长期以来受干气中 C_3 及以上组分含量超标问题困扰。生产中多次通过工艺调整干气质量，效果均不理想。2015 年全厂大检修之际，对催化吸收解吸塔进行技术改造，粗汽油由原全部进入塔 36 层塔盘改为 30%进入 36 层塔盘，70%随三中段回流返塔进入 17 层塔盘，吸收塔 1~10 层塔盘开孔率改大为 11.7%，11~17 层塔盘开孔率改大至 9.5%，18~41 层塔盘开孔率改小至 7.3%。改造后催化干气中 C_3 及以上组分含量由改造前平均 6.47%(体)降低至 2.12%(体)，取得了良好的效果。

关键词 催化裂化；吸收塔；干气；C_3 及以上组分；丙烯

1 前言

某公司催化裂化装置采用适应“欧Ⅲ”排放标准的 MIP-CGP 工艺。装置以经脱硫精制后的高硫直馏蜡油与焦化蜡油为原料，年设计规模 2.90Mt，主要由反应再生、分馏、吸收稳定、富气压缩机组、主风机和烟气能量回收机组及备用主风机组、烟气余热锅炉等构成，具有单元多、规模大、工艺先进、联合程度深、高等特点。

2011 年 6 月装置检修期间，曾对吸收塔进行改造，吸收塔塔盘堵孔，1~24 层塔盘开孔率改为 9%，25~41 层塔盘开孔率修改为 8%。但在装置运行中，吸收稳定系统出现了干气 C_3 及以上组分含量超标的问题，干气中 C_3 及以上组分最高达到 10.45%(体，2014 年 9 月)，平均 6.47%(体)。期间对吸收塔进行工艺调整，虽使干气中 C_3 含量有所降低，但仍维持在 5%(体)左右，远超于工艺要求的 3%(体)，影响经济效益。2015 年检修，通过对吸收塔再次改造，使干气中 C_3 及以上组分含量超标问题得以解决。

2 工艺调整

催化原料油经反应器反应后的油气进入油气分离器分离，顶部富气经气压机压缩、冷凝分出凝缩油后从底部进入吸收塔，粗汽油作为吸收剂、稳定汽油作为补充吸收剂分别从吸收塔 36 层、41 层进入吸收塔顶部。吸收剂吸收 C_3、C_4 后作为富吸收油由塔底经泵送至解吸塔顶，吸收塔顶的贫气夹带有少量汽油，经再吸收塔的轻柴油吸收这部分汽油后，作为干气送至瓦斯管网(图 1)。

在催化裂化吸收塔中，粗汽油吸收 C_3、C_4 组分的过程为物理吸收过程。根据天津大学对吸收效果多因素影响分析结果[1]，影响吸收效果因素的主次排序次序为：系统压力>补充吸收剂中 $\sum C_4$%(质)含量>系统温度>补充吸收剂量>解吸塔理论塔板数>吸收塔理论塔板数。但吸收塔压力受气压机出口压力及装置能耗限制，稳定汽油质量受全厂调控，均不具备大幅调整空间。

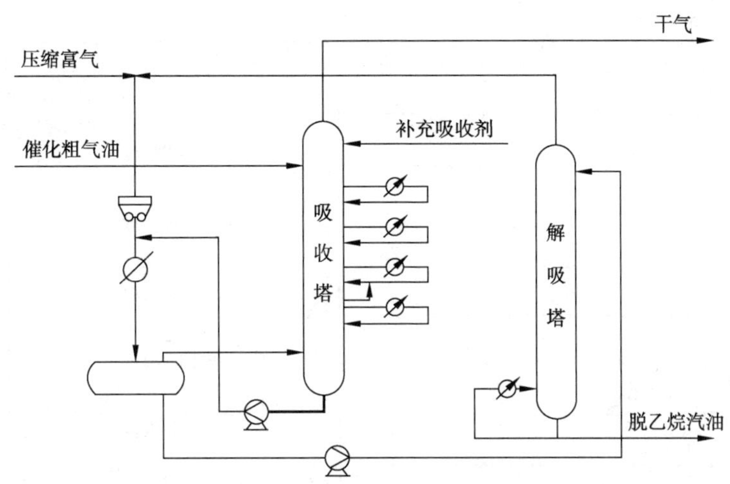

图 1　改造前吸收解吸原则流程

2.1　吸收温度

塔内吸收过程的进行会不断释放出溶解热[2]。吸收塔温度升高，将导致气体溶解度降低，平衡常数增大，即吸收达到平衡时气相中被吸收组分摩尔分数提高，液相中摩尔分数降低，吸收效果变差[3]。

生产中降低吸收塔温度主要从几个途径入手，一是降低吸收剂温度，分馏塔顶冷却器属冷凝冷却器，被冷却介质中既有气相也有液相，冷却效率较低，同时受气温及循环水温度限制，较难调节。二是提高中段回流取热量，生产中吸收温度主要依靠吸收塔中段回流调整。图 2、图 3 可见随中段回流流量提高，吸收塔上部温度明显下降，吸收效果转好，干气中 C_3 及以上组分含量减少。

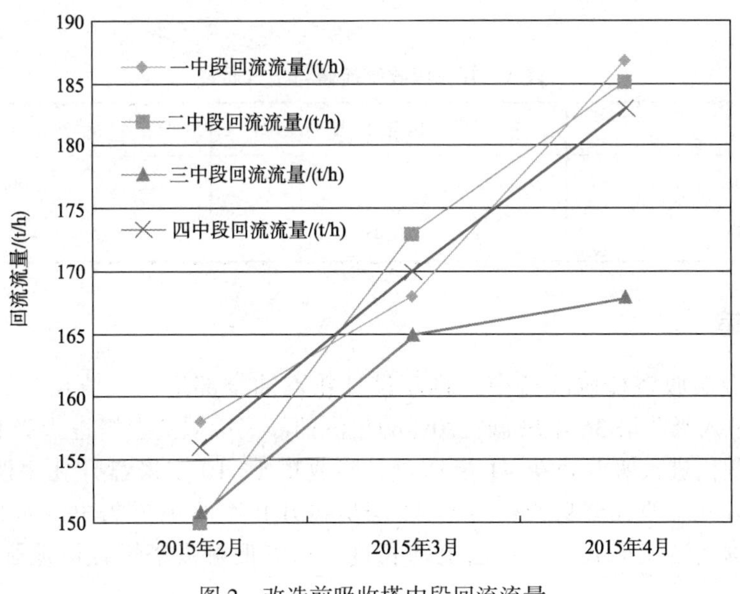

图 2　改造前吸收塔中段回流流量

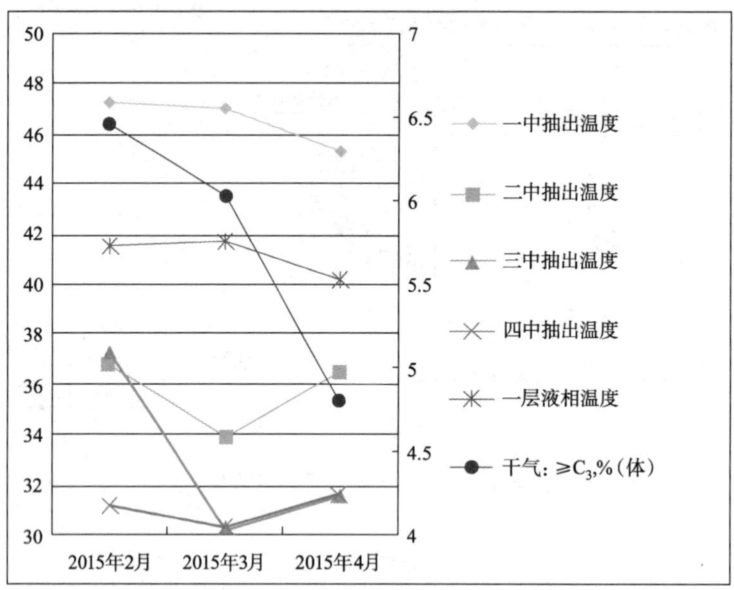

图3　改造前吸收塔中段回流温度

2.2　补充吸收剂

催化吸收塔以稳定汽油作为补充吸收剂。稳定汽油相对于粗汽油，初馏点和10%点更高，关键组分 C_4 含量更少，吸收能力更好[4]。提高补充吸收剂流量，一方面提高吸收剂整体质量，一方面增大了塔内液气比，同时补充吸收剂温度较粗汽油更低，对降低吸收塔顶温度亦有益处。但补充吸收剂量过大，会显著提高脱吸塔和稳定塔负荷，同时影响分馏塔热负荷分布。2015 年 1 月通过适度提高补充吸收剂量，吸收效果略有提高。补充吸收剂效果见表 1。

表 1　补充吸收剂流量与干气质量

项　　目	2014 年 12 月	2015 年 2 月
补充吸收剂量/(t/h)	35	50
干气：≥C_3/%(体)	10.45	8.89

3　吸收塔改造

2015 年催化吸收塔检修改造中，将原设计粗汽油全部进入吸收塔第 36 层塔盘改为30%粗汽油仍进入吸收塔 36 层塔盘，70%的粗汽油经三中回流返塔进入吸收塔第 17 层塔盘，补充吸收剂仍进入吸收塔第 41 层塔盘。吸收塔 1~10 层塔盘开孔率改大为 11.7%，11~17 层塔盘开孔率改大至 9.5%，18~41 层塔盘开孔率改小至 7.3%(如图 4)。脱吸塔改进双溢流结构及溢流形式，增加溢流堰长度，以降低解吸塔塔盘液流强度，提高解吸效果。

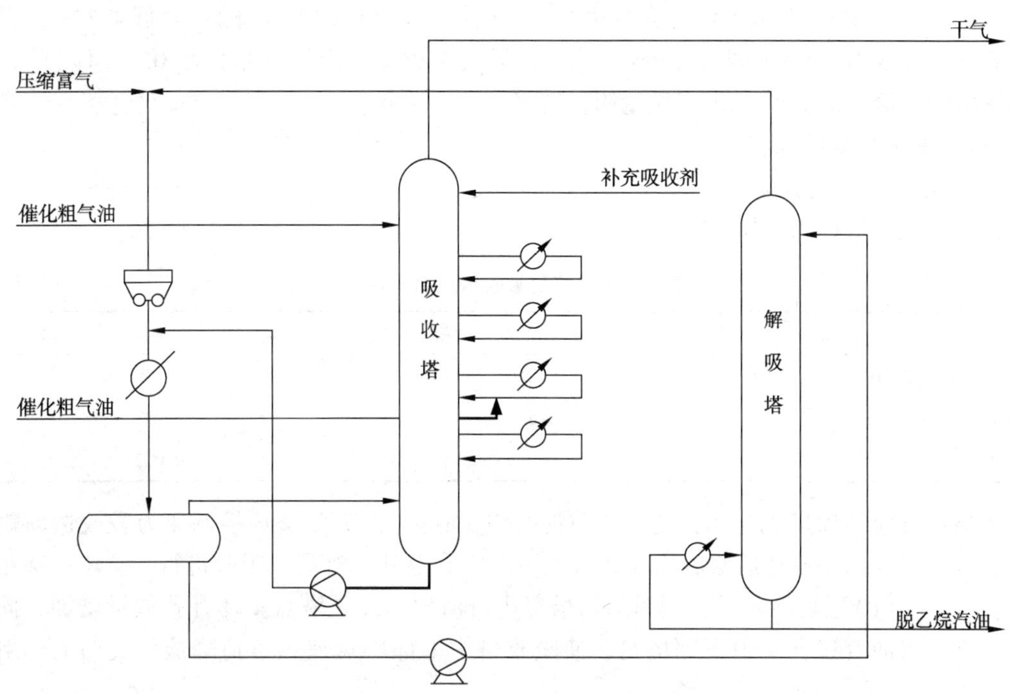

图 4　改造后吸收解吸原则流程

4　改造后运行工况分析

4.1　干气组分变化

改造前后干气组成变化如表 2 所示。

表 2　吸收塔改造前后干气质量　%(体)

项　　目	改造前均值	改造后均值
$\geqslant C_3$	6.47	2.12
CO	0.51	1.03
CO_2	3.39	3.86
H_2	10.15	7.98
H_2S	0.94	0.25
N_2	10.74	17.77
O_2	0.46	0.39
丙烯	3.32	1.06
丙烷	1.02	0.33
乙烯	17.29	16.01
乙烷	14.09	15.75
甲烷	35.98	34.85

改造后干气中 C_3 及以上组分含量由 6.47%(体)下降至 2.12%(体)，降低 4.35%。其中丙烯含量由 3.32%(体)下降至 1.06%(体)，降低 2.26%，丙烷含量由 1.02%(体)降低至 0.33%(体)，降低 0.69%。干气质量明显转好。

4.2　吸收塔运行工况

4.2.1　吸收塔压力与压降

改造后吸收塔压力与压降见表 3。

表 3　改造前后吸收塔压力与压降

项　　目	改造前	改造后
吸收塔顶部压力/MPa	1.266	1.330
吸收塔底部压力/MPa	1.295	1.352
吸收塔全塔压降/MPa	0.029	0.022

改造后反应处理量 415t/h，比改造前提高约 30t/h，再吸收塔顶控制压力较改造前略有提高，综合因素影响改造后吸收塔压力较改造前略有上升，有利于吸收进行。全塔压降小幅降低：一是 1~10 层更换新塔盘同时对旧塔盘进行清理，二是塔盘整体开孔数量增加，同时由于大部分汽油直接进入中下部塔盘，使吸收塔中上部塔盘液相负荷降低，气相上升阻力减小。

4.2.2　吸收塔温度分布

粗汽油由原来的全部从吸收塔第 36 层塔盘进入改为 30%粗汽油仍进入吸收塔 36 层塔盘，70%的粗汽油经三中回流返塔进入吸收塔第 17 层塔盘。改造前后全塔温度分布发生明显变化，详见表 4(表中温度取改造前后 60 天稳定工况平均温度)。

表 4　改造前后吸收塔温度分布　　℃

项　　目	改造前	改造后	温差
吸收塔顶温度	45.4	36.9	−8.5
吸收塔一中抽出温度	47.1	41.1	−6
吸收塔二中抽出温度	35.2	32.8	−2.4
吸收塔三中抽出温度	32.8	35.8	+3
吸收塔四中抽出温度	30.8	41.2	+10.4
吸收塔一层液相温度	41.6	44.2	+2.6
吸收塔塔底气相温度	43.5	44.0	+0.5

粗汽油吸收 C_3、C_4 的过程是放热过程，塔内温度也表明了吸收负荷集中区域。改造前，吸收塔内温度分布呈现上高中低的态势，受气液相中轻重组分浓度差影响，塔内上部与塔盘吸收效果好。改造后，塔内温度分布发生明显变化，上部塔盘温度明显降低，中下部塔盘尤其 11~17 层塔盘温度明显升高，塔内吸收负荷趋于均衡。同时吸收塔上部塔盘液相负荷降低，塔盘液层高度降低，减少了干气中汽油夹带。

4.2.3　中段回流流量

改造后吸收塔中段回流流量均大幅降低，详见表 5。

表 5　改造前后中段回流流量　(t/h)

项　目	2015 年 4 月(改造前)	2015 年 9 月(改造后)	2015 年 10 月(改造后)	2015 年 11 月(改造后)
一中段回流流量	187	115	110	90
二中段回流流量	185	110	101	90
三中段回流流量	168	110	110	85
四中段回流流量	183	160	165	145

由于改造后吸收过程主要发生在吸收塔下部塔盘，为维持下部温度，提高吸收效果，四中段回流流量相较其他中段流量较高。总回流流量比改造前减少 310t/h，降低了循环水冷却负荷、节约了回流泵电耗。

4.2.4　补充吸收剂流量

改造后初期补充吸收剂量保持在 65~70t/h，提高补充吸收剂一是弥补改造后吸收塔中上部塔盘吸收能力，二是改造后解吸塔液流强度降低，提高了解吸效果。工况稳定后，补充吸收剂流量降低，依然收获了良好的干气质量。

5　结论

本次吸收塔改造通过改变粗汽油进入吸收塔位置，使原来集中在上部塔盘的吸收过程转移到吸收塔下部，全塔吸收负荷更加合理，改造取得了良好的效果，干气中 C_3 及以上组分含量由改造前平均 6.47%(体)降低至 2.12%(体)，丙烯含量由改造前 3.32%[(体)，0.06%(质)]降至 1.06%[体，0.19%(质)]。根据干气组成计算出干气密度约 1.04kg/Nm^3，按干气量平均 18000Nm^3/h，年开工 8760h 计算，年可多产丙烯 6753.4t。

参 考 文 献

[1] 郑陵，杜英生，王颖昕，等．催化裂化吸收稳定系统吸收效果影响因素的分析——Ⅱ．系统吸收效果的多因素分析[J]．石油学报(石油加工)，1995，02：86-92.
[2] 陈敏恒，丛德滋，方图南，等编．化工原理(下册)[M]．北京：化学工业出版社，2015.
[3] 白峰，程清明．降低干气中 C_3 及以上组分含量技术改进报告[J]．应用化工，2013，8：135-138.
[4] 曹汉昌，郝希仁，张韩主编．催化裂化工艺计算与技术分析．北京：石油工业出版社，2000.
[5] 陆恩锡，张慧娟，陈银杯．吸收稳定系统解吸塔最佳釜温的确定[J]．炼油设计，1998，28(5)：3-5.

改造S Zorb装置再生下料过滤器实现在线清理

徐方宁

（中国石化沧州炼化公司　河北沧州 061000）

摘　要　S Zorb装置再生器下料过滤器堵塞，造成吸附剂循环中断，影响装置长周期平稳运行，也影响了经济效益。通过对再生下料过滤器进行改造，实现在线清理，保证装置平稳运行。

关键词　吸附剂；循环中断；改造；平稳运行

1　前言

多产汽油是炼化企业提质增效关键点，S Zorb装置主要承担此项任务，然而一段时间以来吸附剂循环不畅，阻碍着S Zorb装置安稳长期运行。针对问题查原因，改造设备措施，车间创新操作方法，将下料短节和锥形过滤器更改为Y型过滤器，增加在线清理流程，回收吸附剂的同时，有效缩短了堵塞清理时间。

2　现状分析及对装置产生的影响

S Zorb装置主要分为两大单元：反应单元是高活性吸附剂在氢气环境中吸附原料中的硫；再生单元主要是将吸附剂上的硫烧掉，保持吸附剂的活性。吸附剂通过闭锁料斗实现反应系统与再生系统的不断循环。吸附剂正常循环才能保证产品质量。再生器内结块堵塞下料过滤器，导致吸附剂循环中断，需要人工拆卸底部过滤器进行清理。再生器运行温度500℃，过滤器螺栓螺纹高温变形，不能正常拆卸，需要人工锯断，导致每次清理过滤器需要两小时以上，造成吸附剂长时间循环中断，装置参数大幅波动。

吸附剂循环中断对装置运行影响很大，主要体现在以下几方面：

1）产品不合格，影响加工负荷，影响油品调和和经济效益。

2）再生烟气氧含量迅速升高，冲击硫黄，发生环保问题。

3）再生压力大幅波动，损伤旋风分离器等部件，影响长周期运行。

4）再生温度大幅波动，对取热盘管产生冲击盘管泄漏，导致吸附剂失活。

以2018年7月22日再生下料过滤器堵塞，吸附剂循环中断为例，清理短节和锥形过滤器耗时2.3h。时间较长对生产造成以下影响：图1为产品硫含量趋势图，从图中可以看出吸附剂循环中断1.5h后，产品硫含量迅速上升至50mg/m^3；图2为再生温度趋势图，从图中可以看出吸附剂中断1.5h，再生温度由500℃降至290℃；图3为再生烟气氧含量趋势图，从图中可以看出吸附剂循环中断后，再生烟气氧含量从0%上涨到5.5%。

3　改造方案及实施效果

通过对再生器下料系统进行改造（如图4），将下料短节和锥形过滤器，更改为Y型过滤器，增加在线输送吸附剂回收罐流程，对高活性吸附剂进行回收，降低吸附剂消耗，同时把处理时间降低到20min以内。

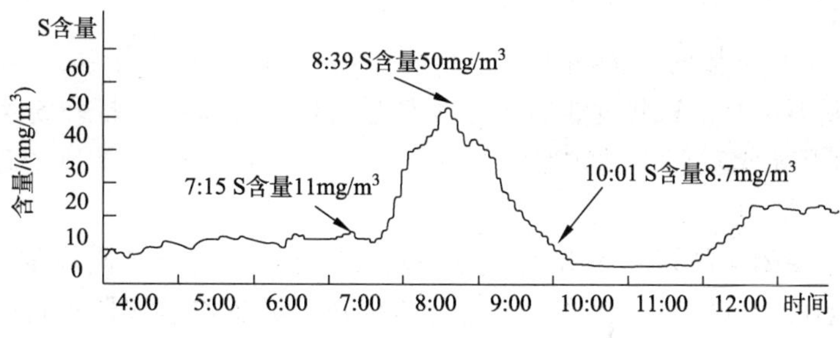

图1 产品硫含量趋势图

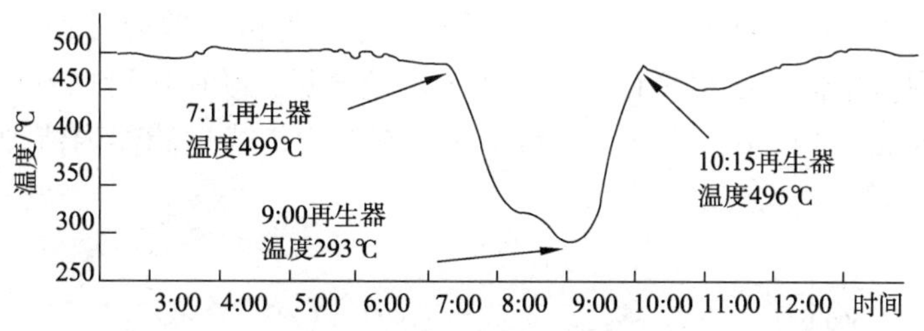

图2 再生器温度趋势图

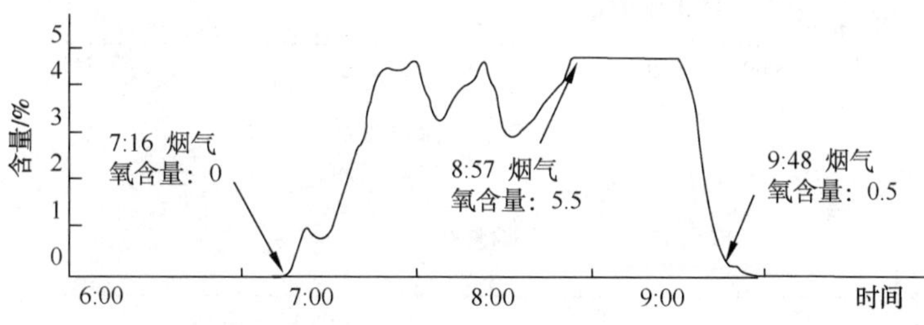

图3 再生烟气氧含量趋势图

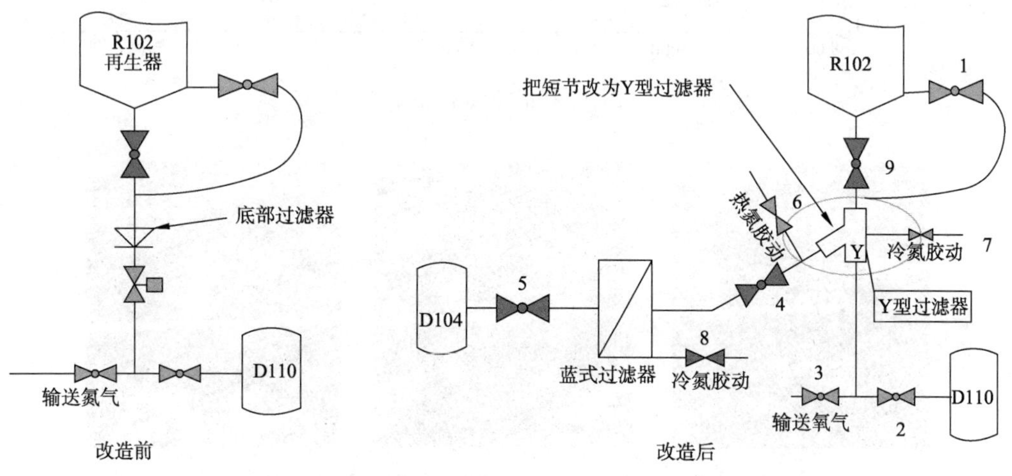

图4 过滤器改造前后

操作方法如下：

当发现 R102 下料不畅时，关闭 1 阀停止再生器 R102 下料，用输送氮气把后路输送干净后关闭 2 阀切断 D110 与 Y 型过滤器，把 Y 型过滤器切除系统。打开 5 阀打通篮式过滤器去 D108 流程，打开 8 阀对篮式过滤器底部进行松动，打开 4 阀打通 Y 型过滤器去 D108 流程，对 Y 型过滤器进行吹扫。

吹扫完毕后，关闭 4 阀切断 Y 型过滤器和篮式过滤器、打开 2 阀恢复 D110 进料，打开 1 阀恢复再生器 R102 下料流程。8 阀、5 阀继续打开，对篮式过滤器进行吹扫 10min，然后关闭 8 阀停止松动，关闭 5 阀切断篮式过滤器与 D108。对篮式过滤器进行清理。

以 2018 年 11 月 11 日再生下料过滤器堵塞，吸附剂循环中断为例，由于采用 Y 型过滤器，清理过程仅用 15min，对生产没有产生影响。图 5 为再生器温度曲线，从图中可以看出，整个清理过程再生器温度很平稳；图 6 为产品硫含量，从图中可以看出，产品硫含量没有影响，一直在 $8mg/m^3$ 以下，实现了在线清理。图 7 为篮式过滤器内清理出的块状吸附剂杂质。

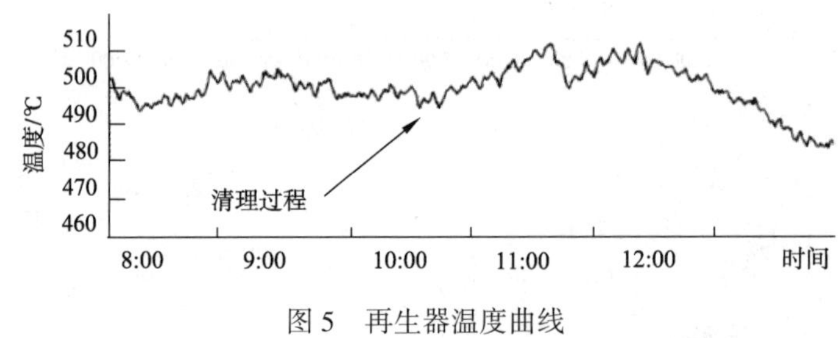

图 5　再生器温度曲线

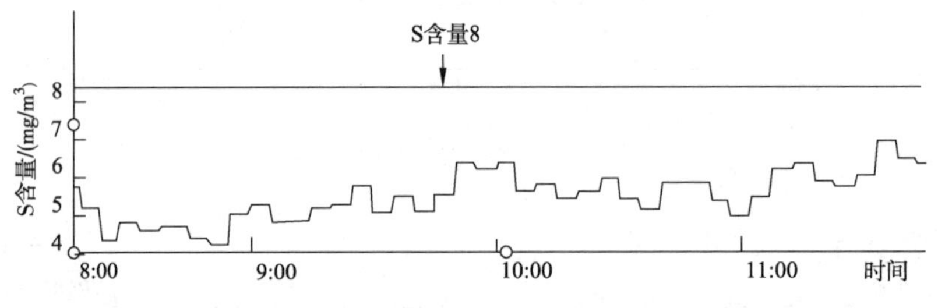

图 6　产品硫含量曲线

图 7　篮式过滤器清理出的块状吸附剂

4 总结

通过对再生器下料过滤器进行改造，实现了在线清理再生器结块，保证了装置平稳运行。避免不合格产品打循环，平均每年节约能耗折合 39 万元；避免再生器下料中断造成吸附剂失活及跑损，每年节约吸附剂费用 432 万元；降低循环期间辛烷值损失，每年节约费用 16.2 万元；避免冲击硫黄装置，发生不环保事件。

航煤组分进 LTAG 喷嘴回炼的工业实践

李　明　刘子龙　王　磊

（中国石化石家庄炼化公司　河北石家庄 050099）

摘　要　在中国石化石家庄炼化公司 3#催化裂化装置上标定了航煤组分进入 LTAG 喷嘴回炼后的产品分布、产品性质变化的影响。结果表明，在催化裂化装置重油进料量、进料组成及主要操作条件维持稳定的前提下，航煤组分回炼后，干气、液化气、汽油收率上升，柴油、油浆、焦炭收率下降。液化气总烷烃含量上升，总烯烃含量下降。汽油芳烃含量下降 0.2%~0.5%（体），苯含量上升 0.05%~0.07%（体），汽油 RON 下降 0.2~0.6。

关键词　航煤；回炼；LTAG；产品收率；产品性质

1　前言

随着炼油、化工市场竞争的日趋激烈，炼化企业通常选择不断优化调整产品结构、增加高附加值产品收率来提高企业整体效益。2020 年，受新型冠状病毒影响，成品油市场需求锐减，汽油、柴油等成品油价格长期触及地板价。由于航空运输量的下降，航空煤油（简称航煤）需求量同步降低，航煤价格也从前期的 5000 元/t 左右，下降到 2000 元/t 以下。随着炼油企业航煤配置计划逐渐减少，航煤的去向成了企业亟待解决的问题。

为压减航煤，同时提高全厂效益，炼油企业通常在满足航煤配置计划的前提下，通过调整常、减压装置常压塔操作，将航煤压入柴油组分，将部分航煤组分调和进车用柴油外销。或将航煤组分回炼至催化裂化、加氢裂化等二次加工装置，使其转化成汽油、液化气等高附加值产品。

LTAG（LCO to Aromatics and Gasoline）技术[1]由中国石化石油化工科学研究院开发，原设计为部分加氢（LCO 中的双环芳烃通过加氢反应，生成以单环芳烃及单环并环烷为主的芳烃）后的 LCO，进入催化裂化提升管反应器后发生裂化反应，生产高辛烷值汽油调和组分。工业应用结果表明加氢 LCO 的转化率接近 70%，汽油选择性高于 40%，液态烃选择性接近 20%[2]。LTAG 技术经过近几年的应用与推广，其进料组分不仅仅局限于加氢 LCO，部分装置将汽油、石脑油、直馏柴油等作为回炼物料，均取得了较好的产品分布及经济效益。

针对以上情况，中国石化石家庄炼化公司将 2#常减压装置的航煤组分引入 3#催化裂化装置提升管反应器的 LTAG 喷嘴，使航煤组分发生裂化反应，压减航煤产量，增产汽油、液化气等高附加值产品，并针对两种航煤回炼量工况进行装置标定。

2　标定过程与讨论

2.1　标定工况

空白标定及回炼航煤工况选择相同重油进料量及进料组成，其中重油进料量维持在 210t/h 左右，重油组成包括加氢渣油、加氢蜡油及未加氢的减压渣油，标定期间重油进料比例维持不变。为了不影响加工流程，标定期间保留液化气脱硫醇装置反抽提汽油、聚丙烯装置放空气等进装置流程，且保持外来物料流量稳定。回炼航煤组分选择回炼量10t/h(定义为工况1)及20t/h(定义为工况2)两种工况，每组工况标定时间48h，共计96h。

2.2 原料性质及主要操作条件

标定期间2#常减压装置航煤组分性质如表1所示。由表可见，回炼工况中，航煤组分的10%回收温度较空白标定期间略有下降，轻组分增加。但两组回炼工况的10%回收温度接近，不影响回炼工况对比。其他性质较为稳定。航煤的180℃馏出量维持在45%~55%，原因为加工原油品种的变化，导致常压塔操作压力高于设计压力，部分石脑油被压入航煤中。

表1　2#常减压装置航煤组分性质

项　　目	空白标定	工况1	工况2
闪点(闭口)/℃	45.2	44	41.5
馏程/℃			
IBP	151	144.95	144.1
10%	166	163.3	161.75
50%	181	181.7	179.7
90%	202	202.25	201.35
95%	210	210.75	209.6
FBP	225	225.85	224.65
180℃馏出量/%(体)	48.3	44	51.1

标定期间3#催化裂化装置的主要原料性质如表2所示。由表可见，标定期间原料重油性质基本稳定。其中原料密度在915 kg/m³左右、残炭在3.1%左右。由于掺炼未加氢的减压渣油，原料硫含量达到0.6%(质)、氮含量达0.16%(质)。航煤组分回炼量20t/h的工况下原料重金属含量增加明显，铁含量达到14.4mg/kg、镍+钒含量大于20mg/kg。

表2　3#催化装置主要原料性质

项　　目	空白标定	工况1	工况2
密度(20℃)/(kg/m³)	917.55	914.45	915.95
残炭/%(质)	3.15	3	3.1
馏程/℃			
IBP	221.8	233	237.4
5%	283.25	284.4	293.6
10%	321.35	319.7	328.5
30%	377.2	372.8	379.55
50%	421.55	418.05	420.85
70%	494.25	494.55	492.8
90%	567.8	571.4	572.4
FBP	682.45	651.5	643.25
S/%(质)	0.651	0.5375	0.589
N/%(质)	0.1684	0.1675	0.1665
重金属/(mg/kg)			
Fe	10.7	11.9	14.4
Ni	7.6	7.4	9.7
V	8.8	8.5	13.6

3#催化裂化装置的主要运行参数如表3所示。由表可见，标定期除航煤回炼量逐渐提高外，其他运行参数基本维持稳定。其中重油进料量在210t/h左右、平衡剂活性在61%~62%，反应、再生系统的压力稳定。航煤回炼量由2#常减压装置控制，流量与计划值略有偏差。

表3　标定期间主要运行参数

项　目	空白标定	工况1	工况2
重油进料量/(t/h)	210.4	210.4	209.4
航煤回炼量/(t/h)	0.0	11.2	21.1
航煤雾化蒸汽量/(t/h)	625.5		
平衡剂活性/%	61.50	61.95	62.15
反应温度/℃	525.3	525.2	525.1
反应压力/MPa	0.214	0.222	0.222
再生器密相温度/℃	683.9	682.9	684.2
再生压力/MPa	0.233	0.238	0.247

2.3　物料平衡

标定期间3#催化裂化装置的物料平衡情况如表4所示。

表4　3#催化装置物料平衡表

项　目	空白标定	工况1	工况2
进料比例/%(质)			
加氢渣油	29.29	27.19	25.92
减压渣油	11.72	11.18	10.70
加氢蜡油	58.99	56.60	54.35
航煤回炼进装置	0	5.03	9.03
合计	100	100	100
产品收率/%(质)			
干气	4.12	4.24	4.38
液化气	24.09	24.30	24.29
汽油	38.96	39.69	40.75
柴油	19.06	18.71	17.83
油浆	4.47	3.91	3.65
焦炭	9.30	9.15	9.10
合计	100	100	100
总液体产品收率	82.11	82.71	82.87

注：1. 物料平衡核算过程不考虑损失，产品收率进行归一化处理；

2. 航煤组分进入提升管反应器后，按装置原料做物料衡算；

3. 液化气脱硫醇反抽提汽油及聚丙烯装置放空气回收至3#催化装置分馏塔，核算过程将其从产品液化气中扣除。

由表4可见，航煤组分回炼至LTAG喷嘴后。与空白工况相比，工况1及工况2的产品干气、液化气、汽油收率均上升，柴油、油浆、焦炭收率均下降，且随着回炼量的增加，产品收率的变化趋势加剧。其中干气收率增加0.12%~0.26%(质)、液化气收率增加0.2%

(质)左右，汽油收率增加 0.73%~1.79%(质)；轻柴收率下降 0.35%~1.23%(质)、油浆收率下降 0.56%~0.82%(质)、焦炭收率下降 0.15%~0.2%(质)；总液体产品收率增加 0.6% 0.76%(质)。

可见航煤组分进入 LTAG 喷嘴回炼后，对汽油产品以下的轻组分收率产生正贡献，对柴油以上的重组分产生负贡献。分析原因可知，航煤作为较易裂化的直馏馏分，进入提升管原料喷嘴下部后，在较高的剂油比下发生剧烈的裂化反应，生成汽油和气体等轻组分。由于航煤进入提升管温度在 120~130℃，低于正常重油进料温度，为满足进料气化热及航煤裂化反应热的增加，再生滑阀开大，使剂油比增加。高剂油比下，重油裂化的转化率增大，干气、液化气、汽油收率增加[3]，相应柴油、油浆收率下降。理论上焦炭收率随剂油比增加而增大，但由于直馏的航煤组分裂化后的焦炭收率较低，作为原料与重油共同核算后，导致总焦炭收率略有下降。

假设在航煤回炼工况下，原重油裂化的产品分布不变，在产品中减去重油裂化产品的量作为航煤裂化产品量，将工况 1、2 的产品收率取平均值，由此来核算航煤组分发生裂化反应后的产品分布情况，结果如表 5 所示。

表 5 航煤组分转化率回归计算

项　目	工况 1	工况 2	归一化处理
原料			
航煤量/(t/h)	11.2	21.1	16.2
产品收率/%(质)			
干气	6.93	6.96	6.76
液化气	30.7	25.79	27.38
汽油	57.99	58.37	56.67
柴油	13.15	4.68	8.47
油浆	-7.21	-4.92	-5.85
焦炭	6.78	6.71	6.57
合计	108.34	97.59	100
损失	-8.34	2.41	0

由表 5 的归一化处理结果可见，航煤组分经催化裂化反应后，大部分转化为汽油、液化气产品，少部分转化为干气、柴油、焦炭。其中，汽油收率达到 56.67%(质)、液化气收率达到 27.38%(质)，干气、柴油、焦炭转化率均低于 10%(质)。由此可见，航煤回炼后，主要裂化产物为汽油、液化气，两者收率之和达到 80%(质)以上，汽油接近 60%(质)、液化气收率接近 30%。这是航煤组分回炼希望得到的结果，低附加值的航煤经过裂化反应后，转化为高附加值的汽油、液化气，有利于全厂效益的提升。干气收率为 6.76%(质)，大于重油催化裂化的干气收率，原因为航煤回炼到提升管底部，在高温、大剂油比的反应条件下，热裂化、催化裂化反应程度都很剧烈，干气收率较高；油浆收率计算结果为负值，由航煤的馏程可见，其 90%以上组分为汽油，发生裂化反应后，除少部分缩合成焦炭外，基本不生产油浆组分。另外，航煤回炼使反应剂油比增大，减少了重油生成油浆的趋势，总油浆收率呈下降趋势，折算到航煤生成的油浆收率为负值。

2.4 产品性质

航煤组分回炼生成的液化气及汽油产品的主要性质如表 6、表 7 所示。

表6 产品液化气组成 %(体)

项目	空白标定	工况1	工况2
碳二及以下	0.006	0.026	0.017
丙烷	13.59	13.98	15.11
丙烯	40.89	39.42	40.92
正丁烷	4.53	4.83	4.50
正丁烯	4.26	4.32	3.92
异丁烯	5.97	5.90	5.58
反丁烯	5.04	5.30	4.59
异戊烷	0.21	0.13	0.04
顺丁烯	3.63	3.86	3.26
正戊烷	0.09	0.11	0.05
1,3丁二烯	0.03	0.03	0.02
碳五及以上	0.32	0.25	0.09
烷烃(C_3+C_4)	39.87	40.91	41.61
总烯烃	59.78	58.79	58.26
C_5以上	0.019	0.002	0.000

由表6可见，与空白工况相比，航煤回炼工况下，产品液化气的组成未出现明显变化。总烷烃含量呈上升趋势，总烯烃含量呈下降趋势。原因可能是航煤组分在高温催化剂的热作用下进行较多热裂化反应，生成了烷烃组分。

表7 产品汽油主要性质

项目	空白标定	工况1	工况2
馏程/℃			
IBP	37.1	37.1	35.5
5%	48.0	48.0	47.6
10%	52.8	53.0	52.9
50%	92.0	92.6	95.0
70%	131.4	131.5	133.0
90%	176.2	175.7	176.5
FBP	200.6	200.0	200.0
蒸气压(37.8℃)/kPa	58.0	56.4	58.2
芳烃/%(体)	28.35	28.15	27.85
烯烃/%(体)	16.9	16.65	17.25
苯含量/%(体)	0.86	0.91	0.93
PONA/%(体)			
总环烷烃	7.315	7.215	6.77
总正构烷烃	4.025	4.605	5.275
总异构烷烃	35.505	34.995	34.385
总烷烃	39.53	39.6	39.66
RON	93.0	92.8	92.4

由表 7 可见，与空白工况相比，航煤回炼的两种工况下，汽油馏程及蒸气压无明显变化；汽油芳烃含量分别下降 0.2%(体)及 0.5%(体)，原因为航煤中多为直链组分，裂化后生成的芳烃含量低于重油裂化，随着回炼量增加，产品芳烃含量降低；汽油烯烃含量无明显变化；汽油苯含量分别上升 0.05%(体)及 0.07%(体)，原因为航煤回炼导致剂油比增加，裂化反应和氢转移反应程度均上升[4]，加剧了原料重油中的大分子芳烃裂化成小分子芳烃的趋势。因此，剂油比增加，催化裂化汽油苯含量上升；汽油的 RON 分别下降 0.2 及 0.6，主要原因为航煤中多为直链组分，由表 7 中汽油 PONA 结果可见，裂化汽油中高辛烷值的环烷烃、异构烷烃、芳烃等含量降低，低辛烷值的正构烷烃含量增加，导致汽油 RON 下降。

对于成品汽油中催化裂化汽油占比较高的企业，需将催化裂化汽油苯含量及 RON 作为航煤组分回炼的限制条件。

3 结论

在催化裂化装置重油进料量、进料组成及主要操作条件维持稳定的前提下，与空白工况相比，航煤组分进 LTAG 喷嘴回炼的两种工况下：

1）产品干气收率增加 0.12%~0.26%(质)、液化气收率增加 0.2%(质)左右、汽油收率增加 0.73%~1.79%(质)；轻柴收率下降 0.35%~1.23%(质)、油浆收率下降 0.56%~0.82%(质)、焦炭收率下降 0.15%~0.2%(质)；总液体产品收率增加 0.6%~0.76%(质)。且随着航煤回炼量的增加，产品收率变化趋势加强。

2）航煤组分经催化裂化反应后，汽油收率达到 56.67%(质)、液化气收率达到 27.38%(质)，干气、柴油、焦炭转化率均低于 10%(质)。

3）产品液化气总烷烃含量呈上升趋势，总烯烃含量呈下降趋势。

4）汽油芳烃含量下降 0.2%~0.5%(体)，苯含量上升 0.05%~0.07%(体)，RON 下降 0.2~0.6。

参 考 文 献

[1] 龚剑洪，毛安国，刘晓欣，等．催化裂化轻循环油加氢-催化裂化组合生产高辛烷值汽油或轻质芳烃(LTAG)技术[J]．石油炼制与化工，2016，47(9)：1-5.

[2] 龚剑洪，龙军，毛安国，等．LCO 加氢-催化组合生产高辛烷值汽油或轻质芳烃技术(LTAG)的开发[J]．石油学报，2016，32(5)：867-874.

[3] 陈俊武．催化裂化工艺与工程[M]．2 版．北京：中国石化出版社，2005.

[4] 龚剑洪，许友好，谢朝钢，等．蜡油催化裂化过程中苯生成反应途径[J]．化工学报，2008，59(8)：2014-2020.

基于 MATLAB 的催化裂化粗汽油干点模型

朱树强　张苡源　杨　磊　刘　伟　李新华

（中国石化青岛炼化公司　山东青岛 266555）

摘　要　在催化裂化装置开停工过程，或者降低处理量操作过程中，往往会由于处理量的变化而难以确定分馏塔顶温，易造成粗汽油干点的不合格。将分馏塔顶油气假设成一种纯组分，在收集大量过往操作、分析数据，利用 MATLAB 软件拟合回归粗汽油干点的经验公式，同时检验该公式具有较好的拟合性，验证误差均在±1.6℃之间。在此基础上计算出分馏塔顶温升高1℃，粗汽油干点相应变化 0.85℃左右；同样的条件下，粗汽油干点升高 1℃，分馏塔顶温相应提高 1.17℃左右。该经验公式可给予操作人员确定粗汽油干点的思路及辅助依据。

关键词　干点；拟合；顶温；油气分压

1　前言

催化裂化生产过程中，分馏塔的主要质量控制指标是粗汽油干点，它是催化裂化过程中检验汽油产品质量是否合格的一个重要标志。粗汽油干点是油气在塔顶压力下的露点温度，在反应转化率一定的情况下，其最终影响因素是分馏塔顶油气分压及分馏塔顶温度，正常生产中粗汽油干点主要通过分馏塔顶温度调节。通过对马伯文[1]等人推理得出的催化裂化装置粗汽油干点数学模型的计算，该公式对于本装置粗汽油干点的计算存在较大的误差，故而本文通过一定的假设和推理，得到适合于本装置的粗汽油干点计算模型。

2　粗汽油干点拟合模型

2.1　干点拟合公式的确定

根据理想气体状态方程 $PV=nRT$[2]，在体积一定的情况下，理想气体符合公式(1)：

$$\frac{P_1}{T_1}=\frac{P_2}{T_2} \tag{1}$$

由此可得：

$$T_2=\frac{P_2}{P_1}T_1 \tag{2}$$

而粗汽油干点(T_2)的实质就是，在常压(P_2)下化验分析得到相对应在分馏塔操作温度(T_1)和油气分压(P_1)下的油气露点温度。其中，分馏塔顶温直接可通过仪表数据读取，塔顶油气分压可由产品流量通过计算求得。

现实生产中，分馏塔顶油气组成有富气及粗汽油。富气及汽油并非纯净物，均是非常复杂的混合物，汽油组分更是涵盖了包括 $C_5\sim C_{11}$之间的一百多种单体烃类；考虑到现实操作状况有别于理想状况，需对上式加以校正。对式(2)添加指数校正系数 α、β 及系数校正系数 k，其次，温度单位由日常使用的摄氏度变为国际标准单位开尔文，得到式(3)：

$$(T_2+273.15)=k\left(\frac{P_2}{P_1}\right)^{\alpha}(T_1+273.15)^{\beta} \tag{3}$$

式中　T_1——分馏塔顶温，℃；

T_2——粗汽油干点，℃；

P_1——分馏塔顶油气分压，kPa；

P_2——标准大气压 kPa；

k、α、β——校正系数；

2.2　关于拟合公式的理论分析

生产中我们均通过调节分馏塔顶温调整粗汽油干点，在其他操作条件不变的情况下，分馏塔顶温度 T_1 越高，粗汽油干点 T_2 也随之增大，因此，式(3)中 β 大于零。同样的，影响塔顶油气分压主要是蒸汽与反应带来的不凝气，而随着塔顶蒸汽量与不凝气量之和的增大，在分馏塔顶压力不变的情况下，油气分压降低，即 P_1 降低；油气分压的降低势必会造成塔顶液相中的轻组分气化，即柴油组分中的轻组分气化进入汽油组分，造成粗汽油干点 T_2 的升高，由此可得出 α 也为大于零的系数，即式(3)应同时满足 $\alpha>0$、$\beta>0$。

2.3　数据选取及处理

催化装置分馏塔顶气相在后续稳定系统被分割为干气、液化气、稳定汽油以及冷凝下来的水，其中，稳定汽油经稳定塔后绝大多数去向 S Zorb 装置脱硫，少量进入双脱装置脱硫。因此，塔顶油气分压取决于干气、液化气及稳定汽油出装总量，反应、分馏系统蒸汽总量以及提升管预提升干气量，其中预提升干气来源为气压机后凝缩油罐 D-301 气相组分。截取大量不同日期，装置各产品出装量 MES 数据及塔顶在线温度、粗汽油干点分析数据，取部分原始数据如表 1：

表 1　各组分质量流量原始数据表

序号	1	2	3	4	5	6	7
分馏塔顶温/℃	130	132.3	129.1	133.7	136.5	127.5	134
干点/℃	205.2	206.1	207.1	209.2	208.7	201.4	208.3
分馏塔顶压力/kPa	222	215	214	217	219	217	219
干气/(t/h)	141.9	143.9	143.2	136.8	141.2	138.8	135.1
液化气/(t/h)	770	771	782	778	791	791	787
汽油去双脱/(t/h)	315.4	331.6	314.6	318	350.4	311.1	325
汽油去 S Zorb/(t/9h)	1628	1624	1632	1623	1631	1628	1620
预提升干气/(Nm^3/h)	8073	8067	8104	8218	7990	8221	8004
汽油总量/(t/h)	1943.4	1955.6	1946.6	1941	1981.4	1939.1	1945
反应蒸汽/(t/h)	40.2	40.2	40.2	40.2	40.2	40.2	40.2
塔底蒸汽/(t/h)	2.8	2.8	2.8	2.8	2.5	2.5	2.5
汽提蒸汽/(t/h)	3	3	3	3	3	3	3
蒸汽总量/(t/h)	46	46	46	46	45.7	45.7	45.7

2.3.1　干气及液化气平均相对分子质量

截取干气及液化气部分分析数据，如表 2、表 3：

表2 干气组成表 %(体)

分析项目	相对分子质量	1	2	3	4
甲烷	16	32.40	32.92	33.21	37.28
乙烷	30	12.95	14.86	15.55	15.32
乙烯	28	17.91	17.28	16.98	17.11
丙烷	44	0.73	0.52	0.44	0.44
丙烯	42	2.46	1.35	1.65	1.18
异丁烷	58	0.56	0.26	0.19	0.20
正丁烷	58	0.19	0.07	0.05	0.04
反-2-丁烯	56	0.21	0.04	0.01	0.02
1-丁烯	56	0.12	0.04	0.02	0.02
异丁烯	56	0.12	0.04	0.02	0.03
顺-2-丁烯	56	0.18	0.03	0.01	0.02
异戊烷	72	0.08	0.06	0.06	0.05
H_2	2	4.40	4.30	6.16	4.15
CO_2	44	3.41	3.64	2.22	1.84
O_2	36	0.51	0.44	0.65	0.98
N_2	28	20.91	22.28	20.98	19.23
CO	28	0.76	1.01	1.11	1.35
$H2_S$	34	2.10	0.85	0.69	0.74

其中应注意的是，干气组分中的不凝气组分(表中后六项)，约占30.4%的体积分数。不凝气组分在数据分析及采集时存在于干气组分中，但在分馏塔顶，不属于油气分压的一部分，这一部分的摩尔流量应从油气分压中扣去。同样的，预提升干气中不凝气组分约为19.3%。

表3 液化气组成表 %(体)

分析项目	相对分子质量	1	2	3	4	5
丙烷	44	13.1	13.2	11.3	11.6	8.25
丙烯	42	36.7	34.8	36.9	39.2	29.9
异丁烷	58	25.9	25.2	24.6	25.4	33.7
正丁烷	58	5.21	5.37	5.18	5.52	6.52
反-2-丁烯	56	4.99	5.74	5.80	5.02	5.56
1-丁烯	56	5.35	5.60	6.11	4.98	5.62
异丁烯	56	5.25	5.41	6.05	5.11	5.58
顺-2-丁烯	56	3.48	4.50	3.86	3.02	4.49
$\geqslant C_5$	70	0.05	0.03	0.04	0.07	0.20
H_2S	34	0.02	0.09	0.01	0.03	0.01

由上表可知，液化气中的不凝气组分(主要是硫化氢)含量很少，可忽略不计。

由于干气与液化气中组分含量是可确定的，其平均相对分子质量可采用数均相对分子质量，具体可由下列公式(4)表达：

$$\bar{M}=\sum x_i m_i \tag{4}$$

其中，x_i是各组分体积分数，m_i为各组分相对分子质量。

2.3.2 汽油组分的平均相对分子质量[3]

汽油馏分中各组分含量复杂，日常生产中不可能将汽油的完整组分分析出来，无法确切的得到各组分的摩尔分数。在不具备实测条件的情况下，石油馏分的平均相对分子质量可用一些经验公式近似地计算得到装置汽油馏程表见表4。

表4 汽油馏程表

分析项目	单位	1	2	3	4	5	6
初馏点	℃	33.6	35	35.5	33.8	35	34.4
10%	℃	52.4	50.1	50.6	50.2	48.6	50.3
50%	℃	99.9	96.6	95.6	97.6	96.2	98.2
90%	℃	184.8	181.7	180.1	180.2	179.3	182.5
终馏点	℃	210.7	208.5	207	205.1	205.1	209.2
密度(20℃)	kg/m^3						746.5

特别的，石油馏分蒸馏曲线的斜率S定义为：

$$\text{斜率 } S=\frac{90\%\text{馏出温度}-10\%\text{馏出温度}}{90-10} \tag{5}$$

根据石油馏分的体积平均体积沸点t_V及其馏程的斜率S，得到石油馏分的中平均沸点T：

$$T=t_V-e^{-1.53181-0.0128t_V^{0.6667}+3.64678S^{0.3333}} \tag{6}$$

有了以上数据，就可以利用Riazi关联公式计算汽油组分的相对分子质量。

$$M=42.965e^{2.097\times10^{-4}T-7.78712D+2.0848\times10^{-3}TD}T^{1.26007}D^{4.98308} \tag{7}$$

其中，T为石油馏分的中平均沸点(K)，D为相对密度$d_{15.6}^{15.6}$。

2.3.3 分馏塔顶油气分压

由于塔顶压力仪表测的压力是表压，因此公式中应换算成为绝对压力。前文提到，分馏塔顶组分主要被分为干气(dry gas)、液化气(LPG)、汽油(gasline)以及水蒸气(H_2O)，根据道尔顿分压定律，塔顶油气分压即为油气组分的分压之和，同时将干气组分中的不凝气组分去除，即可得到油气分压P_1的表达式：

$$P_1=\frac{\frac{m_{dry}}{M_{dry}}\times(1-\eta)+\frac{m_{LPG}}{M_{LPG}}+\frac{m_{gas}}{M_{gas}}+\frac{V_{pre}}{V_m}\times(1-\mu)}{\frac{m_{dry}}{M_{dry}}+\frac{m_{LPG}}{M_{LPG}}+\frac{m_{gas}}{M_{gas}}+\frac{m_{H_2O}}{M_{H_2O}}+\frac{V_{pre}}{V_m}}\times P+P_2 \tag{8}$$

其中，m_i代表各组分质量流量，$\bar{M}_i$代表各组分平均相对分子质量，V_{pre}为预提升干气体积流量，V_m为摩尔体积流量，η、μ分别是干气、预提升干气组分中不凝气的体积百分比，

P 是分馏塔顶压力。

2.4 粗汽油干点公式拟合[4]

首先确定式(3)是否存在合理性。针对公式(3)，等式两边做对数运算处理，即可得到关于 T_2 的方程，即式(9)：

$$\ln(T_2+273.15)=\ln k+\alpha\ln\frac{P_2}{P_1}+\beta\ln(T_1+273.15) \tag{9}$$

欲证明式(3)存在，需证明存在校正系数k、α、β，使得式(9)成立，即证明式(9)具有明显的线性关系。针对式中已知数据进行处理，得到表5：

表5 数据处理表

日期	1	2	3	4	5	6
$\ln(T_2+273.15)$	6.1803	6.1613	6.1741	6.1787	6.1739	6.1830
$\ln(T_1+273.15)$	6.0082	5.9996	6.0060	6.0163	6.0163	6.0180
$\ln(P_2/P_1)$	−0.8143	−0.8146	−0.8143	−0.8167	−0.8193	−0.8260

利用MATLAB软件对于表中计算数据进行三维绘图，从俯视角20°、斜角65°观察视图，如图1；

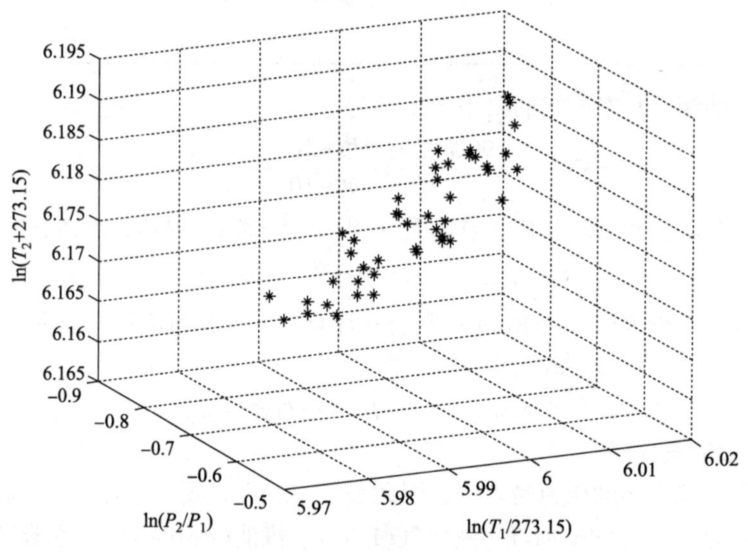

图1 俯视角20°，斜角65°散点图

将数据采集及处理过程中的系统误差及随机误差考虑进去，如干点测量过程中的系统误差、在线仪表波动造成的数据采集误差，发现所有离散的点大体分布在一个平面上，满足一定的线性关系，即存在 k、α、β，使得式(9)成立。因此，对表中数据进行拟合回归计算，最终得到：

$$\ln k=1.8983\alpha=0.08725\beta=0.7239$$

代入公式(3)整理得到：

$$T_2=6.6746\left(\frac{P_2}{P_1}\right)0.08725(T_1+273.15)^{0.7239}-273.15 \tag{10}$$

这与文章开头分析的系数 α>0、β>0 的理论分析结果相吻合。同时利用软件公式绘制出残差杠杆图[5]，如图 2：

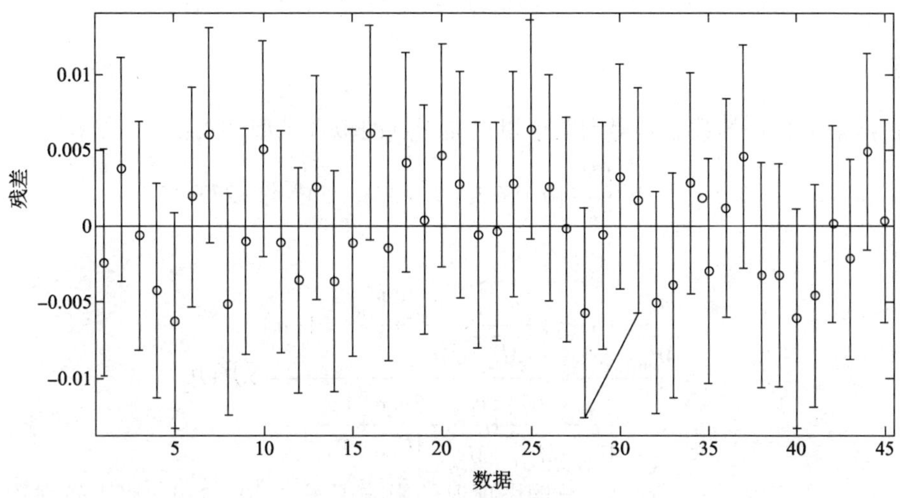

图 2 残差杠杆图

从杠杆图看出，所有的残差都在零点附近均匀分布，区间基本上都位于[−0.015, 0.015]之间，即没有发现高杠杆点，数据中没有强影响点、异常观测点，说明对式(3)进行的拟合回归存在也是合理的。

利用公式(10)对汽油干点进行计算，并与化验分析结果作对比得到图 3：

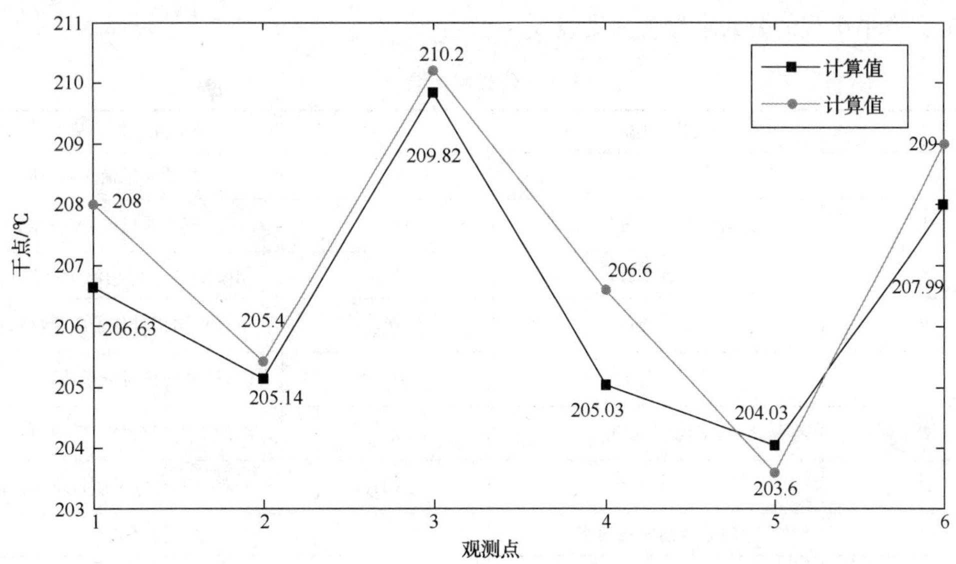

图 3 计算值与化验值对比图

从图中可以看出，化验分析值与公式(10)所得到的计算值变化趋势相同，且绝对误差均在±2℃内，从而验证了公式(10)具有良好的拟合性。

最后，在提升管蒸汽总量和分馏塔用汽总量不变的操作条件下，利用该拟合模型计算得到，在粗汽油干点变化不大时，分馏塔顶温升高1℃，粗汽油干点相应变化0.85℃左右；同样的条件下，粗汽油干点升高1℃，分馏塔顶温相应提高1.17℃左右。

3 总结

1）根据采集整理的数据可得到关于粗汽油干点的拟合模型公式：

$$T_2 = 6.6746\left(\frac{P_2}{P_1}\right)0.08725(T_1+273.15)^{0.7239}-273.15$$

其中：

$$P_1=\frac{\dfrac{m_{dry}}{\overline{M_{dry}}}\times(1-\eta)+\dfrac{m_{LPG}}{\overline{M_{LPG}}}+\dfrac{m_{gas}}{\overline{M_{gas}}}+\dfrac{V_{pre}}{V_m}\times(1-\mu)}{\dfrac{m_{dry}}{\overline{M_{dry}}}+\dfrac{m_{LPG}}{\overline{M_{LPG}}}+\dfrac{m_{gas}}{\overline{M_{gas}}}+\dfrac{m_{H_2O}}{M_{H_2O}}+\dfrac{V_{pre}}{V_m}}\times P+P_2$$

2）根据拟合模型公式可看出，分馏塔顶温的影响因子β=0.7239，属于较强影响因子，日常生产中正是通过调节分馏塔顶温调整粗汽油干点；而塔顶油气分压影响因子α=0.08725，对干点影响力较小，除了反应系统调整操作改变油气分压外，日常基本不作为调节粗汽油干点的手段。

3）根据模型拟合公式得到，分馏塔顶油气分压基本恒定的情况下，在粗汽油干点变化不大时，分馏塔顶温升高1℃，粗汽油干点相应变化0.85℃左右；同样的条件下，粗汽油干点升高1℃，分馏塔顶温相应提高1.17℃左右。

4）文章中出现的公式字母含义见表6。

表6 公式字母含义

符号	含义	符号	含义
T_1	分馏塔顶温/℃	m_{LPG}	液化气质量流量/(t/h)
T_2	粗汽油干点/℃	m_{gas}	汽油质量流量/(t/h)
P_1	分馏塔顶油气分压/kPa	m_{H_2O}	蒸汽质量流量/(t/h)
P_2	大气压/kPa	V_{pro}	预提升干气体积流量/(Nm³/h)
P	分馏塔顶压力	$\overline{M_{dry}}$	干气平均相对分子质量/(g/mol)
k，α，β	校正系数	$\overline{M_{LPG}}$	液化气平均相对分子质量/(g/mol)
T	平均沸点/℃	$\overline{M_{gas}}$	汽油平均相对分子质量/(g/mol)
D	相对密度	M_{H_2O}	蒸汽相对分子质量/(g/mol)
S	油品蒸馏曲线斜率	η	干气中不凝气含量/%
m_{dry}	干气质量流量 t/h	μ	预提升干气中不凝气含量/%
V_m	摩尔体积流量 L/mol		

参 考 文 献

[1] 马伯文．控制催化裂化装置粗汽油干点的数学模型[J]．石油炼制，1990，21(4)：67-68.
[2] 刘俊吉，周亚平，李松林．物理化学[M].5 版．北京：高等教育出版社，2009.
[3] 徐春明，杨朝合．石油炼制工程[M].4 版．北京：石油工业出版社，2009.
[4] 李柏年，吴礼斌．Matlab 数据分析方法[M]．北京：机械工业出版社，2012.
[5] 黄山，付晓慧，王怡为．基于回归分析的物质浓度测定[J]．明日，2018，48：19.

基于流程模拟对某催化裂化装置吸收塔操作工况影响因素的理论分析

罗燕东　张苡源　杨　磊　李　凯

（中国石化青岛炼化公司　山东青岛 266555）

摘　要　吸收塔作为催化裂化装置吸收稳定部分的重要组成，担负着吸收富气中绝大部分 C_3及以上组分的任务，将宝贵的高价值 C_{3+}组分回收后，其中丙烯组分经气分装置切割分离后作为聚丙烯装置原料，是高价值产品聚丙烯的直接原料。采用 Aspen-PlusV10 稳态流程模拟软件对吸收塔进行模拟分析，得出各个操作参数对吸收效果的影响规律和理论值，对指导操作，提高富气吸收效果具有重要意义。

关键词　模拟优化；吸收塔；吸收稳定系统；干气 C_{3+}含量

1　前言

某催化裂化装置年设计规模 2.9Mt/a，采用经加氢精制处理后的全蜡油进料。吸收塔相关流程如下：气压机出口的富气与解吸塔（C-302）顶气体及富气水洗水汇合后，先经压缩富气空冷器（A-301）冷凝，再与由吸收塔底泵（P-303）抽出的吸收塔（C-301）底饱和吸收油、级间凝缩油泵 P-306 来的气压机级间凝缩油及气分装置来的乙烷气（目前进分馏塔顶油气分离器 D201 流程）汇合进入压缩富气后冷器（E-309/A-H）进一步冷却至 40℃后，进入气压机出口油气分离罐（D-301）进行一次气液相分离。分离出的富气自罐顶进入吸收塔（C-301），与吸收剂（粗汽油）、补充吸收剂（稳定汽油）逆流接触。富气中的绝大部分 C_3（及以上组分）和部分 C_2组分被吸收，吸收后富气自吸收塔顶进入再吸收塔（C-303）下部，与贫再吸收油逆流接触后，吸收脱除可能携带的汽油组分后，一路送反应提升管底部作为预提升干气（目前预提升干气由 D301 顶部流程进提升管），另一部分从再吸收塔顶部经压控调节阀（PV-30403）送出装置至双脱装置。

吸收塔采用 41 层高效浮阀塔盘，直径 3.2m。来自分馏塔顶油气分离器 D201 的粗汽油，一路从吸收塔第 36（从下向上计）层塔盘进入，另一路和冷却后的三中回流（自上而下）一同进入 17 层塔盘（为提高吸收塔吸收效果，降低干气中 C_{3+}组分含量，2015 年大检修改造新加流程）[1]。吸收塔底部冷却后的稳定汽油作为补充吸收剂，自塔盘第 41 层进入。气压机出口油气分离罐 D-301 来的富气自第一层塔盘下部进入吸收塔。干气和饱和吸收油分别自塔顶和塔底采出。

为了降低模拟过程中的干扰因素，此次模拟采用的化验数据采用 2019 年 8 月 26 日 9：00的粗汽油，稳定汽油，以及加样富气组成 LIMS 化验数据，采样过程中对样品进行多次置换，保证数据具有代表性。

根据吸收过程的影响因素可知，影响吸收效果的因素诸多，主要有：

液气比，操作温度，操作压力，吸收剂和被吸收气体性质，塔内汽液流动状态，塔盘数和塔盘结构等[2]。

对本次模拟来说，主要对操作参数进行模拟和优化，以利于操作中寻找合理的区间和最优值，从而在操作中满足其他条件的情况下尽量降低顶部采出干气的 C_3 及以上组分值，以实现吸收效果最大化的目的。或在满足干气 C_{3+} 合格(不大于3%)的前提下，在装置受其他因素影响比如环境温度过高导致的冷换效果下降，局部换热器检修切出工况导致冷却能力下降，机组节能降耗导致吸收塔操作压力降低，以及其他可能的情况时，为满足干气质量合格进行操作调整提供指导，减少人为不合理调整造成 C_{3+} 损失和装置 LPG 收率降低。

2 模拟相关流程和参数

2.1 模拟流程选择

本次模拟采用严格精馏模块 Rad Frac 中的吸收塔模型 ABSBR1(见图 1)。

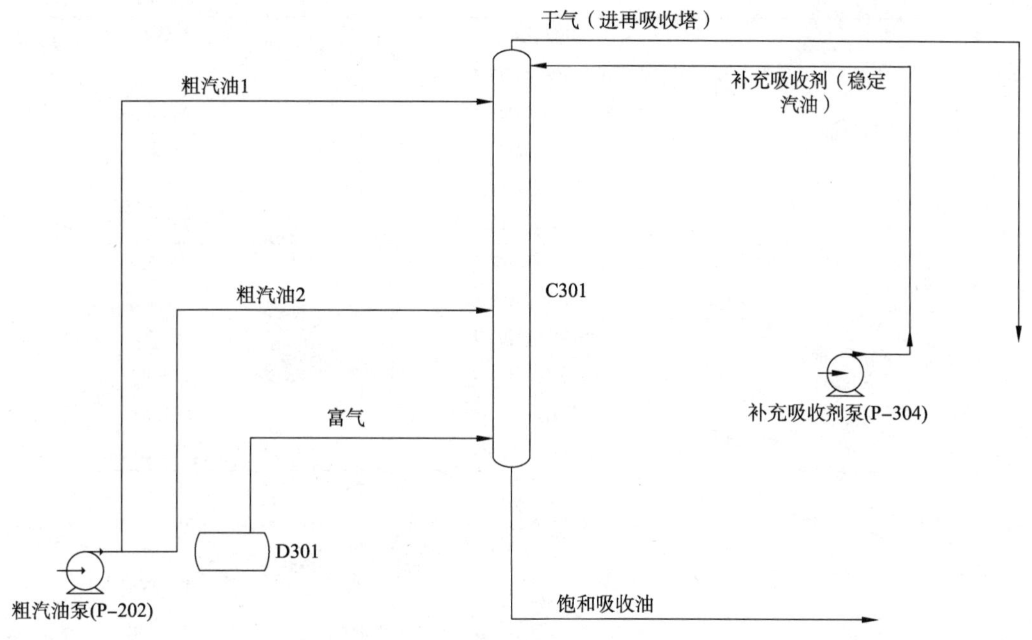

图 1 吸收塔简明流程

合理的物性选择对结果的偏差程度控制与否至关重要。本次模拟属于典型的炼油过程的中低压，含氢气系统，故采用 Peng-Rob 热力学方程。较容易取得与实际过程较为接近的模拟效果。

气体摩尔流量为 DCS 采集数值经 Aspen 代入工况折算后数值。

2.2 塔盘物流数据参数

塔盘物流数据参数见表 1。

表 1 模拟引用参数

名 称	温度/℃	压力/MPa	流量：气相/(mol/h)；液相/(kg/h)
吸收塔顶部	43.2	1.300(1.229 取近似)	模拟结果值
吸收塔底部	45.2	1.251	模拟结果值
补充吸收剂(稳定汽油)	32	1.295	54000
粗汽油 1	38	1.295	60000
粗汽油 2	38	1.271	150000
富气	35	1.251	2321.4

参数均取 DCS 近期典型值。

3 LIMS 化验数据

通过查询 LIMS 数据，2019 年 6 月 22~26 日，吸收塔操作相对稳定，本次模拟采用 7 月 26 日早 9：00 的数据(见表 2)。

表 2 引用 LIMS 化验数据

样品名称	项 目	化验值
粗汽油(出口汽油)	初馏点/℃	25
	10%蒸发温度/℃	44
	50%蒸发温度/℃	95.5
	90%蒸发温度/℃	180
	终馏点/℃	209.5
	密度(20℃)/(kg/m^3)	733.3
稳定汽油(车用汽油)	初馏点/℃	38.5
	10%蒸发温度/℃	53.7
	50%蒸发温度/℃	91.7
	90%蒸发温度/℃	178.9
	终馏点/℃	207.2
	密度(20℃)/(kg/m^3)	736.2
D301 富气(φ%)	氢气	4.72
	甲烷	16.23
	乙烷	14.18
	乙烯	12.96
	C_3	25.9
	丙烷	5.78
	丙烯	20.12
	C_4	6.94
	C_5	0.92
	二氧化碳	2.94
	氧气	0.21
	氮气	9.84
	一氧化碳	0.53
	硫化氢	4.58
	C_3 及以上	33.81
	C_6 及以上	0.05

4 吸收塔 Aspen Plus 模拟分析

4.1 按照吸收塔当前操作数据接近的参数为基准，分析补充吸收剂量对干气 C_{3+} 操作质量的影响

根据表 1 的操作状况进行模拟，即吸收塔顶部压力 1.300MPa，补充吸收剂 32℃，Mass-Flow 质量流率 60t/h，压力取塔盘压降后改层塔盘近似值。粗汽油温度 38℃，按照上、下两路分别 60t/h 和 150t/h 分配效果计算。富气温度取 35℃，即当前 E309 冷后温度近似为进塔温度，流量取 52000Nm³/h；压力取塔底压力。

进行模拟分析如图 2：

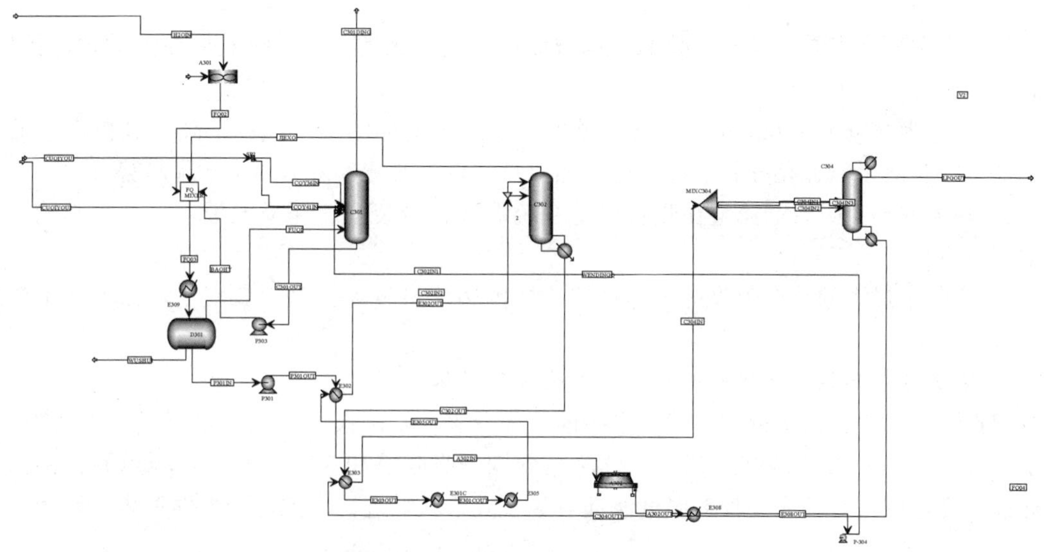

图 2 吸收塔相关系统流程模拟图

由模拟发现，吸收塔顶采出的干气总量为 1276.50kmol/h，其中 C_{3+} 的流量为 27.34kmol/h，需说明，C_5 及以上的组分属于粗汽油和稳定汽油的虚拟组分带入干气的部分，由于再吸收塔的存在，为简化计算，取 C_{5+} 组分吸收率在再吸收塔全部吸收假定，则干气 C_{3+} 计算如下：

$$C_{3+}=27.34/1276.50=2.14\%$$

通过更改流程 WENDINGQ 即补充吸收剂(稳定汽油)的流量，得出以下模拟 C_{3+} 结论见表 3、图 3：

表 3 补充吸收剂流量调整对干气 C_{3+} 影响模拟数据

补充吸收剂流量/(t/h)	干气 C_{3+} 模拟值	补充吸收剂流量/(t/h)	干气 C_{3+} 模拟值
40	4.98	70	0.93
50	3.64	80	0.16
60	2.14	55	2.97

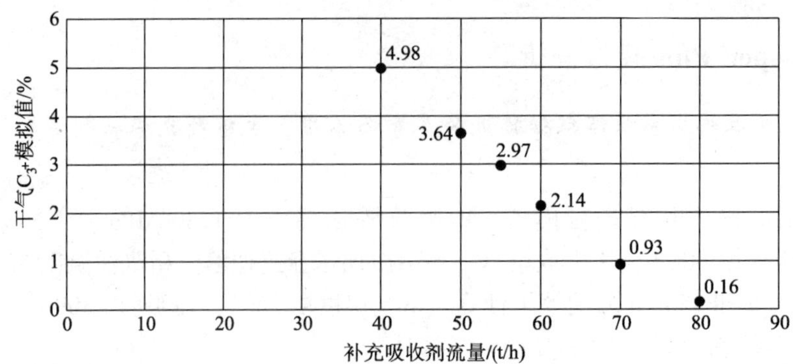

图 3 补充吸收剂流量调整对干气 C_{3+}影响模拟数据

从散点图拟合来看，补充吸收剂流量增加符合液气比增加，吸收效果加强的理论预期，同时应当注意：

1）补充吸收剂大于 60t/h 后，可见吸收效果随之增加的幅度逐步下降，分析由于液气比增加，吸收效果较为充分后，液气比增加对吸收效果改善效果呈逐步下降趋势。

2）较大的补充吸收剂流量在吸收稳定系统循环，给装置能耗增大带来了不利影响，生产中不宜盲目追求液气比。

3）实际中过大的补充吸收剂量容易造成塔内回流量过大，单板效率下降，不利于继续提高吸收效率。

4.2 对补充吸收剂温度变化对吸收效果影响进行模拟：

根据装置流程，由于稳定汽油在空冷前大部分去 S Zorb 装置，剩余量经过空冷 A302 和稳定汽油水冷器 E-308 两级冷却后，分两路分别进吸收塔和双脱汽油脱硫醇单元，根据当前环境温度范围，对补充吸收剂温度波动对吸收效果影响进行模拟得到数据见表 4 及图 4：

表 4 补充吸收剂温度和干气 C_{3+}模拟数据

补充吸收剂温度/℃	干气 C_{3+}模拟值	补充吸收剂温度/℃	干气 C_{3+}模拟值
25	2.66	35	3.08
30	2.88	40	3.29
32	2.97		

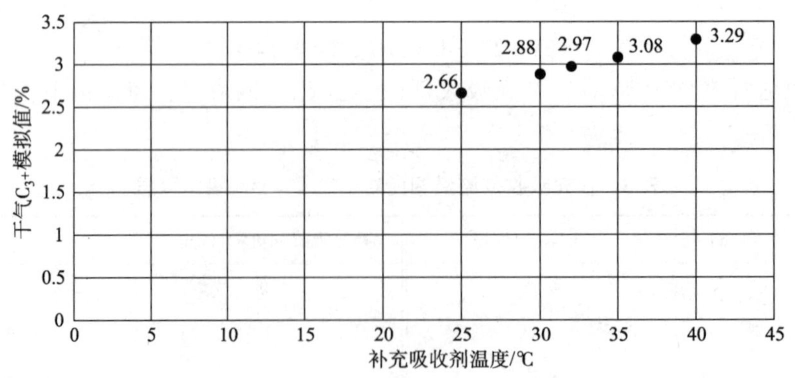

图 4 补充吸收剂温度和干气 C_{3+}模拟数据

由图 4 可得：干气 C_{3+}随补充吸收剂温度变化，在给定温度区间内增长总体较为线性，因此当环境温度允许时，降低补充吸收剂温度对吸收效果变化较为均匀，需注意，受循环水冷却器 E308 和空冷 A302 两级冷却后的补充吸收剂，受冷却器冷源限制，冷后温度接近环境温度后，降低冷后温度的空冷电耗和循环水消耗将急剧上升，因此日常操作不宜盲目追求降低补充吸收剂温度。

4.3 对富气温度变化对吸收效果影响进行模拟分析：

富气从气压机出口来，经空冷 A301 冷却后，同解吸塔顶解吸气汇合，进入 E309 循环水冷却器进行冷却，总体而言日常生产中在 33～36℃之间控制富气温度是可以做到的，但是仍然受环境温度影响较大，见表 5。

表 5 富气温度和吸收效果模拟值

富气温度/℃	干气 C_{3+}模拟值/%	富气温度/℃	干气 C_{3+}模拟值/%
33	2.83	35	2.97
34	2.89	36	3.03

由图 5 可得，干气 C_{3+}含量和富气温度总体影响关联较为线性，需注意，同样由于受冷却器冷源限制，富气冷后温度接近环境温度，继续降低冷后温度在操作中难以达到，因此补充吸收剂温度主要作为稳定因素考虑，在环境温度较低时可控制适当降低。

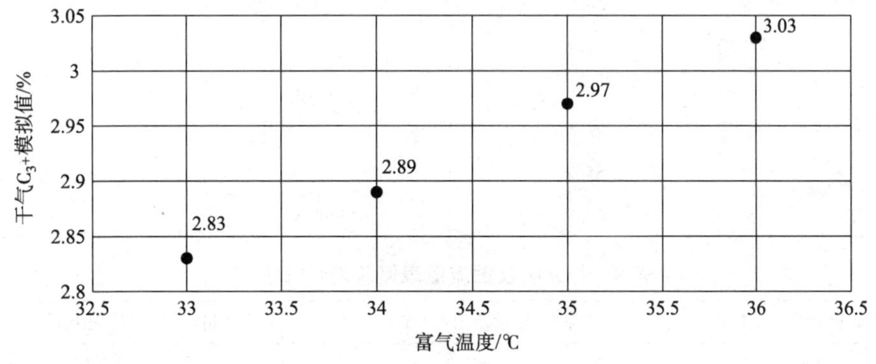

图 5 富气温度和吸收效果模拟值

4.4 调整两路粗汽油流量分配比例对吸收效果影响

为提高吸收塔吸收效果，降低干气中 C_{3+}组分含量，2015 年大检修改造项目一路从吸收塔第 36(自下向上)层塔盘进入，另一路和冷却后的三中回流(自上而下)一同进入 17 层塔盘。调整这两路流量分配不影响装置能耗(出口总流量不变，P202 功耗不变)，因此可以在不耗费额外功的前提下通过调整塔盘气液相负荷和基于塔盘气液相组分浓度改变导致单板效率提升，从而改善吸收塔的吸收效果，对操作影响价值较大。模拟数据见表 6。

表 6 210t 粗汽油流量分配调整对干气 C_{3+}影响模拟数据

粗汽油 1 和粗汽油 2 流量	粗汽油 1 和粗汽油 2 流量比值	干气 C_{3+}模拟值/%
150：60	7：3	2.80
105：105	5：5	2.79

续表

粗汽油 1 和粗汽油 2 流量	粗汽油 1 和粗汽油 2 流量比值	干气 C_{3+} 模拟值/%
60：150	3：7	2.77
42：168	2：8	2.78
21：189	1：9	2.79

分析可知：

当粗汽油按照总量 3：7 比例分配分别进入第 36(从下向上)层塔盘，和第 17 层塔盘时，干气 C_{3+} 含量最低，吸收效果最好，因此 2015 年该流程动改项目的效果是明显的，理论模拟对于提高 C_3 吸收效果的预测得到了验证，且根据操作指导的 3：7 流量分配比例在此得到了充分的验证，根据作者操作实际操作经验该结论亦较为明显，但是实际中有以下问题存在：

1）内操严格按操作规程该项指导进行的执行率并不高，部分员工对该处操作理解不深，重视不足。

2）实际中存在流量显示伴随时间延长不断偏离实际值的问题，可增加校表频次，改善显示准确度，切实有效达到分配比例按计划执行。校表前后流量偏差值可见表 7、表 8。

表 7　补充吸收剂流量表偏差增长分析-1

校表间隔时长/d	补充吸收剂初始流量/(t/h)	校表后流量/(t/h)	流量差值(/t/h)
10	58.9	49.7	9.2
3	55.4	50.4	5
9	64	53.2	10.8
12	66.78	55.1	11.68
7	65.7	57.0	8.7
7	69.9	59.3	10.6

表 8　补充吸收剂流量表偏差增长分析-2

校表间隔时长/d	流量差值/(t/h)	每日平均增长偏差/[t/(h·d)]
10	9.2	0.92
3	5.0	1.67
9	10.8	1.20
12	11.68	0.97
7	8.7	1.24
7	10.6	1.51

经计算，补充吸收剂流量表平均每日增长 1.253t/(h·d)，由于该项波动对干气 C_{3+} 控制造成严重影响，仪表短时间未能解决的前提下，目前采取对 DCS 该流量表手动卡位操作，对干气吸收效果的稳定起到了较好的效果。

4.5　调整吸收塔操作压力对吸收效果的影响：

显然，根据吸收原理，增加吸收塔操作压力有利于提高组分气相分压，扩大气相分压和组分在液相中浓度对应的气相平衡分压的差值[3]，即提高了吸收过程的传质推动力，从而改善吸收效果。通过改变塔的操作压力，各路进料压力相应调整，得出以下数据见表 9。

表9 吸收塔操作压力调整对干气 C_{3+} 影响模拟数据

吸收塔操作压力/MPa	干气 C_{3+} 模拟值/%	吸收塔操作压力/MPa	干气 C_{3+} 模拟值/%
1.18	3.5	1.25	1.77
1.21	2.77	1.28	1.04
1.23	2.27	1.3	0.65

由图6可得，随着塔压上升吸收效果改善总体比较线性，当吸收塔顶部压力大于1.25MPa时，吸收效果改善有略微减缓的趋势。

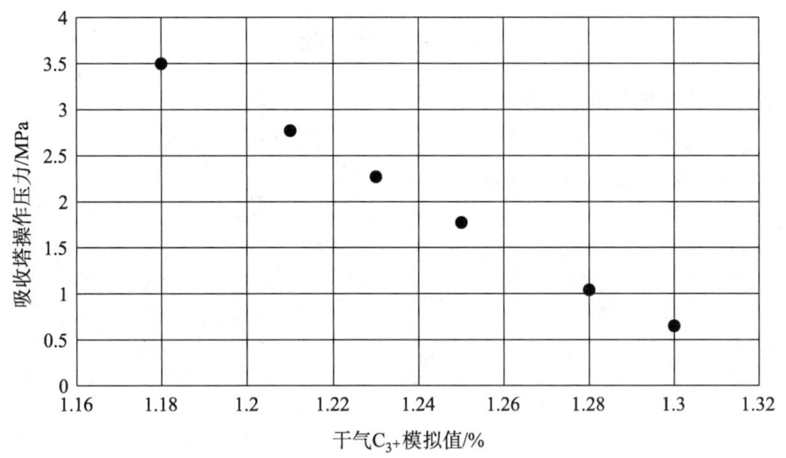

图6 吸收塔操作压力调整对干气 C_{3+} 影响模拟数据

提高吸收塔操作压力意味着提高气压机背压，要注意控制远离气压机机组飞动区间，更加直接的影响是增加了气压机耗气量，降低了装置能耗水平。因此实际中建议权衡后调整吸收塔压力。

需要说明的是，反应岗位和分馏岗位的调整都可能对吸收塔进料组分造成大的波动，此时需要根据LIMS参数调整模拟，以达到对操作动态的优化。同时应当注意到吸收解析操作和分馏稳定的操作是局部和总体的关系，应当统筹调整。

5 结论

1）补充吸收剂大于60t/h后，吸收效果的改善幅度相对下降。较大的补充吸收剂在吸收稳定系统循环，给装置能耗增大带来了不利影响，可见生产中不宜盲目追求液气比。而是将干气吸收效果放在装置能耗角度中通盘考虑。过大的补充吸收剂会造成塔内气液相负荷过大，引起液泛和雾沫夹带，反而导致吸收效果下降的影响，操作中应当重视。

2）干气 C_{3+} 随补充吸收剂温度变化，增长总体较为线性，因此当环境温度允许时，降低补充吸收剂温度对吸收效果变化影响较为均匀，但受制于冷却器冷源温度限制，补充吸收剂温度主要作为稳定因素考虑，在环境温度较低时可控制适当降低。

3）干气 C_{3+} 含量和富气进塔温度在操作的区间变化较为线性，但在低于35℃区间影响相对较大，降低温度相对改善吸收效果相对明显。

4）当粗汽油按照总量3∶7比例分配分别进入第36(自下向上计)层塔盘，和第17层塔盘时，干气C_{3+}含量最低，吸收效果最好，由模拟效果来看2015年该流程动改项目总体效果较为成功，在进料没有大的波动的情况下，建议今后操作继续按照该比例调整进料，以期在装置能耗不增加的前提下对塔盘吸收效果进行最大化利用。

5）随着塔压上升吸收效果改善总体比较线性，操作中应结合吸收效果和气压机能耗调整压力，日常主要作为稳定因素考虑。

6）由于仪表因素造成补充吸收剂流量偏离实际值，对干气吸收效果造成极大干扰，日常操作应当采取措施控稳流量，避免液气比大幅波动造成C_{3+}组分的损失。

参 考 文 献

[1] 催化裂化装置工艺技术规程岗位操作法.2017.
[2] 马伯文主编.催化裂化装置技术问答[M].北京：中国石化出版社，2003.
[3] 谭天恩.化工原理[M].北京：化学工业出版社，2010.

降低催化裂化汽油烯烃含量的措施探讨

张晓国

（中国石化长岭炼化公司　湖南岳阳 414012）

摘　要　本文以中国石化某分公司 2.8Mt/a 催化裂化装置的实际运行为例，从生产出发，分析了影响汽油烯烃的主要因素，如原料性质、催化剂性能等。通过生产摸索出了一套可以有效降低汽油烯烃的措施，比如通过粗汽油、轻汽油等回炼措施，可以降低汽油烯烃(1~4)%。通过提高剂耗或者优化催化剂配方，可以有效改善催化剂性能，加强 MIP 二反氢转移反应，从而降低汽油烯烃含量。通过种种措施降低了催化裂化汽油烯烃含量，为全厂汽油“国ⅥA”质量升级提供了基础保障。

关键词　烯烃；质量升级；汽油；优化调整；剂耗

1　前言

2019 年 1 月 1 日起，我国车用汽油开始执行“国ⅥA”标准，相对于“国Ⅴ”标准，烯烃体积分数由 24%降至 18%，芳烃体积分数 40%降至 35%，苯体积分数由 1%降至 0.8%，较“国Ⅴ”标准控制更加严格[1]。根据中国石化某分公司安排，2018 年 10 月 1 日开始执行汽柴油“国ⅥA”标准，对汽油烯烃、苯含量要求苛刻，其中汽油烯烃含量降低至≤18%。为结合后部汽油精制单元生产合格低烯烃汽油，该分公司 2.8Mt/a 催化裂化装置需要通过反应操作调整达到初步降低稳汽原料烯烃含量，最终实现精制汽油合格出厂目的。2.8Mt/a 催化裂化装置是 2010 年建成投产，采用的是 MIP-CGP 工艺，于 2014 年改造成 MIP-DCR 工艺，装置运行良好。

2　催化汽油烯烃含量影响因素分析

2.1　混合原料性质

催化裂化原料主要由饱和烃和芳烃组成，从原料组成分析来看，原料中的汽油前驱物主要是饱和烃和单环芳烃，饱和烃中主要以链烷烃为主，环烷烃次之。催化裂化汽油中的烯烃主要来自于烷烃的裂化，在催化裂化过程中，随着反应温度的升高裂化反应加剧，直链烷烃裂化生成一个烯烃和一个碳正离子，碳正离子二次裂化又生成一个烯烃和一个碳正离子。烃类分子链长短不同，裂化反应所需的活化能也不同，烃类分子越大，裂化活化能越低，裂化反应时间也越容易发生，而分子越小，裂化活化能越高，裂化反应越难以发生[2]。故原料中烷烃分子越大，裂化次数越多，生成的烯烃越多，汽油中的烯烃含量也就越高。

2.2　操作条件

在同样的操作条件下，提高反应温度可提高转化率，转化率影响汽油的 PONA 组成。随着转化率增加，汽油中烯烃先增加后下降，芳烃含量逐渐增加。对于催化原料的催化裂化反应过程而言，从反应前期至反应中后期，主要发生双分子裂化反应，此时负离氢子转移发生反应主要作为裂化反应的基元反应参与其中；而反应深度进一步增加，则主要发生氢转移反应，而此时氢负离子转移反应主要作为氢转移反应的基元反应参与其中。

除此，随着反应温度的提高，热裂化化反应加剧，由于热烈化中氢转移反应较弱，产品中不饱和烃含量更大，故更不利于降低汽油烯烃含量。

2.3 汽油馏程的影响

从催化裂化反应机理可知，链烷烃通过不断断裂直至生成低碳烯烃才会终止裂化反应，故汽油中的烯烃主要以低碳烯烃为主，表1列出了汽油切割馏分的烯烃含量，可看出催化汽油中，<70℃的馏分中烯烃含量高达39.61%，随着切割馏程变重，汽油烯烃逐步降低。另外芳烃主要是在汽油的重组分中，故一般情况下，汽油干点控制越高，芳烃含量越高。故在正常生产中，在油品调和可控的前提下，尽量高控汽油干点，低控汽油蒸气压，可在一定程度上降低汽油中烯烃含量。

表1 汽油切割馏分烯烃含量

馏程范围/℃	质量分数/%	烯烃含量/%(体)
全馏分	100.00	25.23
<70	37.07	39.61
70~100	13.70	23.23
100~130	11.91	20.07
130~160	18.05	7.62
>160	19.27	11.34

2.4 催化剂

在相同的操作条件下，随着平衡剂活性增加，MIP二反氢转移反应加剧，氢转移过程中的供氢体可以是环烷烃或者环烯烃，供氢体反应后生成芳烃或者焦炭，烯烃作为受氢体反应产生饱和烃，从而降低了产物中的烯烃含量，故氢转移主要作用是减少产物中的烯烃含量。在选择催化剂时，考虑控制汽油烯烃，要择优选择有利于强化氢转移反应的催化剂，如专用降烯烃催化剂。

另外，助剂的加注对汽油烯烃也有影响，尤其是丙烯助剂的加注，丙烯助剂主要是择形分子筛，在平衡剂系统中占有一定藏量后，汽油轻端低碳烯烃可进一步裂化生产丙烯，从而有利于降低汽油烯烃含量，但同时会影响汽油收率。

3 降低汽油烯烃的措施

3.1 优化原料

催化裂化反应过程中烯烃主要是饱和烃中的链烷烃裂化产生，故催化原料中链烷烃含量的多少对汽油烯烃含量影响至关重要。2.8Mt/a催化裂化装置混合原料组成主要为加氢重油、轻蜡油、部分柴油，在生产中可以通过调整几种原料的比例，来调整混合原料中饱和烃的含量，在一定程度上可以控制汽油烯烃含量。

3.2 生产工艺流程优化

3.2.1 粗汽油回炼

氢转移反应主要发生在MIP二反，为了强化氢转移反应以降低汽油烯烃，通过装置内部粗汽油进终止剂回炼，一方面可有效降低二反温度，强化氢转移反应，另外一方面通过粗汽油回炼，使汽油中的烯烃在二反中进一步发生氢转移和异构化反应，从而达到降低汽油烯烃的目的。

表2为汽油回炼前后，对汽油性质和产品分布的影响情况。通过终止剂酸性水改粗汽油回炼做试验分析，比较催化原料及操作条件、产品性质等方面，可得出如下结论：①粗汽油通过终止剂喷嘴回炼21t/h左右，稳定汽油烯烃从25.40%最低可降至21.70%，下降约3.70百分点，同时由于烯烃和芳烃含量均下降，造成稳定汽油辛烷值下降约1个单位。②粗汽油通过终止剂喷嘴回炼21t/h左右，汽油收率下降0.19%，油浆收率增加0.21%，生焦增加0.14%，柴油收率下降0.37%。

表2　粗汽油进终止剂回炼数据对比

项目		单位	粗汽油回炼	空白(终止剂注水)
重点操作参数	一反出口温度	℃	535.11	534.35
	提升管出口温度	℃	516.86	516.24
	原料预热温度	℃	212.00	216.02
	终止剂注水量	t/h	0	4.68
	粗汽油做终止剂回炼	t/h	22.10	0
稳定汽油性质	终馏点	℃	196.42	197.53
	研究法辛烷值		90.30	90.30
	芳烃含量	%	21.30	21.00
	烯烃含量	%	21.70	24.30
产品分布	干气	%	4.29	4.14
	液化汽	%	15.05	14.92
	汽油	%	44.66	44.85
	柴油	%	19.11	19.48
	一中油至加氢	%	5.67	5.73
	油浆	%	4.12	3.91
	生焦	%	7.11	6.97

3.2.2　汽压机级间凝缩油回炼

通过汽油馏分切割可知，汽油中的烯烃主要集中在轻汽油中，由于受现有工艺流程和设施限制，装置本身无法实现轻重汽油分离，考虑到汽压机级间凝缩油主要为轻组分，将凝缩油进终止剂回炼，实现精准回炼，可有效降低稳定汽油烯烃含量。对级间凝缩油进行了化验分析，如表3所示，从分析数据可看出，凝缩油中烯烃含量高达44.56%(体)，具有回炼的意义。

通过现场流程动改，增加了凝缩油出口至终止剂流程，在正常生产中控制回炼量约10t/h，通过数据对比，可降低稳定汽油烯烃约1%~4%(体)。

表 3 汽压机级间凝缩油 PONA 组成 %(体)

碳数	nP	iP	O	N	A	$C_{.Sum}$
3	0.65	0.00	1.96	0.00	0.00	2.61
4	2.08	4.24	10.95	0.00	0.00	17.27
5	2.15	15.96	17.94	0.22	0.00	36.27
6	1.12	12.47	9.39	2.96	0.85	26.79
7	0.51	3.07	2.91	2.77	1.47	10.73
8	0.09	1.52	1.11	0.68	1.18	4.58
9	0.02	0.39	0.23	0.14	0.46	1.24
10	0.02	0.08	0.05	0.01	0.10	0.26
11	0.01	0.05	0.02	0.00	0.01	0.09
总计	6.65	37.78	44.56	6.78	4.07	99.84

3.2.3 轻汽油回炼

中国石化某分公司共有两套催化裂化装置，加工规模分别为 1.2Mt/a 和 2.8Mt/a，其中 1.2Mt/a 催化装置设有轻重汽油分离措施，由于轻汽油流量偏大，无法全部实现内部回炼，从全流程优化角度出发，通过新增轻汽油至 2.8Mt/a 催化装置回炼流程，改部分轻汽油进终止剂回炼，可有效降低全厂汽油池烯烃含量。

3.3 催化剂调整

催化剂中的稀土含量、硅铝比、分子筛含量等参数对催化裂化反应过程影响较大。当稀土沉积于载体上面时，使催化剂 B 酸/L 酸比重增大，促进氢转移反应，形成较强的氢转移反应选择性能力，让汽油烯烃的含量降低。引入稀土元素之后，依靠极化质子的作用，对催化剂密度与酸强度加以提升，使烯烃吸附能力同样获得提高，致使相应的氢转移反应速度加快，汽油烯烃的含量下降。高硅铝比的沸石因为紧邻铝与酸性位的下降情况，导致酸密度、质子化的烯烃酸度均缩减，由此让气相烯烃或者环烷烃产生的氢转移反应可能性较低[3]。

中石化某分公司 2.8Mt/a 催化裂化装置通过催化剂调整降低汽油烯烃主要通过两个措施，一是提高剂耗，控制平衡剂活性≥61%，二是不断优化调整催化剂配方，调整分子筛比例及含量、稀土含量等，均取得不错的成效。

表 4 列出了不同剂耗下，系统平衡剂性能和汽油质量情况，可看出，提高剂耗后，平衡剂活性指数、表面积、微孔面积均有所上涨，硅铝比变化不大，系统平衡剂活性提高后，汽油烯烃下降，芳烃略有上涨，汽油辛烷值略有下降。

表 5 列出了使用不同配方催化剂下，系统平衡剂性能和汽油质量情况，可看出，使用配方 2 催化剂后，在相同剂耗的情况下，平衡剂活性指数、表面积、稀土含量、微孔面积均高于配方 1 催化剂，硅铝比和洁净度配方 2 催化剂低于配方 1 催化剂。从反应原理上推断，使用配方 2 催化剂更有利于强化氢转移反应。从使用两种配方的催化剂后汽油质量来看，也验证了理论推断，使用配方 2 催化剂后，汽油烯烃含量明显下降，同时芳烃含量上涨，汽油辛烷值略有上涨，效果良好。

表 4 不同剂耗下的相关数据对比

项目		单位	阶段 1	阶段 2
剂耗		kg/t	0.69	0.81
平衡剂	活性指数	%	57.22	62.15
	表面积	m^2/g	89.89	103.57
	二氧化硅	%	48.75	48.83
	三氧化二铝	%	45.49	45.64
	氧化稀土含量	%	3.75	3.53
	结晶度	%	4.35	4.75
	微孔面积	m^2/g	41.71	52.77
汽油质量	芳烃含量	%	22.49	24.43
	烯烃含量	%	28.96	25.12
	研究法辛烷值		91.88	91.76

表 5 不同平衡剂体系下的相关数据对比

项目		单位	配方 1	配方 2
剂耗		kg/t	0.85	0.85
平衡剂	活性指数	%	61.32	63.00
	表面积	m^2/g	103.40	112.66
	二氧化硅	%	48.70	46.53
	三氧化二铝	%	45.51	47.45
	氧化稀土含量	%	3.53	3.91
	结晶度	%	4.82	4.55
	微孔面积	m^2/g	53.67	63.23
汽油质量	芳烃含量	%	24.44	26.04
	烯烃含量	%	25.62	19.20
	研究法辛烷值		91.61	91.69

4 降低汽油烯烃存在的问题及对策

4.1 工艺影响

受限于装置本身原因，随着汽油质量要求升级，装置逐渐突出了各项运行瓶颈。装置在大负荷运行下，一、二反反应时间均偏短，尤其是需要通过终止剂回炼来控制汽油烯烃时，二反反应时间和回炼存在控制上的矛盾。目前运行对策，保持装置适宜的运行负荷，加工负荷维持在90%左右，可保证较好的产品分布和产品质量，远期对策需要对反应部分进行适应性改造，以满足产品质量升级要求。

4.2 外来介质影响

受全厂加工流程影响，2.8Mt/a 催化裂化装置外来介质较多，对汽油烯烃含量影响较大的外来介质主要是罐区轻污油的回炼。来自各装置的轻污油主要通过终止剂进行回炼，由于轻污油组成复杂，对MIP二反、平衡剂性能以及汽油质量均存在不同程度的影响。目前运行对策主要有：①轻污油进终止剂回炼量控制≤5t/h，保持小流量连续注入，确保轻污油回炼不会对装置产生较大的影响；②各装置压减轻污油产量，从源头减少轻污油量，降低催化装置的回炼压力。

4.3　装置高剂耗增加了运行成本

为了提高平衡剂活性，以得到较好的产品分布和较低的汽油烯烃，增加剂耗是较为快速有效的手段，但提高剂耗，三剂成本增加。从长远来看，还是要从催化剂配方的优化调整着手，根据产品需求和产品质量要求，实时的调整催化剂配方，以适应装置的生产需要。

5　结论

1）影响汽油烯烃的因素较多，通过调整优化原料性质，或者通过粗汽油、轻汽油和凝缩油回炼等措施，可以有效降低汽油烯烃约1%~4%。

2）提高剂耗，并且根据实际生产优化调整催化剂配方，是降低汽油烯烃的有效手段，较优化原料等措施更为有效，实际生产中，通过优化催化剂等措施可以有效控制汽油烯烃≤20%(体)。

3）在生产中，根据实际生产需要，催化裂化装置通过一种措施或者多种措施并举，能够有效降低汽油烯烃含量，为全厂汽油“国ⅥA”质量升级提供强有力的保障。

参　考　文　献

[1] 许友好．我国车用汽油质量升级关键技术及其深度开发[J]．石油炼制与化工，2019，50(2)：1-11.

[2] 陈俊武，徐友好．催化裂化工艺与工程[M]．3版．北京：中国石化出版社，2015.

[3] 徐德志．氢转移反应与催化裂化汽油质量的关系[J]．中国石油和化工标准与质量，2017，5：11-12.

类型硫在催化裂化过程中转化机理的分析及脱硫方法探讨

刘　洁　金　鑫　薛勇高

[中科(广东)炼化公司　广东湛江 524000]

摘　要　本文主要对原料油中噻吩、苯并噻吩、硫醚等类型硫在催化裂化过程中的转化机理和路径去向进行了综述和分析，并与催化汽油中类型硫标定结果进行对比；讨论了催化操作条件、催化剂类型以及原料油组成对类型硫的裂化脱硫过程的影响，对于两种主要脱硫技术吸附脱硫和加氢精制进行了探讨。噻吩在催化剂B酸中心易形成β碳正离子并进一步转化为不同的中间产物，再经过氢转移反应和裂化反应开环裂化脱硫生成硫化氢进入气相或生成烷基噻吩等硫化物主要进入汽油馏分段，苯并噻吩和二苯并噻吩比噻吩更难开环裂化，其脱硫产物主要进入柴油馏分段。较低的反应温度、较高的剂油比、较长的反应时间、晶胞参数高、酸密度大的催化剂以及较多的供氢剂有利于脱除类型硫。

关键词　催化裂化；噻吩类硫化物；汽油；脱硫；类型硫

近年来，油田开采劣质原油的比重越来越高，重质化和高硫化的原油在炼油企业中的使用比例一直在增高，因此催化裂化原料及其产品的硫含量也越来越高。催化裂化汽油作为汽油主要的调和组分，其硫含量也比较高，我国成品汽油中90%以上的硫都来自催化裂化汽油[1]。汽油的质量直接影响到汽车尾气中污染物的含量，包括SO_x、NO_x、CO、烟尘颗粒等，这些有害物质是空气污染的重要因素[2]。随着国家经济建设的快速发展，对于环保的要求也日益提高，对车用汽油的要求也更高了，新的“国Ⅴ”汽油标准要求硫含量小于10mg/L，烯烃体积含量小于24%，芳烃体积含量小于35%，与“欧Ⅴ”标准一致[3-4]。另外，催化裂化烧焦后的烟气中同样含有SO_x、NO_x等污染物，会对空气质量产生影响。

为了保证催化产品的质量，减少对环境的污染，必须降低催化产品柴油，汽油，以及焦炭中的硫含量。催化原料油中的类型硫主要为噻吩及其衍生物(噻吩衍生物包括苯并噻吩、二苯并噻吩和萘苯并噻吩)以及少量的硫醇、硫醚和二硫化物。比如减压馏分油和减压渣油中的噻吩类硫约占总硫量的70%，而渣油加氢热渣油中的噻吩类硫约占总硫量的85%[5]。表1为茂名石化4#催化原料油标定数据，可以看出噻吩类硫化物在烃类组成中占有一定的比例。为研究更有效的脱硫方法，必须对原料油中类型硫的转化路径和走向有明确的认知。

在催化裂化过程中，原料油中的噻吩、苯并噻吩、二苯并噻吩等类型硫具有稳定的芳环结构共轭体系，较难发生裂化脱硫，因此常有大量的噻吩类化合物存在于催化产物和焦炭中；而活性硫化物硫醇和硫醚属于非共轭体系，C—S键的键能远小于C—C键，易发生裂化反应，大部分会分解为H_2S脱除[6-8]。本文主要对催化裂化过程中几种主要类型硫的转化规律进行了综述和分析，为深入研究催化产物中类型硫的生成和转化机理提供基础和参考；讨论了操作条件和催化剂类型对脱硫过程的影响，并对加氢精制和吸附脱硫两种常用的脱硫技术进行了对比，为脱硫方法的选择和应用提供帮助。

表 1　茂名石化 4#催化裂化原料油中烃类组成的测定结果　　%

分析项目	类型名称	分析组分
烃类组成	链烷烃	13.6
	环烷烃	29.8
	双环芳烃	10.7
	单环芳烃	18.9
	萘类	2.3
	菲类	4.4
	苯并噻吩	0.7
	二苯并噻吩	1.4
	噻吩	2.2

1　含硫化合物在催化裂化过程中的转化规律和路径

1.1　噻吩的转化规律

噻吩又称为1-硫杂-2,4-环戊二烯，是一种特殊的硫醚，硫原子2对孤电子中的一对与2个双键共轭，形成离域π键，另一对与噻吩环共面。该结构虽然稳定，但噻吩中硫原子有给电子能力使得α位的碳原子的电荷密度增大，电负性增强[9]。因此当噻吩吸附于催化剂上时，B酸中的H^+极易与噻吩的α位上碳原子发生亲电加成反应，形成β位碳正离子如图1。此时噻吩环的稳定性被破坏，使开环脱硫反应容易发生。

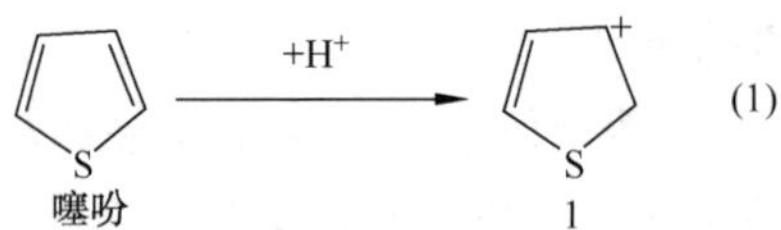

图 1　噻吩碳正离子

β位碳正离子在催化裂化条件下会进一步转化成其他形态的中间产物。如图2所示，碳正离子可以与烯烃反应生成烷基噻吩碳正离子(路径2)；β位碳正离子也可与另一噻吩分子发生聚合反应生成二联噻吩(路径3)；当有链烷烃或环烷烃存在时，会发生氢转移反应将噻吩环两侧的双键饱和生成四氢噻吩(路径4)；噻吩吸附于催化剂B酸中心时C-S键可能会直接断裂生成硫醇中间体(路径5)。

如图2路径2所示，噻吩β位碳正离子与烷烃裂化产生的α烯烃反应生成烷基噻吩碳正离子，再由β裂化得到中间产物2如图3所示，中间产物2可以脱氢生成3-甲基噻吩和3,4-二甲基噻吩，也可能发生氢转移反应生成甲基二氢噻吩，再饱和为甲基四氢噻吩，少部分的甲基四氢噻吩最终开环裂化为丁烯以及硫化氢。

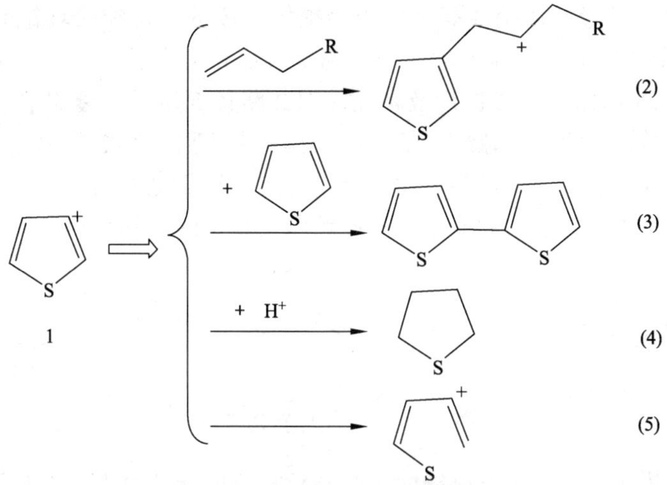

(2)

(3)

(4)

(5)

图 2 噻吩碳正离子转化路径

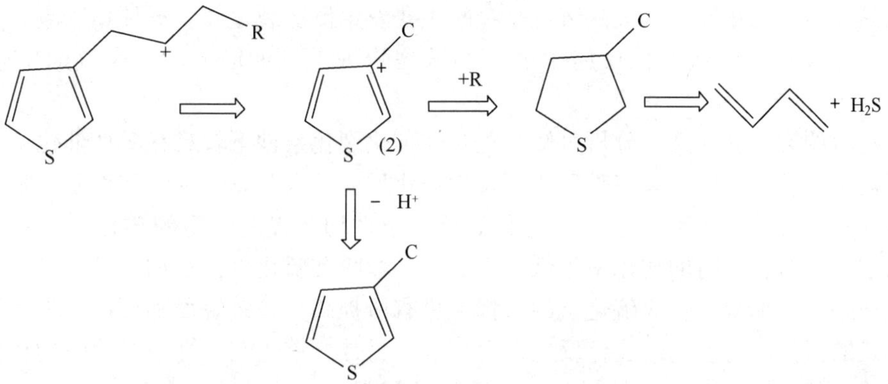

图 3 烷基噻吩碳正离子转化路径

Li 等[10]根据密度泛函理论计算证实噻吩 β 位碳正离子会与另一噻吩分子发生聚合反应生成二联噻吩如图 2 路径 3 所示，而随即 β 位 C—S 键断裂，形成丁烯基噻吩以及硫化氢。大部分丁烯基噻吩可继续裂化为 2-甲基噻吩和 2,5-二甲基噻吩，极少的丁烯基噻吩会环化生成苯并噻吩如图 4 所示。

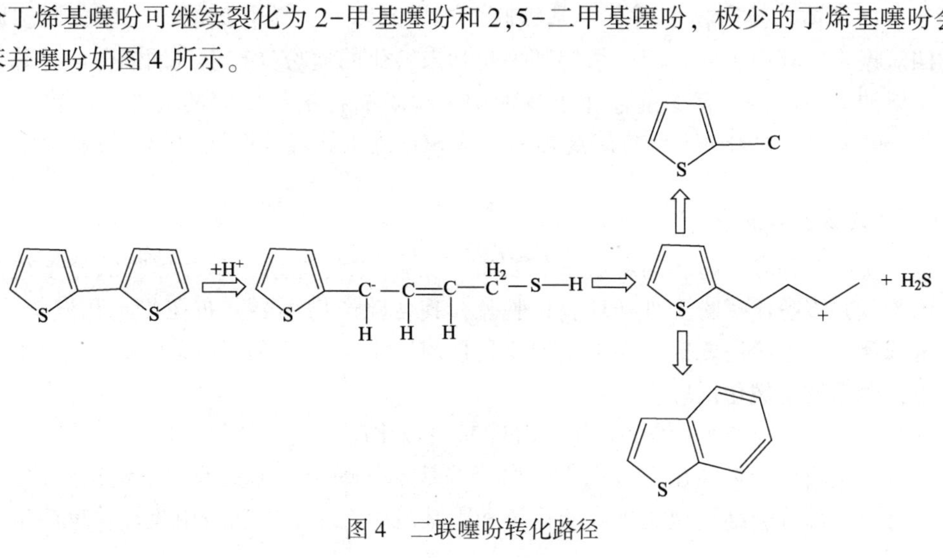

图 4 二联噻吩转化路径

朱根权等[11]认为烷烃和环烷烃等供氢源会提供活泼的氢使噻吩环饱和生成四氢噻吩如图 2 路径 4，但四氢噻吩并不稳定并继续裂化为丁二烯和硫化氢。

Shan 等[12]提出噻吩裂化脱硫机理及路径如图 2 路径 5 所示，噻吩 β 位碳正离子发生 β 键断裂生成硫醇二烯烃中间体。硫醇二烯烃中间体其碳正离子发生异构化反应，并与供氢剂烷烃或环烷烃发生氢转移反应，最终裂化生成丁二烯和硫化氢如图 5。由噻吩 β 位碳正离子生成硫醇二烯烃中间体需要较高的能量，因此该路径发生的比例较小。

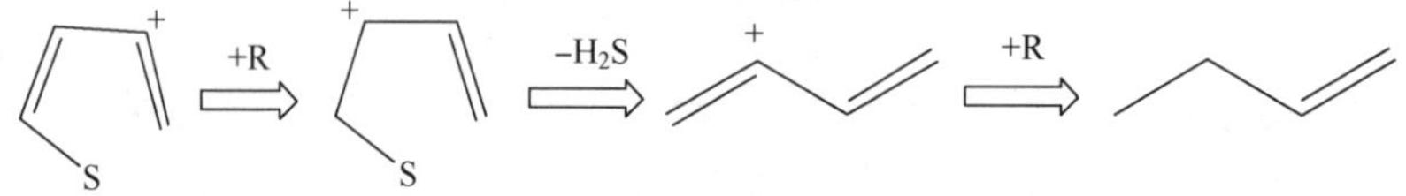

图 5 硫醇中间体转化路径

相比于噻吩和苯并噻吩，带有侧链的噻吩类化合物的活性更大，在相同条件下更易形成碳正离子与 H^- 发生饱和反应继而开环裂化，而且侧链越长活性越大转化率越高。短侧链烷基噻吩较易发生异构化反应，长侧链烷基噻吩主要发生侧链裂化和脱氢环化反应，侧链越长越易发生环化反应，侧链裂化反应生成短侧链噻吩进入汽油馏分段，是汽油中硫的主要来源。

通过噻吩的裂化脱硫路径分析可知，噻吩在催化裂化条件下较难在酸性催化剂上直接裂化，需要通过氢转移反应饱和噻吩环继而发生裂化反应，因此影响噻吩和烷基噻吩裂化反应的关键步骤是氢转移反应，对氢转移有利的反应条件均能提高噻吩的转化率。Sara[13]等发现，供氢剂不足时，噻吩的转化率很低，生成苯并噻吩和硫化氢；在加入己烷等长链烷烃后噻吩脱硫速率明显加快，生成硫化氢的选择性也有所提高，长链烷烃和环烷烃为氢转移反应提供了充足的氢使噻吩的脱硫裂化反应得以进行。另外，催化剂的性质对噻吩的转化率也有很大的影响，催化剂的 B 酸性越强，氢转移活性越强，噻吩的转化程度越高，可生成四氢噻吩并裂化为烯烃和硫化氢；催化剂的酸性相对较低时，主要发生烷基化反应，生成甲基噻吩、二甲基噻吩等[14]。

噻吩经过催化裂化过程其含硫产物主要存在于液体和焦炭中，气体产物比较少，一般小于 10%。噻吩液体含硫产物主要有甲基噻吩，二甲基噻吩，苯并噻吩，二联噻吩，以及极少量的四氢噻吩，其中主要含硫产物烷基噻吩和未转化的噻吩分布于汽油馏分段，苯并噻吩大多位于柴油馏分段，只有少量存在于汽油中。噻吩缩合结焦反应的选择性较高，一般在 50%左右，焦炭中的噻吩进入烧焦罐烧焦后生成 SO_x 进入烟气，烟气中 SO_x 过高会对空气产生污染。

1.2 苯并噻吩的转化规律

苯并噻吩中苯环和噻吩环的离域 π 键形成了 π−π 共轭体系，苯并噻吩的分子结构非常稳定，因此苯并噻吩比噻吩更难开环裂化脱硫，其含硫产物主要分布在焦炭和汽柴油组分，气体硫的选择性比噻吩还要低。在供氢剂充足且剂油比较高的条件下苯并噻吩也可以发生氢转移反应，继而发生裂化反应[15]。

苯并噻吩具体反应路径如图 6：①苯并噻吩由歧化反应或烷基化反应生成烷基苯并噻吩和苯基硫醚，该路径选择性在 30%以上，由于烷基苯并噻吩和苯基硫醚结构仍然比较稳定，它们中只有极少部分会继续裂化生成硫化氢和甲基硫醇；②苯并噻吩由氢转移反应生成二氢苯并噻吩，开环裂化生成烷基苯硫酚或硫醚类产物，继续裂化生成芳烃和硫化氢；③两个苯并噻吩分子可以发生缩合反应生成萘苯并噻吩[15]；④苯并噻吩生成焦炭的选择性最高，一般在50%以上，焦炭中的苯并噻吩进入烧焦罐烧焦后会生成 SO_x 进入烟气。

综合上述反应路径可知，苯并噻吩的含硫产物主要有烷基苯并噻吩、二氢苯并噻吩、苯硫酚、苯基硫醚、萘苯并噻吩。未转化的苯并噻吩大量分布在柴油馏分段，只有少量存在于汽油中，苯并噻吩的主要含硫产物烷基苯并噻吩分布在柴油馏分段，只有少量甲基苯并噻吩进入汽油馏分，二氢苯并噻吩也存在于柴油馏分段；小分子的硫化物苯基硫醚和苯硫酚主要分布在汽油馏分段。当环境中存在较多供氢剂时苯并噻吩和噻吩在氢转移活性低的催化剂上发生烷基化反应；在氢转移活性高的催化剂上较易发生噻吩环的饱和反应，进一步裂化脱硫。与噻吩相似，带烷基侧链的苯并噻吩不稳定，易生成碳正离子，短侧链的烷基苯并噻吩易发生异构化反应，长侧链的烷基苯并噻吩易发生侧链裂化和环化反应[16]。

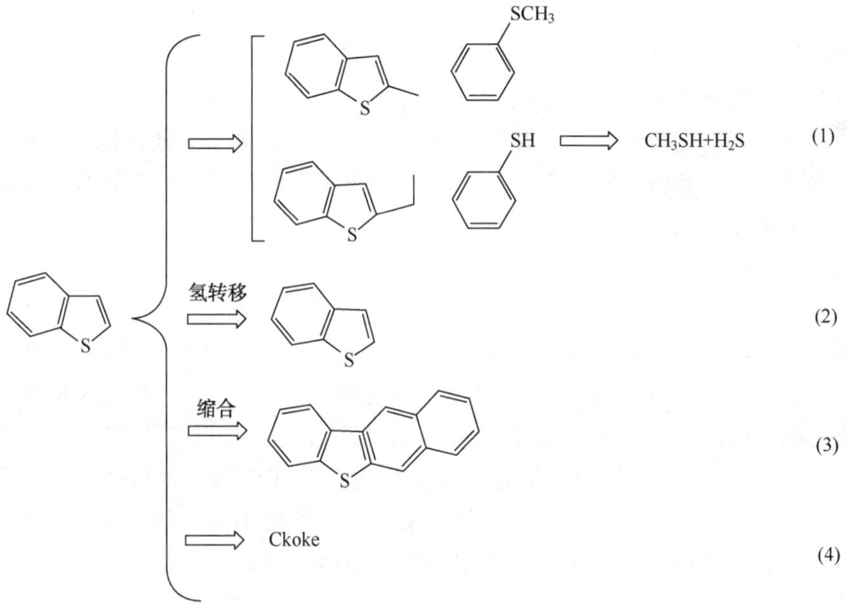

图6 苯并噻吩转化路径

1.3 其他含硫化合物的转化规律

1.3.1 二苯并噻吩

二苯并噻吩在催化裂化过程中主要转化路径如图7所示：①二苯并噻吩与碳正离子发生烷基化反应，短烷基侧链易断裂生成含甲基或乙基的二苯并噻吩；②二苯并噻吩发生烷基化反应生成含有长烷基的二苯并噻吩，长烷基侧链脱氢环化生成萘苯并噻吩[17]；③二苯并噻吩的苯环发生氢转移反应裂化生成苯并噻吩类化合物；④二苯并噻吩在催化剂酸性中心作用下缩合生焦。由于二苯并噻吩的两个苯环的离域 π 键和噻吩环的离域 π 键共面组成 π-π 共轭体系，二苯并噻吩分子结构稳定不易裂化开环，因此路径③的选择性很小，二苯并噻吩发生烷基化反应和生焦的选择性较大[17]，因此路径①、②、④为主要反应。其中路径①、②、③的产物主要进入柴油馏分段。

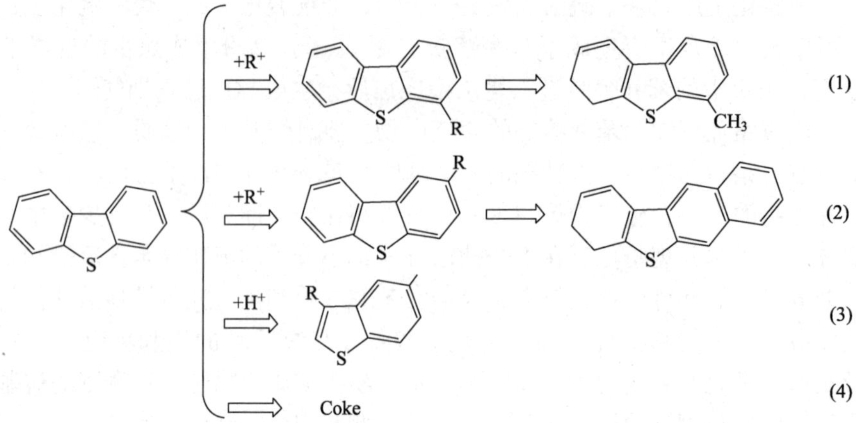

图 7　二苯并噻吩转化路径

1.3.2　硫醚

硫醚一般分为烷基硫醚、环状硫醚和芳基硫醚，常见烷基硫醚如丁硫醚和叔丁硫醚等在催化裂化过程中基本可完全转化为硫化氢；环状硫醚四氢噻吩大部分转化为硫化氢，极少部分转化为烷基噻吩；芳基硫醚转化为硫化氢的比例相对较低，有一部分转化为苯硫酚，苯硫酚还可以发生烷基化反应。

1.4　催化裂化汽油中的类型硫

对茂名石化 4#催化裂化稳定汽油中类型硫含量进行了测定，结果如表 2 数据所示，以各种类型硫占总硫含量百分比作图，得到图 8。可以看出硫醇和硫醚在催化裂化过程中易于裂化，因此含量较少，只占总硫含量的 15%。噻吩类及其衍生物含量高达 81%，其中主要为噻吩类硫化物，达到 71%，并以烷基噻吩为主，这与上文分析结果相符；而苯并噻吩含量较少只有 9%，仅有苯并噻吩和甲基苯并噻吩存在，没有二苯并噻吩存在，说明大部分苯并噻吩类硫化物都存在于柴油馏分中，这与上文分析结果也相符。催化柴油中类型硫含量高于稳定汽油，一般在 2000~3500mg/L，但相比于直馏柴油和焦化柴油 10000mg/L 以上的硫含量还是较少的。

表 2　茂名石化 4#催化裂化稳定汽油中主要类型硫测定数据

类别	硫化物	组分/(mg/L)	比例/%(质)
噻吩类	噻吩	53	71.8
	甲基噻吩	63	
	乙基噻吩	50	
	长链噻吩	64	
苯并噻吩类	苯并噻吩	21	9.4
	甲基苯并噻吩	9	
	乙基苯并噻吩	0	
	长链苯并噻吩	0	
	硫醇和硫醚	50	15.6
	其他	10	3.1
	总硫	320	100

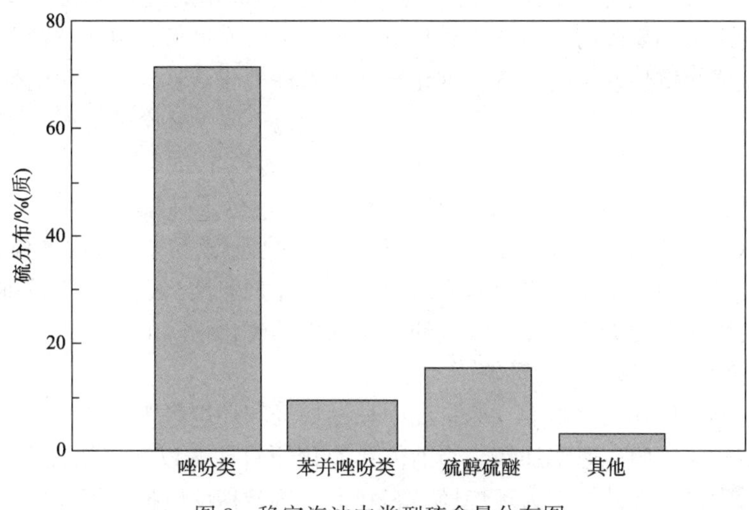

图 8　稳定汽油中类型硫含量分布图

2　脱硫技术和方法

2.1　催化裂化过程脱硫

由于催化原料中噻吩类、苯并噻吩类等型硫含量高，且该类化合物结构稳定，在催化裂化条件下较难在酸性催化剂上直接裂化脱硫，需要通过氢转移反应饱和噻吩环继而发生裂化反应[18-19]。在日常操作中调整催化裂化操作条件和选用合适的催化剂可以提高氢转移反应的强度使硫化物在催化裂化过程中尽可能多的脱除，这是有效地降低催化产物和焦炭中硫含量的方法。

2.1.1　操作条件对氢转移反应的影响

依据热力学理论，较低的反应温度对氢转移反应有利，但是温度过低不利于裂化反应的发生，因此最佳的脱硫温度应综合考虑热力学和动力学两方面的因素。剂油比对于脱硫效果的影响同样十分显著，剂油比越大催化剂活性中心的数目就越多，硫化物与催化剂接触更加充分，更易发生裂化反应和氢转移反应而被脱除[20]。催化裂化反应产生的焦炭会覆盖在催化剂活性中心上，改变催化剂活性中心的酸性质和空间可接近性，严重抑制裂化反应和氢转移反应，影响脱硫效果，焦炭对催化剂污染严重时对催化裂化产品组成和分布的影响更加严重；催化 MIP 工艺增加第二反应区延长反应时间，使硫醇和硫醚分解为硫化氢更加完全，同时加剧了噻吩硫转化分解为硫化氢的能力，并使较难裂化的大分子苯并噻吩类化合物进一步发生裂化反应、氢转移反应、异构化反应和缩合反应，使原料油中的大分子硫化物裂化生成硫化氢和小分子烷烃或缩合进入焦炭的比例提高，相应进入汽油柴油的硫化物则降低[21]。综上所述，较低的反应温度、较高的剂油比、较长的反应时间有利于脱硫，但这些条件要控制在适当的范围内，以免影响产品分布。

2.1.2　催化剂对氢转移反应的影响

催化剂的酸性和酸的类型对于脱硫效果的影响十分显著，因为原料油中的噻吩类硫化物是在催化剂 B 酸中心作用下通过氢转移反应加氢饱和裂化的。催化剂的稀土含量高、晶胞参数高有利于脱硫，因为分子筛的晶胞参数越大则酸密度越大，氢转移作用越强。薛德莲[22]经研究认为，Y 形分子筛催化剂的反应机理如下：催化剂酸密度高，有利于发生氢转移反应，噻吩饱和为四氢噻吩并裂化为硫化氢；催化剂酸密度低，氢转移活性差，主要发生烷基化反应，生成短链烷基噻吩。选择催化剂还要考虑裂化活性与氢转移活性的匹配，若 Y 型分子筛含量过多氢转移活性过大，会造成汽油辛烷值下降，还会使芳烃失去氢离子生成多环芳烃会增加焦炭产率[23]。茂名石化 4#催化裂化使用的 CGP-C 催化剂晶胞常数较大，并以稀土含量适中的 MOY 分子筛作为裂解活性组分，以 Y 形分子筛调节氢转移活性。可根据原料组成、生产状况和产品分布来确定所需氢转移反应的强度，以选择增大或减少 Y 形分子筛比例。该催化剂还使用金属元素对基质改性增强催化剂酸性，这有利于较难裂化的大分子噻吩类硫化物的裂化深度提高，使进入汽油和柴油中的硫化物降低。

2.1.3 催化原料对氢转移反应的影响

氢转移反应还受供氢剂的影响，原料油中长链烷烃和环烷烃等大分子烷烃含量高有利于氢转移反应，使硫化物脱硫速率加快。当前催化裂化原料油多以加氢蜡油和加氢渣油为主，原料经过加氢后大量芳烃被饱和为环烷烃，客观上为氢转移反应提供了大量供氢剂有利于脱硫反应的进行，但原料中大分子烷烃含量过高芳烃过少也会使氢转移反应过度造成汽油中异构烷烃和环烷烃含量增多，不饱和烃含量降低继而使汽油辛烷值下降，液化气中丙烯和异丁烯收率也会下降。

2.2 汽柴油脱硫技术

2.2.1 柴油加氢脱硫技术

行业内目前应用最多的汽柴油脱硫方法是加氢精制技术，该方法适用于各种油品，可使原料中烯烃饱和，脱硫选择性较好，脱硫效果好。柴油加氢可以降低柴油中芳烃含量并提高柴油十六烷值，茂名石化 4#柴油加氢装置混合原料为催化柴油、直馏柴油和焦化柴油，十六烷值为 50 左右，硫含量高达 10000mg/L 以上，多为大分子苯并噻吩和二苯并噻吩类硫化物，而其产品精制柴油中的硫含量在 5~30mg/L 左右，脱硫效果较好，十六烷值也提高至 56。

2.2.2 汽油脱硫技术对比

2.2.2.1 S Zorb 吸附脱硫技术

对于汽油脱硫，目前国内炼厂常用的技术主要是 S Zorb 吸附脱硫技术和 RSDS 汽油加氢技术。其中 S Zorb 吸附脱硫技术是当前国内外重点研究与应用的脱硫技术，运用吸附原理进行脱硫。在汽油吸附脱硫过程中吸附剂会选择性的脱除硫化物，该过程中因硫原子从硫化物转移到吸附剂上而不产生硫化氢，避免了硫化氢与烯烃反应生成硫醇等硫化物[23]。茂名石化 2# S Zorb 吸附脱硫装置可将催化稳定汽油中硫含量脱至 10mg/L 左右，脱硫率达到 90%以上，其中噻吩和烷基噻吩几乎完全被脱除，残余硫化物大部分是苯并噻吩和甲基苯并噻吩，这主要是由于其分子的双环共轭结构和空间位阻等原因而较难被脱除[24]。

国内几套在运 S Zorb 装置标定数据见表 3，由表 3 可知 S Zorb 装置对原料硫含量和烯烃含量适应范围较宽，硫含量为 270~730mg/L。产品硫含量较低，最低可达 2mg/L(总硫)，完全可以满足生产“国Ⅴ”汽油对硫含量小于 10mg/L 的要求；辛烷值损失较小，正常在 1 左右；装置能耗情况较好，仅有 7~9kg 标油/t 进料。

表 3 国内几套 S Zorb 装置标定数据

项目	燕山	广州	高桥	济南
装置规模/(kt/a)	120	150	120	90
负荷率/%	100	100	100	100
进料硫含量/(mg/L)	275	250	390	726
产品硫含量/(mg/L)	8	2.3	11.6	39
进料烯烃含量/%(体)	25	30	35.21	32
研究法辛烷值损失 ΔRON	1.1	0.9	0.6	1.2
能耗/(kg 标油/t 进料)	8.07	6.92	8.74	9.15

2.2.2.2 RSDS 汽油加氢技术

RSDS 汽油加氢技术将催化裂化汽油馏分切割为轻、重两部分汽油，重馏分进行加氢脱硫，轻馏分汽油至碱液抽提脱硫醇，加氢后汽油重馏分与抽提后轻馏分再混合至固定床脱硫醇部分，RSDS 脱硫过程中会产生大量硫化氢，硫化氢与油品中的烯烃反应会继续生成硫化物，加氢精制对于氢的消耗量也比较大[25-26]。RSDS 汽油硫含量可以降低到 50mg/L 以下。

国内几套在运 RSDS 装置标定数据见表 4，由表 4 可知进料硫含量为 250~470mg/L 范围时，产品硫含量为 33~46mg/L，可以满足生产“国Ⅳ”汽油对硫含量小于 50mg/L 的要求；辛烷值损失较小，在 1 以下；装置满负荷能耗 13~20kg 标油/t 进料。

表 4 国内几套 RSDS 装置标定数据

项　　目	单位	上海石化 1	上海石化 2	青岛石化
装置设计规模	10kt/a	50	50	60
标定处理量/负荷率	10kt/a/%	50/100%	42/84%	60/100%
进料硫含量	mg/L	250	470	488
产品硫含量	mg/L	33	34	98
进料烯烃含量	%(体)	38	34	20
研究法辛烷值损失	ΔRON	0.3	0.6	0.4
能耗	kg 标油/t 进料	13.87	19.5	—

2.2.2.3 汽油脱硫技术对比结果

由以上对比可以看出，S Zorb 吸附脱硫技术对于原料硫含量适应范围更宽；脱硫效果也更好，可以使汽油产品的总硫含量降低到 10mg/L 左右，最低可达 2mg/L，可以满足“国Ⅴ”汽油对硫的要求；装置能耗表现也更好，约 7~9kg 标油/t 进料；但辛烷值损失略高于 RSDS 汽油加氢技术。RSDS 汽油加氢技术对于原料硫含量适应范围较窄；该技术可以使汽油产品的硫含量降低到 50mg/L 以下，无法满足“国Ⅴ”汽油对硫的要求，可通过与全厂其他汽油不含硫的高辛烷值汽油组分调和的方法，使汽油的硫含量也可满足国Ⅴ的质量要求；RSDS 能耗比 S Zorb 稍高，约 13~15kg 标油/t 进料；辛烷值损失方法表现稍好于 S Zorb。总体而言，S Zorb 吸附脱硫技术更加先进，脱硫效果更好，能耗较低。

3 结论

通过对噻吩、苯并噻吩等类型硫在催化裂化过程中脱硫以及转化机理的综述和分析可知，噻吩的α位上碳原子易于催化剂B酸中的H^+发生亲电加成反应，形成β位碳正离子并催化裂化条件下进一步转化成其他中间产物，再经过氢转移反应和裂化反应过程生成硫化氢进入气相，生成烷基噻吩、苯并噻吩、四氢噻吩等进入汽柴油馏分段，或缩合生焦。苯并噻吩和二苯并噻吩比噻吩更难开环裂化，其脱硫产物主要为烷基苯并噻吩、二氢苯并噻吩、苯基硫醚、萘苯并噻吩等大分子硫化物，主要进入柴油馏分段，或缩合生焦。硫醚类几乎全部转化为硫化氢，极少部分进入汽油馏分段。因此汽油中硫化物主要是噻吩和烷基噻吩以及少量硫醚和苯并噻吩类硫化物，经测定茂名石化4#催化裂化稳定汽油中噻吩和烷基噻吩占比达71%，与分析结果相符。催化裂化的操作条件和催化剂的性质直接影响类型硫的转化程度和过程，较低的反应温度、较高的剂油比、较长的反应时间、晶胞参数高算密度大的催化剂以及较多的供氢剂有可提高类型硫的转化率，但这些条件要控制在适当的范围内。

随着经济的发展和环保意识的增强，汽柴油中硫含量的限制标准也越来越高，对催化裂化汽柴油进行深度脱硫已是石化行业的主要课题之一。S Zorb吸附脱硫和RSDS汽油加氢是目前行业内常用的汽油脱硫技术，S Zorb有较好脱硫效果，能耗相对较低。

参 考 文 献

[1] 祖德光．催化裂化汽油脱硫降烯烃技术的选择[J]．炼油技术与工程，2005，35(9).

[2] 文尧顺，王刚，孟祥达．催化汽油重馏分氢转移脱硫反应规律[J]．化工进展，2011，30.

[3] 张哲民，石亚华，傅军．降低催化裂化汽油硫和烯烃含量的技术途径[J]．石油炼制与化工，2003，34(7).

[4] 郑淑琴，戴亚丽，钱东．两种催化裂化汽油脱硫技术的研究进展[J]．湖南理工学院学报，2009，22(1).

[5] 王林，孙雪芹，曹庚振．催化裂化汽油脱硫工艺技术进展[J]．湖炼油与化工，2012，2(1).

[6] 陈俊武，卢捍卫．催化裂化在炼油厂中的地位和作用展望[J]．石油学报，2003，19(1).

[7] 刘初春，范文军．优化催化裂化原料实现全厂效益最大化[J]．加工工艺，2012，45(11).

[8] 赵毅，樊真建，江四虎．重油催化裂化产物脱硫及含硫废气治理探讨[J]．石油与天然气化工，2002，31(2).

[9] 刘洁，刘峥，刘进．3，5-二溴水杨醛-2-噻吩甲酰肼席夫碱缓蚀剂在油田水中对碳钢的缓蚀性能以及分子动力学模拟研究[J]．中国腐蚀与防护学报，2013，06(9).

[10] Jaimes Li，Badillo M. FCC Gasoline Desulfurization Using a ZSM-5 Catalyst Interactive Effects of Sulfur Containing Species and Gasoline Components[J]. Fuel，2011，90(5).

[11] 朱全根，夏道宏．催化裂化过程中含硫化合物转化规律的研究[J]．燃料化学学报，2000，28(6).

[12] Shan Honghong，Li Chunyi，Yang Chaohe，et al. Mechanistic Studies on Thiophene Species Cracking over USY Zeolite[J]. Catal Today，2002，77(1/2).

[13] Sara Y，Toshio W，Enrique I. Catalytic Desulfurization of Thiophene on H-ZSM5 Using Alkanes as Co-Reactants[J]. Appl Catal，2003，242(1).

[14] Cheng WC，Kim G. Environment Fluid Catalytic Cracking Technology. Catal Rew，1998，40.

[15] 吴群英，达志坚，朱玉霞．噻吩类硫化物在催化裂化过程中转化规律的研究[J]．石油炼制与化工，2012，43(12).

[16] 吴群英，刘颖荣，达志坚．GC-FID/MS技术应用于苯并噻吩催化裂化转化规律的研究[J]．石油学报，2013，29(4).

[17] 崔琰，高永灿，姜楠．二苯并噻吩在催化裂化过程中的转化规律研究[J]．石油炼制与化工，2011，42(6)．
[18] 郝雪莲，史权，徐春明．加拿大合成原油减压馏分油及其催化裂化液体产物中含硫化合物分析[J]．燃料化学学报，2007，35(1)．
[19] 邢尚策．催化裂化汽油脱硫技术的研究发展状况[J]．化工时刊，2009，23(7)．
[20] 张春晓，李斌．降低 FCC 汽油中硫含量措施[J]．天然气与石油，2004，22(1)．
[21] 刘利．催化裂化汽油脱硫技术方案对比与应用分析[J]．炼油技术与工程，2008，38(11)．
[22] 薛德莲，吴雷．CGP-C 催化剂在 MIP 催化剂装置上的应用[J]．化学工程与装备，2010，(5)．
[23] 黄如奎，韩文栋．MIP-CGP 工艺对汽油硫含量的影响[J]．石油炼制与化工，2006，37(7)．
[24] 朱云霞，徐惠．S-Zorb 技术的完善及发展[J]．炼油技术与工程，2009，39(8)．
[25] 孙俊楠，韩凤山．FCC 汽油深度脱硫技术研发现状概述[J]．炼油技术与工程，2012，42(7)．
[26] 李华，李庆河，高加东．催化汽油加氢脱硫四种技术[J]．江西化工，2013，3(44)．

生产异常实时监管系统与智能模型模块的应用

侯和乾[1]　苑钧宏[1]　杜　彭[2]

（1. 中国石化济南炼化公司　山东济南 250101；2. 北京名道恒通信息技术有限公司　北京 100020）

摘　要　本文介绍了一种借助大数据技术和移动互联技术联合开发的生产异常实时监管系统，该系统实现了主要指标异常的层层监管，监测手段从报警到预警的转变，通过移动应用做到了随时随地实时监管的目的。其使用了基于大数据和机器学习的自动异常诊断模型，即智能检测模型。介绍了生产异常实时监管系统在中国石化济南炼化公司催化裂化装置上的应用情况。

关键词　实时监管系统；智能模型；生产异常；催化裂化装置

1　生产异常实时监管系统与智能模型模块

1.1　生产异常实时监管系统

工艺指标的稳定与设备的良好使用是装置平稳运行的基本保障。工艺条件和设备运行状况是相互依赖、相互制约的，设备运行状况良好是工艺平稳的主要条件，工艺生产平稳又会为设备创造良好的运行条件，如此良性循环，才能保证设备和整个装置的安、稳、长运行。如何在第一时间对工艺指标的变化及设备运行的异常做出分析与判断是提升工艺、设备管理水平的重点与难点。

中国石化济南炼化公司信息管理中心与北京名道恒通公司借助大数据技术和移动互联技术联合开发了生产异常实时监管系统，将生产、设备运行等的安全监控从基层班组延伸到管理层，打破了原来单一岗位进行监控的工作模式，实现了主要指标异常的层层监管，监测手段从报警到预警的转变，通过移动应用做到了随时随地实时监管的目的。“生产异常实时监管系统”不仅实现了报警向预警的功能升级，而且实现了电脑向手机的应用升级，为各级管理者提供全天候的数据服务。

1.2　传统监测模型与智能模型

“生产异常实时监管系统”以事件为中心，实现异常事件的分层管理，可实现事件建模、事件分级推送、移动应用、事件统计分析等主要功能。在传统运行模式基础上，2019 年济南炼化公司又对系统进行了升级，建立了智能化模型。

传统监测模型与智能模型的比较：

传统监测模型是将人的经验进行固化，总结建立规则模板和事件模型，并根据运行状况不断调整参数优化模型，如图 1 所示。

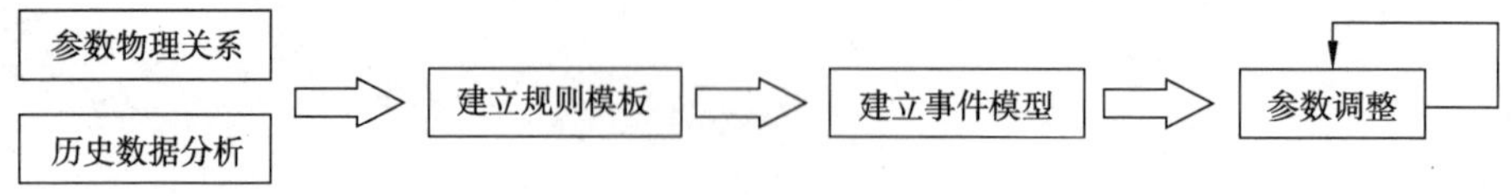

图 1　传统监测模型

智能检测模型是基于大数据和机器学习的自动异常诊断模型，首先明确参数与装置单元之间的物理关系，然后利用大规模历史数据计算和扫描，自动构建模型。在线监测的同时利用近期的历史数据进行模型修正，提高异常监测的准确性，如图2所示。

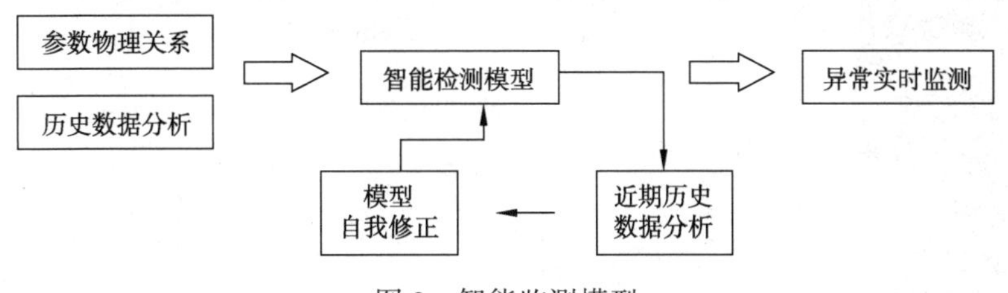

图2　智能监测模型

1.3　智能模型的核心算法

PCA主成分分析法、孤立森林算法、聚类算法、时间序列分析算法等。

通俗讲，就是把一堆数据所在分布空间进行分割，某个数据可能分割不多几次就会被完全隔离，某些数据可能要被分割多次才能被完全隔离，这样好分隔的为疑似异常数据，异常分值高，不好分割的为疑似正常数据，异常分值低。在此过程中，系统通过大数据分析自动分析建立起一个分值标准，在检测实时数据的时候，会把实时值纳入到已经形成模型数据（模型训练数据）中去计算它的异常得分值，低于此标准为正常值，高于此标准为异常值。此算法的优点就在于整合历史数据（正常的、异常的、多工况的）形成分值标准，而此标准可以理解为多历史数据趋势的综合表征，这样用趋势衡量趋势，异常预警效果有保障。

1.4　智能模型的建立过程

用户只需提供监测的状态及相关参数即可，由系统自动建立模型，模型建立、运作过程，如图3所示。

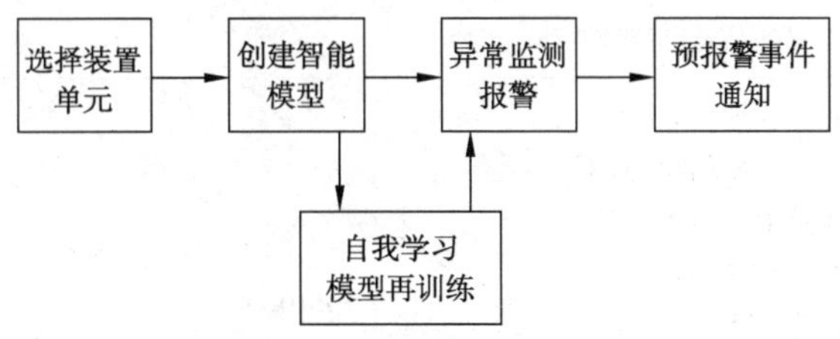

图3　智能模型的建立过程

模型在建立之初，由大量的训练数据完成模型建设，那么在模型运行中遇到的一些非包含在训练数据内的数据可以再采集，并对模型进行再训练，优化模型监控的异常得分，不断提高预报警的准确度。

2　智能模型的应用

2.1　智能模型的创建

结合济南炼化公司炼油二部催化裂化装置的特点，采用异常现象和对应位号的建模方式，首先创建了“主反原料带水”、“副反原料带水”、“一再尾燃”、“增压机停机”、“二再碳堆积”、“主原料中断”、“副原料中断”、“烟机异常振动”，总计8个模型，如图4所示。

图4　智能模型的建立界面

2.2　模型事故异常现象与相关联参数

智能模型相关联的参数见表1。

表1　智能模型相关联的参数

序号	模型名称	事故异常现象	模型关联参数
1	主反原料带水	1. 主原料进装流量波动； 2. 主原料预热温度下降； 3. 主反温度下降； 4. 主反进料量波动； 5. 沉降器压力上升； 6. 原料油换热器憋压、气阻； 7. 原料油泵出口流量波动	TIC6201、FI6241、FIC6421、FIC6419、TIC6414、TIC6421、PI6410
2	副反原料带水	1. 主原料进装流量波动； 2. 主原料预热温度下降； 3. 主反温度下降； 4. 主反进料量波动； 5. 沉降器压力上升； 6. 原料油换热器憋压、气阻； 7. 原料油泵出口流量波动	FIQ6243、FIC6201、TIC6208、TIC6101、PI6102B、FIC645
3	一再尾燃	1. 一再密稀相温差由正值变为负值； 2. 后部烟道温度急剧上升； 3. 一再稀相温度升高； 4. 一再烟气CO浓度降低	TI6113A、AI6103、TIC6115、TI6116A
4	二再碳堆积	1. 二再稀密相温差由正值变负值； 2. 二再稀相温度降低； 3. 裂化气、汽油、柴油量大幅下降； 4. 回炼油、分馏塔底液面直线上升； 5. 再生剂颜色由灰白变黑	TIC6102、TI6131A、TIC6414、TIC6101、FIC6101A、FIC6101B、FIC6101C、FIC6101D、TI6414D、TI6105

续表

序号	模型名称	事故异常现象	模型关联参数
5	增压机停机	1. 再生器一、二再温度上升； 2. 副反汽提段料位上升； 3. 增压机出口流量指示回零； 4. 增压机出口压力回零	TI6113A、TI6132、TIC6102、TI6131A、LIC6102、FIC6121、FIC6122、FIC6104、PI6138、PI6139、PI6133LIC6101、TI6109、TI6110、TI6192、
6	主原料中断	1. 主反应器提升管进料趋于零； 2. 主反应器提升管反应温度上升； 3. 主反应器提升管中部温度迅速上升； 4. 气压机入口富气量下降，反应压力下降； 5. 一再稀相温度上升	FIC6419、FIC6421、FI6180A、FI6180B、FI6180C、FI6180D、TIC6414、TI6420、TIC6421、TI6417A、TI6417B、TI6417C、TI6417D、TI6417E、TI6417F、TI6426、TI6255、TI6410、PI6410、FI6801、TI6113A
7	副原料中断	1. 副反应器提升管进料趋于零； 2. 副反应器提升管反应温度上升； 3. 副反应器提升管中部温度迅速上升； 4. 气压机入口富气量下降，反应压力下降； 5. 一再稀相温度上升	FIC6451、FIC6452、FI6453A、FI6453B、FI6453C、FI6453D、TIC6101、TI6454、TI6103、TI6108、FI6801、TI6113A、PI6102B
8	主风机 安全运行		FI6602、PI6602、XV6620、PV6611、ZI6617、XSV6618、HV6603、BV6608A、BV6608B

2.3 智能模型的应用

2.3.1 智能模型的测试

2019 年 7 月炼油二部配合名道恒通公司首先根据原料带水的异常现象和对应位号建立了首个实验模型，模型投用后自动采集对比 2019 年 1~7 月所对应位号进行分析，形成报告见表 2、表 3。根据形成的报警对比确认，故障位号的异常情况都与当时原料实际变动情况相吻合，准确率为 100%。

表 2 原料带水测试报告 1

异常编号	141781
异常时间	2019/4/9 11：12 到 11：16
数据现象	数据下限异常
位号列表	TIC6201 PI6410 PI6406，PI6407 PI6401A，PI6401B FI6241，FIC6421，FIC6419(显著) FIC6280 FI6180A，FI6180B，FI6180C，FI6180D(显著)
数据现象	数据上限异常

续表

异常编号	141781
位号列表	TI6414A，TI6414B TI6420 TI6421A TI6417A，TI6417B，TI6417C，TI6417D，TI6417E，TI6417F TI6426 TI6410 TI6111A TI6292 PI6410

表 3　原料带水测试报告 2

异常编号	60687
异常时间	2019/2/12 3：26 到 3：31
数据现象	数据下限异常
位号列表	TI6414A，TI6414B TI6417A，TI6417B，TI6417C，TI6417D，TI6417E，TI6417F TI6414D，TI6414E TI6111A TI6102B TI6129A，TI6129B，TI6129C TI6130A，TI6130B(显著) TI6131A，TI6131B，TI6131C，TI6131D(显著) TI6112(显著) PI6410 PI6406，PI6407 PI6401A，PI6401B
数据现象	数据上限异常
位号列表	TI6414A，TI6414B TI6129A TI6144A，TI6144B，TI6144C(显著)

2.3.2　智能模型的上线应用

智能模型开发测试成功后，2019 年 9 月 26 日，该智能模型模块在炼油二部催化裂化装置上线试运行。

智能模型功能上线 6 个多月的报警次数见表 4：

表 4　智能模型报警统计

模型	主反原料带水	副反原料带水	一再尾燃	增压机停机	二再碳堆积	主原料中断	副原料中断	烟机异常振动
报警次数	0	1	11	0	0	1	0	0
位号								
无效次数	0	0	0	0	0	1	0	0
误报次数	0	0	0	0	0	0	0	0

根据报警确认，故障位号的异常情况都与实际生产情况吻合，准确率为100%。

以2019年12月9日再生器一再发生尾燃为例：

12月9日10：36模型发出“【一再尾燃】有趋于异常的倾向”的报警信号，随尾燃情况的加剧，系统多次发出报警，并捕捉到各主要参数（再生器稀相及烟道温度）的实时值变化数据高于正常值。当班班组采取紧急处理措施后，12：31各参数全部恢复正常，模型判断发出“【一再尾燃】恢复正常”的信号，如图5所示。

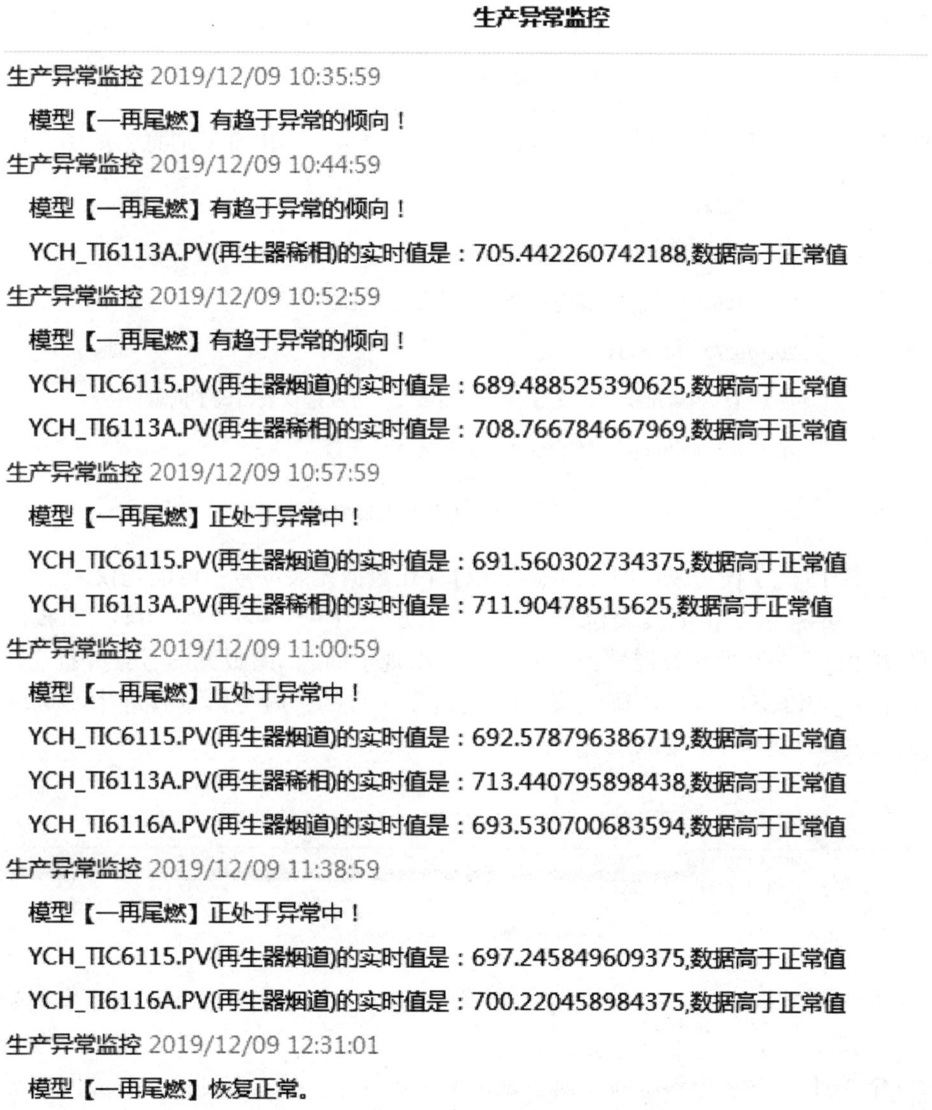

生产异常监控

生产异常监控 2019/12/09 10:35:59

模型【一再尾燃】有趋于异常的倾向！

生产异常监控 2019/12/09 10:44:59

模型【一再尾燃】有趋于异常的倾向！

YCH_TI6113A.PV(再生器稀相)的实时值是：705.442260742188,数据高于正常值

生产异常监控 2019/12/09 10:52:59

模型【一再尾燃】有趋于异常的倾向！

YCH_TIC6115.PV(再生器烟道)的实时值是：689.488525390625,数据高于正常值

YCH_TI6113A.PV(再生器稀相)的实时值是：708.766784667969,数据高于正常值

生产异常监控 2019/12/09 10:57:59

模型【一再尾燃】正处于异常中！

YCH_TIC6115.PV(再生器烟道)的实时值是：691.560302734375,数据高于正常值

YCH_TI6113A.PV(再生器稀相)的实时值是：711.90478515625,数据高于正常值

生产异常监控 2019/12/09 11:00:59

模型【一再尾燃】正处于异常中！

YCH_TIC6115.PV(再生器烟道)的实时值是：692.578796386719,数据高于正常值

YCH_TI6113A.PV(再生器稀相)的实时值是：713.440795898438,数据高于正常值

YCH_TI6116A.PV(再生器烟道)的实时值是：693.530700683594,数据高于正常值

生产异常监控 2019/12/09 11:38:59

模型【一再尾燃】正处于异常中！

YCH_TIC6115.PV(再生器烟道)的实时值是：697.245849609375,数据高于正常值

YCH_TI6116A.PV(再生器烟道)的实时值是：700.220458984375,数据高于正常值

生产异常监控 2019/12/09 12:31:01

模型【一再尾燃】恢复正常。

图5　智能模型在有度上发出报警的画面1

从实时异常监控系统统计“一再尾燃”模型在2019/12/09 10：36报警，可以看到当系统报警时(1500附近)，三个位号的数据曲线均出现了数值过高的情况，与生产实际完全吻合，如图6所示。

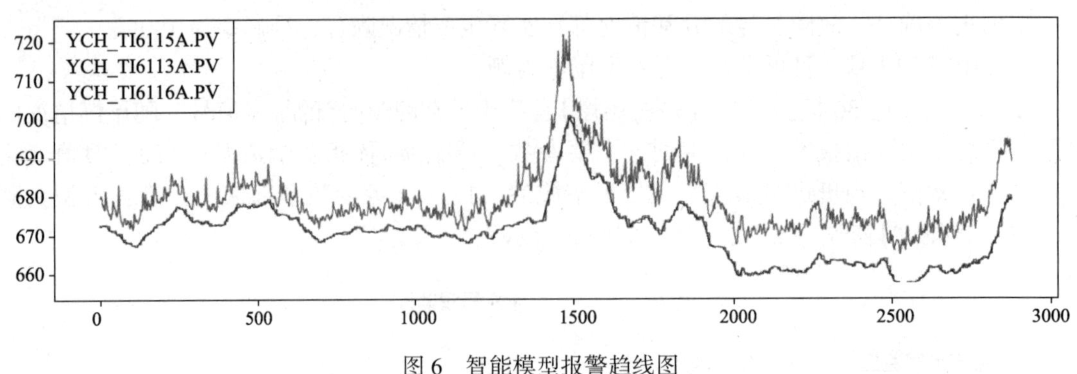

图 6　智能模型报警趋线图

2020 年 2 月 27 日二再碳堆积：模型识别出无效位号，推出有度消息，如图 7 所示。

2020/02/27 13:33:13

模型【二再碳堆积】存在数据无效的位号，可能是仪表出现了问题!

YCH_LIC6251.PV(主分馏塔 C-204 底)的实时值无效

2020/02/27 14:55:34

模型【二再碳堆积】存在数据无效的位号，可能是仪表出现了问题!

YCH_LIC6251.PV(主分馏塔 C-204 底)的实时值无效

图 7　智能模型在有度上发出报警的画面 2

2 月 27 日 13：33 模型发出“【二再碳堆积】存在数据无效位号，可能是仪表出现了问题”的报警信号，并推送出相关仪表位号：YCH_LIC6251. PV。2 月 27 日 14：55 模型又发出“【二再碳堆积】存在数据无效位号，可能是仪表出现了问题”的报警信号，并推送出相关仪表位号：YCH_LIC6251. PV；经确认现场仪表值是正常的，后与信息管理中心确认，是 PI 实时数据库表损坏造成的，如图 8 所示。

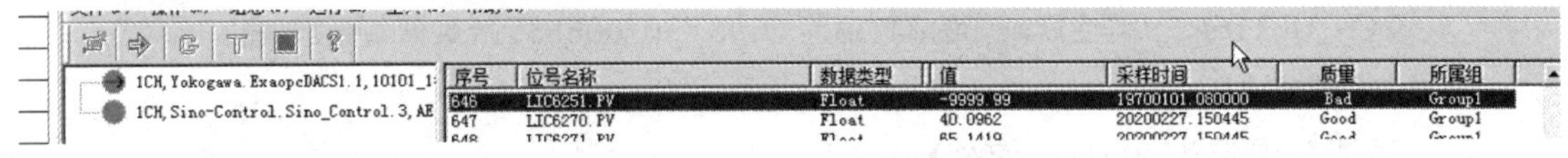

图 8　PI 实时数据库表

后对 PI 实时数据库表修复，模型【二再碳堆积】恢复正常，模型识别出了实时数据存储层的异常(无效位号)。

2020 年 3 月 15 日主原料中断：模型识别出无效位号，推出有度消息，如图 9 所示。

3 月 15 日 19：50 模型发出“【主原料中断】存在数据无效位号，可能是仪表出现了问题”的报警信号，并推送出相关仪表位号：YCH_FI6180D. PV；3 月 15 日 22：53 模型发出“【主原料中断】存在数据无效位号，可能是仪表出现了问题”的报警信号，并推送出相关仪表位号：YCH_FI6180B. PV；3 月 16 日 00：49 模型发出“【主原料中断】存在数据无效位号，可能是仪表出现了问题”的报警信号，并推送出相关仪表位号：YCH_FI6180C. PV。经先后排

2020/03/15 19:50:20

模型【主原料中断】存在数据无效的位号，可能是仪表出现了问题！

YCH_FI6180D.PV(主提升管进料线)的实时值无效；

2020/03/15 22:53:24

模型【主原料中断】存在数据无效的位号，可能是仪表出现了问题！

YCH_FI6180B.PV(主提升管进料线)的实时值无效；

2020/03/16 00:49:27

模型【主原料中断】存在数据无效的位号，可能是仪表出现了问题！

YCH_FI6180C.PV(主提升管进料线)的实时值无效；

图 9　智能模型在有度上发出报警的画面 3

查，现场三块仪表出现问题，采集不到实时数据，后联系仪表及时处理，使仪表恢复正常，模型【主原料中断】恢复正常，模型识别出了生产中的仪表问题。

3　智能模型的技术创新

智能检测模型就是利用大数据分析和机器学习技术，综合考虑装置单元的多个状态数据，自动建立工作状态数据的概率分布模型，对异常状态进行检测和预测；不同于基于规则的异常检测算法，智能模型采用了基于统计的方法，从数据中学习，基于数据来判断，这样的模型具有通用性，适用于所有的随机数据场景。

设备单元的每个位号数据都是一个随机变量，多个位号组组成了一个随机向量，智能检测模型利用大数据分析方法，从历史数据中学习随机向量的概率分布，并利用学习到的知识对低概率实时数据进行提前预警和报警。

智能检测模型计算每个历史数据向量的概率，并利用 K-Mean 聚类、梯度下降和曲线拟合算法，自动找到数据概率阈值的最优解。当实时数据向量出现的概率小于该阈值时即认为是异常数据，当出现异常数据时，智能检测模型模块利用时间序列分析算法，自动找到每个位号数据的准确异常趋势，定位故障点。

在装置实际生产当中，岗位操作员与“老师傅”的经验非常重要，当异常发生或者将要发生时他们总会通过自己积累的经验、知识对相关参数进行调整，避免异常事件的发生或者扩大，有效保障生产正常运行。究其积累的经验，其实就是对过去很久积累起来的对相关参数的趋势(有正常的、有异常的，交织交错互相验证形成的)进行的综合分析结果的固化，用它来预判接下来的生产各方面的趋势，简而言之，就是用趋势衡量趋势，抓住正常和平衡态，区别异常和波动趋势。因趋势本身带有预判的特性，如何复制“经验”预判趋势，或者说如何复制“趋势”预判趋势到异常监测工具上，将“老师傅”的本领嫁接到机器上，将人工智能化，建立全面实时监控异常、预测异常、帮助生产人员快速发现和定位异常的监测工具很值得考虑和接受。

经过智能模型在装置的应用及建立起来的具体模型的效果检测，并对比“老师傅”的经验模式和算法过程，可以打个如下的比方，智能模型就好比一个经验丰富的“老师傅”，核心算法就好比“老师傅”的大脑，算法当中对数据的分割和异常得分的计算好比大脑的思维体现，异常得分值就是大脑思维运行的结果，即“老师傅”丰富的固化经验。智能模型对实时数据的检测就是用实时数据的异常得分值与历史数据标准异常得分值进行比较，好比“老师傅”用自己的经验分析实时数据，可以说完成了“老师傅”经验模式向机器分析的无缝嫁接，人工的智能化，并对关注的生产状态进行实时监测。

4 智能模型建模过程中的注意事项

1）对于工艺复杂的生产环节，参数间工艺性质相互影响较强，为了使建立的模型强有力的表征监测的物理意义，可以依据具体工艺所需建立一个或者几个模型。

2）目前建立的智能模型预警准确率为100%，随着智能模型建立数量的增加，所涉及的工艺状态的增多，模型自动寻找异常值阈值的宽泛程度和误报率之间的平衡点需要结合具体工艺历史数据优化。

3）目前已将算法进行优化，提高了模型超级运算速度，相比较原先的建立一个包含20个相关参数左右的模型，需要5d时间，现在只需要最多5h。

4）工艺单元参数调整后，出现未包括在历史工况中的数据，需要对模型进行再训练，建议再训练数据至少包含90d的新工况数据。

优化操作实现 S Zorb 稳定系统低能耗运行

王　卿　吴建兴

（中国石化沧州炼化公司　河北沧州 061000）

摘　要　本文对沧州炼化 S Zorb 装置稳定系统操作参数进行了分析，通过采取优化措施，有效地降低了能耗，提高汽油收率，取得了显著的效果。

关键词　S Zorb；稳定塔；优化；节能

前言

沧州炼化 S Zorb 装置设计规模为 900kt/a，2010 年 3 月建成投产。装置原料油来自催化裂化装置的稳定汽油馏分，氢气来自焦化干气制氢装置，原料含硫量 800～1200μg/g，加工量维持在设计负荷的 50%～70%。装置运行初期生产的是硫含量不高于 150μg/g 的普通精制汽油。现生产"国Ⅴ"标准硫含量小于 10μg/g 的超低硫精制汽油。如何进一步优化操作参数，降低加工成本是目前生产中的重要问题。我们通过对 S Zorb 工艺流程全面理解的基础上发现稳定塔参数存在可优化的条件，操作中对稳定塔的操作参数加以调整优化，降低蒸汽消耗约 1.3t/h，提高稳定汽油液体收率约 1.8%。

1　稳定系统流程简介

稳定系统的主要作用是从处理过的汽油产品中脱除氢气及其他较轻的气体，以保证产品要求的蒸汽压指标。装置稳定部分工艺流程如图 1 所示：

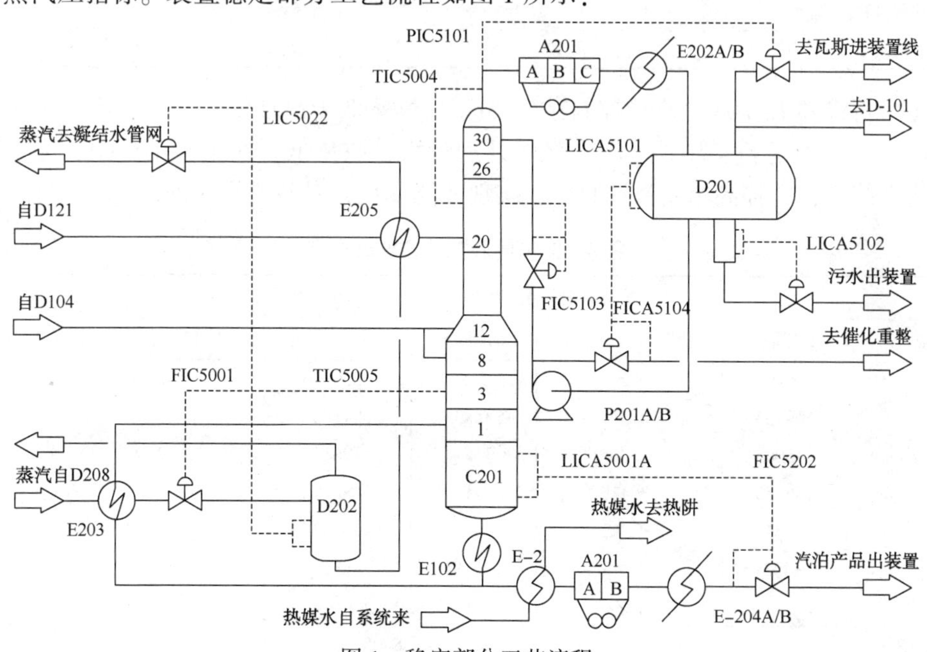

图 1　稳定部分工艺流程

如图1所示：产品稳定部分主要任务是将脱硫后的汽油产品通过稳定塔，将瓦斯气和轻烃组分从塔顶排出，得到蒸汽压合格的汽油产品并送出装置。来自热高分罐底部的汽油进入稳定塔第12#或8#塔盘；来自冷高分罐底部汽油先与凝结水换热，然后送至稳定塔上部第20#塔盘。稳定塔(C-201)顶部的气体经空冷器(A-201)、水冷器(E-202)冷却后进入稳定塔顶回流罐(D-201)。稳定塔顶回流罐(D-201)罐顶燃料气部分用于原料缓冲罐(D-101)气封，多余的送至燃料气系统，罐底液体回流至稳定塔(C-201)顶部。塔底稳定的精制汽油产品经进料加热器(E-102)加热原料后，被系统来的热媒水取走部分热量，再经空冷和水冷后直接送出装置。稳定塔塔底设稳定塔再沸器(E-203)，采用1.0MPa(表)的蒸汽加热。

2　产品稳定系统运行情况分析

稳定塔塔底温度、塔顶温度、塔顶压力设计值分别为：153℃、80℃、0.75MPa。装置开工初期，按设计值控制我们发现塔顶气量、轻烃外送量较大，由表1可以看出精制汽油平均收率为97.45%，低于设计值99.08%。精制汽油的各项质量指标都合格，但蒸汽压偏低。

表1　调整前装置物料平衡

物料名称	设计值		实际值	
	%(质)(对进料)	kg/h	%(质)(对进料)	kg/h
催化汽油	100	107142.86	100	61950
氢气	0.33	354.4	0.25	154
合计	100.33	107497.26	100.25	62104
燃料气	1.25	1336.96	1.38	854.9
精制汽油	99.08	106160.3	97.45	60370
轻烃	0	0	1.42	879.7
合计	100.33	107497.26	100.25	62104
蒸汽压/kPa	≤63(夏季)，≤87(冬季)		60	
蒸汽消耗/(t/h)	4.8		2.3	

稳定塔再沸器E-203蒸汽量控制在2~3t/h，虽然低于设计值4.8t/h，但是由于装置一直在60%负荷左右运行，塔顶气量、轻烃外送量大，收率低。在正常生产中，为了进一步优化稳定系统操作，提高精制汽油收率，实现节能降耗，对装置能耗进行了如表2分析：

表2　优化前装置动力消耗情况

优化前装置动力消耗情况(2019年12月与全年能耗情况)						
能源	12月消耗	能耗/(kgEO/t)	比例/%	年累计消耗	年累计能耗/(kgEO/t)	比例/%
循环水	98640	0.21	2.8	1230116	0.24	2.3
电	509755	2.45	32.3	7541824	3.36	32.5
1.0MPa蒸汽	1500	2.38	31.4	19687	2.9	28
燃料气	156.53	3.11	41	2482.92	4.57	44.2
凝结水	-751	-0.12	-1.6	-9431	-0.14	-1.5
0.4MPa蒸汽	-323	-0.45	-5.9	-4447.49	-0.57	-5.5
合计		7.59			10.35	
能耗达标指标	8.05					

从表 2 可看出装置 2019 年累计能耗为 10.35kgEO/t。高于能耗达标指标 8.05kgEO/t。各项能耗中 1.0MPa 蒸汽消耗占的比例较大，2019 年 12 月份和 2019 年全年占总能耗比列分别为 31.4%和 28%，S Zorb 装置 1.0MPa 蒸汽除冬季伴热外也只有稳定系统使用，也就是作为稳定塔底重沸器热源。而 1.0MPa 蒸汽的用量是控制精制汽油蒸气压的重要工艺参数。因此优化稳定系统操作降低蒸汽消耗，前提是保证精制汽油蒸气压合格。同时，装置能耗中电的消耗比例也较大，虽然稳定系统中电的消耗不是主要能耗，但是仍有节约空间，在满足塔顶冷后温度和精制汽油外送温度控制情况下通过停用空冷进一步降低装置总能耗。

3 稳定系统参数调整

3.1 稳定塔压力

塔的操作压力是影响分馏过程能耗的重要因素，也是分馏过程的一个重要的操作参数。大多数物系的相对挥发度是随压力的降低而增大，因此减压可以使物系的相对挥发度增大，平衡温度降低。所以，在减压的情况下可以适当减小回流比，以节省能量。适当地降低稳定塔操作压力，可以降低塔内油气分压，有利于降低精制汽油蒸汽压，因此适当地降低稳定操作压力有利于降低塔底汽提蒸汽用量，从而有利于降低能耗。

稳定塔顶压力(PIC-5101)通过调节塔顶回流罐瓦斯出装置压控阀(PV-5101)加以控制。塔顶压力由设计值 0.75MPa 逐步降低至 0.65MPa。但是过低的稳定塔顶压力，会增加塔顶轻组分外排量。所以在调整时，塔压的调节应该与稳定塔各参数协同调整，以免造成稳定塔操作大幅度波动。通常稳定塔负荷较高时宜适当提高操作压力。

3.2 稳定塔底温度

塔底温度控制是通过塔底温度控制器 TIC5005 与塔底重沸器出口凝结水量调节器 FIC5001 串级控制调节。塔底重沸器采用 1.0MPa 蒸汽作热源。稳定塔底温度控制设计值为 153℃，为维持稳定塔底温度需要消耗 2~3t/h 1.0MPa 蒸汽，蒸汽单耗较高。S Zorb 吸附脱硫反应对生成油蒸汽压影响较小，因此在催化汽油原料蒸汽压合格的前提下可以逐渐降低稳定塔底温度，但在降温至 140℃以下时出现稳定汽油带水现象，为进一步降低塔底温度，在稳定汽油出装置处增加一台聚结器可解决带水问题。目前稳定塔底温度控制在 128~132℃之间，减少了蒸汽用量，降低装置能耗，提高产品液相收率。优化后稳定塔底蒸汽平均用量为 1.0t/h。按照装置处理量为 61.95t/h 计算，则蒸汽用量的减少可降低能耗(2.3−1.0t/h)÷61.95t/h×76=1.59kgEO/t。

3.3 稳定塔回流罐温度

稳定塔回流罐温度过高会使得回流罐内的液体气化，塔顶干气量大。从图 2 中可以看出，氢气和轻烃在不同温度下在油中溶解度的变化是相反的，也就是说随着温度的降低，轻烃在油中溶解的越多，而氢气溶解得越少。所以降低稳定塔回流罐温度有利于减少塔顶干气外排量。

因此，在操作中催化汽油原料蒸汽压合格后，大幅降低 1.0MPa 蒸汽，有效减少了塔顶干气量，降低了精制汽油中轻组分的损失。在夏季不能满足回流罐温度时可以通过加大水冷循环水量，以及开启部分空冷等措施来降低稳定塔顶冷后温度，增加油气冷凝。随着回流温度的下降，稳定塔顶温度也会降低，有效减少塔顶干气外排量。

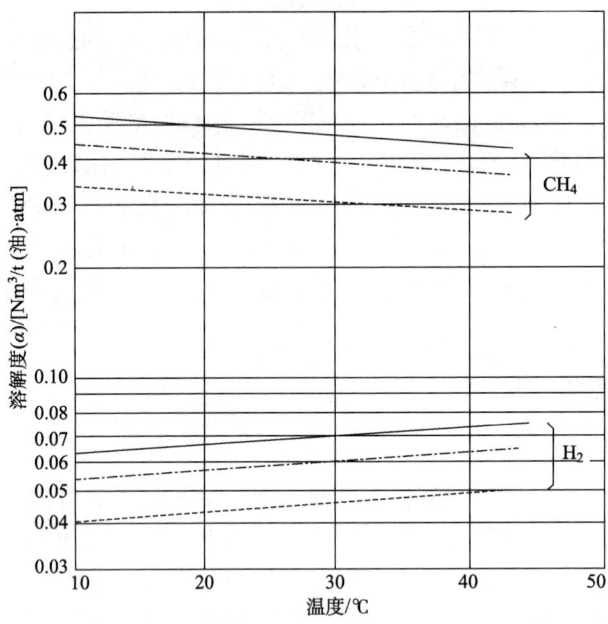

图 2 氢气和甲烷在油中的溶解度对比

综合分析各项参数，我们对以上工艺操作指标进行了较大幅度地调整，原设计工艺指标与调整后的工艺操作指标对比见表 3。优化后稳定塔顶气氢气含量如图 3 所示。

表 3 稳定系统调整前后操作指标对比

项　　目	优化前	优化后
稳定塔压力/MPa	0. 75	0. 65
稳定塔顶温度/℃	80	52
稳定塔底温度/℃	153	128～132
回流罐温度/℃	40	22～30
稳定汽油蒸汽压/kPa	60	68
蒸汽消耗量/(t/h)	2. 3	1. 0
轻烃外送量/(kg/h)	879. 7	0
稳定塔顶气量/(kg/h)	854. 9	437
精制汽油收率/%	97. 45	99. 3

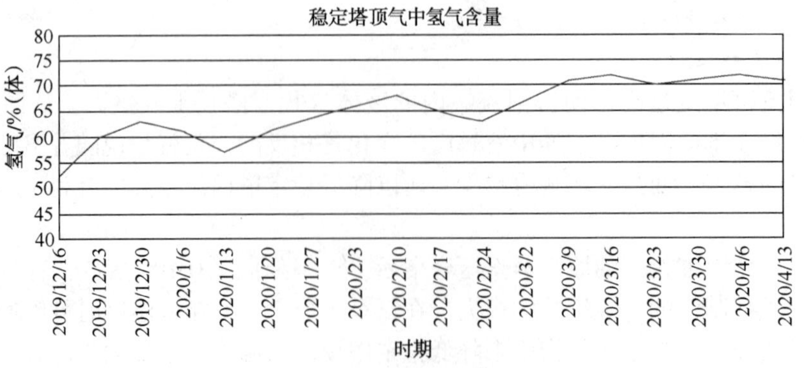

图 3 优化后稳定塔顶气氢气含量

优化后稳定塔各部温度下降明显，蒸汽耗量下降。轻烃外送关闭，塔顶气量降低，由图3可以看出塔顶气中氢气含量由50%左右升高至70%以上。由于塔顶气中的 C_5 组分留到了汽油当中，精制汽油收率由97%左右提高至99%以上。

3.4 稳定塔低温热利用

正常生产过程中稳定塔底温度一般控制在128~132℃。经过进料加热器(E-102)加热原料后温度降为110℃左右，该温度可以作为低温热输出，输出的热量可以提高热媒水的温度，冬季作为装置部分伴热的热源使用。降低温度的精制汽油通过空冷A202时可以单台运行，实现一开一备，节约装置能耗。

图4为S Zorb装置稳定塔低温热系统，精制汽油经过低温热换热器E-2后温度降至85℃。通过单台空冷后温度降为45℃左右。经过水冷器温度低于40℃直接外送。

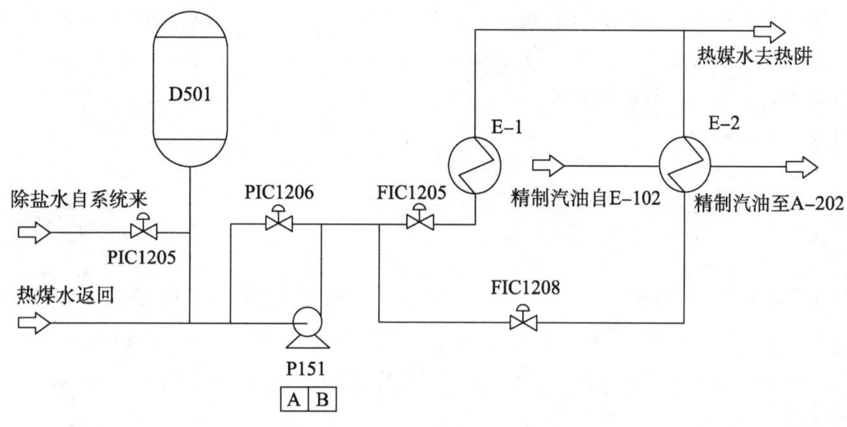

图4 为稳定塔低温热系统

空冷A202电机功率为30kW。停用一台后，全年可节约费用：

30kW×8400h×0.52元/(kW·h)=13.1万元

注：全年开工时间按8400h计算。工业用电单价0.52元/(kW·h)

因此，投用稳定塔低温热后全年可节约装置费用13.1万元。

4 结束语

优化后精制汽油蒸汽压满足质量要求，通过此次优化，降低1.0MPa蒸汽消耗1.3t/h，能耗降低30kW，同时通过调整稳定塔回流罐温度，减少轻烃外排损失，稳定汽油收率平均提高1.8个百分点，取得了较好的经济效益。下一步，天气转暖后可停用稳定塔底重沸器，进一步节省1.0MPa蒸汽；塔顶轻组分减少后，塔顶冷却负荷下降，回流泵可间断启用，节省了电能和循环水用量，起到节能降耗的效果。

参 考 文 献

[1] 李大东主编．加氢处理工艺与工程[M]．北京：中国石化出版社，2004.

[2] 陈尧焕主编．汽油脱硫吸附(S Zorb)装置技术问答[M]．北京：中国石化出版社，2015.

催化柴油整体解决方案(FD2G-Ⅱ)开发及工业应用

柳　伟　杜艳泽　关明华　秦波

(中国石油化工股份有限公司大连石油化工研究院　辽宁大连 116045)

摘　要　现阶段国内柴油供应严重过剩，降低柴汽比需求迫切，如何在基本依赖现有工艺过程情况下，通过工艺组合、技术创新，为过剩的柴油尤其是最劣质的催化柴油找到出路具有重要意义。催化柴油整体解决方案(FD2G-Ⅱ)通过FD2G技术专用裂化催化剂FC-70A/B开发、专用装置节能优化设计及FD2G+FCC联合加工方案设计，实现了较低氢耗和能耗下催化柴油高选择性深度转化甚至全转化多产高辛烷汽油和液化气产品。目前，该项目已在中国石化长岭分公司工业应用，取得良好的应用效果。

关键词　催化柴油；加氢裂化；催化裂化；优化加工

前言

催化柴油是劣质、低价值资源。催化柴油中富含芳烃尤其是二环及以上的芳烃导致其密度大、燃烧性能差(十六烷值低)，调和柴油出厂难度大。这些是制约石化企业柴油产品质量升级的关键因素。催化柴油深度裂化生产市场需要的汽油及液化气产品是解决催化柴油问题的重要方向。

中国石油化工股份有限公司大连石油化工研究院(FRIPP)开发了FD2G催化柴油加氢转化技术，该技术可以廉价、劣质的催化柴油为反应原料生产高辛烷值清洁汽油产品。然而，该方案虽然理论上可以实现催化柴油深度转化，但是当转化率过高时(转化率一般控制在50%以内较为合适)，反应选择性变差，氢耗上升，液体产品收率下降。此外，由于第一代FD2G技术使用的催化剂和装置设计都是由蜡油高压加氢裂化技术的催化剂和装置改造而来，反应选择性相对较差，氢耗和能耗偏高。为此，FRIPP在总结FD2G技术开发及应用经验的基础上，成功开发了FD2G二代技术FD2G-Ⅱ，目前，该技术已在中国石化长岭分公司完成工业应用，取得了良好的应用效果。

1　FD2G-Ⅱ技术开发

1.1　FD2G专用裂化催化剂开发

反应机理研究结果表明，理想的催化柴油加氢转化反应路线为催化柴油中双环、三环芳烃发生深度裂化生成高辛烷值单环芳烃组分，应避免裂化生成的单环芳烃进一步加氢饱和生成低辛烷值的单环环烷烃组分(见图1)，前者要求催化剂具有优异的双环、三环芳烃加氢饱和及开环反应能力，后者要求催化剂具有相对较弱的单环芳烃加氢饱和能力，两者具有矛盾性。

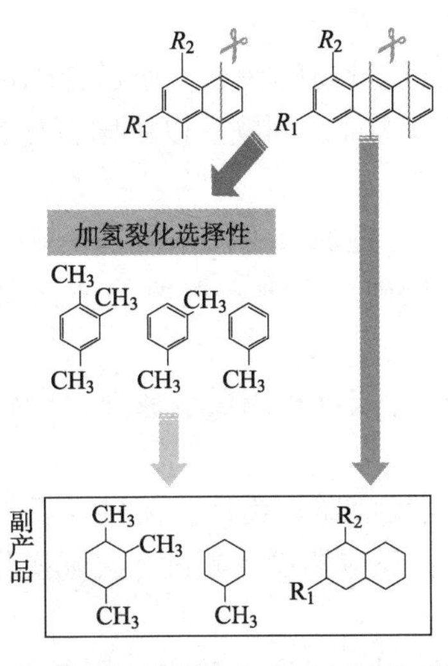

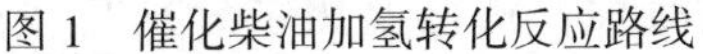

图 1 催化柴油加氢转化反应路线

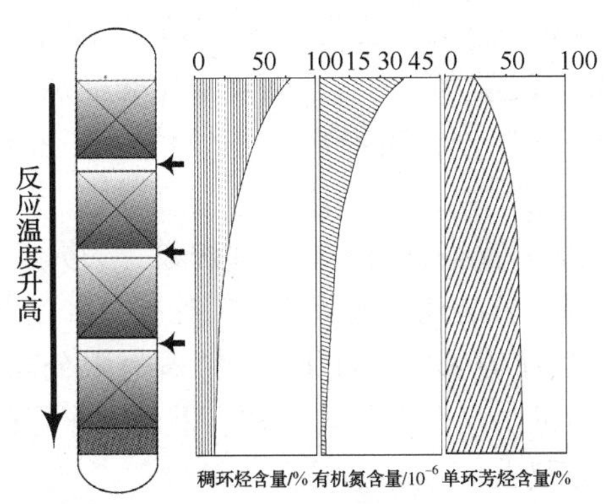

图 2 催柴转化反应规律认识

研究发现如图 2 所示，催化柴油加氢转化反应过程随反应进程反应物流中双环、三环芳烃含量逐渐下降，单环芳烃含量逐渐升高。如果将反应器由上至下等分为两部分，反应器上部催化剂对于双环、三环芳烃开环反应贡献率超过 70%，而单环芳烃的加氢饱和反应则主要发生在反应器的下半部。基于上述研究结果，确立了催化剂级配体系设计思路。开发了多环芳烃开环转化能力强的催化剂 FC-70A(介孔结构丰富、酸强度高、高酸量的 ASSY 作为裂化组分，Mo-Ni 金属作为加氢组分)和单环芳烃保留能力好的催化剂 FC-70B(介孔结构丰富、酸强度高、低酸量的 TUSSY 作为裂化组分，Mo-Co 金属作为加氢组分)分别装填于反应器上部和下部，强化各部分目标反应，实现双环、三环芳烃选择性反应生成单环芳烃的反应目标。表 1、表 2 为催化剂性能评价结果。从评价结果来看，FC-70A 和 FC-70B 催化剂的开发达到了预期效果，FC-70A/B 催化剂级配体系兼具多环芳烃开环能力和单环芳烃保留能力，相比于一代催化剂 C_{5+}液体产品收率、氢耗及汽油产品辛烷值等方面具有明显优势。

表 1 模型化合物四氢萘微反评价试验结果

催化剂体系	FC-70A 催化剂	FC-70B 催化剂	级配体系
催化剂组成	Mo-Ni/ASSY 分子筛	Mo-Co/TUSSY 分子筛	—
四氢萘反应转化率/%	70	40	65
产物中单环芳烃在单环烃中占比/%	50	88	82

微反评价条件：反应压力 4.0MPa、反应温度 330℃、氢油体积比 500∶1、进料体积空速 4.0h^{-1}。

表 2 FC-70A/B 催化剂与第一代催化剂对比评价结果

催化剂体系	FC-70A/B	第一代催化剂
原料油	催化裂化柴油	
C_{5+}液体产品收率/%	基准+0.7~1.2	基准
汽油辛烷值/%	基准+1.2~1.4	基准
化学氢耗/%	基准-0.17~0.30	基准
单位转化率氢耗降幅/%	6.3~7.7	

1.2 FD2G技术专用装置设计

FD2G技术新建装置整体设计针对FD2G技术本身放热量高的特点，通过合理的设计利用反应热实现节能，同时，规避高反应热带来的操作难度增加的问题。以中国石化长岭分公司新建1Mt/a FD2G装置为例，其具体设计特色如下：

1）该装置为国内首套新建催化柴油加氢转化装置。通过加氢手段来处理高硫、低十六烷值的催化柴油，生产出高辛烷值的汽油调和组分和低硫、高十六烷值的清洁柴油调和组分。

2）该装置将分馏塔底重沸炉设计为开工炉。该设计可充分利用反应放热给分馏部分供热，即降低了能耗，又节约了工程投资和运行成本。

3）反应器采用中石化洛阳工程有限公司开发的专利反应器内构件，使进入反应器中催化剂床层的物流分布均匀，减小催化剂床层的径向温差；反应器设计先进，实际操作时最大径向温差仅在1~2℃左右。

4）采用综合节能技术，降低能耗。优化工艺换热流程，将低温热水分别与热高分气、主汽提塔顶气、分馏塔顶气和精制柴油换热，充分回收装置内的低温热，同时精制柴油又为脱丁烷塔底重沸器和脱乙烷塔底重沸器提供热源，降低装置能耗。

通过上述设计的应用，长岭分公司1Mt/a催化柴油加氢转化装置实际标定能耗为10.09kg标准油/t原料油，显著优于一代技术能耗水平。

1.3 FD2G+FCC整体加工方案设计

分析了催化柴油及其在FD2G典型工艺不同转化深度下未转化油氢含量及烃类组成情况。从表3数据可以发现，在大于210℃转化率分别为35%、47%、58%、64%四个不同转化深度下，未转化油氢含量分别为11.34%、11.63%、12.21%和12.39%；链烷烃+环烷烃+单环芳烃(汽油前驱物)含量分别为80.5%、81.0%、84.1%和85.1%。相比催化柴油原料，经过FD2G工艺加工处理后，未转化油含氢量及汽油前驱物含量大幅提升，可裂解性显著改善。

进一步考察了FD2G不同转化深度下，未转化油催化裂化性能，结果如表4所示。从表4数据可以看到，FD2G不同转化深度下的未转化油作为催化裂化装置进料时，均表现出良好的可裂解性能，且随着FD2G转化深度提高，由于未转化油质量的改善，其裂化生成的液化气、汽油产率逐渐提高，干气、柴油、重油和焦炭产率逐渐降低。总体来看，随着进料性质的变化，液化气+汽油收率在56.96%~68.22%之间，汽油收率48.42%~55.51%之间。同时，所产的汽油硫含量均小于10 μg/g，辛烷值均在96以上，最高可接近100，是非常理想的高辛烷值“国Ⅵ”汽油调和组分。实际应用过程可根据全厂平衡及氢气供应，灵活调整FD2G转化深度和未转化油进入催化裂化装置加工量，方案灵活性较强。

表3 FD2G工艺不同转化深度下未转化油氢含量及组成情况

项　目	催化柴油	未转化油1	未转化油2	未转化油3	未转化油4
大于210℃转化率/%	—	35	47	58	64
H/%	9.96	11.34	11.63	12.21	12.39
质谱组成/%					
链烷烃	13.0	23.2	26.8	35.4	38.4

续表

项　目	催化柴油	未转化油 1	未转化油 2	未转化油 3	未转化油 4
总环烷	7.1	16.1	15.4	18.1	18.7
总芳烃	79.9	60.7	57.8	46.5	42.9
其中：一环芳烃	21.5	41.2	38.8	27.6	25.0
汽油前驱物含量/%	41.6	80.5	81.0	84.1	85.1

注：汽油前驱物含量=链烷烃+环烷烃+单环芳烃含量。

表 4　催化裂化产品分布

编号	1	2	3	4
原料油	柴油产品 1	柴油产品 2	柴油产品 3	柴油产品 4
提升管出口温度/℃	530	530	530	530
剂油比	8.9	8.6	8.6	8.6
反应时间/s	2.8	2.8	2.8	2.8
转化率/%	65.97	68.17	71.09	74.36
产品分布/%				
干气	3.01	3.40	2.69	2.38
液化气	9.44	9.47	11.41	12.71
汽油	49.09	51.33	53.14	55.51
柴油	30.2	27.92	25.16	22.19
重油	3.83	3.91	3.75	3.45
焦炭	3.93	3.47	3.35	3.26
损失	0.50	0.50	0.50	0.50
汽油产品辛烷值	99.9	98.5	98.4	98.1

2　FD2G-Ⅱ技术在中国石化长岭分公司工业应用

2.1　中国石化长岭分公司催化柴油整体加工方案设计

中国石油化工股份有限公司长岭分公司设计原油加工能力 8Mt/a，催化裂化加工能力 4Mt/a，大催化工艺设计下全厂催化柴油产量较大。由于催化柴油密度大，硫含量高，尤其是芳烃含量高，给柴油质量升级带来了巨大压力。

为缓解长岭分公司催化柴油调和压力，同时，考虑到长岭分公司有限的氢气资源量，采用如下技术方案处理长岭催化柴油。

1）采用大连院 FD2G 技术新建一套 1Mt/a 催化柴油加氢转化装置，裂化反应器使用 FD2G 技术专用裂化剂 FC-70A/B，同时在装置设计上充分考虑 FD2G 反应过程强放热的特点，重点在如何利用反应热方面进行了优化设计；

2）催化柴油原料进入 1Mt/a FD2G 装置，进行中、低深度转化；

3）1Mt/a FD2G 催化柴油加氢转化装置未转化柴油一部分作为清洁柴油调和组分出厂，另一部分进 FDFCC 装置轻油提升管继续转化，生产汽油和液化气产品。

2.2 FD2G-Ⅱ技术综合运行效果

据统计，长岭分公司新建1Mt/a FD2G装置自2017年7月开工至2019年1月期间，累计加工催化柴油1.28Mt，生产汽油组分430kt、柴油组分805kt、饱和液化气42kt，消耗氢气(折合纯氢)37kt。

其中，FD2G装置未转化柴油产品中有555kt送往FDFCC装置轻油提升管进一步转化。根据FDFCC装置轻油提升管物料平衡结果(详见表4)汽油收率为54.5%，液化气产率7.7%，催化柴油产率31.5%计算，FDFCC单元轻油提升管加工FD2G未转化油555kt，生产汽油产品30.25kt，液化气42.7kt，催化柴油175kt。

FD2G与FDFCC两套装置合计加工催化柴油1.28Mt，生产汽油732.5kt，液化气84.7kt，FD2G未转化油+催化柴油420kt，催化柴油总转化率达到67%，生产每吨汽油合计耗氢0.050t。联合加工方案与长岭1Mt/a FD2G装置独立运行(未转化柴油直接出厂)相比，催化柴油转化率由37%提高到67%，单位转化率氢耗降幅达45.4%，催化柴油转化效率和氢气利用效率显著提升(详见表5)。

表5 FD2G-Ⅱ与FD2G技术对比应用结果

物　　料	FD2G-Ⅱ	FD2G
入方/10kt		
催化柴油	128	128
氢气	3.7	3.7
出方/10kt		
液化气	8.47	4.2
汽油	73.25	51.4
加氢柴油	24.5	80.5
催化柴油	17.5	
合计		
转化吨催化柴油耗氢/t	0.042	0.077
催化柴油总转化率/%	67	37.2
生产吨汽油耗氢降幅/%	45.4	

进一步对长岭分公司催化柴油不同加工方案进行了对比。分别采用方案1：FDFCC装置回炼MIP柴油；方案2：FD2G装置运行，未转化油不去FDFCC回炼，直接调和柴油；方案3：FD2G装置运行+未转化油去FDFCC回炼；方案4：120万加氢精制装置运行+精制柴油去FDFCC回炼等四种加工方案，其汽油+液化气产率及整体加工效益对比如表6所示。

从表6不同方案下FDFCC汽油+液化气收率对比结果来看，当FDFCC装置分别加工催化柴油、120万精制柴油和100万FD2G未转化柴油时，汽油+液化气收率分别为22.9%、45.5%和62.2%，100万FD2G未转化柴油作为FDFCC装置进料时，汽油+液化气收率最高。经济效益对比结果表明，当分别采用四种加工方案运行时，加工催化柴油吨油效益分别为123元、291元、670元和301元。其中，催化柴油经FD2G装置加工后，未转化柴油部分改FDFCC轻油提升管回炼效益最好，达到670元/t，明显优于其他三种加工方案。

表 6　不同加工方案 FDFCC 装置汽油+液化气产率对比

加工方案比较	汽油+液化气收率/%	汽油辛烷值	吨油效益/元
催化裂化回炼 MIP 柴油	22.9	99	123
FD2G 方案	43.4	91.7	291
催化裂化回炼加氢精制柴油	45.5	99	301
FD2G-Ⅱ方案	62.2	98	670

3　结论

1) 催化柴油整体解决方案(FD2G-Ⅱ技术)通过 FD2G 技术专用裂化剂 FC-70A/B 开发、专用装置节能优化设计及 FD2G+FCC 联合加工方案设计，可实现较低氢耗和能耗下催化柴油深度转化甚至全转化生产硫含量小于 10mg/L 的高辛烷值国Ⅵ车用汽油调和组分的目标。

2) 催化柴油整体解决方案(FD2G-Ⅱ技术)已在长岭分公司取得应用，效果显著。FD2G-Ⅱ技术加工长岭催化柴油，催化柴油总转化率 67%，生产每吨汽油氢气消耗仅为 0.050t。相同氢气消耗情况下，相比第一代 FD2G 技术，FD2G-Ⅱ技术催化柴油转化深度提高 30%，催化柴油单位转化率氢耗降幅 45.4%。

3) 长岭应用结果表明，采用 FD2G-Ⅱ技术方案加工长岭催化柴油，液化气+汽油收率、吨油效益等指标均明显优于其他参比加工方案。

催化裂化装置运行优化浅析

杨铁男[1]　何立柱[2]　刘　涛[1]

(1. 中国石化石油化工科学研究院　北京 100083；2. 中国石油云南石化公司　云南昆明 650300)

摘　要　以某炼油厂催化裂化装置在渣油加氢换剂前后的生产运行数据为依据，从催化原料性质、催化剂以及装置操作条件、产物分布和主要产品性质等方面进行分析对比，得到催化裂化与渣油加氢装置一体化优化结果：催化原料性质更符合装置设计要求；在操作条件上，控制适宜的反应温度和剂油比深入挖掘装置潜能，实现原料变重情况下的运行优化；主要产品性质得到优化，汽油辛烷值提高，干气氢甲烷比降低。通过两套重油加工装置的一体化优化分析，有助于炼油厂在实际生产中科学有效地进行生产调度调节，提升炼油厂经济效益。

关键词　催化裂化；渣油；加氢；运行；优化经济效益

以流态化技术为基础的催化裂化工艺一直是炼油企业重油轻质化的重要二次加工技术，对我国炼油工业和国民经济的发展至关重要。流化催化裂化以其不间断连续运行、反应和传热、传质推动力大、供热取热便捷等优势在现代炼油领域处于举足轻重的地位，在重油轻质化、生产优质车用燃料汽油组分和高附加值的化工原料低碳烯烃(乙烯、丙烯、丁烯)等方面创造了优越的经济效益。催化裂化技术独特的原料适应性广、转化深度大、轻质油品和液化气收率高、装置压力等级低、操作条件相对缓和、投资省、液化气中丙烯、丁烯等轻烯烃利用价值高[1~3]等特性决定了催化裂化装置运行的好坏将直接影响到全厂经济效益高低。

本文以燃料型炼油厂为例，该厂采用全加氢工艺路线，包括常减压蒸馏、催化裂化、催化重整、加氢裂化、渣油加氢、气体分馏等十余套主装置，其中渣油加氢装置(以下称RDS)于 2019 年 2~3 月间先后进行了 A 列和 B 列反应器的催化剂更换。

催化裂化装置(以下称 FCC)反再系统为两器并列形式，其中反应器采用提升管与沉降器同轴布置的内提升管形式，提升管出口为 UOP 的专利技术密闭旋流式快速分离系统(VSS)；再生部分采用洛阳工程公司开发的前置烧焦罐快速床加密相湍流床完全再生技术，催化原料构成以加氢渣油为主，掺炼少量加氢裂化尾油、渣油加氢柴油和部分轻污油，生产方案以多产汽油、兼顾丙烯为主。通过对 FCC 装置生产运行情况的长期跟踪分析，结合装置设计基础数据和运行现状，为合理应用 RDS 装置在催化原料处理方面的脱硫、脱氮、脱金属、脱残炭能力，深入挖掘 FCC 装置的适应能力，在 RDS 装置换剂方案中依据催化装置运行数据，提出适度增加密度、残炭、氮含量，适度降低硫含量、金属钒和镍含量的调整方向，在 RDS 装置新周期的催化剂级配方案中加以落实，实现 FCC 和 RDS 装置的一体化优化。

1　催化原料性质变化

原料性质的相对恒定是做好平稳操作的一个重要因素，原料的各项指标在规范要求之内是保证长周期运转的基础。一般地，评价催化裂化原料性质的指标较多，对催化裂化的转化率、产品产率和产品性质影响较大的是密度、残炭、重金属含量、氢含量、馏程等，但这些性质都是相互联系和影响的。催化原料密度与原料可裂化性能密切相关，相近的馏程，原料的密度越大，意味着其可裂化性能越差[4]。本文的催化裂化装置进料中的加氢重油，一部分来自渣油加氢装置直供，另一部分为调整催化进料性质稳定而来自于罐区储备，在 RDS 装置换剂期间，装置直供的原料比例降低而罐区储备的加氢重油比例增加，从换剂前后的原料密度变化趋势上看(见图 1)，换剂期间由于装置和罐区加氢重油比例的调整，使得换剂期间密度呈明显降低的趋势，新周期后催化进料密度逐步提高，由换剂前的 926kg/m^{3}提高至 934kg/m^{3}后逐渐稳定在 929kg/m^{3}左右，虽然与催化装置原料密度设计值 946kg/m^{3}仍有一定差距，但换剂后的加氢重油密度向接近于设计值方向调整，有利于充分发挥催化装置加工处理重质油能力，对改善催化汽油性质，特别是提高汽油辛烷值是有利的。

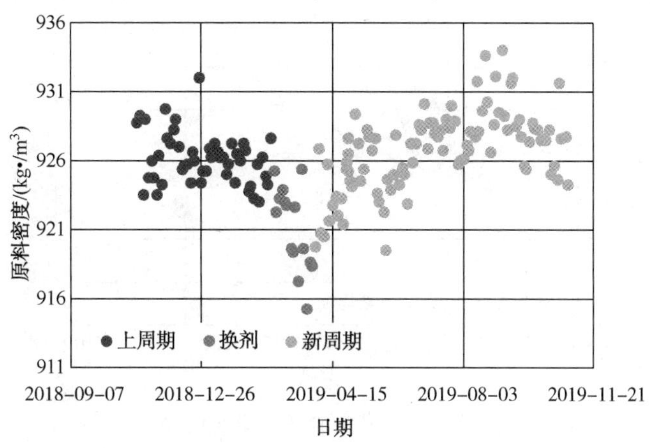

图 1 催化原料密度变化

残炭是油品热裂化后形成的炭质残渣，通常含有大量的多环芳烃和杂环芳烃，是用来衡量原料非催化焦生成倾向的一种特性指标[5]。从图 2 原料残炭变化趋势上看，上周期催化残炭基本在 3. 5%~4. 1%之间；换剂时残炭有所降低，减少了催化原料生焦倾向；新周期催化原料残炭逐步增加并相对稳定至 4. 5%~5. 0%之间，逐渐接近催化原料残炭设计值 5. 5%，这对于充分挖掘催化再生系统的烧焦能力，发挥再生主风流量在催化烧焦和保证催化正常循环流化过程中作用，有效控制再生烟气氧含量的合理范围都是有益的。

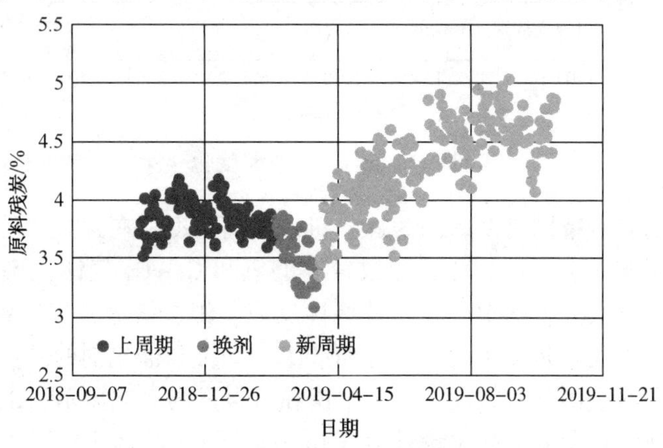

图 2 催化原料残炭变化

原料中的硫会污染催化剂，使催化剂的活性和选择性变差，产品分布变坏，产品质量下降，气体产率增加。原料的硫和氮含量变化分别见图3和图4，设计值分别为0.3%和1600μg/g。可见，原料硫含量在RDS装置换剂前后均高于设计值，在新周期开工初期还一度高出相对较多，最高值已接近设计值的1.7倍，这对装置设备的长周期稳定运行以及催化装置产物分布和产品选择性都会带来不利影响。炼油厂根据催化装置的要求及时调整了渣油加氢装置操作、优化其进料性质，使得自2019年6月之后催化原料硫含量明显降低，基本维持在0.3%~0.4%之间。在RDS装置换剂前后催化原料氮含量均低于设计值，但是换剂后氮含量有所提高，缩小了与设计值的差距，在一定程度上减小了RDS装置脱氮的压力。

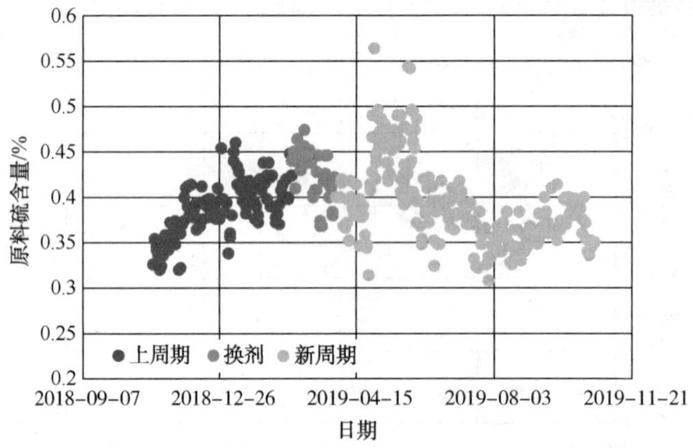

图3 催化原料硫含量变化

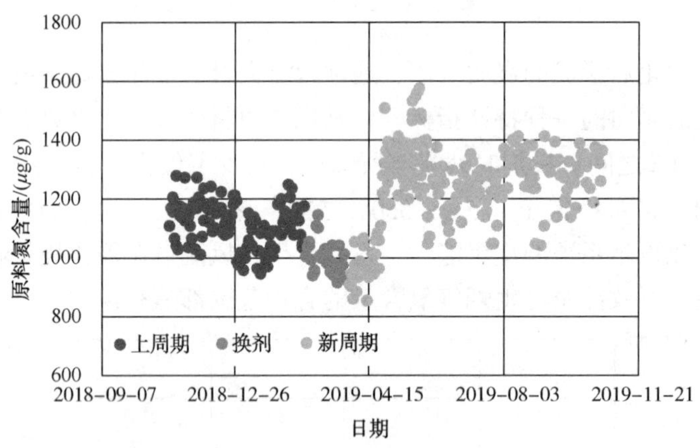

图4 催化原料氮含量变化

原料中镍、钒的影响特别重要，因为镍、钒能以高浓度存在并且对催化剂性能有害。沉积于催化剂上的镍引起非选择性裂化，导致较高的氢和$C_1 \sim C_4$气体产率，并使催化剂上沉积较多的焦炭。钒会进入分子筛中，并起破坏性反应。镍、钒通常以卟啉和环烷酸盐存在。另外，原料中的钠、钙通常是由于脱盐不好而产生。钠中和催化剂的酸性中心，并在高温时使晶体结构倒塌。原料金属含量方面，图5中镍和钒含量的变化显示，RDS装置换剂前后数据变化明显，换剂前钒含量明显高于设计值3.6μg/g，但换剂后该数据明显降低，镍含量相比于换剂前也有所降低，RDS 换剂后催化原料镍和钒含量均实现了在设计值范围波动，催化原料镍和钒含量的降低可以有效降低裂化催化剂镍和钒污染，减少新鲜剂用量，改善催化装置产物分布，提升催化装置效益。可是，图 6 中钙和钠含量的数据显示，RDS 装置换剂前后钠含量变化不明显，基本在设计值 2.1μg/g 附近波动，但钙含量在换剂前就高于设计值 0.3μg/g，换剂后更是有增无减，这与优化调整的方向是相反的，陈俊武等[6]认为当催化剂上钙的质量分数高于 1%时，在苛刻条件下可以使分子筛降解。因此必须提醒 RDS 装置加强对金属钙的脱除，否则金属钙的污染依旧会对催化装置产物分布和催化剂循环流化带来不利影响，甚至抵消掉了镍和钒含量降低的贡献。

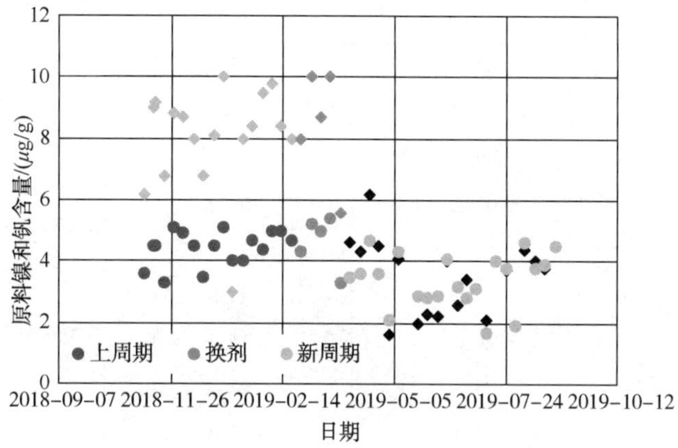

图 5　催化原料钒和镍含量变化

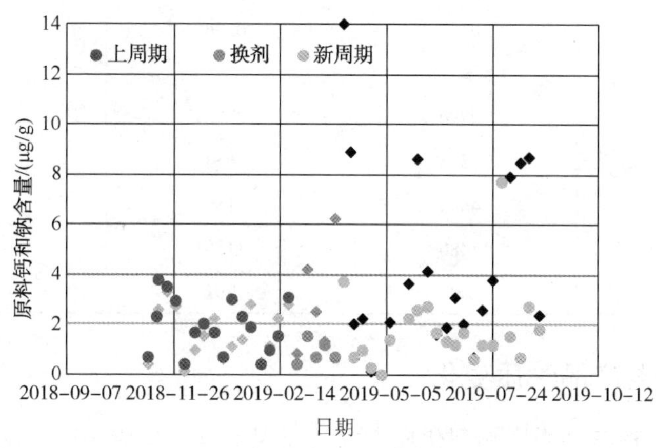

图 6　催化原料钙和钠含量变化

综上，通过对 FCC 和 RDS 装置运行一体化优化后，催化原料性质通过 RDS 装置换剂后实现了密度、残炭、氮含量的适度增加，减轻了 RDS 装置脱残炭和脱氮压力；同时催化原料硫、钒、镍含量得到有效降低，为催化装置产物分布改善、装置生产运行周期延长和新鲜催化剂用量的减少提供有力保障；此外，RDS 换剂后应该重视催化原料钙含量的增加，避免其带来的不利影响。

2　催化剂性质变化

催化活性反映裂化催化剂加快催化裂化反应速率的性能，其选择性表示催化剂能增加所需要的产品(轻质油品)和减少副产品(干气、焦炭等)反应的选择能力。从表1的再生剂性质数据上看，在RDS装置换剂前后催化装置再生剂性质基本保持稳定，活性适中，再生烧焦效果良好，催化剂颗粒分布合理，虽然金属沉积的种类略有增减，但总的金属沉积量变化不大。

表1　再生剂性质

	上周期	换剂	新周期
微反活性指数/%	64.1	64.3	64.0
碳含量/%	<0.05	<0.05	<0.05
比表面积/(m^2/g)	99.2	96.9	98.2
孔体积/(mL/g)	0.32	0.32	0.32
筛分组成/%			
<20μm	0.4	0.4	0.4
20~40μm	9.3	11.3	10.4
40~60μm	25.3	27.4	25.8
60~80μm	25.4	25.1	25.1
80~110μm	23.9	22.0	22.6
>110μm	15.3	13.4	15.2
堆积密度/(g/mL)	0.95	0.96	0.93
金属含量			
铁/(mg/kg)	2770	2626	3241
镍/(mg/kg)	2585	2654	2628
钒/(mg/kg)	4646	5185	4130
钠/(mg/kg)	1480	1188	1741
钙/(mg/kg)	988	1291	1498

3　产物分布和主要产品性质变化

催化裂化装置操作条件中影响裂化反应的主要因素有：反应温度、反应时间、剂油比及反应压力等。其中反应温度是催化裂化过程中最为直接和敏感的工艺控制参数，它直接影响反应的速度和产物分布[7]。RDS装置换剂前催化装置操作基本保持相对稳定状态，换剂期间因原料性质和装置加工量的变化反应温度相对降低约5℃，但是再生床层密相温度和原料预热温度基本没有变化，虽然加工量略有降低但装置的剂油比相应地还是有所降低，这与图7中换剂期间汽油产率降低、柴油产率增加是一致的。其后，随着RDS新周期的运行，初期相对缓和的反应条件使得换剂期间的变化得以一定的延续，至2019年5月中旬，因炼油厂增产汽油的生产需求在装置操作调整方面提高了裂化反应苛刻度，转化率有了一定增加，但因汽油终馏点的降低影响到汽油产率变化，在2019年8月之后，装置操作调整基本稳定，汽油产率基本保持在45%~47%，液化气产率在16%左右，柴油产率约为18%~20%，在催化原料裂化反应性能明显变差的情况下，总液态烃收率基本保持与RDS装置换剂前在相近水平，FCC与RDS装置一体化优化成果凸显。

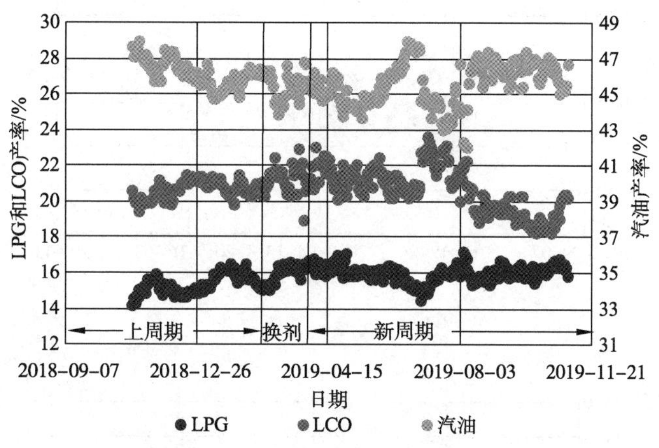

图7 LPG、汽油和LCO产率变化

从催化装置主要产品性质的变化上看，RDS装置换剂后，由于催化原料金属含量特别是镍和钒含量的有效控制，使得干气氢甲烷比呈明显降低的趋势见图8，说明催化装置的氢分布得到一定程度的优化。催化汽油辛烷值因催化原料变重和装置操作条件的优化调整较RDS换剂之前也表现出明显增加的趋势(见图9)，一般地催化原料密度每增加100kg/m^3，RON可净增1.4个单位，MON可提高约0.25个单位[8]。催化油浆密度在RDS装置换剂后呈逐步增加的趋势见图10，同时油浆中的饱和烃含量明显降低，说明催化装置对重质油的转化程度得到有效提升，此结果与前文中总液态烃收率的变化是相一致的见图11，说明通过对FCC和RDS两套装置的一体化优化，采用以催化装置运行情况指导RDS装置操作调整和催化剂级配方案制定取得了催化装置效益提升的理想结果。

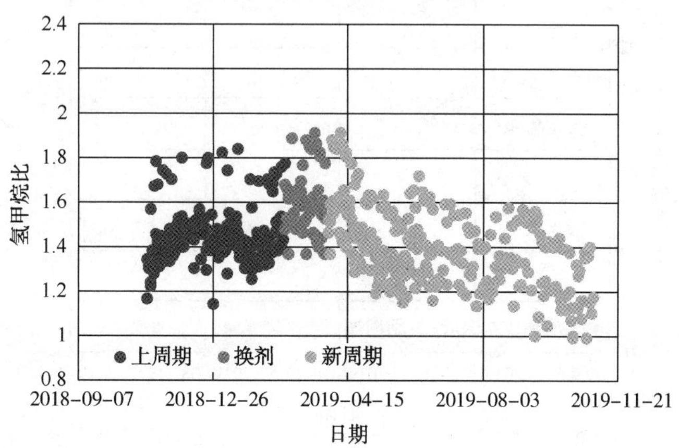

图8 干气氢甲烷比变化

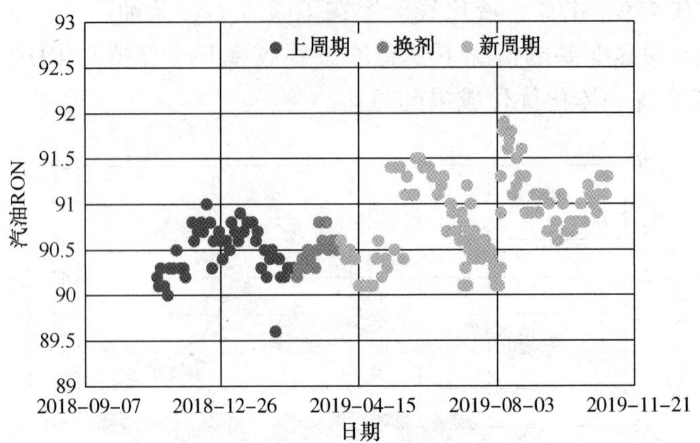

图 9 汽油辛烷值变化

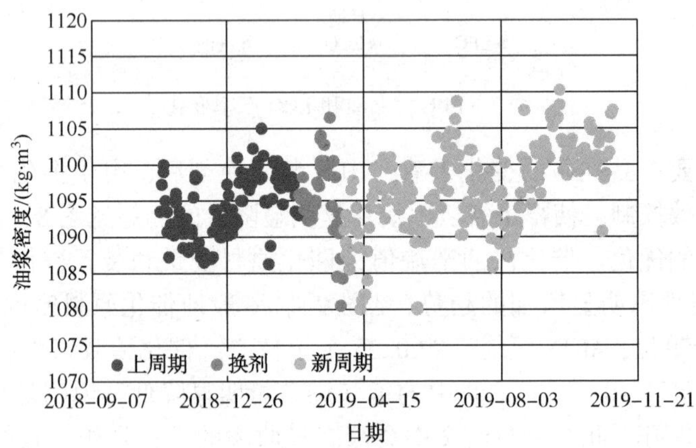

图 10 油浆密度变化

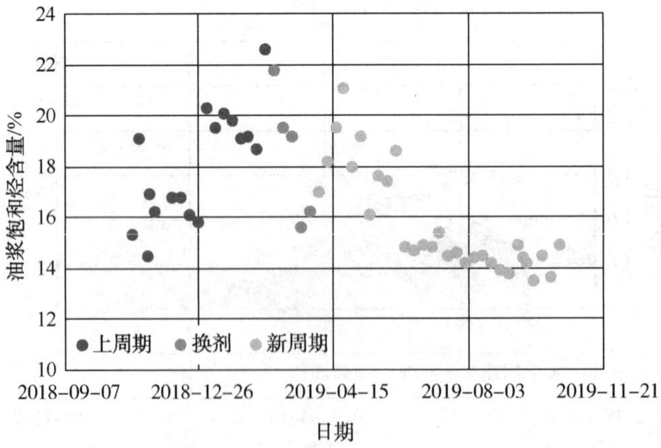

图 11 油浆饱和烃含量变化

4 结论

从 FCC 和 RDS 两套重油加工装置的一体化优化思路出发，通过对催化装置长期的生产运行情况分析，借助 RDS 装置停工换剂，深入挖掘催化装置对原料的适应性和装置优化余地，指导 RDS 催化剂更换方案制定和装置操作调整，实现催化裂化与渣油加氢装置协同优化调整。经过一年多的数据跟踪和深入分析可见：

1）催化原料性质与装置设计值更为接近，密度缩小了 $4kg/m^3$、残炭缩小了 0.9 个单位、氮含量缩小了 200μg/g，同时金属镍和钒含量更接近于设计值，催化原料性质的变化有效提升了催化装置加工处理重质油能力，一定程度上缓解了 RDS 装置脱残炭、脱氮压力，延长了 RDS 装置运行周期和催化剂使用寿命。

2）RDS 装置换剂后，通过对催化装置的操作优化实现了催化原料性质变重但总轻烃液收保持相近水平，汽油产率 45%~47%的稳定高效运行。

3）干气中氢甲烷比由 RDS 换剂前的 1.45 降低到 1.1 左右，说明催化装置氢分布得到有效改善。

4）催化油浆密度进一步提高，饱和烃含量明显降低，通过优化催化装置的重质油转化能力得到加强，装置效益得到提升。

参 考 文 献

[1] 侯芙生 . 21 世纪我国催化裂化可持续发展战略[J]. 石油炼制与化工，2001，32(1)：1-6.

[2] 吴雷，范声，王韶华，等 . 流化催化工艺的大型化工业应用[C]//中国石化催化裂化技术交流会论文集，2018：33.

[3] 许友好，汪燮卿，舒兴田 . 原油最大化生产化工原料技术思考及相关技术开发[C]//2019 年中国石油炼制科技大会论文集，2019：15.

[4] RezaSadeghbeigi. Fluid catalytic Cracking Handbook(Second Edition)[M]. Houston：Gulf Professional Publishing，2000.

[5] 曹汉昌，郝希仁，张韩 . 催化裂化工艺计算与技术分析[M]. 北京：石油工业出版社，2000.

[6] 侯典国，汪燮卿 . 钙对催化裂化催化剂活性的影响及抗钙助剂的研究[J]. 石油学报(石油加工)，2000，16(4)：13-18.

[7] 毛安国 . 催化裂化增产汽油的分析与探讨[J]. 石油炼制与化工，2010，41(3)：1-5.

[8] 杨宝康，刘垚，梁凤印 . 提高催化裂化汽油辛烷值措施探讨[J]. 石化技术，1999，6(4)：203-206.

LCO选择性加氢-催化组合生产轻质芳烃(LTA)技术工业实践

袁起民[1]　毛安国[1]　龚剑洪[1]　秦煜栋[2]　陈　阳[2]　洪先荣[2]

(1. 中国石化石油化工科学研究院　北京 100083；2. 中国石化扬子石化公司　江苏南京 210048)

摘　要　在中国石化扬子石油化工有限公司705kt/a柴油加氢装置和700kt/a催化裂化装置进行了LCO选择性加氢-催化组合生产轻质芳烃(LTA)技术的工业试验。工业试验结果表明：采用LTA技术，当原料加氢LCO密度为921.0kg/m^3，氢质量分数为10.92%，多环芳烃质量分数为18.7%，多环芳烃饱和率为74.3%，单环芳烃选择性为59.8%时，加氢LCO催化裂化单程转化率为70.90%，全循环操作时，汽油产率达到64.53%，C_6～C_8芳烃产率达到23.91%，C_6～C_{10}烷基苯型单环芳烃产率达到35.53%。此外，采用LTA技术，加氢LCO单独催化裂化进料能够实现反应再生自身热平衡操作，分馏和吸收稳定操作稳定。

关键词　催化裂化；轻循环油；加氢；轻质芳烃

1　前言

催化裂化轻循环油(LCO)是催化裂化过程的重要副产物，数量大，富含芳烃尤其是多环芳烃，十六烷值低，属于劣质柴油馏分[1]。近年来，随着我国环保法规日趋严格，车用燃料油质量标准不断提高，如自2019年1月1日起全国范围内实施“国Ⅵ”车用柴油标准，要求车用柴油中多环芳烃质量分数不大于7%，十六烷值不小于51，LCO作为柴油调合组分受到明显限制，迫切需要寻求新的加工利用途径。另一方面，轻质芳烃苯、甲苯和二甲苯等作为重要的有机化工基本原料，目前在国内市场上仍有较大的供应缺口，但国内芳烃生产原料长期紧缺，亟待拓宽原料来源，突破芳烃生产过程中石脑油原料的限制[2]。因此，开发利用LCO增产轻质芳烃技术备受国内外关注[3-7]。

为缓解国内芳烃供求矛盾，充分利用LCO中的芳烃资源，中国石化石油化工科学研究院(以下简称石科院)在LTAG技术开发基础上，从LCO生产芳烃分子水平研究出发，通过加氢专用催化剂和工艺技术开发，催化裂化专用催化剂研制及工艺优化等大量试验研究，开发了LCO选择性加氢-催化组合生产轻质芳烃(LTA)技术。LTA技术主要通过加氢和催化裂化组合，将劣质LCO中的多环芳烃先选择性加氢饱和为氢化单环芳烃，再在催化裂化条件下选择性强化开环和侧链断裂反应，从而实现最大化生产轻质芳烃。

为考察及验证LTA技术生产芳烃效果，中国石化扬子石油化工有限公司(以下简称扬子石化)在705kt/a柴油加氢装置和700kt/a催化裂化装置上进行了LCO选择性加氢-催化组合生产BTX技术LTA的工业试验。装置检修改造后于2018年9月29日首次投料试车成功并平稳运行。

2　技术开发思路

LCO富含芳烃，尤其是多环芳烃，是生产轻质芳烃潜在且廉价的资源。LCO中的多环芳烃在加氢处理条件下比较容易饱和为单环烷基苯和环烷基苯等重质单环芳烃[1,8]，而此类重质单环芳烃能够在催化裂化条件下裂化为轻质芳烃。因此，LTA 技术开发的基本思路是通过加氢处理和催化裂化技术优化组合，将 LCO 中的芳烃经济高效地转化为苯、甲苯和二甲苯等轻质芳烃，并实现轻质芳烃的有效分离。

基于 LCO 烃类组分分子水平认识和加氢关键组分及催化裂化关键组分的反应化学认识，LTA 技术在加氢单元，通过开发 LCO 加氢处理专用催化剂及选择性加氢脱芳技术，实现多环芳烃的定向加氢饱和单环芳烃选择性的最大化；在催化裂化单元，通过加氢 LCO 催化裂化专用催化剂研制及工艺优化控制设计，强化开环裂化、抑制氢转移反应发生，实现最大限度将加氢 LCO 中重质单环芳烃转化为轻质芳烃。此外，为实现目标产品的“丰产丰收”，还开发了 LTA 汽油加氢精制和芳烃抽提分离技术。LTA 工艺原则工艺路线如图 1 所示。

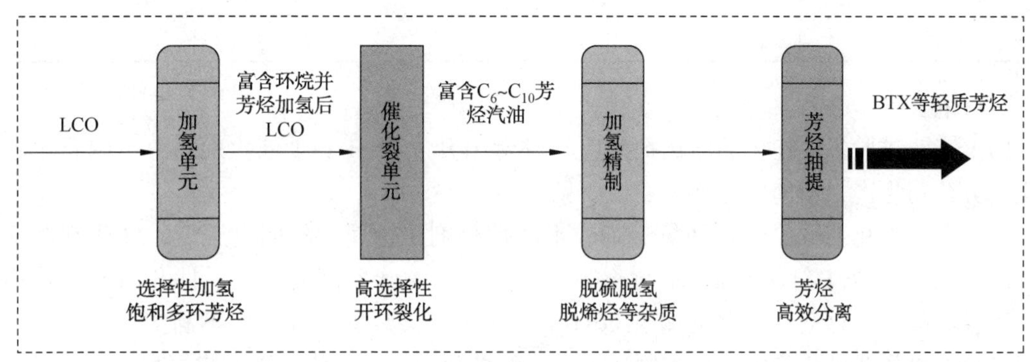

图 1 LCO 选择性加氢-催化组合生产 BTX(LTA)技术原则工艺流程示意图

3 工业试验标定结果及分析

3.1 原料

LTA 工业试验标定期间，催化裂化装置原料为加氢 LCO，性质见表 1。由表 1 可以看出，加氢 LCO 的密度为 921.0kg/m^3，氢质量分数为 10.92%，总芳烃质量分数为 69.0%，其中单环芳烃质量分数为 50.3%，多环芳烃质量分数为 18.7%。

LTA 工业试验标定期间，加氢单元混合 LCO 进料的单环和多环芳烃质量分数分别为 18.0%和 72.7%。结合加氢 LCO 的烃类质量组成分析结果进一步计算不难发现，LCO 中多环芳烃饱和率约为 74.3%，单环芳烃选择性约为 59.8%，均要低于设计值。造成 LCO 加氢深度不足的主要原因：一是因重油催化装置采取高苛刻度操作，来自该装置的 LCO 性质明显较差，由此导致加氢装置的原料整体变差；二是受加氢单元氢分压限制，LCO 加氢深度难以进一步提高，加氢效果本身受限。

LCO 加氢深度不足，一方面将导致加氢 LCO 的可裂化性能降低，影响加氢 LCO 催化转化率；另一方面将对其催化裂化生成芳烃，尤其是轻质芳烃，产生不利影响。因此，对于进一步提高加氢 LCO 转化率和增产芳烃，从原料角度来看仍有潜力可挖。

表 1 催化裂化原料主要性质

项目	加氢 LCO	项目	加氢 LCO
密度(20℃)/(kg/m^3)	921.0	馏程/℃	
氢质量分数/%	10.92	初馏点	176
硫含量/(μg/g)	15.0	10%	219
氮含量/(μg/g)	3.5	30%	235
烃类质量组成/%		50%	247
链烷烃	9.0	70%	265
环烷烃	22.0	90%	305
总芳烃	69.0	95%	331
单环芳烃	50.3	终馏点	357
多环芳烃	18.7		

3.2 催化剂

LTA 工业试验标定使用的催化剂为石科院专门开发的 SLA-1 催化剂，由中国石化齐鲁催化剂分公司生产，平衡催化剂主要性质见表 2。

由于催化裂化装置原料是加氢 LCO，平衡催化剂上金属含量明显较低，催化剂微反活性很高，维持在 76%左右。高的催化剂微反活性通常意味着高的裂化活性和高的氢转移活性，而较高的氢转移活性对促进加氢 LCO 中氢化单环芳烃的开环反应不利[3]。换言之，若能通过调整操作或催化剂配方来控制适当的平衡催化剂活性，将会进一步提高汽油芳烃选择性和产率。另外，从表 2 中还可以看出，平衡催化剂的碳含量很低，仅 0.05%，表明装置再生烧焦效果良好。

表 2 平衡催化剂主要性质

项目	数值	项目	数值
物理性质		0~80μm	67.3
孔体积/(mL/g)	0.27	0~105μm	84.4
比表面积/(m^2/g)	127	0~149μm	97.1
表观密度/(g/mL)	0.90	平均粒径/μm	63.2
筛分体积组成/%		碳含量/%	0.05
0~20μm	1.9	微反活性/%	76
0~40μm	20.5		

3.3 主要操作参数和产物分布

LTA 工业试验标定期间，操作参数控制稳定，可实现反应再生自身热平衡操作，分馏和吸收稳定系统操作稳定。主要操作参数、单程和全循环回炼操作的产物分布结果列于表 3。

表3 催化单元主要操作参数和产物分布

主要操作参数	数值	
加氢LCO进料量/(t/h)	76.31	
再生密相温度/℃	673	
沉降器顶压力/kPa	174.3	
再生器压力/kPa	178.3	
产物质量产率/%	单程	全循环
干气	2.59	3.65
液化气	11.64	16.41
汽油	45.75	64.53
$C_6 \sim C_8$芳烃	—	23.91
$C_6 \sim C_{10}$烷基苯芳烃	—	35.53
LCO	29.10	0.00
油浆	4.53	6.39
焦炭	6.04	8.52
损失	0.35	0.50
转化率/%	70.90	100.00

由表3数据可以看出，加氢LCO的单程转化率为70.90%，汽油产率为45.75%，液化气产率为11.64%，油浆产率为4.53%，干气和焦炭产率分别为2.59%和6.04%；按照全循环回炼操作计算，汽油产率为64.53%，$C_6 \sim C_8$芳烃产率为23.91%，$C_6 \sim C_{10}$烷基苯芳烃产率为35.53%。

LTA工业试验标定过程中，由于重油催化裂化装置进LTA催化单元分馏塔底油浆管线关停，为保证分馏塔底液位和油浆外甩线路稳定操作，在操作上人为将部分LCO馏分压入了分馏塔底油浆中，以保证装置安全平稳运行。这也是造成工业试验标定油浆产率明显偏高的主要原因，实验室研究结果油浆产率通常小于2%。另外，工业试验标定期间，装置平衡催化剂活性偏高，导致反应过程中缩合反应发生比例明显增加，也是造成油浆和焦炭产率偏高的原因之一。可见，若对再生器按照焦炭产率和分馏塔底按照油浆产率进行适当改造，优化催化剂活性，均能降低油浆和焦炭产率，改善产物分布，降低装置能耗。

3.4 主要产物性质

稳定汽油的主要性质列于表4。由表4可见，稳定汽油的烯烃含量很低，仅为2.51%，芳烃含量较高，达到了60.45%，其中$C_6 \sim C_8$芳烃含量为37.06%，$C_6 \sim C_{10}$烷基苯型单环芳烃含量为55.06%。稳定汽油烯烃含量很低，芳烃含量较高的烃类组成特点相应导致其密度明显较高，氢含量明显偏低，且辛烷值较高，RON和MON分别高达98.4和86.6。

表 4 稳定汽油的主要性质

项　目	数　值	项　目	数　值
密度(20℃)/(kg/m^3)	788.2	C_6~C_8 芳烃	37.06
氢质量分数/%	11.74	C_6~C_{10}烷基苯型单环芳烃	55.06
蒸气压/kPa	63.6	RON/MON	98.4/86.6
诱导期/min	>1000	馏程/℃	
烃类质量组成/%		初馏点	39
正构烷烃	4.25	10%	58
异构烷烃	21.44	30%	92
烯烃	2.51	50%	125
环烷烃	8.97	70%	146
芳烃	60.45	90%	175
未识别组分	2.38	终馏点	215

产物 LCO 性质列于表 5。由表 5 可以看出，产物 LCO 的性质明显重质化，密度达到 995.4kg/m^3；氢含量低，为 7.86%；芳烃含量高，为 98.4%，且其中主要为双环以上芳烃。产物 LCO 性质明显较差说明加氢 LCO 中的烃类分子因催化剂活性较高，氢转移和缩合类反应较严重。另外，如上所述，为维持装置分馏塔底液位及正常的油浆外甩量，产物 LCO 的 95%馏出温度和终馏点控制均相对偏低，分别为 324℃和 338℃。说明部分 LCO 重馏分已被压入塔底油浆中。

表 5 产物 LCO 的主要性质

分析项目	数　值	分析项目	数　值
密度(20℃)/(kg/m^3)	995.4	初馏点	194
凝点/℃	-34	10%	232
氢质量分数/%	7.86	30%	245
烃类质量组成/%		50%	254
链烷烃	1.3	70%	265
环烷烃	0.3	90%	295
芳烃	98.4	95%	324
多环芳烃	83.6	终馏点	338
馏程/℃			

油浆性质列于表 6。由表 6 可以看出，油浆性质明显较差，表现为密度较高，达到 1141kg/m^3；残炭质量分数也较高，为 8.52%；饱和烃含量低，仅为 0.40%，芳烃、胶质和沥青质含量较高，分别达到 85.35%、10.40%和 3.85%；同时油浆的氢含量很低，仅为 6.17%。

表 6 油浆的主要性质

项　目	数　值	项　目	数　值
20℃密度/(kg/m^3)	1141.2	芳烃	85.35
80℃黏度/(mm^2/s)	25.78	胶质	10.40
氢质量分数/%	6.17	沥青质	3.85
四组分质量分数/%		残炭质量分数/%	8.52
饱和烃	0.40		

3.3 氢平衡

表 7 给出了 LTA 工业试验标定的氢平衡(以单程转化产物分布为基础)计算结果。从表中不难发现，原料加氢 LCO 的氢质量分数为 10.92%，产物的氢质量分数之和为 10.83%，产物与原料的氢平衡相对误差为-0.82%，因此认为标定的物料平衡数据是可靠的。

表 7 氢平衡

操作模式	氢含量/%	氢质量产率/%	氢分布/%
原料			
加氢 LCO	10.92		100.00
产物			
干气	21.26	0.55	5.03
液化气	16.69	1.94	17.79
汽油	11.74	5.37	49.19
LCO	7.86	2.29	20.95
油浆	6.17	0.28	2.56
焦炭	5.99	0.36	3.31
损失	10.92	0.04	0.35
合计		10.83	
绝对误差/%		-0.09	
相对误差/%		-0.82	

氢平衡数据同时表明，LTA 产物中干气、液化气和汽油的氢含量均大于原料氢含量，它们是氢转移的得益者；而 LCO、油浆和焦炭的氢含量均小于原料氢含量，它们则是供氢者。另外，液化气、汽油、LCO 三者的总氢分布为 87.92%，即氢有效利用率为 87.92%。整体上来说，目的产物氢利用率较高。

4 结论

在中国石化扬子石化公司 705kt/a 柴油加氢装置和 700kt/a 催化裂化装置进行了 LCO 选择性加氢-催化组合生产轻质芳烃(LTA)技术的工业试验。工业试验标定结果表明：

1) LTA 加氢单元加工原料为重油催化 LCO、LTAG 装置催化单元 LCO 和焦化汽油混合原料，由于两种 LCO 性质均比设计进料性质明显变差，加之加氢单元氢分压受限，导致 LCO 加氢深度不足；加氢 LCO 密度为 921.0kg/m^3，氢含量为 10.92%，多环芳烃质量分数为 18.7%，相应多环芳烃饱和率和单环芳烃选择性较低，分别约为 74.3%和 59.8%。

2) 采用 LTA 技术，催化裂化单元加氢 LCO 的单程转化率为 70.90%，汽油产率为 45.75%，研究法辛烷值 RON 超过 98；催化单元全循环操作时，汽油产率达到 64.53%，C_6~C_8 芳烃产率为 23.91%，C_6~C_{10}烷基苯芳烃产率达到 35.53%。

3) 采用 LTA 技术，在工业试验标定操作条件下，加氢 LCO 单独催化裂化能够实现反应再生自身热平衡操作，分馏和吸收稳定系统操作稳定。

4) 在提高 LTA 技术汽油芳烃产率、改善产物分布方面，柴油加氢装置和 LTA 催化装置均有优化调整空间。

参考文献

[1] 毛安国，龚剑洪．催化裂化轻循环油生产轻质芳烃的分子水平研究[J]．石油炼制与化工，2014，45(7)：1-6.

[2] 戴厚良．芳烃生产技术展望[J]．石油炼制与化工，2013，44(1)：1-10.

[3] 龚剑洪，毛安国，刘晓欣，等．催化裂化轻循环油加氢-催化裂化组合生产高辛烷值汽油或轻质芳烃(LTAG)技术[J]．石油炼制与化工，2016，47(9)：1-5.

[4] 黄新露．重芳烃高效转化生产轻芳烃技术[J]．化工进展，2013，32(9)：2263-2266.

[5] Johnson J A，Frey S J，Thakkar V P. Unlocking high value xylenes from light cycle oil[C]. San Antonio，NPRA Annual Meeting，2007.

[6] Simanzhenkov V，Oballa M C，Kim G. Technology for producing petrochemical feedstock from heavy aromatic oil fractions[J]. Ind. Chem. Res.，2010，49：953-963.

[7] Yoshitsugu I，Takahiro Y. Method for producing aromatic hydrocarbon having six to eight carbon atoms[P]. Japan：JP 2009235247，2009.

[8] 李大东．加氢处理工艺与工程[M]．北京：中国石化出版社，2004.

三、

催化剂使用

新 DCC 催化剂助炼厂提质增效

周　翔　林　伟　田辉平　宋海涛　许明德　王　鹏

（中国石化石油化工科学研究院　北京 100083）

摘　要　催化裂解（Deep catalytic cracking，DCC）工艺是重要的由重油直接加工生产乙烯丙烯等化工原料的二次工艺之一。与传统催化裂化工艺比较，具有更高的反应温度、更大的剂油比、更大的催化剂藏量等特点，其催化剂也具有更强的水热稳定性、更低的氢转移活性、更好的抗金属污染能力[1]。由于反应苛刻度高，因此通常生焦量较高，所以大量的烧焦热量带来再生器超温是制约 DCC 高负荷运转的重要因素之一。针对这一问题，开发了高活性分散性的新 DCC 催化剂，在维持高裂解活性多产乙烯丙烯的同时，降低了过多的氢转移反应[2]的生焦副反应，从而提高加工负荷，实现炼油厂体质增效。

关键词　催化裂解；提质增效；高活性分散性；丙烯；乙烯

1　装置一应用新催化剂情况

某 DCC 装置采用主提升管+第二提升管的 DCC-plus 反应器形式，主要加工常压渣油和加氢处理油的混合油，原料来源稳定，年加工量为 1.5Mt/a。典型的原料性质如表 1。

表 1　混合进料的典型性质和反应条件

项　　目	数　　值	项　　目	数　　值
密度/(g/m^3)	0.910	镍/(mg/kg)	1.3
氢含量/%(质)	12.5	钒/(mg/L)	1.3
硫含量/(mg/L)	1380	主提升管温度/℃	560
氮含量/(mg/L)	713	再生温度/℃	700
残炭/%(质)	2.2		

表 1 可以看出，该装置的原料属于重质原料，但金属含量较低，氢含量也偏低。因此新催化剂设计需要强化基质一次预裂化大分子烃类的能力，同时避免在基质表面的过量生焦反应；分子筛提高其二次扩散能力，避免低碳烯烃二次转化。据此设计了新的催化剂，并进行了试验室评价，结果如图 1~图 4。如表中所示，与对比剂（现用催化剂）比较，新催化剂在转化率相当的情况下，乙烯收率增加 0.5 个百分点，丙烯增加 0.7 个百分点，焦炭下降 0.5 个百分点，氢转移指数（异丁烷/异丁烯）也明显下降。此外，新催化剂在剂油比相同的情况，其转化率较对比剂增加 2 个百分点。

通过实验室评价，新催化剂具有高乙烯丙烯、低生焦和高活性的优良特点，因此在该工业装置上进行了试用得到表 2 工业统计数据。以空白阶段数据相比，新剂使用第一阶段，其置换率为 38%，此时催化剂的效果逐渐显示，乙烯增加 0.7 个百分点，丙烯增加 0.52 个百分点，焦炭降低 0.94 个百分点，而且装置负荷率也增加 1.17 个百分点；新剂使用第二阶段，其置换率为82%，此时催化剂的效果基本稳定，乙烯增加0.56个百分点，丙烯增加0.82个百分点，焦炭降低1.16个百分点，此时装置负荷率增加5.94个百分点。新剂使用第三阶段，其置换率趋近于100%，此时催化剂的效果完全体现，乙烯增加0.6个百分点，丙烯增加1.32个百分点，焦炭下降1.4个百分点，此时装置负荷率增加4.67个百分点。工业应用数据表明，新催化剂具有提高乙烯、丙烯，降低生焦的效果，同时也有助于装置提升加工负荷。通过模型计算，结合当地的产品价格体系，使用新催化剂年增加炼油厂效益超过2000万美元。

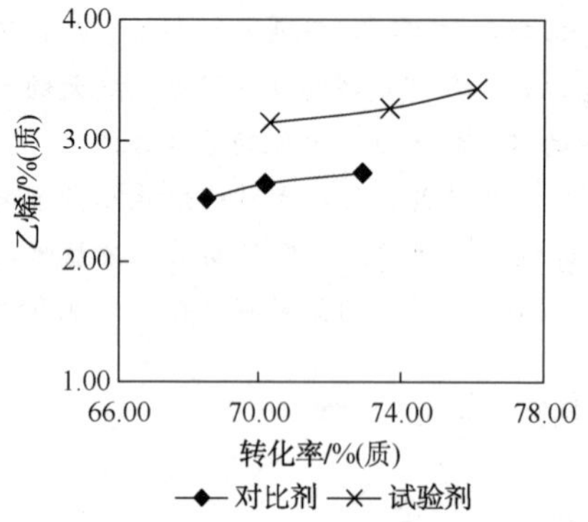

图1　在不同剂油比下的乙烯收率比较

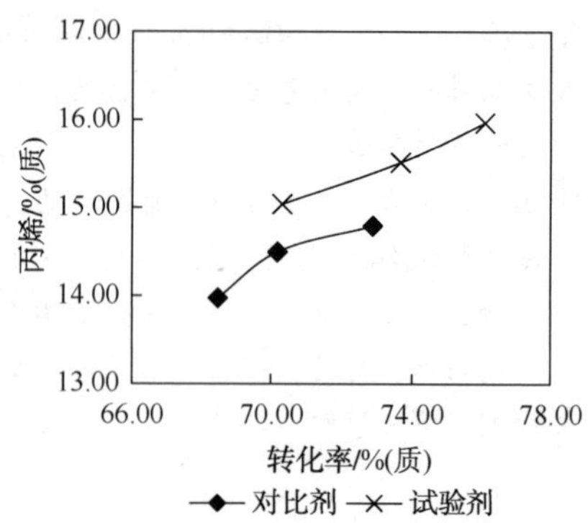

图2　在不同剂油比下的丙烯收率比较

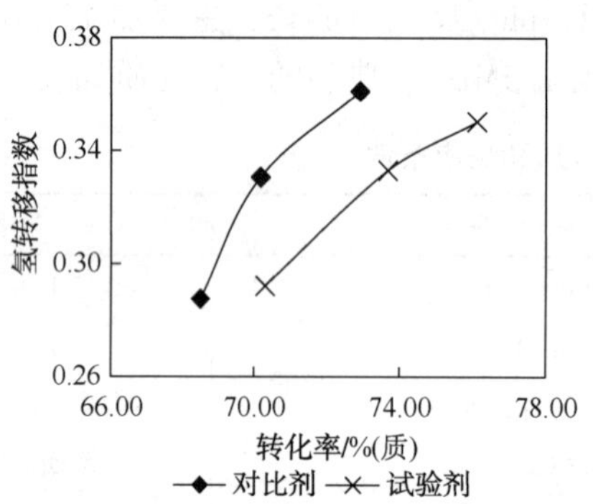

图3　在不同剂油比下的氢转移指数比较

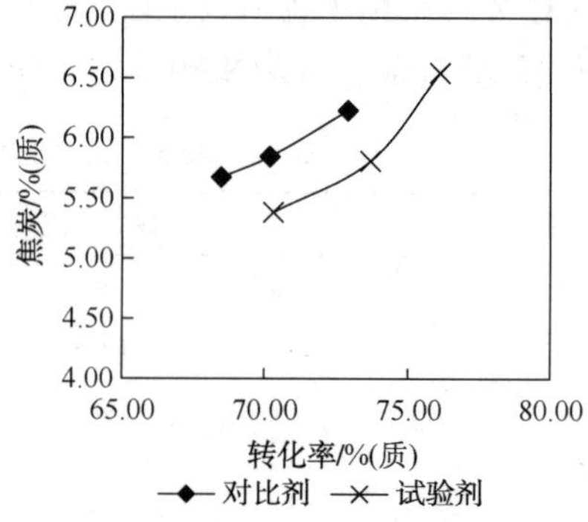

图4　在不同剂油比下的焦炭收率比较

表2　不同新催化剂置换率的主要产品收率

项目/%(质)	空白数据	第一阶段	第二阶段	第三阶段
装置负荷率	101.27	102.44	107.21	105.94
乙烯	3.52	4.22	4.08	4.12
丙烯	18.03	18.55	18.85	19.35
焦炭	8.81	7.87	7.65	7.42
催化剂置换率	0	38	82	~100

2　装置二应用新催化剂情况

某DCC装置也采用DCC-plus的反应器形式，主要加工常压渣油，年加工量为1.5Mt/a，典型的原料性质与主要操作条件见表 3。

表 3　不同阶段的主要原料性质和操作条件

项　　目	空白阶段	30%置换阶段
密度(20℃)/(g/cm^3)	0.9061	0.9076
残炭/%(质)	4.69	4.77
铁含量/(mg/L)	3.4	4.7
主提升管温度/℃	584	584
再生温度/℃	738	737

表 3 可以看出，该装置的原料由于没有经过加氢处理，所以残炭较高，同时铁元素含量较高，因此催化剂需具有较低的焦炭选择性和一定的抗金属污染能力。另外，由于反应温度和再生温度较高，因此催化剂具有优良的水热稳定性。此外该装置的主要的产品为乙烯和丙烯，所以新催化剂也应有较强的二次裂化，将低碳烯烃前生物-汽油烯烃转化为目标产品。因此该催化剂与装置一催化剂比较，除了拥有其原有优点，还须具有更强的水热稳定性，较强的抗金属污染能力和更好的二次裂化能力。据此，设计了新催化剂，并进行实验室评价，结果见表 4。从表中可以看出新催化剂提升乙烯效果明显，增加 2.01 个百分点；丙烯增加 1.46 个百分点，生焦降低 0.14 个百分点；达到设计目的。

工业应用数据表明见表 5，以空白阶段为基准，30%置换阶段的乙烯收率增长 0.34 个百分点，增长率为 2.47%；丙烯收率增长 0.54 个百分点，增长率为 2.50%，双烯共增长 0.88 个百分点，达到 36.41%，增长率为 2.46%。与空白阶段相比，扣除回炼等工艺影响对总双稀收率的影响为+0.38%(以新鲜原料记)，30%置换阶段的双烯收率修正值为 36.03%，增长率为 1.75%。

此外，低价值的甲烷氢的选择性也有所下降，其和乙烯的比值下降 1.81 个百分点；焦炭产率也有降低的迹象。剂耗由 3.22kg/t 原料油下降到 3.00kg/t 原料油，单位催化剂的产生的效益(双稀/剂耗)也明显增加。随着置换率增加，新催化剂带来的效益将继续增加。

表 4　新催化剂的固定床评价结果

原　　料	现用原料油	现用原料油
催化剂	现用剂	新催化剂
反应温度/℃	600	600
主要产品分布/%(质)		
乙烯	5.61	7.62
干气-乙烯	3.25	2.83
丙烯	23.32	24.78
液化气-丙烯	20.46	20.41
C_5 汽油	20.98	19
柴油	8.23	7.17
重油	3.77	3.95
焦炭	14.38	14.24
总计	100	100

表5 30%阶段标定汇总

甲烷氢/%(质)	收率	11.19	11.21	0.02
	甲烷氢/乙烯	81.15%	79.33%	-1.81%
乙烯/%(质)	收率	13.79	14.13	0.34
	增长率	基准	2.47%	2.47%
丙烯/%(质)	收率	21.62	22.16	0.54
	增长率	基准	2.50%	2.50%
乙烯+丙烯/%(质)	收率	35.41	36.28	0.87
	增长率	基准	2.46%	2.46%
	净收率	35.41	36.03	0.62
	净增长率	基准	1.75%	1.75%
焦炭+损失/(质)	收率	9.11	8.15	-0.96
	增长率	基准	-10.54%	-10.54%
剂耗	数值/(kg/t)	3.22	3	-0.22
	双稀/剂耗	11.00	12.09	1.10

3 总结

DCC工艺经过30多年的发展，伴随着新工艺的进步和新材料的开发，乙烯、丙烯的收率不断增加。目前DCC催化剂的主题是高双稀和低生焦，针对不同炼油厂的原料情况和工艺特点，再对催化剂的功能进行优化调整，使其在原料和工艺相当的情况下，高附加值的乙烯丙烯收率增加，实现提质增效。

参 考 文 献

[1] 谢朝钢．催化裂解过程丙烯选择性的影响因数探究[J]．石油学报(石油加工)，2018，34(01)：1-6.

[2] 王世环，周翔，田辉平．氢转移反应对链烷烃催化转化的影响[J]．石油学报(石油加工)，2016，32(03)：468-476.

选择性增产碳四烯烃的催化裂化催化剂

于善青

（中国石化石油化工科学研究院　北京 100083）

摘　要　基于不同催化材料对重油裂化性能和 C_4 烯烃选择性影响的差异，开发了选择性增产 C_4 烯烃的催化裂化催化剂，在中国石化石家庄炼化公司 3 号催化裂化装置上进行了工业应用，结果表明：采用 HBC 催化剂后，C_4 烯烃收率增加 0.52~0.82 个百分点，C_3~C_4 中 C_4 烯烃质量分数增加 1.89~3.08 个百分点，增幅 10%以上；汽油收率增加 0.44~1.74 个百分点，总液收增加，焦炭选择性改善。体现了 HBC 催化剂既具有优异的 C_4 烯烃选择性，又具有较强的新鲜原料重油裂化能力的特点。

关键词　催化裂化；催化剂；C_4 烯烃；选择性；工业应用

增加汽油池中烷基化汽油的比例是生产“国Ⅵ”标准汽油的有效途径之一。截至 2017 年我国烷基化装置产能已超过 16Mt/a[1-3]，然而不少烷基化装置却存在加工负荷不足的问题，主要原因之一是 C_4 烯烃原料供应不足。炼油厂近 70%的 C_4 烯烃来自催化裂化装置。按照目前我国催化裂化装置加工能力约 210Mt/a 和催化裂化 C_4 烯烃平均产率约 4.6%计算，C_4 烯烃产率需要至少提高 10%以上，才能满足烷基化装置原料的需求。增加液化气 C_4 烯烃产率最直接、最经济的方法是开发具有高 C_4 烯烃选择性的催化裂化催化剂[4-7]。中国石化石油化工科学研究院（简称石科院）于 2011 年开发了多产丙烯和异丁烯的催化裂化助剂 FLOS，在中国石化巴陵石化公司 1Mt/a MIP-CGP 装置上进行了工业应用，结果表明，当 FLOS 助剂添加量为 6%（质）时，液化气收率增加 2.68 百分点，其中异丁烯收率增加 0.54 百分点，汽油收率降低 0.42 个百分点[8]。

开发高 C_4 烯烃选择性的催化裂化催化剂存在两大难点。第一，通过提高原料油的裂化深度，可增加低碳烯烃收率，但是氢转移反应也增加，尤其是处理加氢原料的催化裂化装置，原料油加氢后形成的环烷烃和环烷基芳烃在催化裂化过程中很容易作为供氢体发生氢转移反应，导致烯烃饱和。因此，需要解决提高重油裂化能力和抑制氢转移反应的矛盾。第二，一般通过增加液化气收率的方法增加 C_4 烯烃收率，但是液化气中 C_4 烯烃含量变化不大，C_4 烯烃选择性差，这对于一些气分装置能力受限的炼油厂，操作上存在很大局限性[9-13]。本研究主要解决以上难点，开发高 C_4 烯烃选择性的催化裂化催化剂。

中国石化石家庄炼化公司（简称石家庄炼化公司）有两套催化裂化装置（分别称作 1 号催化装置和 3 号催化装置），均采用石科院开发的 MIP-CGP 技术，以处理加氢原料油为主，汽油产品烯烃体积分数低于 15%，C_4 烯烃收率低，难以满足 0.2Mt/a 硫酸法烷基化装置的原料需求，因而迫切需要催化裂化装置增产 C_4 烯烃。为此，石科院研制开发了高 C_4 烯烃选择性的催化裂化催化剂 HBC，并在石家庄炼化公司 3 号催化装置上进行了工业应用。以下介绍 HBC 催化剂的开发及应用情况。

1 HBC 催化剂的研发

1.1 研发思路

基于以上开发高 C_4 烯烃选择性的催化裂化催化剂存在两大难点，按如下研发思路进行 HBC 催化剂的开发。首先，通过探讨催化裂化过程 C_4 烯烃生成和转化的反应化学，提出增强碳正离子异构化和抑制氢转移反应是选择性生产 C_4 烯烃的优化路径[9]。其次，基于催化材料酸性和孔结构特性，考察不同催化材料对重油裂化能力和 C_4 烯烃选择性的影响，建立催化材料目标导向技术：采用高活性大孔基质强化渣油大分子的“可接近性”和预裂化能力；开发改性 Y 型分子筛解决提高裂化能力和降低氢转移的矛盾，提供更多的 C_4 烯烃前躯物；开发改性 β 分子筛增强异构化同时兼顾裂化活性，促进 C_4 烯烃前身物选择性生成 C_4 烯烃的能力。基于催化材料目标导向技术开发 HBC 催化剂，以期在液化气产率不增加时选择性增产 C_4 烯烃，或者在液化气产率增加的同时，增产 C_4 烯烃和丙烯，以及灵活调整液化气中碳三馏分与 C_4 馏分的比例。

1.2 催化材料

Y 型分子筛是催化裂化催化剂的主要活性组元，常规 Y 型分子筛经各种方法抽铝和/或补硅以及稀土改性后，得到不同稀土含量的改性 Y 型分子筛。本研究重点考察 REUSY-2、REUSY-8、REY 为代表的几种改性 Y 型分子筛(性质见表 1)对重油裂化能力和 C_4 烯烃选择性的影响。与 Y 型分子筛相比，β 分子筛的骨架硅铝比高、氢转移反应活性低、平均孔径介于 Y 型分子筛和 ZSM-5 分子筛之间，具有优异的 C_4 烯烃选择性。但是由于 Hβ 分子筛的活性较低，影响催化剂的重油裂化能力，本研究对 Hβ 分子筛进行改性，改性前后 β 分子筛的性质见表 1。

表 1 分子筛的性质

项　目	REUSY-2	REUSY-8	REY	Hβ	改性 β
相对结晶度/%	65.1	50.3	46.9	83.3	77.2
晶胞常数/nm	24.49	24.56	24.68		
化学组成/%(质)					
Na_2O	1.38	1.27	2.19	0.05	0.02
Al_2O_3	19.72	22.30	20.00	5.64	5.51
SiO_2	75.90	68.60	55.80	93.20	90.30
RE_2O_3	2.00	7.90	16.80		
总比表面积/(m^2/g)	614	628	637	585	658
基质比表面积/(m^2/g)	49	46	25	144	185
微孔比表面积/(m^2/g)	565	582	612	441	473
总孔体积/(mL/g)	0.292	0.336	0.316	0.493	0.371
微孔孔体积/(mL/g)	0.218	0.270	0.283	0.175	0.190

1.3 催化剂的制备

将高岭土浆液、铝溶胶和酸化拟薄水铝石混合，均匀分散30min，然后分别加入表1所示的各分子筛，充分搅拌30min，得到催化剂浆液，喷雾干燥成型，在500℃下焙烧1h，最后将催化剂洗涤至Na_2O质量分数小于0.2%，得到催化剂样品。其中，以REUSY-2，REUSY-8，REY制备的催化剂分别记为CAT-1，CAT-2，CAT-3，分子筛质量分数均为35%；以REUSY-8、REUSY-8和Hβ、REUSY-8和改性β制备的催化剂分别记为CAT-4，CAT-5，CAT-6，分子筛质量分数分别为38% REUSY-8，33% REUSY-8+5%Hβ，33% REUSY-8+5%改性β。

1.4 催化剂的表征和性能评价

采用PHILIPS公司的X′Pert型X射线粉末衍射仪表征样品的晶体结构；采用美国Micromeritics公司ASAP 2405N V1.01自动吸附仪测定样品的吸附-脱附等温曲线，并计算样品的比表面积和孔体积；采用X射线荧光光谱法测定样品的元素组成。

在MAT-D1轻油微反活性评定仪上进行催化剂样品的微反活性评价，所用原料为大港轻柴油，235~337℃馏分，密度(20℃)为841.9kg/m^3，测定条件为：反应温度460℃，质量空速16h^{-1}，催化剂装填量5g，剂/油质量比3.2。微反活性(MA)=(产物中低于216℃汽油产量+气体产量+焦炭产量)/进料总量×100%。

在美国ACE-Model R^+型固定流化床微反装置上进行催化剂样品的裂化反应性能评价(ACE评价)，所用原料油为石家庄炼化公司催化裂化装置的原料油，密度(20℃)为921.1kg/m^3，残炭为2.5%，Ni质量分数为3.9μg/g，V质量分数为3.5μg/g。

1.5 不同催化材料对C_4烯烃选择性的影响

分别将催化剂CAT-1，CAT-2，CAT-3在800℃下用100%水蒸气老化12h，然后在反应温度为520℃，质量空速为16h^{-1}，剂/油质量比为分别为4.02、5.92、8.04条件下进行ACE评价，结果见表2。由表2可以看出，在相同剂/油质量比下，CAT-3催化剂具有较高的转化率和较低的重油产率，但是C_4烯烃收率以及液化气中C_4烯烃质量分数较低；相比之下，CAT-1催化剂具有较低的转化率和较高的重油产率，但是C_4烯烃收率和液化气中C_4烯烃质量分数较高。可见，对于不同稀土含量的Y型分子筛，随着稀土含量的增加，重油裂化能力增强，但是C_4烯烃选择性降低。这是因为，Y型分子筛的活性中心主要来自于骨架铝氧四面体配位的Brönsted酸氢质子，稀土改性Y分子筛由于进入分子筛β笼I′位稀土离子稳定了分子筛骨架结构，抑制了骨架Al的脱除，导致Brönsted酸中心数量增多，酸中心距离变小[14]，在提高重油裂化能力的同时，双分子氢转移反应能力也相应增加，导致C_4烯烃收率和选择性降低。

在前期工作[9]认识到促进催化裂化过程碳正离子的异构化反应有利于提高催化裂化产物中C_4烯烃选择性的基础上，本研究进一步考察Y型分子筛的异构化能力和氢转移能力对C_4烯烃选择性的影响。由表2可以看出，相同剂/油质量比下，虽然CAT-3的异构化指数较高，但是其液化气中C_4烯烃质量分数较低，即C_4烯烃选择性较差，这可能因为CAT-3催化剂同时具有较高的氢转移活性，催化裂化过程生成的C_4烯烃以及C_4烯烃前驱物容易发生氢转移反应生成饱和烷烃，导致裂化产物中C_4烯烃收率及选择性降低。可见，提高催化裂化产物C_4烯烃的选择性不仅需要增强异构化反应，还需要抑制氢转移反应。

表2 Y型分子筛催化剂的性能

催化剂名称	CAT-1			CAT-2			CAT-3		
C/O质量比	4.02	5.92	8.04	4.02	5.92	8.04	4.02	5.92	8.04
产品分布/%(质)									
干气	1.40	1.49	1.58	1.32	1.45	1.56	1.63	1.82	1.92
液化气	13.64	15.70	16.92	14.42	16.00	17.27	15.67	16.81	17.51
汽油	46.38	49.10	50.22	46.98	49.62	49.98	51.23	52.25	51.82
柴油	22.27	20.46	19.34	22.17	20.04	19.11	18.42	17.12	16.73
重油	13.79	10.62	9.17	12.52	10.19	9.21	8.88	7.48	7.06
焦炭	2.52	2.63	2.77	2.59	2.71	2.86	4.17	4.52	4.96
转化率①/%	63.95	68.92	71.49	65.31	69.77	71.68	72.70	75.40	76.21
C_4烯烃收率/%	6.13	6.76	7.00	5.92	6.24	6.51	4.83	4.96	5.05
液化气中C_4烯烃质量分数/%	44.94	43.06	41.37	41.05	39.00	37.70	30.82	29.51	28.84
异构化指数(ISO)②	0.99	1.01	1.04	1.01	1.04	1.07	1.09	1.12	1.16
氢转移指数(HT)③	1.09	1.34	1.54	1.64	1.97	2.19	4.09	4.47	4.56

① 转化率 = $w_{干气}+w_{液化气}+w_{汽油}+w_{焦炭}$；

② ISO = $(w_{异丁烷}+w_{i异丁烯})/(w_{正丁烷}+w_{正丁烯})$；

③ HT = $w_{异丁烷}/w_{异丁烯}$。

分别将CAT-4，CAT-5，CAT-6催化剂在800℃下用100%水蒸气老化12h，然后在反应温度为500℃，质量空速为$8h^{-1}$，剂/油质量比等条件下进行ACE评价，结果见表3。由表3可以看出，与CAT-4催化剂相比，CAT-5和CAT-6催化剂的C_4烯烃收率分别增加0.59百分点和0.67百分点，液化气中C_4烯烃质量分数分别增加3.16百分点和2.75百分点，表明β分子筛具有较高的C_4烯烃选择性；与CAT-5催化剂相比，CAT-6催化剂的转化率提高0.78百分点，重油产率降低0.6百分点，表明改性后β分子筛的重油裂化能力显著提高。

表3 改性前后β分子筛催化剂的性能

催化剂名称	CAT-4	CAT-5	CAT-6
产品分布/%(质)			
干气	2.11	1.28	1.88
液化气	20.80	20.50	21.26
汽油	44.85	43.97	44.68
柴油	16.44	18.32	16.14
重油	8.96	9.68	9.08
焦炭	6.84	6.25	6.96
转化率/%	74.60	72.00	74.78
C_4烯烃收率/%	4.05	4.64	4.72
液化气中C_4烯烃质量分数/%	19.48	22.64	22.23

2 HBC催化剂的工业生产及应用

HBC催化剂的工业生产在中国石化催化剂齐鲁分公司进行，催化剂工业生产顺利，产品质量稳定，生产和应用过程中无三废污染。

HBC催化剂工业应用试验在石家庄炼化公司3号催化装置上进行。该装置由中国石化工程建设公司(SEI)设计改造，设计加工量为2.2Mt/a，反应器和再生器为高低并列式布置，再生器采用单段床层的完全再生技术，反应器采用MIP串联提升管。该装置于2017年10月开始使用HBC催化剂(第1阶段)，2018年1月该装置根据生产需要暂停，2019年1月继续使用HBC催化剂(第2阶段)。为了考察HBC催化剂的使用效果，2017年5月7~8日进行了空白标定，2017年12月23~24日在HBC催化剂占系统藏量65%时进行了第一阶段标定(简称标定1)，此次标定的装置负荷较空白偏低；2019年3月27~28日在HBC催化剂占系统藏量76%时进行了第二阶段标定(简称标定2)，标定时炼厂因蜡油和渣油平衡，加氢渣油质量分数小于空白标定，二反有焦化汽油进料；2019年4月9~10日进行了高掺渣比工况标定(简称标定3)。HBC催化剂按照装置正常消耗进行系统催化剂置换，催化剂补充量约6t/d，对新鲜原料的催化剂单耗约1.0kg/t。

石家庄炼化公司3号催化装置混合原料构成为加氢蜡油和加氢渣油。标定期间混合原料的性质列于表4。由表4可以看出：与空白标定相比，标定1原料油铁含量偏高；标定2原料油密度和残炭值偏低，总金属含量偏低，原料油的性质略好于空白标定；标定3原料油密度略高，残炭与标定1相当。总体而言，空白标定和阶段标定(标定1、标定2、标定3)原料性质虽略有差异，但具有可比性。

表4 标定期间原料油性质

标定编号	空白	标定1	标定2	标定3
加氢渣油质量分数/%	50.79	52.43	49.26	63.10
密度(20℃)/(kg/m^3)	916.8	915.1	914.2	918.1
残炭/%	3.1	3.2	2.8	3.2
元素质量分数/%				
C	87.22	87.17	87.29	86.99
H	12.40	12.30	12.37	12.41
S	0.40	0.31	0.32	0.29
N	0.11	0.12	0.12	0.15
族组成/%(质)				
饱和分	62.1	60.5	62.9	62.3
芳香分	26.6	27.2	26.9	27.9
胶质	10.7	11.9	9.6	9.1
沥青质	0.6	0.4	0.6	0.7
金属质量分数/(μg/g)				
Fe	2.8	11.0	0.8	2.8
Ni	4.9	3.9	3.3	5.4
V	6.2	3.2	4.4	4.8
Na	2.2	3.0	1.4	4.2
Ca	0.6	2.2	0.5	0.8
馏程/℃				
初馏点	234	246	242	252
30%	409	407	394	413
50%	450	450	434	460
70%	519	525	514	530

标定期间再生催化剂的性质列于表5。从表5可以看出：空白标定和阶段标定再生催化剂的微反活性基本相当；与空白标定相比，标定1再生催化剂的金属铁含量较高，总金属含量相当；标定2和标定3再生催化剂的总金属含量较高。HBC催化剂使用后装置运行平稳，表明催化剂的物理性能符合装置使用要求。

表5　标定期间再生催化剂的性质

标定编号	空白	标定1	标定2	标定3
化学组成/%(质)				
Na_2O	0.21	0.22	0.14	0.18
Al_2O_3	51.20	51.50	51.30	51.10
SiO_2	39.90	40.10	39.40	39.30
总比表面积/(m^2/g)	117	134	124	112
基质比表面积/(m^2/g)	48	62	55	47
微孔比表面积/(m^2/g)	69	72	69	66
水滴孔体积/(mL/g)	0.30	0.30	0.30	0.30
表观密度/(g/cm^3)	0.83	0.82	0.83	0.84
碳质量分数/%	0.08	0.05	0.04	0.06
筛分体积组成/%				
0~20μm	0.0	0.0	0.0	0.0
0~40μm	11.9	3.1	9.05	8.1
0~149μm	94.8	97.1	96.32	95.8
平均粒径/μm	74.3	77.3	73.3	73.1
金属质量分数/(mg/g)				
Fe	3130	5786	4489	4612
Ni	4290	2760	4617	5230
V	6100	4304	6570	6100
Sb	840	1101	1532	2000
微反活性/%	65	63	65	63

标定期间主要操作条件见表6。从表6可以看出：与空白标定相比，标定1新鲜进料量降低了19.9t/h，加氢柴油进料量为9.0t/h，无焦化汽油进料。标定2新鲜进料量与空白标定相当，焦化汽油进料量为11.2t/h，无加氢柴油进料。标定3新鲜进料量略少于空白标定，加氢渣油的比例较高，无焦化汽油进料和加氢柴油进料。

表6　标定期间操作条件

标定编号	空白	标定1	标定2	标定3
新鲜原料量/(t/h)	246.3	226.4	245.7	242.0
加氢渣油	125.1	118.7	121.0	152.7
加氢蜡油	121.2	107.7	124.7	89.3
焦化汽油	0.0	0.0	11.2	0.0
加氢柴油	0.0	9.0	0.0	0.0
反应沉降器压力/MPa	0.324	0.396	0.327	0.327

续表

标定编号	空白	标定 1	标定 2	标定 3
提升管出口温度/℃	512	515	515	519
原料预热温度/℃	208	200	195	195
雾化蒸汽量/(t/h)	13.0	12.0	11.9	11.9
预提升蒸汽流量/(t/h)	4.5	2.0	2.5	2.5
预提升干气标准流量/(m^3/h)	1098	2000	2200	2300
汽提蒸汽流量/(t/h)	7.6	7.0	7.0	6.5
再生器压力/MPa	0.364	0.321	0.355	0.348
再生器密相温度/℃	693	686	696	683
再生器稀相温度/℃	679	696	690	684
主风标准流量/(m^3/h)	4400	4300	4550	4429
外取热蒸汽流量/(t/h)	139	130	136	135

标定期间的产品分布见表 7。从表 7 可以看出：与空白标定相比，标定 1、标定 2、标定 3 的 C_4 烯烃收率分别增加了 0.82，0.52，0.64 百分点，增幅分别为 19.05%，11.97%，14.76%，C_5^+汽油收率分别增加了 0.78，0.44，1.74 百分点，C_3～C_4、C_{5+}汽油和柴油总收率分别增加了 2.41，0.40，0.38 百分点；焦炭选择性分别降低了 0.09，0.40，0.45 百分点。可见，使用 HBC 催化剂后，C_4 烯烃收率明显增加，重油裂化能力提高和焦炭选择性改善。

表 7　标定期间产品分布

标定编号	空白	标定 1		标定 2		标定 3	
	数据	数据	差值	数据	差值	数据	差值
产品分布/%(质)							
H_2～C_2	3.20	2.91	-0.29	3.39	0.19	3.58	0.38
C_3～C_4	21.96	23.26	1.30	22.42	0.46	21.78	-0.18
丙烷	2.93	2.71	-0.22	2.97	0.04	2.75	-0.18
丙烯	6.97	6.72	-0.25	6.60	-0.37	6.34	-0.63
异丁烷	6.32	7.02	0.70	6.47	0.15	6.25	-0.07
正丁烷	1.44	1.69	0.25	1.56	0.12	1.51	0.07
C_4 烯烃	4.30	5.12	0.82	4.82	0.52	4.94	0.64
C_{5+}汽油	43.16	43.95	0.78	43.60	0.44	44.90	1.74
柴油	16.23	16.56	0.33	15.73	-0.50	15.05	-1.18
油浆	6.40	4.30	-2.10	5.72	-0.68	5.40	-1.00
焦炭	8.83	8.96	0.13	8.65	-0.18	8.72	-0.11
转化率/%	77.37	79.14	1.77	78.55	1.18	79.55	2.18
(C_3～C_4+C_{5+}汽油+柴油)质量产率/%	81.35	83.76	2.41	81.75	0.40	81.73	0.38
焦炭选择性*	11.41	11.33	-0.09	11.01	-0.40	10.96	-0.45
w(异丁烷)/w(异丁烯)	5.23	4.02	-1.21	4.67	-0.56	4.34	-0.89

* 焦炭选择性=w(焦炭)/转化率×100

标定期间液化气组成见表8。由表8可以看出：与空白标定相比，标定1、标定2、标定3液化气中C_4馏分质量分数分别增加了4.55，2.41，3.36百分点，其中C_4烯烃质量分数分别增加了2.44，1.90，3.09百分点，增幅分别为12.39%，9.65%，15.70%；液化气中碳三馏分质量分数分别降低了4.55，2.41，3.36百分点。可见，HBC催化剂具有优异的C_4烯烃选择性。

表8　液化气组成

	空白标定	标定1	标定2	标定3
产品分布/%(质)				
C_3	45.09	40.54	42.68	41.73
丙烷	13.35	13.35	13.25	12.63
丙烯	31.74	31.74	29.44	29.1
C_4	54.91	59.46	57.32	58.27
异丁烷	28.77	28.77	28.85	28.68
正丁烷	6.56	6.56	6.98	6.91
C_4烯烃	19.59	22.03	21.49	22.68
C_4/C_3质量比	1.22	1.47	1.34	1.40

表9是使用HBC催化剂前后产品分布的统计数据。其中，对比阶段是指2017年5~6月使用HBC催化剂之前的每日数据平均值，第1阶段和第2阶段分别是指2017年10~12月、2019年1~3月使用HBC催化剂之后的每日数据平均值。由表9可以看出，使用HBC催化剂后，液化气收率相当甚至略有降低的情况下，C_4烯烃收率率增加0.60百分点以上，液化气中C_4烯烃质量分数增加约3.0百分点以上。

表9　统计数据

时　　间	对比阶段 2017.05.01~06.31	第1阶段 2017.10.1~12.30	第2阶段 2019.01.01~03.31
催化剂名称	SLG-1	HBC	HBC
总新鲜原料量/(t/h)	246.4	224.5	250.0
加氢渣油	118.0	120.0	143.7
加氢蜡油	128.4	104.5	106.3
密度(20℃)/(kg/m³)	913.5	914.2	918.6
残炭/%	2.7	3.1	3.0
反应沉降器压力/MPa	0.325	0.324	0.326
提升管出口温度/℃	511.0	513.0	512.0
原料预热温度/℃	208.0	205.0	200.0
产品分布/%(质)			
干气	3.44	3.47	3.56
液化气	22.84	22.56	22.04

续表

时间	对比阶段 2017.05.01~06.31	第1阶段 2017.10.1~12.30	第2阶段 2019.01.01~03.31
C_{5+}汽油	41.65	43.92	42.51
柴油	15.68	15.99	16.87
油浆	7.06	4.74	6.33
焦炭	9.01	8.91	8.34
损失	0.33	0.41	0.34
C_4 烯烃收率/%	4.37	4.97	4.99
(液化气+汽油+柴油)收率/%	80.17	82.47	81.43
液化气中 C_4 烯烃质量分数/%	19.12	22.04	22.63

3 结论

考察了Y型分子筛和β分子筛对催化原料重油裂化性能和 C_4 烯烃选择性的影响，结果表明，高稀土含量Y型分子筛对原料油的裂化能力强，但对产物的 C_4 烯烃选择性差；与改性前相比，改性后β分子筛既具有优异的 C_4 烯烃选择性，同时裂化活性得到提高。

开发的HBC催化剂既具有优异的 C_4 烯烃选择性，又具有较强的新鲜原料重油裂化能力，在中国石化石家庄炼化分公司3号催化裂化装置上的工业应用结果表明，使用HBC催化剂后，在液化气产率基本相当的情况下，C_4 烯烃质量产率增加0.64百分点，增幅14.8%，汽油质量产率增加1.74百分点，总液体收率增加0.38百分点，产品分布改善。

参 考 文 献

[1] 宋冉．国Ⅵ烷基化汽油产能分析与生产商选择策略[J]．现代商贸工业，2018，9：50-51.

[2] 李桂晓，于凤丽，刘仕伟，等．催化制备烷基化汽油的研究进展[J]．石油化工，2016，45(11)：1293-1299.

[3] 曹湘洪．面向未来，我国生产汽油的技术路线选择[J]．石油炼制与化工，2012，43(8)：1-6.

[4] ERRY G R，GEORGE W. Reformulated gasoline：the role of current and emerging FCC catalysts[J]. NPRA paper AM-92-43，1991. San Antonio，Texas.

[5] MCLEAN J B，WITOSHKIN A，BOGERT D C. Iso-Olefins for oxygenate production using isoplus[J]. NPRA paper AM-93-17，1993. San Antonio，Texas.

[6] STEVE Benton. FCC catalyst increases isobutylene yield at European refinery[J]. Oil Gas J，1995，93(18)：98-104.

[7] ADRIAN Humphries，CLINT Cooper，JONATHAN Seidel. Increasing butylenes production from the FCC unit through Rive's molecular highway TM technology[J]. AFPM paper AM-15-32，2015，San Antonio，Texas.

[8] 曾光乐，陈蓓艳，王中军，等．多产丙烯和异丁烯催化裂化助剂FLOS-Ⅲ的工业应用[J]．石油炼制与化工，2015，46(3)：24-28.

[9] ZENG Guangle，CHEN Peiyan，WANG Zhongjun，et al. Application of catalytic cracking additive FLOS-Ⅲ more propylene and isobutene[J]. Petroleum Processing and Petrochemicals，2015，46(3)：24-28.

[10] 于善青，严加松，田辉平，等．催化裂化过程 C_4 烯烃的反应及分布规[J]．石油化工，2018，47

(10)：1140-1148.

[11] ERRY G R，GEORGE W. Reformulated gasoline：the role of current and emerging FCC catalysts[J]. NPRA paper AM-92-43，1991. San Antonio，Texas.

[12] MCLEAN J B，WITOSHKIN A，BOGERT D C. Iso-olefins for oxygenate production using isoplus[J]. NPRA paper AM-93-17，1993. San Antonio，Texas.

[13] STEVE Benton. FCC catalyst increases isobutylene yield at European refinery[J]. Oil Gas J，1995，93(18)：98-104.

[14] ADRIAN Humphries，CLINT Cooper，JONATHAN Seidel. Increasing butylenes production from the FCC unit through Rive's molecular highway TM technology[J]. AFPM paper AM-15-32，2015，San Antonio，Texas.

[15] 于善青，田辉平，代振宇，等．稀土离子调变Y分子筛结构稳定性和酸性的机制[J]. 物理化学学报，2011，27（11）：2528-2534.

四、助剂使用

Ⅲ催化助燃脱硫脱硝剂使用效果分析

杨辰思　张传来　罗　奇　黄　鹏

（中国石化金陵石化公司　江苏南京 210033）

摘　要　国家新的环保法规要求催化裂化装置外排烟气中 SO_2 含量小于 50mg/m^3，NO_x 含量小于 100mg/m^3，金陵石化公司Ⅲ催化裂化装置采用的臭氧脱硝技术已经无法满足烟气排放要求，为了保证装置烟气的排放环保达标，使用助燃脱硫脱硝助剂，效果明显。排放烟气中 NO_x 降低到 20~40mg/m^3、SO_2 降低到 5mg/m^3 以内，均达到新环保指标，且处于较低水平，同时起到了助燃作用，达到了“前置”烟气脱硫脱硝的环保目的。

关键词　催化裂化；助燃；脱硫；脱硝；碱用量

1　基本概况

随着石化行业环保要求越来越严，国家“十三五”期间加大了对氮氧化物、硫氧化物等污染物总量的控制，并对最大排放浓度提出了相应的限定值。催化烟气中 NO_x 和 SO_2 的控制已经成为炼油行业关注的重点，因此采用适宜的措施降低 NO_x 和 SO_2 的排放尤为重要。

Ⅲ催化装置主要以减压渣油为原料，反应再生系统采用高低并列布置，生产干气、丙烯、丙烷、C_4 等液化气，并生产高辛烷值汽油，反应部分采用洛阳院设计 MIP-CGP 工艺，烟气脱硫系统采用 EDV 湿法脱硫技术。近年来环保指标日益严格，装置排放烟气指标中 NO_x 的浓度需小于 100mg/m^3（标准状态下，下同），SO_2 浓度需小于 50mg/m^3，正常情况下，装置在未使用脱硝剂前烟气排口 NO_x 浓度为 20~80mg/m^3，但存在烟气排放质量不稳的现象，在原料氮含量高、操作条件波动以及臭氧系统故障时，NO_x 浓度会超过 100mg/m^3 的排放限定值。为净化烟气、消除环保瓶颈，Ⅲ催化装置自 2017 年 9 月 22 日开始使用天津拓得石油技术发展有限公司的 TUD-DNS3C 助燃脱硝剂，并在 2019 年 1 月 14 日起开始加注同型号脱硫脱硝助燃三效助剂。新的三效助剂新增了脱 SO_2 作用，以期望实现脱硫、脱硝及助燃的多功能性作用。

2　装置烟气脱硫工艺简介

Ⅲ催化裂化烟气除尘脱硫装置采用了美国 Dupont 公司的 Belco EDV-5000 湿式烟气脱硫除尘技术，其处理能力达 497070m^3/h，最大 546777m^3/h，装置于 2016 年 12 月检修期间将原 EDV-5000 技术升级为 EDV-6000 技术，主要改动是在烟气脱硫塔中部的滤清模块文丘里管入口处增加 38 台逆流喷嘴，用以增加粉尘脱除能力。

本装置按照尾气中 SO_2 浓度 1063mg/m^3，NO_x 浓度 300mg/m^3，粉尘浓度 200mg/m^3 设计，设计脱硫效率 90%、脱氮效率 90%、除尘效率 67%。处理后排放烟气中的 SO_2 浓度可小于 98mg/m^3，NO_x 浓度小于 100mg/m^3，烟尘浓度小于 30mg/m^3，满足当时环保要求。

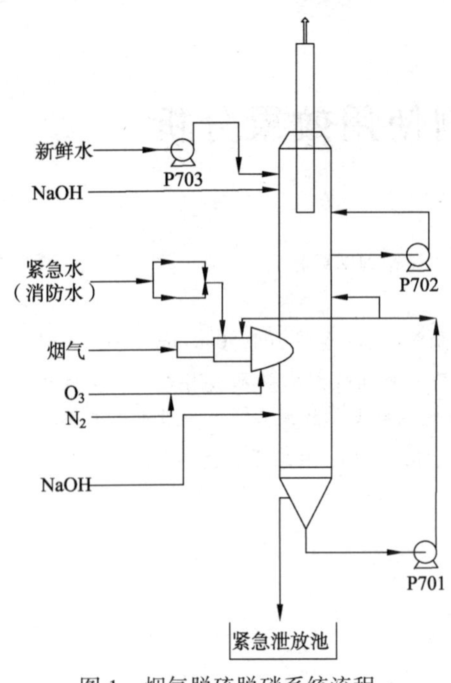

图1　烟气脱硫脱硝系统流程

EDV5000脱硫工艺见图1示意，主要由急冷喷淋单元、水浆澄清单元、清液氧化单元和废水排放单元等部分组成。

急冷喷淋塔主要由三部分组成，下段为降液段，主要功能是洗涤烟气粉尘、降温、酸化及中和；中段为过滤模块，主要功能是脱硫、脱氮、除尘及中和；上段为烟气分滴器。

烟气自急冷喷淋塔下半部分的烟气入口进入塔内，在臭氧的强氧化作用下，部分SO_2、NO反应生成SO_3、N_2O_5，塔底循环浆液通过雾化喷嘴与烟气中的SO_2，NO_x反应生成H_2SO_4，HNO_3以除去烟气中SO_2、NO，pH值降低，并除去烟气中大部分粉尘，通过注碱保持浆液的pH值在6~9之间。之后，烟气进入中部的过滤模块，进一步脱去SO_2，NO_x，同时除去烟气中剩余的细小粉尘，净化烟气经过塔顶的烟气分滴器后进入钢制烟囱排入大气。

3　脱硫脱硝剂工作机理

3.1　催化裂化NO_x、SO_2产生机理

催化裂化原料中氮化合物根据分子结构分为四类：胺、吡啶、吲哚和氨基化合物，也可分为碱性氮化合物和非碱性氮化合物。催化裂化原料中碱性氮含量一般占总氮的30%，大量碱性氮化合物被催化剂上的酸性中心吸附[1]，在催化裂化过程中转移到焦炭中，它是催化剂结焦的母体之一。催化剂再生过程中，焦炭上沉积的氮90%以N_2的形式释放，仅有10%以NO_x的形式释放。NO_x主要由热力型、燃料型和快速型三部分组成。

硫在原油中主要以硫醇、硫化物、噻吩和其他有机硫化物状态存在，经反应器反应后，大部分随产品出装置，另一部分附着在催化剂中，到再生器燃烧生成SO_2进入烟气中。

3.2　NO_x、SO_2控制措施

控制催化烟气NO_x、SO_2浓度的措施主要有两种[2]：一种是源头控制，通过催化裂化原料油的加氢预处理、再生器结构改造、再生器操作条件优化以及使用脱硝助剂和脱硫助剂等手段控制焦炭燃烧过程中NO_x和SO_2的生成；另一种是尾部控制，通过氧化吸收和碱洗等烟气脱硫脱硝技术将NO_x转化成N_2或硝酸根，将SO_2转化成硫酸根，从而降低排放烟气中的NO_x和SO_2浓度。

3.3　助燃脱硫脱硝助剂作用机理[3,4]

（1）助燃脱硝机理

再生器烟气中CO的含量随操作条件变化波动很大，焦炭完全燃烧后再生器密相床层出口仍存在一定含量的CO，这主要是由于流化床层内O_2分布不均匀而导致部分焦炭无法完成燃烧。

利用密相床层中 NO_x 与 CO 共存的特点，用再生烟气中含有的 CO 及碳氢化合物作为还原气体，采用 TUD-DNS3C 助剂可有效催化、促进 NO_x 还原反应，将其转化为无害的 N_2，从而达到脱硝效果。

传统的 Pt 基助燃剂的主要机理是催化 CO 与 O_2反应，同时削弱了 NO 与 CO 的反应，因此 Pt 基助燃剂在达到助燃效果的同时，往往还导致 NO_x 排放的增加。TUD-DNS3C 助燃脱硝剂是含 Pd 的双金属(改性)类脱硝助燃剂。以稀土氧化物和双贵金属(含 Pd 和同族金属)等复合物为活性组分，以高强度堇青石、莫来石、氧化铝、镁铝尖晶石微球为载体，强化 CO 与 NO_x 的还原反应，抑制 CO 与 O_2的氧化反应，该新型助剂的优势在于强化了上述还原反应的非可逆性，从而确保脱硝的持续稳定，并在有效脱硝的同时起到良好的助燃效果，相关反应如下：

$$\text{焦炭 N 化物} + O_2 \longrightarrow NH_3 + HCN \tag{1}$$

$$HCN + O_2 \longrightarrow NO + H_2O + CO_2 \tag{2}$$

$$NH_3 + O_2 \longrightarrow NO + H_2O \tag{3}$$

$$2C + O_2 \longrightarrow 2CO \tag{4}$$

$$C + 2NO \longrightarrow CO_2 + N_2 \tag{5}$$

$$2CO + 2NO \longrightarrow 2CO_2 + N_2 \tag{6}$$

(2) 脱硫机理

脱硫主要通过助剂在再生器中与 SO_x反应形成金属硫酸盐，形成金属硫酸盐后的助剂随催化剂一起循环到反应器中，在反应器中的还原条件下，以 H_2S 形式释放出来，进入到产品中，有效减少了烟气中 SO_2含量。

3.4 脱硝剂理化指标

脱硝剂理化指标见表 1。

表 1 脱硝剂理化指标

项　　目	指标	分析检测方法
外观	颗粒	
堆密度/(g/mL)	0.65～1.1	Q/TSH 3490908
磨损指数/(%/h)	≤2.5	Q/TSH 3490909
粒度分布 0～20μm/%	≤5	Q/TSH 3490911
粒度分布 0～40μm/%	≤20	Q/TSH 3490911
粒度分布 0～149μm/%	≥80.0	Q/TSH 3490911

4 脱硫脱硝助剂效果分析

4.1 脱硫脱硝助剂加注情况

Ⅲ催化装置从 2017 年 9 月起开始加注助燃脱硝剂，加注量为 100～120kg/d，截止到 2018 年 12 月底，共加注约 487d，加注量为 57.08t，助燃脱硝剂在系统藏量占比 0.65%。

2019 年 1 月改用三效助剂，加注量为 140～160kg/d，截止到 2019 年 12 月 31 日，共加注约 365d，总加注量为 55.50t，总助剂在系统中占比 1.17%。

4.2 脱硫脱硝助剂加注量及使用前后装置操作参数

如表2所示，使用脱硝剂后，尾燃情况略有恶化，稀密相温差从-3.4℃上升到0.4℃，烟气中NO_x含量明显下降，SO_2在加入脱硝剂后，变化不大；在2019年加入具有脱硫及助燃效果的三效助剂后，SO_2明显下降，同时稀密相温差降到-1.6℃，尾燃情况有所缓解，不仅达到环保要求，也为装置进一步优化、提高处理量及掺渣率提供了条件。

表2 脱硝剂使用前后操作参数对比

项目	2017.1~2017.8	2017.9~2018.12	2019.1~2019.12
CO助燃剂/(kg/t)	5.74	2	0
脱硫脱硝助剂/(kg/t)	0	11.73	16.43
处理量/(t/h)	401	416	385
掺渣率/%	43.66	45.91	54.36
剂耗/(kg/t)	1.336	1.344	1.458
稀密相温差/℃	-3.4	0.4	-1.6
再生烟气O_2/%	3.32	3.25	3.17
再生烟气NO_x/(mg/m^3)	39.34	28.77	26.37
再生烟气SO_2/(mg/m^3)	6.29	6.49	3.14

4.3 效果对比分析

(1) 排烟中NO_x和SO_2变化情况

表3为原料中氮含量及硫含量情况，2019年与2017年相比，氮含量略有下降，硫含量上升0.1631%(质)。

表3 原料中氮含量和硫含量

时间	氮含量/(μg/g)	硫含量/%(质)
2017/3	1342.30	0.5838
2017/4	1349.80	0.6163
2017/6	1276.70	0.6883
2017/7	1730.60	0.5322
2017/8	1365.40	0.5568
2017/9	1349.98	0.5115
2017/11	1653.00	0.3674
2019/1	1427.00	0.5305
2019/6	778.80	0.5550

图2为2017年7月到2019年11月装置排放烟气中NO_x和SO_2变化曲线，从图2可以看出使用脱硝剂前，装置排放烟气NO_x浓度在40~90mg/m^3，存在超标现象，2017年9月开始加注脱硝剂，随着脱硝剂占比增大，NO_x略有上升，由于使用脱硝剂初期，催化剂中残留的硝基和胺基在脱硝剂的作用下被脱除[5]，烟气中NO_x短时上升，随着系统逐渐平衡，NO_x显著下降，浓度在20~40mg/m^3，最低下降至14.6mg/m^3，均值下降到25mg/m^3以下，达到目

标要求。2019 年 1 月开始加注三效助剂，2 月份 SO_2含量开始下降，效果明显，随着三效助剂占比增大，SO_2含量与 NO_x变化趋势相同，先降低后短时升高，最终趋于稳定。

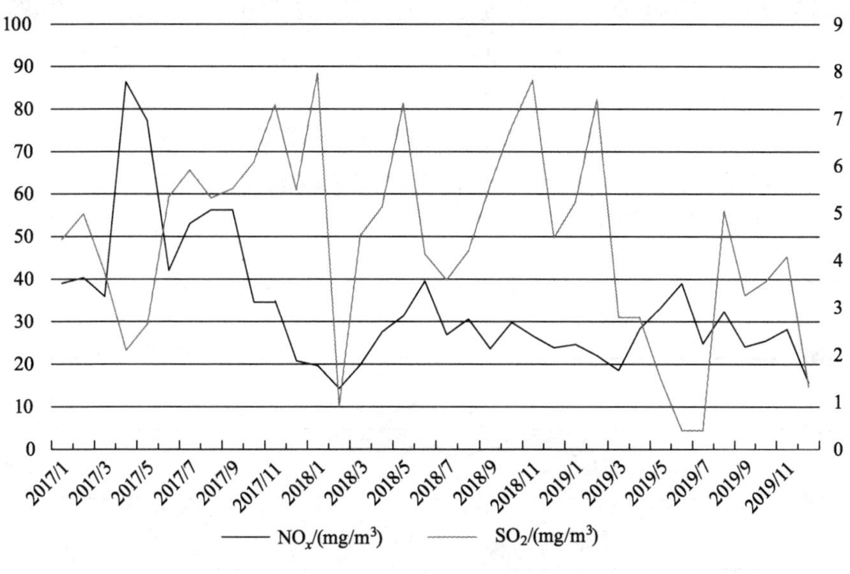

图 2　排烟中 NO_x和 SO_2浓度变化情况

（2）对尾燃的影响

因 CO 助燃剂作用原理与脱硝助剂原理冲突，同时加注会导致效果变弱，所以要避免同时加注两种助剂。从图 3 中可以看出，自 2017 年 9 月使用脱硝剂，减少 CO 助燃剂的加注，稀密相温差上升，出现尾燃现象，装置维持少量 CO 助燃剂的加注，同时调整脱硝剂配方，增加了助燃效果，随着脱硝剂占比逐渐增加，尾燃现象得到缓解，并保持在较低水平。

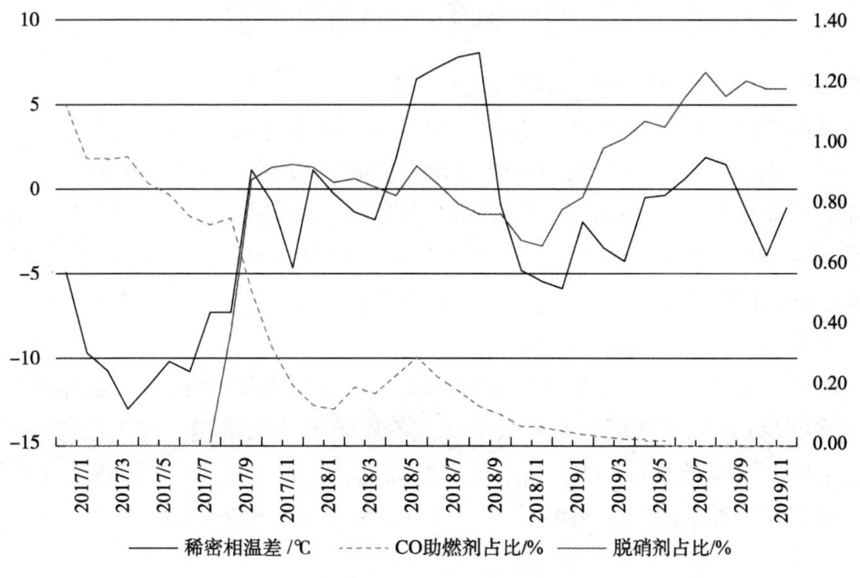

图 3　稀密相温差对与助剂占比关系

(3) 装置用碱量

冬季，装置用16%低浓度碱液，pH值在14.5左右，用碱量增大，夏季为30%高浓度碱液。图4为碱液单耗与脱硝剂在系统中占比的关系图，从图4中可以看出，用碱液单耗同期对比，使用脱硝剂后，由于NO_x在再生器中脱除一部分，烟气脱硫脱硝系统同期碱液单耗下降。2018年上半年碱液单耗较2017年同期下降2.57kg/t，下降率达到35.4%，2019年较2018年用碱液单耗下降0.46kg/t，下降率为11.0%。原料中N含量变化不大，S含量2019年有所上升，用碱量下降，因为2019年脱硝剂添加脱硫配方，并进一步提高加注量，提高系统藏量占比，脱硫效果较明显。

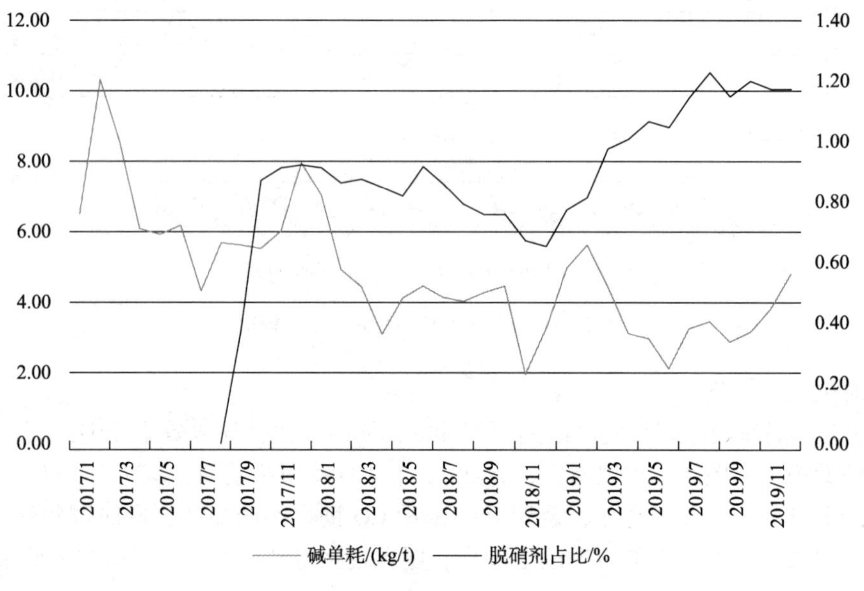

图4 碱液单耗与脱硝剂占比

(4) 烟气中N和S占原料中N和S含量变化

由图5可以看出，烟气中N含量占原料中N含量的比例在加入脱硝剂后开始下降，并保持稳定，S含量占比也有所降低，7~10月硫含量占比较高主要由于掺渣率较高，11月份开始逐渐降低掺渣率。在2019年添加脱硫效果的三效助剂后，S含量占比进一步降低，使用脱硝剂前后，N含量占原料N比例由3.78%下降到1.93%，S含量占原料S比例由0.099%下降到0.065%。

(5) 经济效益

如图6所示，2017年9月开始使用脱硝剂后，由于前期脱硝剂处于试用阶段，配方逐渐调整，用碱量及CO助燃剂用量并未减少。随着脱硝剂效果增强，并不断修改配方增加助燃及脱硫效果后，用碱量及CO助燃剂用量逐渐降低，三者总成本开始降低，使用脱硝剂前三者吨油费用平均为6.74元/t，2019年平均为5.45元/t，下降19.1%。

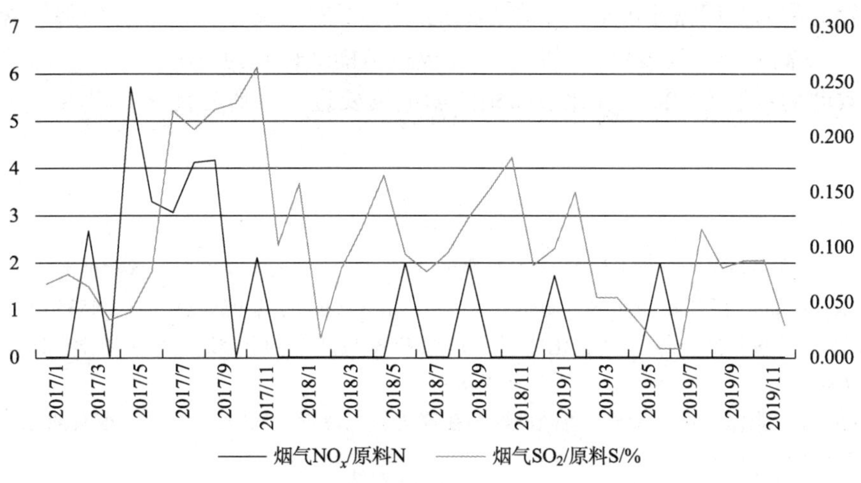

图5　外排烟气中 NO_x 和 SO_2 占原料中 N、S 比例

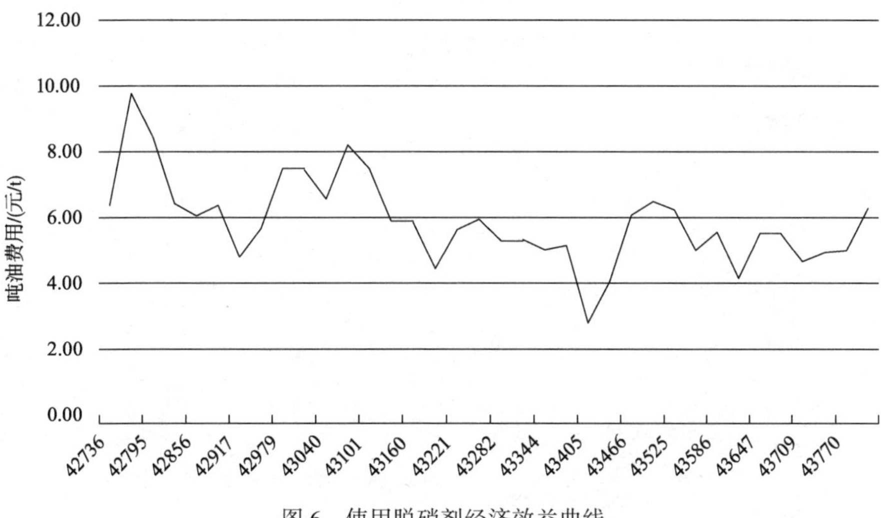

图6　使用脱硝剂经济效益曲线

5　结论

1）脱硝剂在再生器中将 NO_x、SO_2 脱除，达到了前置脱硫脱硝的目的，并具有助燃效果，在一定程度上代替了 CO 助燃剂，NO_x 浓度由 40~90mg/m^3 降低至 20~40mg/m^3，最低下降至 14.6mg/m^3，均值下降到 25mg/m^3 以下，SO_2 下降到 5mg/m^3 以内，均达到目标要求，对装置环保达标起到了重要作用。

2）新增脱硫效果的三效助剂，对装置前置脱硫效果明显，有效降低了烟气中 SO_2 含量，使用三效助剂前后，N 含量占原料 N 比例由 3.78%下降到 1.93%，S 含量占原料 S 比例由 0.099%下降到 0.065%。

3）使用三效助剂不仅使烟气排放中的 S、N 进一步降低以满足日益严格的环保指标，同时也降低了环保成本，CO 助燃剂、脱硫脱硝助剂及碱液成本由吨油费用 6.74 元/t 下降至 5.45 元/t，下降 19.1%。

4）三效助剂的使用需要再生器中存在 CO，所以应适当减少主风量，控制氧含量，以增加 CO 含量，提高脱硝脱硫效果，同时也对主风机节能降耗起到一定效果。

5）三效助剂对催化剂活性和比表面积的影响需要进一步研究优化，以减少对催化剂的影响。

参 考 文 献

[1] Zhao Xinjin, A. W. Peters, and G. W. Weatherbee. Nitrogen chemistry and NO_x control in a fluid catalytic cracking regenerator[J]. Industrial & engineering chemistry research, 1997, 36(11): 4535-4542.

[2] 徐青，郑章靖，凌长明，等．氮氧化物污染现状和控制措施[J]．安徽农业科学，2010，38(29)：16388-16391.

[3] 任铎，谭广飞，张伟．TUD-DNS3 脱硝助燃剂在催化裂化装置上的应用[J]．广东石油化工学院学报，2017，27 (06)：31-34.

[4] 王明东，周志航，丁杰．非 Pt 助燃剂在催化裂化装置的应用[J]．中外能源，2014，19(11)：76-79.

[5] 王桂春，张烨．国产助燃脱硝剂在催化裂化装置上应用[J]．当代化工，2018 (04)：862-865.

MP-051增产丙烯助剂在催化裂化装置上的应用

刘云龙

（中国石化沧州炼化公司　河北沧州 061000）

摘　要

关键词　增产丙烯助剂；催化裂化；液化气

1　前言

中国石油化工股份有限公司沧州分公司（以下简称沧州炼化公司）催化裂化装置采用洛阳石化公司的同轴形式催化裂化技术，反应部分采用了中国石化石油化工科学研究院（以下简称石科院）开发的MIP工艺，装置设计能力1.2Mt/a，设计原料为减压蜡油、常压渣油和焦化蜡油的混合原料，主催化剂采用石科院研发的多产汽油CGP-1型催化剂；再生器采用同轴式单段逆流再生技术，提升管反应进料喷嘴采用KH-5型高效雾化喷嘴。

2020年年初受新冠疫情影响，口罩需求量大幅增加，熔喷布、聚丙烯、丙烯等相关原料价格大幅增长，汽柴油市场低迷，增产液化气和丙烯成为各炼油企业催化裂化装置的主要调整方向。为此，集团公司炼油事业部下发《低油价下炼油企业调结构增效益指导意见》和《关于"百日攻坚创效"增产丙烯的紧急通知》两个文件，要求各炼油企业催化裂化装置全力增产丙烯，确保市场供应，增加经济效益。

在此背景下，沧州炼化公司催化裂化装置采用石科院研制并拥有自主知识产权的MP-051增产丙烯助剂，可以大幅提高丙烯选择性。助剂物化性能良好，可以与裂化催化剂混合使用，不影响两器正常流化。MP-051增产丙烯助剂在燕山石化公司、石家庄炼化公司、福建联合石化等企业得到良好的工业应用效果。

2　工业应用情况

2.1　MP-051增产丙烯助剂作用机理

增产丙烯助剂基本作用是将汽油馏分中的直链烃转化为低碳烯烃。一般而言，助剂在装置中的添加量为2%~5%时，丙烯产率可提高0.5~1.0个百分点；随着助剂添加量的进一步增加，丙烯产率还能有所提高，但增加幅度有所降低。[1]

MP-051以ZSP系列择形分子筛作为活性组分，该活性组分是一类具有特殊孔道结构和孔径尺寸的分子筛，它表现出特殊的择形催化性能，促进C_6~C_8仲碳正离子、叔碳正离子的单分子裂化，提高碳正离子单分子裂化比例，进而提高液化气中丙烯的选择性，对提高液化气产率、丙烯浓度具有较为显著的作用。

2.2　MP-051增产丙烯助剂主要指标

MP-051增产丙烯助剂主要物化指标及入厂分析见表1。

表 1　MP-051 增产丙烯助剂主要指标

项目	单位	出厂指标	实际质量	试验方法
氧化铝	%(质)	≥20.0	33.3	Q/SH 361905
氧化钠	%(质)	≤0.15	0.086	Q/SH 361906
灼烧减量	%(质)	≤13.0	8.61	Q/SH 361902
孔体积	mL/g	≥0.20	0.21	Q/SH 361907
比表面积	m^2/g	≥150	189	Q/SH 361914
表观松密度	g/mL	0.68~0.85	0.82	Q/SH 361908
磨损指数	%(质)/h	≤3.0	2.0	Q/SH 361909
粒度分布:				
0~40μm	%(体)	≤18.0	17.7	Q/SH 361911
0~149μm	%(体)	≥88.0	89.0	
D(V, 0.5)	μm	65.0~80.0	72.8	

2.3　工业应用方案及过程

综合考虑原料性质和丙烯收率、装置负荷和主催化剂裂化性能，按照丙烯助剂占系统藏量 2.5%~3.5%预估，石科院提供的丙烯助剂加剂方案如下。

第一阶段按照丙烯助剂最终占系统藏量 3%进行加剂。加剂前两周为快速加剂阶段，每天补充丙烯助剂 700kg，14 天后丙烯助剂占系统藏量约为 3%。如装置负荷过高，可以适当降低加入量。

第二阶段平稳加注阶段，每天按照占新鲜剂加入量约 3%进行加剂(例如根据情况按照 130~150kg/d)。加注流程见图 1。

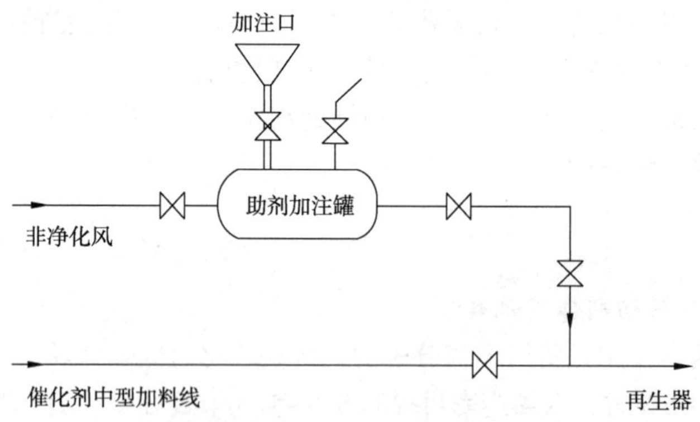

图 1　丙烯助剂加注流程图

催化装置自 2020 年 4 月 19 日至 5 月 9 日 MP-051 丙烯助剂快速加注 8.2t，自 5 月 10 日起进入平衡加注期，平衡加注控制 100~200kg/d，至 6 月 10 日平衡加注 4.8t。

2.4　工业操作条件

沧州炼化公司催化裂化装置 MP-051 丙烯助剂使用前后主要操作条件无明显变化(表 2)；平衡剂粒度分布未见明显变化，平衡剂活性有所下降，仍处于较高水平(表 3)。

表 2 主要操作参数

项　　目	使用前	快速加剂	平稳加剂
催化原料进料量/(t/h)	129.3	133.1	135.6
再生器顶压力(表压)/kPa	0.24	0.24	0.25
反应压力(表压)/kPa	0.19	0.19	0.20
进料预热温度/℃	214.98	215.04	215.01
第一反应区出口温度/℃	526.23	526.72	526.51
第二反应区出口温度/℃	501.66	502.09	502.33
沉降器出口温度/℃	468.68	468.95	469.88
原料油雾化蒸汽量/(kg/h)	5.24	5.49	5.63
主风流量/(Nm^3/min)	2255.87	2216.61	2346.65
再生器中部密相温度/℃	683.20	687.33	685.96
分馏塔顶温度/℃	112.43	111.44	112.78
分馏塔底温度/℃	321.85	324.32	324.47

表 3 平衡剂性质

项　　目	使用前	快速加剂	平稳加剂
金属质量组成/%			
Ni	3448	3712	3827
V	2722	2765	2661
Fe	4387	4582	4758
比表面积/(m^2/g)	125	123	127
孔体积/(mL/g)	0.32	0.32	0.32
粒度质量组成/%			
0~20μm	0	0	0
0~40μm	10.9	10.0	10.6
0~80μm	63.7	62.2	62.7
0~105μm	83.6	82.6	82.6
0~149μm	97.0	96.8	96.6
裂化活性(460℃)/%	65	64	63

3 工业试验结果

3.1 原料油性质

丙烯助剂工业试验前后原料油性质如表 4 所示，使用丙烯助剂后，石蜡基减渣量、常渣量和常一线量增加，焦化蜡油量和加氢循环油量下降，混合原料密度增加，500℃馏出量降低。

表 4 原料性质及组成

项　　目	使用前	快速加剂	平稳加剂
密度(20℃)/(kg/m^3)	914.3	916.4	920.9
粘度(50℃)/(mm^2/s)	41.38		45.19
残炭值/%	1.5	1.6	1.5
S 元素质量分数/%	1.03	1.18	1.26

续表

项　　目	使用前	快速加剂	平稳加剂
金属质量组成/(μg/g)			
Fe	4.48	4.95	4.54
Ni	4.36	4.98	4.47
V	2.94	2.98	2.51
馏程/℃			
初馏点	225	234	238
10%	334	368	363
30%	415	418	416
50%	448	453	449
70%	486	492	489
500℃馏出量/mL	75.6	72.9	74.1
原料构成/%			
减渣量/(t/h)	6.17	7.1	6.76
常渣量/(t/h)	3.13	4.76	5.01
焦化蜡油/(t/h)	26.16	21.25	18.8
加氢循环油/(t/h)	11.1	7.54	9.91
常一线/(t/h)	0	2.24	4.63

3.2　产品分布和产品性质

丙烯助剂工业试验前后产品分布见表5，液化气组成和汽油性质见表6和表7。从表5和表6可以看出，使用MP-051丙烯助剂后，液化气收率增加1.36%，汽油收率下降1.25%，液化气中丙烯含量增加3.20%，丙烯收率增加1.04%。从表7看，使用MP-051丙烯助剂后，汽油烯烃增加1.3%，芳烃增加1.3%，汽油辛烷值增加0.4个单位。

表5　产品分布

项　　目	使用前	快速加剂	平稳加剂
产物产率/%			
干气	4.06	4.36	4.44
液化气(含丙烯)	20.51	21.99	21.87
汽油	43.71	41.49	42.46
柴油	19.68	19.15	19.47
油浆	3.96	5.17	4.01
焦炭+损失	8.08	7.83	7.75
液化气+汽油	64.22	63.48	64.33
合计	100.00	100.00	100.00
液化气中丙烯含量/%(体)	33.66	36.72	36.86
丙烯收率/%(对新鲜原料)	5.77	6.8	6.81
研究法辛烷值	91.8	92.4	92.2
总液体收率/%	83.9	82.63	83.8
转化率/%	76.36	75.68	76.52

表 6 液化气体积组成

日 期	使用前	快速加剂	平稳加剂
体积组成/%			
丙烷	13.8	13.6	14.3
丙烯	33.66	36.7	36.86
异丁烷	22.6	20.8	21.8
正丁烷	8.0	7.1	6.6
异丁烯+正丁烯	11.3	11.7	11.2
反-2-丁烯	6.1	5.8	5.4
顺-2-丁烯	4.5	4.3	3.8
总计	100	100	100

表 7 汽油性质

项 目	使用前	快速加剂	平稳加剂
密度(20℃)/(kg/m^3)	733	738	738
烃类体积分数/%			
烯烃	21.2	23.1	22.5
芳烃	27.3	27.9	28.6
蒸汽压/kPa	57	56	55
研究法辛烷值	91.8	92.4	92.2
馏程/℃			
初馏点	36	36	37
10%	50	51	52
50%	91	91	93
90%	170	173	175
终馏点	201	201	202

4 结论

沧州炼化公司催化裂化装置使用 MP-051 丙烯助剂后，液化气和丙烯收率明显增加。工业应用结果表明，使用 MP-051 丙烯助剂后液化气收率增加 1.36%、丙烯收率增加 1.04% 催化液化气中丙烯体积分数提高 3.20%，汽油收率下降 1.25%，汽油烯烃增加 1.3%、芳烃增加 1.3%，汽油辛烷值增加 0.4 个单位。

参 考 文 献

[1] 陈俊武，徐友好．催化裂化工程与工艺[M].3 版．北京：中国石化出版社，2015.

催化裂化金属捕捉剂的工业应用

谢宇琛　李建鹏　周建文

（中国石化金陵石化公司　江苏南京 210046）

摘　要　介绍了TD公司TUD-DNS3金属捕捉剂在中国石化金陵石化公司3.5Mt/a催化裂化装置的使用情况。结果显示：该助剂对增加催化剂抵抗重金属毒害具有一定作用，在原料重金属含量逐渐升高的情况下，维持平衡剂的正常活性，同时降低催化剂消耗量约8.2%。

关键词　催化裂化；催化剂单耗；金属捕捉剂

金陵三催化裂化装置受原料重金属钒含量高影响，催化剂活性与比表面均处于较低水平[1]。为保证装置的产品收率，装置适当提高新鲜剂置换量，催化剂单耗较高。装置与TD公司合作于2020年4月18日开始使用TUD-DNS3金属捕捉剂并对使用效果进行评估。

1　装置概述

金陵石化三催化装置设计规模为3.5Mt/a，装置于2012年建成投产，反应部分采用石油化工科学研究院的MIP专利技术，再生部分采用洛阳石油化工工程公司的快速床+湍流床烟气串联再生专利技术，设计装置进料为16.48%的Ⅱ常减压混合蜡油、3.30%的Ⅱ常减压渣油、35.12%加氢蜡油及45.10%加氢重油组成，主要产品包括干气、液化气、汽油、柴油和油浆。

催化烟气脱硫脱尘采用美国贝尔格（BELCO）技术公司EDV湿法碱洗工艺[2]，烟气脱硝则选用臭氧脱硝技术，但存在臭氧产量不足，导致外排烟气氮氧化物无法完全转化的问题。于2017年9月22日开始使用TD公司的烟气TUD-DNS3脱硝助剂，以上问题已经得到很好解决，并且助剂与装置工艺耦合运行至今。

三催化装置为金陵石化重要的掺炼渣油装置，装置主要原料是加氢渣油，并掺炼部分减渣。混合原料重金属较高，装置整体重金属摄入量较大，催化剂重金属污染较严重，镍+钒含量最大值超过17μg/g，铁含量亦常大于4μg/g；平衡剂镍+钒含量最大值超过12mg/g，铁含量大于4mg/g；平衡剂活性不高，催化剂剂耗较高，一定程度上亦制约装置提高掺渣量。

基于以上问题，三催化装置于4月18日开始使用TD公司的TUD-DNS3金属捕捉剂，以期缓解原料重金属对催化剂的毒害作用。

2　金属捕集作用机理

（1）技术核心——纳米镁铝水滑石的改性及配伍钯族贵金属

- 助剂中MgO含量（非游离态）突破传统的30%上限，高达近70%；
- 以镁铝结构形式存在：四水合碳酸铝镁 $Mg_6Al_2(OH)_{16}CO_3 \cdot 4H_2O$；
- 纳米镁铝水滑石本身具有较高的Mg/Al比，较高的比表面积，但水热稳定性差，堆积密度低，磨损指数高；

• 通过改性可提高水热分解温度、调变助剂堆比和磨损指数，磨损指数低控 1.5%/h 左右；

• 特殊的阴离子型层状结构。

$$MGAl_2O_4 \longrightarrow Mg_6Al_2(OH)_{18}$$

(2) 作用机理

• 助剂利用改性纳米镁铝水滑石结构配伍钯族贵金属，在高温水热环境下捕获催化裂化原料中的金属钒和镍，形成稳定的钒酸镁和镍酸镁，降低重金属等污染物对催化剂活性和选择性的影响；

• 在电荷作用下，金属铁、钙进入层状的阴离子型水滑石结构内，并与其牢固地结合在一起。

3 助剂加注情况

三催化装置自 2020 年 4 月 18 日开始使用 TD 公司带有金属捕集衍生功能的多动能助剂 TUD-DNS3，在长周期稳定脱硝助燃除 SO_x 的基础上发挥金属捕集作用。

添加过程分快加期、过渡期及长期使用的稳定阶段。快加期(4 月 18 日~5 月 20 日)新鲜剂补充量的 4%~5%加注(约 460kg/d)，过渡期(5 月 21 日~6 月 9 日)按新鲜剂补充量的 3%~4%加注(约 360kg/d)，6 月 10 日进入平稳加注期，按新鲜剂补充量的 2.5%~3%加注(约 300kg/d)。

至 7 月 15 日，共添加含金属捕集功能助剂约 32t，达反再系统催化剂总藏量的 2.16%。

4 助剂使用效果

4.1 原料性质

由图 1 装置进料量及主要原料加氢渣油量可见，加剂前后装置进料量均值(罐量)为 10190t/d 较高负荷；主要原料方面，加剂后加氢渣油量均值(罐量)为 8138t/d，高于加剂前的加氢渣油量 6957t/d。

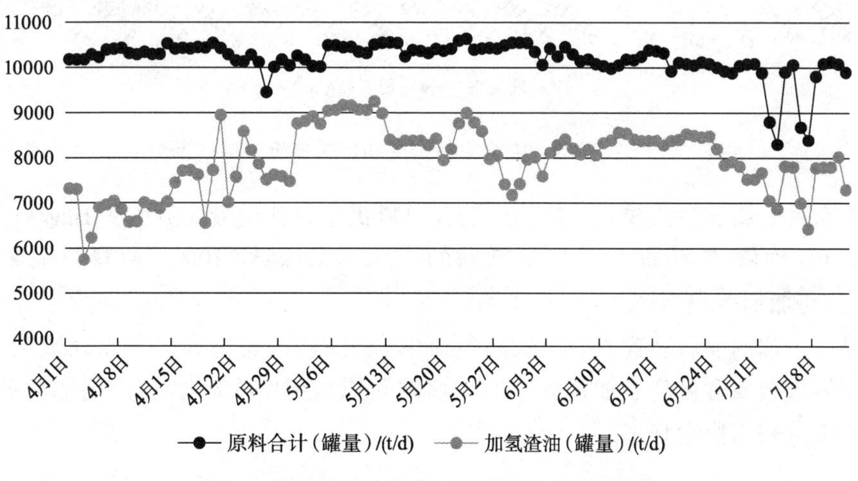

图 1 装置进料合计及主要原料加氢渣油量

由图2装置掺渣率曲线可见，助剂加注时间点后，装置掺渣率先增加后降低，随后长期维持平稳。

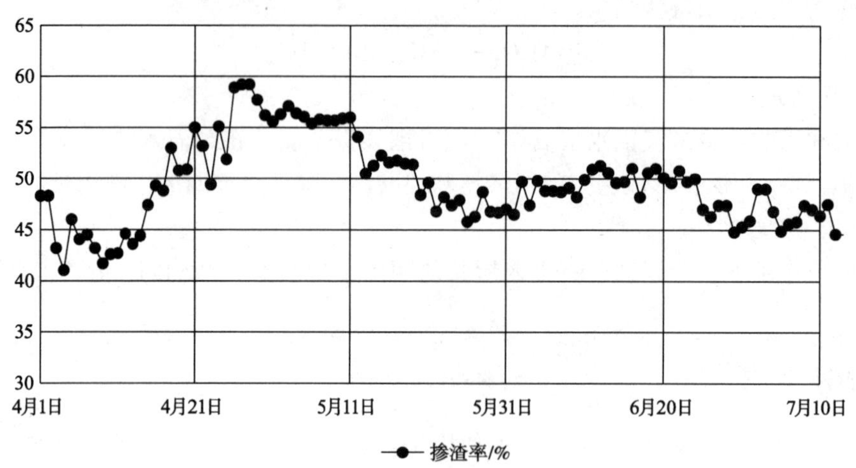

图2　装置提升管掺渣率分析

由图3原料性质曲线可见，原料密度在926~933kg/m³范围，残炭在3.6%~4.6%范围，加剂前后变化不大；

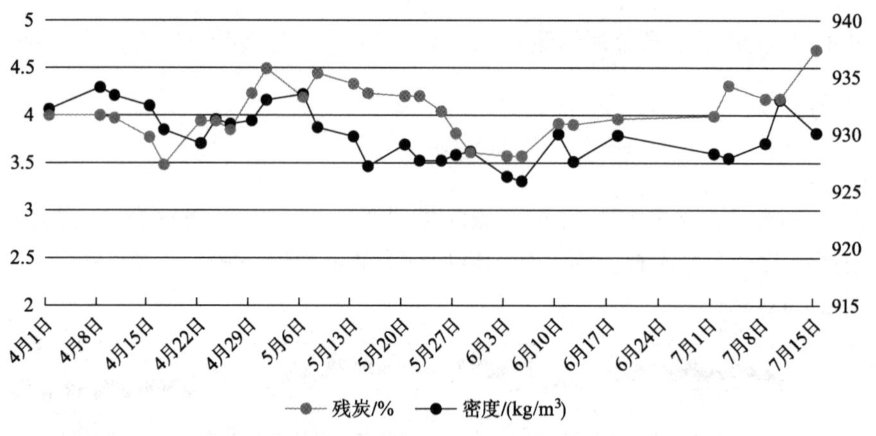

图3　混合原料密度和残炭分析

由图4原料金属含量曲线看，加剂后混合原料钒金属含量最高值达9.1mg/kg(亦是一年以来的高值)，均值7.97mg/kg，比加剂前的7.3mg/kg高约10%；原料镍金属含量均值5.72mg/kg，与加剂前相当。

整体可见，加剂前后装置皆处于较高负荷生产(除切换备机和泄漏点处理期间)，加剂期间混合原料重金属含量高于加剂前，即加剂期间原料更“劣质化”，助剂加注后装置掺渣逐渐降低并维持较为稳定状态。

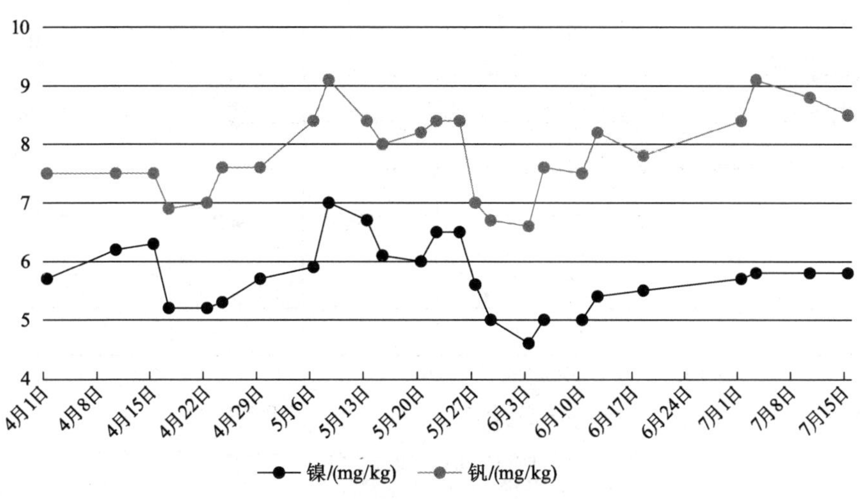

图4 混合原料重金属含量(钒、镍)

4.2 产品分布

由图5产品分布之液化气、汽油收率可见，加剂后液态烃和汽油收率受装置汽油蒸汽压生产指标变化影响有所波动，但汽油+液态烃整体收率维持较为平稳，均值在61.75%。因加注期间装置维持平衡剂活性处于53~55范围内，根据催化剂活性及产品分布情况调整加注量，加剂前后产品分布未见明显变化。

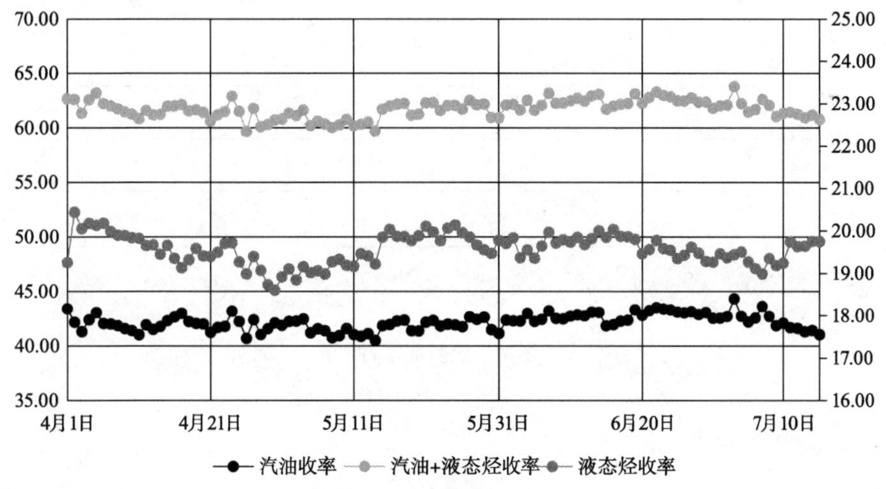

图5 产品分布之液化气、汽油收率

注：数据剔除回炼常减压常一线油生成产品

4.3 催化剂单耗及平衡剂活性

装置催化剂单耗受原料性质以及装置掺渣率影响较大，由图6提升管掺渣率与催化剂提升管单耗可见，2020年2月至4月期间装置掺渣率逐渐降低，催化剂单耗随之降低，5月、6月期间装置掺渣率先升高后降低，但催化剂单耗持续降低；自4月18日加剂以来，催化剂单耗(月均值)呈明显下降趋势，现阶段可控1.3~1.4kg/t原料(按1.35kg/t原料)，以空白值1.47kg/t原料计算，单耗可下降8.2%，相当于可节约催化剂消耗1.2t/d。

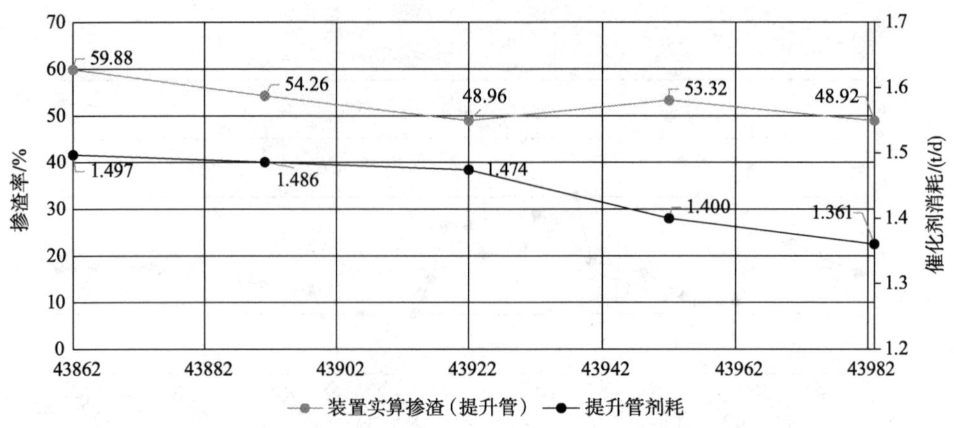

图 6　提升管掺渣率与催化剂提升管单耗

由图 7 平衡剂活性可见，4 月份均值为 52.4，至 7 月份均值为 54.3，在催化剂剂耗下调的同时，平衡剂活性提升了 1.9 个点，说明 TUD-DNS3 对钒等金属捕获作用明显，有效改善催化剂中毒状况。

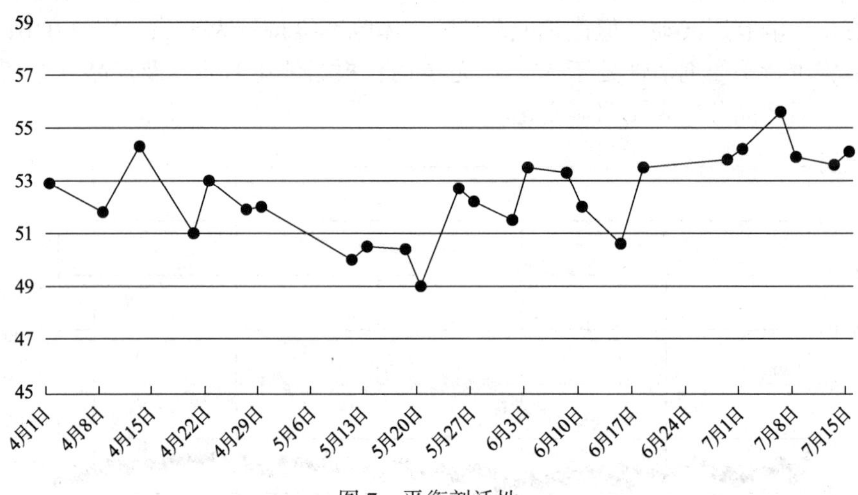

图 7　平衡剂活性

5　效益计算(不含税)

综上所述，原料重金属含量(钒、镍)处于历史较高值，使用 TUD-DNS3 金属捕集功能，发挥了金属捕集作用；有效缓解系统催化剂中毒情况、降低催化剂剂耗但对装置产品分布并未见明显影响。

(1) 节约剂耗成本

催化剂单耗由 1.47kg/t 原料下降至 6~7 月份的 1.35kg/t 原料左右。

为此按日节约新鲜催化剂量 1.2t，每月催化剂节约成本：1.2×30×17000＝61.2 万元/月

(2) 助剂成本

实现脱硝助燃除酸雾功能时的用剂量为 180~200kg/d，同步实现捕集金属功能需增量 100kg/d 左右，助剂成本 100×30×156903＝47.1 万元/月。

综上，则获得效益=61.2−47.1=14.1万元/月

6 结论

1）TUD-DNS3在实现脱硝助燃除酸雾的基础上，增加用量100kg/d，发挥了金属捕集作用，在原料重金属处于历史高值（钒含量最高值9.1mg/kg）的持续相近工况下，有效缓解了系统催化剂中毒情况、适当改善产品分布及降低催化剂剂耗。

2）装置较高负荷且增加掺渣量的工况下，催化单耗可控1.3~1.4kg/t原料，催化剂日节约1.2t/d左右，剂耗降低约8.2%。

3）平衡剂活性较使用前增加了约1.9个单位。

4）金属捕捉剂的使用对装置产品分布未见明显影响

5）装置月成本可节约14.1万元/月。

6）综上所述，在重金属含量较高的“劣质”原料工况下，使用含金属捕集功能的TUD-DNS3助剂，增加用量100kg/d（总加剂量300kg/d），能达到一定的吸附容量实现对金属的捕获，缓解催化剂中毒情况，释放催化剂活性及选择性，有利于装置优化运行和提高原料选择、掺渣的灵活性。

参考文献

[1] 谭丽，汪燮卿，朱玉霞，等．钒在催化裂化过程中的价态及其对催化剂的毒害[J]．石油炼制与化工，2013，442：1-7.

[2] 周雪梅，盖国双，徐品德，等．EDV湿法洗涤技术在催化裂化装置上的应用[J]．化工科技，2017，25（1）：64-66.

汽油辛烷值桶助剂在催化裂化装置的工业应用

杜建文　陈正朝

（中国石化巴陵石化公司　湖南岳阳 414014）

摘　要　介绍了汽油辛烷值桶助剂 HOB-A 在中国石化巴陵石化公司 1.05Mt/a MIP-CGP 催化裂化装置上的工业应用情况，结果表明：在 HOB-A 助剂占系统藏量质量分数达到 9.3%的情况下，与空白标定相比，汽油辛烷值相对提高 1.73%；对比使用 HOB-A 助剂前后的产物分布、产品价格及相应增加的助剂成本进行测算，使用辛烷值助剂后，催化裂化装置的经济效益可得到较大程度的提升。

关键词　催化裂化；汽油；辛烷值桶；助剂；工业应用

汽油是催化裂化装置的主要产物，据统计资料[1]分析，2018 年中国石化 49 套催化裂化装置汽油质量产率为 32.99%～52.00%，稳定汽油研究法辛烷值在 86.0～96.0 之间，其中汽油产率偏高的装置，汽油辛烷值相对较低，反之亦然。在炼油单装置经济核算中，催化汽油结算价与辛烷值高低相关联，辛烷值越高汽油结算价越高。在车用汽油用量增长及企业增效双重压力下，寻求高汽油产率并兼顾辛烷值最大的生产工况是炼油企业重点开展的研究。

1　巴陵石化催化汽油生产情况及优化目标

1.1　催化装置基本情况

巴陵石化催化裂化装置于 1998 年 6 月建成投产，设计以大庆类低硫石蜡基常渣为原料，采用石科院开发的多产液态烃及高辛烷值汽油 ARGG（Atmospheric Residum Maximum Gas Plus Gasoline）工艺及配套 RAG 催化剂，两器（沉降器、再生器）采用上下同轴式结构，催化剂采用单段逆流再生工艺，装置设计公称能力为 800kt/a，2001 年优化改造后催化装置加工能力为 1.05Mt/a，催化剂再生方式改为不完全再生方式，2009 年“国Ⅲ”汽油质量升级时催化反应工艺改造为石科院开发的多产异构烷烃和丙烯 MIP-CGP（A MIP Process for Clean Gasoline and Propylene）工艺，装置加工量维持不变。

1.2　催化汽油生产情况

自执行“国Ⅳ”车用汽油标准以来，巴陵石化的汽油因硫含量达不到指标要求而以组分油送长岭炼化精制处理，2016 年催化汽油质量收率为 41.67%，烯烃含量平均为 32.53%（体），芳烃含量平均为 19.12%（体），研究法辛烷值为 93.66。“国Ⅵ”车用汽油标准执行以来，中石化岳阳地区炼厂汽油池烯烃不能满足新标准要求，需降低催化汽油组分油的烯烃含量。据此开展的调整催化工艺条件降烯烃的探索研究表明：将汽油烯烃从 34.21%（体）降低至 29.47%（体）时，催化生焦率和剂耗增加，汽油辛烷值下降 0.5 个单位以上。

1.3　催化汽油优化目标

根据调整生产工艺条件降低催化汽油烯烃含量对催化装置产物分布及汽油辛烷值等影

响，结合我公司催化汽油中芳烃含量相对较低，且汽油中碳五碳六组分含量在60%(体)以上(其中45%以上是烯烃组分)的特点，若能将汽油中的低碳烯烃转化为辛烷值高的芳烃组分，则可在满足降低烯烃的同时降低辛烷值的损失。据此，我们和石科院相关专家进行沟通，提出了分别从提高汽油产率和汽油辛烷值两方面开展提高汽油辛烷值方案，并确定了相关技术思路：在现有催化剂基础上进行催化剂配方调整并专门生产和添加提高汽油辛烷值助剂，增强催化剂的负氢转移反应和裂解反应，提高原料油中胶质、沥青质的裂化转化提升汽油产率；加强汽油中低辛烷值组分(C_7以上正构烃、带一个甲基侧链的烯烃和烷烃)的裂化能力，增加汽油中高辛烷值组分，避免过裂化减少C_5、C_6烃而生成液化气；促进汽油C_5和C_6组分中烯烃异构化反应，增加汽油中C_5和C_6异构烃质量分数等；在辛烷值助剂占催化系统藏量不大于15%时，汽油辛烷值桶相对提高不小于1.2%。

2 辛烷值桶助剂性质

辛烷值桶助剂从促进重油裂化和二次调整汽油组成两个方面提高汽油辛烷值。促进重油裂化的关键在于促进胶质的转化，提高胶质转化中催化裂化比例，其核心机理是利用催化剂基质促进胶质、沥青质等大分子的选择性预裂化，再利用分子筛上的B酸中心对两者预裂化产物进行深度转化；也有文献[2]表明，分子筛硅铝比提高后，有利于降低裂解活性，抑制氢转移反应，增强异构化能力；采用高稳定性Y型分子筛作为重油裂化活性中心，强化碳正离子反应，促进烷基芳烃转化，提高汽油选择性。合理调整助剂的重油裂化能力和汽油组分的二次转化性能，可以有效提高辛烷值桶。另外，辛烷值桶助剂与主催化平衡剂的粒度分布相近，平均粒径均在正常水平，物理性质与主催化剂相匹配，不影响主催化剂的正常使用，HOB-A辛烷值桶助剂性质见表1。

表1 HOB-A助剂性质

项目	单位	质量指标	检测结果
氧化铝	%(质)	≥20.0	26.0
氧化钠	%(质)	≤0.15	0.048
灼烧减量	%(质)	≤13.0	6.00
孔体积	mL/g	≥0.20	0.34
比表面积	m^2/g	≤150	206
表观截密度	g/mL	0.65~0.85	0.71
磨损指数	%/h(质)	≤4.0	2.6
粒径分布			
0~20μm	%(体)	≤3.0	1.0
0~40μm	%(体)	≤18.0	11.7
0~149μm	%(体)	≤89.0	91.6
D(V, 0.5)	μm	65.0~80.0	74.8
微反活性指数/(800℃/4h)	%(质)	≥45	45

3 辛烷值桶助剂的工业应用情况

在辛烷值桶助剂工业应用期间，装置采用的主催化剂为 MIP-CGP 专用催化剂 CGP-1YH，标定操作参数均按照装置正常生产操作条件和工艺卡片执行。由于所加工的原油种类变化较大，对催化裂化装置原料性质的稳定性有一定影响，为了使得标定期间的原料性质基本保持一致，尽量调整标定期间的原料油，使得原料油性质总体变化不大。标定时装置的物料衡算以装置计量表为主，罐区检尺数为辅，并根据装置各塔、容器液面进行了校正。液收产品统一按汽油干点 195~201℃，柴油 95%馏出温度按 350~360℃统计。标定的主要内容包括：装置物料平衡，原料及产品的性质分析等。

3.1 工业应用过程

在辛烷值助剂(HOB-A)加入催化装置之前，于 2017 年 9 月 14~15 日进行 48 小时空白标定，并自 2017 年 9 月 16 日开始投用助剂。因装置没有助剂加料设施，为保证装置安全平稳运行，采用助剂与主剂按 1∶9 质量比混合，按照日常加剂、缓慢置换的原则，从新鲜催化剂罐加入系统，加入量为 3.0~3.5t/d。在工业应用期间，跟踪系统平衡剂活性变化，收集主要操作参数、物料衡算和产品性质数据，及时分析助剂使用效果。为掌握辛烷值桶助剂在工业装置的使用情况，便于及时调整工艺操作参数及助剂掺入比例，工业应用期间，对液化气组成、平衡剂微反活性、汽油性质等进行监控分析。在辛烷值桶助剂加入系统平稳运行四个月后，助剂占系统藏量 8.1%时，于 2018 年 1 月 12~13 日进行了中期标定；在辛烷值桶助剂加入系统平稳运行六个月后，助剂占系统藏量 9.3%时，于 2018 年 3 月 29~30 日进行了总结标定。

3.2 原料油性质

巴陵石化公司所加工的原料油种类较多，性质相对波动较大，选取加工原料油性质相近时进行了标定。从催化原料性质分析数据来看，三次标定的原料性质接近，但与空白标定相比，中期标定和总结标定的原料性质略差，主要体现在中期标定和总结标定原料的密度、残炭值和金属含量略高。催化原料油的主要性质见表 2。

表 2 催化原料油性质

项　目	空白标定	中期标定	总结标定
密度(20℃)/(kg/m^3)	891.6	902.1	896.3
残炭值/%	4.96	5.38	5.24
元素质量组成/%			
C	86.55	85.98	86.78
H	12.87	12.90	12.83
S	0.282	0.551	0.383
金属质量组成/(μg/g)			
Fe	14.6	11.6	10.2
Ni	6.8	7.0	9.5
V	7.0	8.4	12.6
Na	2.0	2.9	1.3
Ca	3.6	3.4	5.7

续表

项　　目	空白标定	中期标定	总结标定
馏程/℃			
初馏点	267.0	274.0	266.8
5%	336.9	333.0	320.7
10%	361.8	355.5	345.8
30%	421.8	409.2	410.2
50%	477.9	462.5	466.6
终馏点温度/℃	540.1	539.2	539.8
终馏点体积收率/%	63.5	67.0	66.1
四组分质量组成/%			
饱和烃	63.4	63.3	64.5
芳烃	21.2	20.3	22.1
胶质	14.9	15.5	12.3
沥青质	0.5	0.9	1.1

3.3 主要操作参数

在开展标定期间的主要操作参数见表3，从表中数据可以看出，与空白标定相比，中期标定和总结标定的加工量分别提高了10.6%和14.6%，加工负荷从90.4%提高到满负荷以上操作，总结标定时进料预热温度比空白标定提高了10℃，其他主要操作条件基本相当。

表3　主要操作参数

项　　目	空白标定	中期标定	总结标定
催化原料进料量/(t/h)	112.9	124.9	129.4
再生器顶压力/kPa(表)	157	161	159
沉降器操作压力/kPa(表)	122	121	125
进料预热温度/℃	210	211	220
第一反应区出口温度/℃	531	529	530
第二反应区出口温度/℃	507	507	509
沉降器出口温度/℃	478	476	478
原料油雾化蒸汽量/(kg/h)	5707	5626	5618
主风流量/(Nm^3/min)	1741	1734	1796
再生器中部密相温度/℃	693	693	697
再生器稀相温度/℃	680	674	681
提升管总压降/kPa	53.4	55.5	54.4

3.4 物料平衡

在巴陵石化1.05Mt/a MIP-CGP催化裂化装置三次标定期间物料平衡见表4，其中干气(扣除氮气等非烃组分)、液化气、汽油、柴油、油浆通过计量表计量。辛烷值桶是汽油收率与汽油研究法辛烷值的乘积，表4中空白标定、中期标定和总结标定汽油收率分别为38.32%、38.73%和38.57%，研究法辛烷值分别为93.5、94.4和94.5。由此可见，加入辛烷值桶助剂后，汽油收率有提高，汽油研究法辛烷值明显提高。与空白标定相比，中期标定和总结标定的辛烷值桶分别提高了2.04%和1.73%。在原料性质、操作条件和平衡剂活性相当时，中期标定和总结标定液化气收率基本相当，但液化气中的丙烯的质量收率分别从9.23%提高到9.49%和9.77%；中期标定和总结标定的柴油质量收率有所增加，分别从14.34%提高到14.70%和14.88%；中期标定和总结标定的油浆和焦炭均有所降低，总液体收率与空白标定相比分别提高了0.57百分点和0.86个百分点。

表4　标定物料平衡情况

项　　目	空白标定	中期标定	总结标定
产物产率/%(质)			
干气(扣非烃)	3.8	3.64	3.60
液化气	29.16	28.96	29.24
其中：丙烯	9.23	9.49	9.77
汽油	38.32	38.73	38.57
柴油	14.34	14.70	14.87
油浆	4.15	4.09	3.94
焦炭	9.79	9.44	9.34
损失	0.44	0.44	0.44
合计	100.00	100.00	100.00
研究法辛烷值(RON)	93.5	94.4	94.5
辛烷值桶(收率×RON)	3582.92	3656.11	3644.87
辛烷值桶提高百分比/%	基准	2.04	1.73
总液体收率/%(质)	81.82	82.39	82.68

3.5　稳定汽油性质

催化裂化装置三次标定期间稳定汽油主要性质见表5。从表中数据可以看出，空白标定、中期标定和总结标定时稳定汽油的密度分别为718.0kg/m^3、722.5kg/m^{3}和717.6kg/m^3，稳定汽油中荧光法烯烃体积分数分别为33.1%、34.1%和33.4%，芳烃体积分数分别为21.2%、20.5%和21.8%，稳定汽油台架实验分析研究法辛烷值分别为93.5、94.4和94.5，蒸汽压分别为63.7kPa、68.1kPa和71.0kPa。与空白标定相比，中期标定和总结标定的汽油研究法辛烷值明显提高。从汽油馏出温度下移、蒸汽压提高等数据可以看出轻馏分有所增加，重馏分有所下降，烯烃和芳烃增加，饱和烃下降，均有利于汽油辛烷值的提高。

表5　稳定汽油主要性质

项　　目	空白标定	中期标定	总结标定
密度(20℃)/(kg/m^3)	718.0	722.5	717.6
实际胶质含量/(mg/100mL)	0.5	<0.5	1.4
诱导期/min	506	496	544
蒸气压/kPa	63.7	68.1	71.0
苯质量分数/%	0.73		0.79

续表

项　目	空白标定	中期标定	总结标定
烃类体积分数/%			
烯烃	33. 1	34. 1	33. 4
芳烃	21. 2	20. 5	21. 8
饱和烃	45. 7	45. 4	44. 8
元素质量分数/%			
C	86. 95	86. 96	86. 85
H	13. 04	13. 03	13. 14
S	0. 0184	0. 0215	0. 0201
馏程/℃			
初馏点	32	35	32
10%	46	44	45
50%	75	73	71
90%	166	163	162
终馏点	200	198	197
研究法辛烷值	93. 5	94. 4	94. 5

4　经济效益测算

在催化装置添加 HOB-A 辛烷值桶助剂后，经济测算条件发生了变化，主要有：装置产物分布有所变化，各产物价格各有不同；助剂价格相对助催化剂的价格要高；添加助剂后催化稳定汽油的蒸气压提高，不能满足国Ⅵ车用汽油夏秋季(5. 1~10. 31)蒸气压小于 65kPa 的指标要求，助剂添加时段以冬春季(11 月~次年 4 月)为宜。因此，经济效益按各产物价格、空白标定和总结标定的产率、年添加助剂按半年时间的产量综合因素测算。效益测算时，产品分布按空白标定和总结标定数据选取，催化加工量按设计加工量 1. 05Mt 的一半计取，主要产品价格按 2018 年不含税均价计取(其中空白标定汽油按辛烷值及结算公式计算，催化烧焦按油浆裸价做对比测算)，空白标定测算不含税收入为 174596 万元，总结标定测算不含税收入为 176821 万元，同比可增效 2225 万元，表 6 列出了详细的效益测算情况。

催化裂化装置的系统催化剂藏量一般维持在 300t 左右，催化剂消耗约 0. 8kg/t 原料油，按助剂占 10%测算，半年需消耗辛烷值桶助剂 72t，辛烷值桶助剂采购价格比催化裂化主催化剂高 2. 79 万元/t，由此需要增加辅料消耗费用 200. 88 万元。另外，空白标定和总结标定期间，操作条件相当，原辅料和能源消耗也变化不大，未详细对能耗的细微变化进行探讨。

综合来看，在巴陵石化 1. 05Mt/a 催化裂化装置上使用 HOB-A 辛烷值桶助剂后，按使用辛烷值桶助剂 4200h/a，年加工量 1. 05Mt 测算，因汽油辛烷值桶增加、液收增加及产物分布变化增效，扣除助剂所增加的成本后，综合效益 2024. 12 万元。

表6 经济效益测算

项目	空白标定				添加助剂后的总结标定			
	裸价/(元/吨)	收率/%(质)	产量/万吨	收入/万元	裸价/(元/吨)	收率/%(体)	产量/万吨	收入/万元
干气	1608	3.80	2.00	2992	1608	3.60	1.89	2834
液化气	4076	19.93	10.46	55419	4076	19.47	10.22	55571
丙烯	7036	9.23	4.85	55419	7036	9.77	5.13	55572
汽油	4615	38.32	20.12	79843	4679	38.57	20.25	81470
柴油	4152	14.34	7.53	27506	4152	14.87	7.81	28523
油浆	935	4.15	2.18	1638	935	3.94	2.07	1555
焦炭	935	9.79	5.14	7199	935	9.34	4.90	6868
损失		0.44	0.23			0.44	0.23	
合计		100	52.50	174596		100	52.50	176821

5 结论

1）巴陵石化公司在1.0Mt/a MIP-CGP催化裂化装置上应用HOB-A辛烷值桶助剂后，装置生产正常，在辛烷值桶助剂占系统藏量9.3%开展的总结标定时，汽油辛烷值桶相对提高1.73%，超过了研究初期提出在辛烷值助剂占催化系统藏量不大于15%时汽油辛烷值桶相对提高不小于1.2%的工业试验目标。

2）与空白标定相比，在应用HOB-A辛烷值桶助剂总结标定期间：稳定汽油的密度略低，荧光法烯烃体积分数高0.3个百分点，芳烃体积分数高0.6个百分点，研究法辛烷值高1个百分点，蒸汽压高7.3kPa。另外，从汽油馏出温度下移、蒸汽压提高等也可看出，汽油的轻馏分有所增加，重组分有所下降，这也与助剂负氢转移反应和裂解反应增强的性能较为匹配。

3）综合分析来看，使用HOB-A辛烷值桶助剂后，催化裂化装置产物分布变化较为明显，高价值的液化气、丙烯、汽油和柴油收率提高，低价值的干气、油浆和焦炭有所降低，总液收提高了0.86个百分点。结合各产品价格测算，按年有效加助剂时间4200小时计算，扣除辛烷值桶助剂所增加成本后，综合效益在2000万元以上，折算催化裂化装置加工环节增效38.55元/t催化原料油。

参 考 文 献

[1] 炼油生产装置基础数据汇编. 中国石油化工股份有限公司炼油事业部，2019，5.

[2] 欧阳颖，刘建强，庄立，等. MFI结构分子筛硅铝比对催化裂化汽油辛烷值桶的影响[J]. 石油炼制与化工，2017，48(12)：1-4.

脱硝助燃剂和SCR烟气脱硝技术在催化装置上的联合应用探讨

单炳焜

(中国石化燕山石化公司　北京 102500)

摘　要　催化裂化是石油炼制中重要的过程之一，但同时也排放了大量污染气体和污染物。SCR烟气脱硝技术和FCC脱硝助燃剂作为能够有效地降低氮氧化物排放量的技术，在炼厂中取得了广泛的应用。本文结合燕山石化二催化装置SCR脱硝技术、催化裂化装置(FCC)脱硝助燃剂的原理和两种技术联合应用情况，阐述了它们应用对环保效益及装置长周期稳定运行的影响。

关键词　SCR；烟气脱硝；催化裂化；脱硝助燃剂

1　前言

随着我国经济的快速发展，化石能源的消耗逐年增加，环境问题也随之日益凸显。国家在“十二五”期间对氮氧化物(NO_x)等污染物的总量和排放进行了严格控制。其中锅炉烟气中氮氧化物的排放限值从2003年的450mg/m^{3}下降到2011年的100mg/m^3，个别地区的排放限值达到了50mg/m^3。“十三五”期间，国家的环保政策走向不会改变。炼油厂是主要的NO_x排放源之一，催化裂化装置(FCC)烟气中的NO_x排放量一般占全厂NO_x排放量的50%，是炼油厂中最大的NO_x排放源。2017年7月1日炼油厂FCC排放限值由300mg/m^{3}降至100mg/m^3，炼油厂FCC锅炉为满足目前的环保要求，FCC装置都进行了改造或新建增加了烟气脱硝单元，其中以SCR法烟气脱硝的应用最为广泛，未运行SCR烟气脱硝单元的装置绝大部分使用了FCC脱硝助燃剂以满足目前的环保要求。

中国石化燕山石化公司800kt/a全大庆减压渣油重油催化裂化装置(以下简称二催化)反应器和再生器为高低并列式布置，采用富氧再生、VQS快速分离系统、KH-4高效雾化进料喷嘴。2015年年初以来，随着催化原料劣质化程度的加剧，催化原料中氮含量上升，烟气中NO_x含量最高达500mg/Nm^3，远超出300mg/Nm^{3}的北京市大气环保控制指标。因此，控制二催化烟气中NO_x超标排放、降低环境污染的问题亟需解决。公司于2015年6月在装置未新建SCR脱硝单元前决定试用助燃-脱硝剂控制NO_x排放，经装置长期使用助燃-脱硝剂发现，每月加注占系统总藏量0.5%~0.6%的脱硝助燃剂条件下可以稳定达到2017年7月1日升级后北京市大气环保控制指标，装置外排烟气NO_x不高于100mg/Nm^3。2017年11月二催化装置完成检修后，装置按原计划在检修中增上了SCR法烟气脱硝单元，开工后SCR法烟气脱硝单元投入运行，单元装置运行良好。

2　脱硝剂作用原理

FCC 剂降低 NO_x 的反应机理是利用烟气中所含的 NH_3、CO 和碳氢化合物在内的还原性气体，在高温状态下经脱硝催化剂的作用，促使 NO_x 发生还原反应，最后生成无害的 N_2。通常认为与降低再生烟气中 NO_x 密切相关的三类反应如下：

$$C+O_2 = CO_2 \quad (1)$$

$$2CO+O_2 = 2CO_2 \quad (2)$$

$$C+2NO = CO_2+N_2 \quad (3)$$

$$2CO+2NO = 2CO_2+N_2 \quad (4)$$

$$4NH_3+5O_2 = 4NO+6H_2O \quad (5)$$

$$4NH_3+6NO = 5N_2+6H_2O \quad (6)$$

由反应方程式推断，提高反应(3)、(4)相对(1)、(2)的选择性是降低 NO_x 产生和排放的关键。脱硝催化剂活性单元推动了 NO 与 CO 反应，这一催化过程可以用改变载体性质、添加相应的金属氧化物和控制金属氧化物的晶体性状来提高该反应的速度。同时，提高反应(6)相对于(5)的选择性，也对降低 NO_x 具有极其重要的作用。脱硝催化剂可以将再生器中的 CO 转化为 CO_2，起到助燃作用，也同时具备利用 CO 将 NO 转化为 N_2，以及利用 NH_3 的还原作用将 NO 转化为 N_2 的催化能力。

助燃-脱硝剂是以贵金属等复合氧化物为主要活性组分，以高强度的氧化铝微球为载体的一种以减少再生烟气中 NO_x 含量为主、兼有 CO 助燃作用的催化裂化助剂。

3　SCR 法烟气脱硝原理及装置主要组成

SCR(Selective Catalytic Reduction)法烟气脱硝，即选择性催化还原法，是指利用还原剂(NH_3 或尿素等)在金属催化剂的作用下，有选择性地与烟气中的氮氧化物(NO_x)反应并生成 N_2 和 H_2O。SCR 法烟气脱硝是一种操作控制简单、脱硝效率高的成熟技术，也是目前应用最为广泛的脱硝技术。SCR 法烟气脱硝的化学反应方程式是：

$$4NO+4NH_3+O_2 \longrightarrow 4N_2+6H_2O \quad (1)$$

$$6NO+4NH_3 \longrightarrow 5N_2+6H_2O \quad (2)$$

$$2NO_2+4NH_3+O_2 \longrightarrow 3N_2+6H_2O \quad (3)$$

$$6NO_2+8NH_3 \longrightarrow 7N_2+12H_2O \quad (4)$$

$$NO+NO_2+2NH_3 \longrightarrow 2N_2+3H_2 \quad (5)$$

SCR 反应器中的烟气温度一般设计要求在 320~420℃之间，因为当烟气温度在 340~380℃之间时，催化剂活性物的活性最高，催化还原反应效率最高。SCR 反应是放热反应，但由于 NO_x 在烟气中的浓度较低，所以反应引起的烟气温度和催化剂温度升高可以忽略不计。SCR 反应器由氨的储存系统、氨和空气的混合系统、氨喷入系统、反应器系统及检测控制系统等组成，主要设备包括导流板、喷氨格栅、吹灰器、催化剂层、氨缓冲罐、氨蒸发器、液氨罐以及相应的检测和控制系统(图 1)。

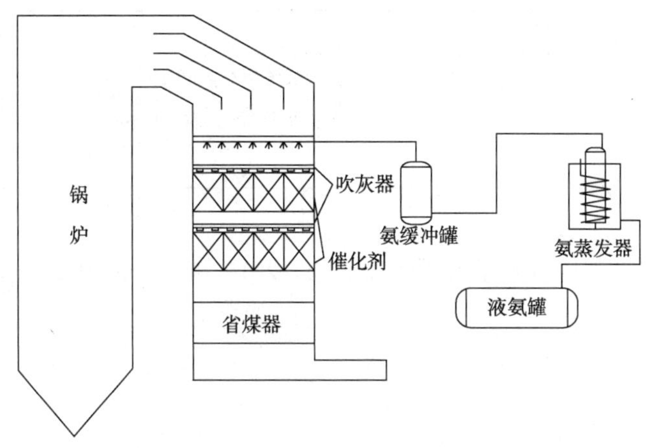

图1 SCR法烟气脱硝工艺流程示意图

3.1 供氨系统

供氨系统包括：液氨罐、氨蒸发器、氨缓冲罐和稀释风机等。液氨罐中的液氨进入氨蒸发器，通过加热气化为氨气，通过减压阀减压至0.3~0.35MPa后进入氨缓冲罐。氨气出氨缓冲罐后与稀释风混合并进入SCR反应器。氨蒸发器选用水浴加热，水浴温度60℃，并设定高温(80℃)和低温(55℃)报警；稀释风机一开一备，流量按满负荷氨量的1.15倍，对空气的混合比设计为5%。氨的注入量是由SCR进出口NO_x、氧浓度、烟温、稀释风量和烟气流量来控制。

3.2 SCR反应器

SCR反应器的设计采用两层固定床并安装催化剂，设有预留层。其中烟气流向竖直向下。催化剂上方设有吹灰器，可自动为催化剂表面进行吹扫。吹灰器的类型可选用蒸汽吹灰器或声波吹灰气。SCR反应器的烟气温度严格控制在320~420℃之间，既可以保证催化剂的活性和脱除效率，又可以防止催化剂烧结。

3.3 内构件

SCR脱硝反应器内构件包括两部分：导流板和喷氨格栅，作用是保证烟气流向始终与烟道截面垂直。导流板位于锅炉烟道的弯曲部分。在不安装导流板的情况下，烟气在通过烟道弯曲部分时会形成湍流，会造成烟气经过催化剂床层时不垂直，使脱硝效率降低。导流板的安装可以有效阻止烟气经过弯曲烟道时形成湍流，保证烟气经过弯曲烟道后流向与横截面垂直。氨气和稀释风的混合气体通过喷氨格栅进入SCR反应器。喷氨格栅包含了若干根喷氨管，每根喷氨管都安装了流量控制模块，可根据锅炉负荷调节氨气量。喷氨格栅可以调节气体分流并保证氨气和烟气充分且均匀的混合，有利于氨气和NO_x充分接触，提高了脱硝效率。

4 助燃-脱硝剂的工业应用情况

4.1 助燃-脱硝剂的主要理化指标

助燃-脱硝剂的主要理化指标见表1。

表 1　助燃-脱硝剂的理化指标

项　目	质量指标	项　目	质量指标
Al_2O_3/%　≥	80.0	松装密度/(g/mL)	0.85~1.25
助剂/%　≥	1.0	粒度分布/%(40~105μm)　>	55
比表面积/(m^2/g)	100~260		

4.2　使用后的效果

脱硝剂使用前后烟气中 NO_x 含量变化见图 2。2015 年 6 月 6~9 日为空白标定数据。

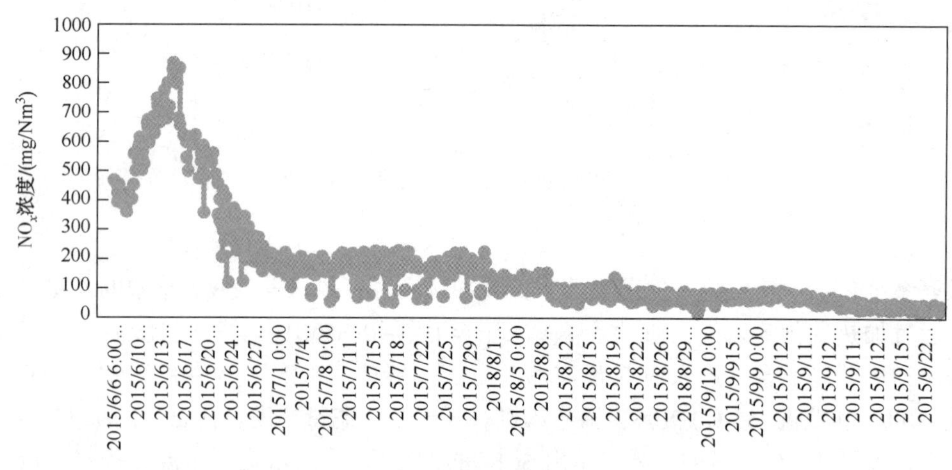

图 2　脱硝剂的应用效果

由图 2 可知，脱硝剂加入前，烟气中 NO_x 质量浓度为 350~450mg/m^3。2015 年 6 月 9 日开始应用脱硝剂。在快速加注期内，随着脱硝剂在系统藏量所占比例增大，NO_x 质量浓度首先是快速增加，随后逐步降低。这是由于使用脱硝剂初期，分子筛催化剂残留的大量硝基和氨基会较快被脱除，再生烟气中的 CO、NO_x、O_2 等含量也尚未达到平衡。且脱硝剂与 Pt 系 CO 助燃剂之间有很强的相互作用，会提高 Pt 系助燃剂催化含氮化合物生成 NO_x 的反应速度。在脱硝剂与残留的 Pt 系 CO 助燃剂的浓度的比例达到平衡之前，会导致烟气 NO_x 含量迅速上升。随着分子筛催化剂残氮的降低，脱硝剂在再生器中的分布逐渐均匀，含量逐渐上升，尤其是 Pt 系助燃剂的含量逐渐降低，与脱硝剂的含量比达到平衡后，脱硝的效果也会越来越理想。

脱硝剂的使用在进入快速加剂期的末段后(脱硝剂开始使用的第 20 天)，烟气 NO_x 逐步稳定。进入平稳加注期，脱硝剂加注量为 30~40kg/d，NO_x 质量浓度降低至 50~100mg/Nm^3，催化烟气达到北京市大气污染物综合排放标准，脱硝剂脱氮率达到 70%以上。

5　SCR 烟气脱硝技术的工业应用情况

5.1　原料情况

二催化 2017 年 11 月进行了余热锅炉改造，完成了烟气脱硝单元的建设投用。脱硝单元入口烟气主要来自催化裂化装置再生器，脱硝还原剂为氨气，具体烟气组成、氨气如表 2 所示。

表2　烟气和氨气性质

项　目	单　位	设计值
O_2	%(体)	2.0
CO_2	%(体)	16.5
SO_2	mg/m^3	800~1200
NO_x	mg/m^3	700
粉尘	mg/m^3	200
氨气	%(质)	>99.6

5.2　烟气和氨气性质

催化裂化装置中，烟气脱硝单元主要参数如表3所示。

表3　脱硝单元主要参数

参数名称	单位	设计值
入口烟气 NO_x 含量	mg/m^3	500
入口烟气温度	℃	360
出口烟气温度	℃	320
注氨量	kg/h	30
稀释风量	mg/m^3	2100
逃逸氨浓度	mg/m^3	≤3

5.3　SCR反应器运行情况

2018年5月SCR脱硝装置投入运行至2020年3月实际运行参数如表4所示。

表4　SCR反应器运行参数

参数名称	单位	设计值	运行值
烟气流量	Nm^3/h(湿基)	125000	105000
入口烟气 NO_x	含量 g/m^3	500	170
入口烟气温度	℃	360	358
出口烟气 NO_x 含量	g/m^3	<100	20
出口烟气温度	℃	340	345
注氨量	kg/h	23.49	6.9
脱硝效率	%	90	88
氨逃逸量	mg/m^3	≤2.5	0.17

注：脱硝效率=(出口 NO_x 流量-入口 NO_x 流量)/入口 NO_x 流量×100%

从上表数据可知，运行时外排烟气 NO_x 含量为 $20g/m^3$，达到设计指标；装置的脱硝效率为88%，未达到正常设计指标，其原因为装置原料含氮量降低运行实际入口烟气 NO_x 排放量仅为设计34%，影响了单元脱硝效率；氨逃逸量 $0.17mg/m^3$，远低于设计指标，基本可控。

2020年3月受新冠肺炎疫情影响装置根据公司生产运行需要，炼油厂二催化装置停工进行抢修，检修过程中发现余热锅炉省煤段炉管出现大量铵盐结晶，实际情况如图3所示。本运行周期SCR催化剂床层出口氨逃逸指示均小于2.5mg/m^{3}条件下，余热锅炉省煤段仍出现大量铵盐结晶现象，并导致余热锅炉烟气排烟温度由开工初期170~180℃上升至195~205℃，余热锅省煤段压降上升约1.1kPa。至检修前虽然没有影响装置正常运行，但随运行时间延长余锅压降和烟气换热终温必然升高，极其不利于装置长周期运行。

图3　铵盐结晶实际情况图

6　SCR烟气脱硝技术和催化脱硝助燃剂的联合应用探讨

6.1　两种技术联合应用优点

炼油厂二催化装置SCR脱硝单元从2018年5月~2020年3月运行工20个月，余热锅炉检修检查发现省煤段炉管出现明显结盐情况，虽没有影响装置正常运行，但随运行时间延长余热锅压降和烟气换热终温必然升高，极其不利于装置长周期运行。受省煤段结盐影响装置检修前烟气排烟温度由开工初期170~180℃上升至195~205℃，余热锅省煤段压降上升约1.1kPa，对装置运行经济性造成一定影响。

催化裂化装置上应用SCR脱硝装置需保证脱硝单元与主体装置同步长周期运行，SCR脱硝单元逃逸量控制高低是装置能否长周期稳定运行的关键。燕山石化地处北京，环保指标控制严苛，要求环保装置与主题装置同步运行，如果SCR脱硝装置无法长周期运行，可能导致催化装置因环保排放不达标而被迫停工。结合二催化2015~2017年使用脱硝剂助燃-脱硝剂的应用情况，在使用助燃-脱硝剂的条件下，可以稳定有效地将烟气中NO_x排放量限制在100mg/m^{3}以下。当烟气中NO_x升高，脱硝助剂脱除效率不能满足当前烟气排放指标要求时，投入使用SCR脱硝单元，可以有效降低SCR脱硝单元还原剂氨气的注入量，降低SCR脱硝装置单元运行负荷，减少喷氨量，可以有效控制SCR反应过程中的氨逃逸量，降低余热锅炉后路发生硫酸氢铵结盐几率，同时延长SCR助催化剂使用寿命，是延长SCR装置运行周期的关键调整方向。

SCR脱硝单元作为CO-脱硝助燃剂后备使用手段有以下优点：

1）减少余热锅炉铵盐结晶引起余热锅压降升高，导致烟机发电效率下降及换热效率下降，排烟温度升高增加装置能耗对装置经济效益造成的影响。

2）减少因排烟温度升高影响烟气脱硫装置稳定运行的风险。

3）停用SCR脱硝单元可节省公用工程消耗，延长SRC催化剂使用寿命，节约氨液消耗。

6.2 两种技术联合应用费用对比

两种技术联合应用费用变化情况

1）每年使用助燃脱硝剂增加的三剂费用=12个月×(助燃脱硝剂单价-铂含量300ppm助燃剂单价)×每月耗量=12×(151566-87000)×1.1=85.22万元。

2）每年使用液氨的费用=12个月×每月耗量×液氨单价元/吨=12×10×4608=55.29万元。

3）SCR装置低压蒸汽消耗费用=365×24×0.2×156=27.33万元。

4）SCR脱销催化剂按主体装置4年一修，使用周期预计可延长一个使用周期催化剂平均年费用=催化剂采购费用=300万÷8=37.5万元。

5）SCR装置年耗电费用=耗电量×单价=356×24×18.5×0.7=11.3万元。

6）烟机发电因余锅压降上升发电量减少年产生费用(按升高1kPa压降烟机发电量下降120KW计算)=365×24×120×0.7=73.58万元。

7）余锅排烟温度上升，导致装置能耗上升，中压蒸汽减少按4年一周期平均每小时减少1t计算年产生费用=365×24×1×188=164.6万元。

综上所述：

使用CO-脱硝助燃剂年费用=年使用助燃脱硝剂增加的三剂费用85.22万元。

单独使用SCR脱硝技术费用=每年使用液氨的费用+SCR装置低压蒸汽消耗费用+催化剂平均年费用+SCR装置年耗电费用+烟机发电因余锅压降上升发电量减少年产生费用+余锅排烟温度上升，导致装置能耗上升，中压蒸汽减少按4年一周期平均每小时减少1t计算年产生费用=55.29+27.33+37.5+11.3+73.58+164.6=369.6万元。

SCR脱硝单元作为CO-脱硝助燃剂备用技术使用年费用=年使用助燃脱硝剂增加的三剂费用+SCR装置低压蒸汽消耗费用+催化剂平均年费用+SCR装置年耗电费用=85.22+27.33+11.3+37.5=161.35万元。

SCR脱硝单元作为CO-脱硝助燃剂备用技术使用年节约费用=369.6-161.35=208.25万元。

如考虑装置长周期运行及其他公用工程因脱硝单元低负荷运行及减少检修所产生的费用，两种技术联合应用优势更加明显。

7 展望

SCR法烟气脱硝技术作为FCC脱硝助燃剂的联合应用在整体费用下降的情况下，能够对催化装置NO_x排放进行有效的控制，并减少SCR单元运行对催化装置长周期运行带来的不利影响。因此两种技术联合应用是有利且有长远环保和经济效益的。

$RDNO_x$ 脱硝助剂在催化裂解掺渣试验过程的应用

马青青[1]　汪　洋[2]　朱　凯[3]　凤程[1]　吴应森[1]　朱长健[1]　宋海涛[3]

（1. 中国石化安庆石化公司　安徽安庆 246002；2. 中国石化催化剂齐鲁分公司　山东淄博 255300；
3. 中国石化石油化工科学研究院　北京 100083）

摘　要　中国石化安庆石化公司 DCC 装置无烟气脱硝后处理设施在 2020 年快速床改造后进行掺渣试验，操作参数变化、原料性质变重，为确保烟气 NO_x 达标排放，进行了 $RDNO_x$ 助剂工业应用试验。试验结果表明，在助剂占系统藏量约 2%、按进料计剂耗 0.03kg/t 加注时，可在烟气过剩氧体积分数不受严格限制的情况下，将烟气中 NO_x 质量浓度稳定控制在≤50mg/m³（在线仪表），达到国家最新环保标准（特别限值）要求。后逐步调整助剂加注量至 0.015kg/t，约占新鲜催化剂补充量的 1.5%～2%时，NO_x 质量浓度依然保持稳定达标。相对为加注脱硝助剂前的 NO_x 质量浓度空白值约 140～170mg/m³，降幅达到 70%以上。$RDNO_x$ 助剂应用过程中，产品分布和主要产品性质基本不变。

关键词　催化裂化；烟气；NO_x；助剂

近年来，为实现催化裂化再生烟气 NO_x 达标排放，SCR、SNCR、$LoTO_x$ 等脱硝后处理技术得到广泛应用[1]，其中又以 SCR 居多。采用上述技术后烟气中 NO_x 可得到有效控制，但同时也存在一些问题，主要包括投资和运行成本高，易结盐造成压降增加（主要指 SCR），以及氨逃逸和蓝烟排放等。因而，部分原料 N 含量和 NO_x 排放基本可控的装置未投用脱硝设施，而以脱硝助剂为解决方案。

中国石化安庆分公司（安庆石化）DCC 装置加工量约 650kt/a，以加氢蜡油为主。原料 N 含量约 600～800μg/g。采用完全再生操作，余锅出口再生烟气经静电和布袋除尘后排放。装置于 2020 年 1 月快速床改造后进行掺渣工业试验（最大掺渣量 50%）。再生烟气 NO_x 质量浓度达到约 140～170mg/m³（偶尔接近 200mg/m³），如何满足即将执行的≤100mg/m³特别限值成为装置运行的关键技术难题。装置开工后试用某牌号脱硝助剂，截至 2 月下旬，烟气 NO_x 仍在 150mg/m³左右。后通过降低主风量和汽提蒸汽量等非常规工艺措施，NO_x 仍然高于 100mg/m³的限值，但随主风机功率变化而存在较大波动，且装置操作弹性受到极大限制。

为更有效地控制再生烟气 NO_x，避免环保超标风险，恢复装置操作弹性、确保装置稳定运行，拟试用石油化工科学研究院开发、催化剂齐鲁分公司生产的 $RDNO_x$ 助剂。预定技术指标为：在原料性质、操作条件及催化剂等基本稳定的情况下，在 $RDNO_x$-PC2 助剂占系统藏量 2.5%以上、按剂耗 0.03kg/t 稳定加注时，再生烟气 NO_x 均值达到 100mg/m³以下。助剂使用不影响催化剂正常流化，试用前后产品分布及产品质量基本相当。

1　$RDNO_x$ 助剂开发情况

$RDNO_x$ 系列助剂自 2015 年完成工业试验以来，已在中国石化、中国石油、地炼企业等系统内外多套装置上成功应用，NO_x 减排效果显著。可针对不同装置的具体需求，灵活调变助剂的配方和催化性能，帮助炼油厂以最优的成本实现 NO_x 达标排放[2]。

为持续提高助剂的催化性能，石科院对配方和制备工艺不断调整优化，于 2016 年下半年开发出超低排放型 $RDNO_x$ 助剂(商品编号 $RDNO_x$-PC2)，采用独特的复合金属元素活性中心，辅以高稳定性载体，具有极高的还原态氮化物催化转化活性，可在根源上大幅降低 NO_x 的生成，同时可高效利用烟气中的 CO，促进 NO_x 的还原反应，从而显著降低烟气 NO_x 排放(图 1 为催化原理示意图)。$RDNO_x$ 系列助剂应用过程中对裂化催化剂的活性、选择性和产品分布无明显不利影响。

2 工业试验过程

根据装置基础情况调研及实测数据分析，预期加入占系统藏量 2%~3%的 PC2 助剂，可将烟气中 NO_x 质量浓度控制在 100mg/m^{3}环保标准范围内。2020 年 2 月 27 日起按预定方案进行 $RDNO_x$-PC2 助剂加注，同时逐渐提高掺渣比。在快速加注累积到系统藏量约 2.5%后，于 4 月底按进料计 0.03kg/t 进行稳定加注时，收集工业应用数据。加注 $RDNO_x$-PC2 助剂前，为避免 NO_x 出现大幅超标风险，未进行系统置换以进行 NO_x 空白标定(采用未使用任何脱硝助剂前的约 150mg/m^3)，因而本文主要以加剂前后的工业生产统计数据，说明助剂的应用情况。

试验过程中，自 PC2 助剂开始加注起，烟气 NO_x 质量浓度即开始稳步降低，装置主风量随即逐步恢复提高，随着烟气 NO_x 趋于稳定，主风量可完全恢复至前期正常水平，装置操作弹性恢复。后开始逐步尝试降低助剂加注量，以提高经济性，目前加注量已降低至 30kg/d 相当于助剂剂耗 0.015kg/t，烟气 NO_x 仍稳定达标。

3 试验结果分析

3.1 原料性质及操作条件与平衡剂

加注 $RDNO_x$-PC2 助剂前后，原料油密度维持在 895~915kg/m^3，残炭含量在 0.05%~0.8%，氮含量在 400~1000μg/g，此外金属含量及馏程等总体上均处于正常范围内，助剂应用前后，由于掺渣比小幅提高，原料呈小幅变重趋势。

主要操作条件对比见表 1，从加剂前(1 月中旬)和稳定加剂后(4 月底)的对比来看，主要操作条件变化不大，具有可比性。在使用 $RDNO_x$-PC2 助剂后，NO_x 显著降低，主风量和操作弹性得以恢复，同时烧焦管操作也逐步恢复正常，确保了装置流化和烧焦效果稳定。

表 1 主要操作条件对比

项　　目	单　位	加剂前	加剂后
反应温度	℃	560	561
进料量	t/h	69	70.4
回炼油	t/h	3.5	3.12
回炼油浆量	t/h	10	9.81
再生器密相温度	℃	686	699
再生器稀相温度	℃	686	702

续表

项　　目	单　位	加剂前	加剂后
汽提蒸汽量	t/h	1.47	1.81
烧焦管温度(上部)	℃	592	607.4
烧焦管温度(底部)	℃	565	550.7
主风量	m^3/min	1193	1116.2

应用 $RDNO_x$-PC2 助剂前后平衡剂微反活性基本在 65～70 之间正常波动，孔体积、粒度分布等基本性质也保持稳定，平衡剂定碳(碳含量分析)有一定降低趋势，烧焦效果恢复。总的来看，加注 $RDNO_x$-PC2 助剂前后，原料油性质以及主要操作条件和平衡剂性质基本保持稳定，随着烟气 NO_x 质量浓度的明显降低，主风量和外循环斜管开度得以恢复，装置操作弹性大幅提高。

3.2　物料平衡及产品组成与性质

3.2.1　物料平衡

从图 1 助剂应用前后一段时期内主要产品收率统计数据变化趋势可以看出，液化气、汽油和柴油的收率保持稳定，“干气+焦炭+损失”总量也无明显变化，表明 $RDNO_x$-PC2 助剂的应用对产品分布无不利影响。

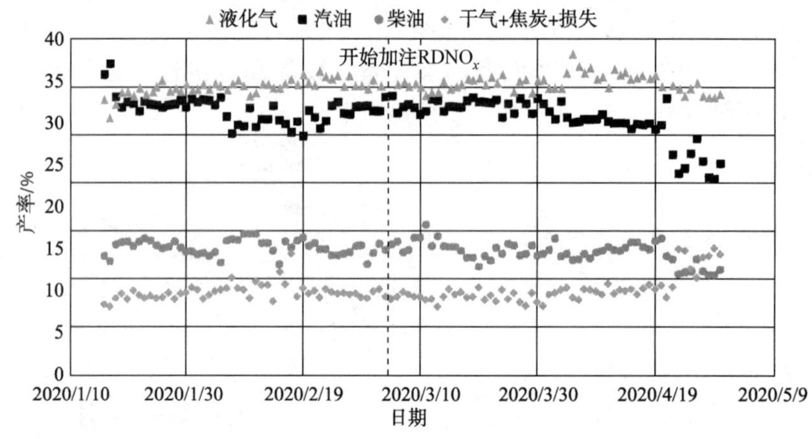

图 1　主要产物分布变化趋势

3.2.2　产品组成与性质

加注 $RDNO_x$ 助剂后，干气中 H_2 体积分数在 15%～25%正常范围内波动。液化气中丙烯收率基本稳定，助剂对液化气中低碳烯烃体积分数无负面影响。加剂前后汽油烃类组成变化不大，其中芳烃体积分数略有增加，烯烃分数有所降低，苯含量变化不大，柴油在助剂应用前后密度(945～955kg/m^3)、十六烷值(19～20)等主要指标变化不大。加剂前后油浆固含量均较低，在 2～3g/L 左右小幅波动，表明助剂耐磨损性能较好，应用过程中不增加油浆固含量。

4　再生烟气污染物质量浓度变化趋势

图 2 为应用 $RDNO_x$ 助剂前后，再生烟气污染物质量浓度和过剩氧体积分数变化趋势。

2020 年 1 月 15 日开工后至 2 月 27 日前装置使用其他型号脱硝助剂，但烟气 NO_x 远高于环保排放限值，后采取控制主风量(过剩氧体积分数)、降低汽提蒸汽量、降低原料预热温度等系列非常规工艺措施，NO_x 仍在 100mg/m^{3}以下，超出环保指标要求，且随主风量波动而存在较大波动，装置操作弹性受到极大限制，且运行风险增加。

$RDNO_x$ 助剂自 2 月 27 日起加注，烟气 NO_x 质量浓度开始稳步降低，主风量逐步恢复，操作弹性大幅增加，后尝试将烟气过剩氧恢复至正常水平，NO_x 质量浓度依然保持稳定，4 月底已达到≤50mg/m^3，满足《石油炼制工业污染物排放标准》特别限值要求。超过预定技术指标，相对未使用脱硝助剂前的约 140~170mg/m^3，降幅达到 70%以上。

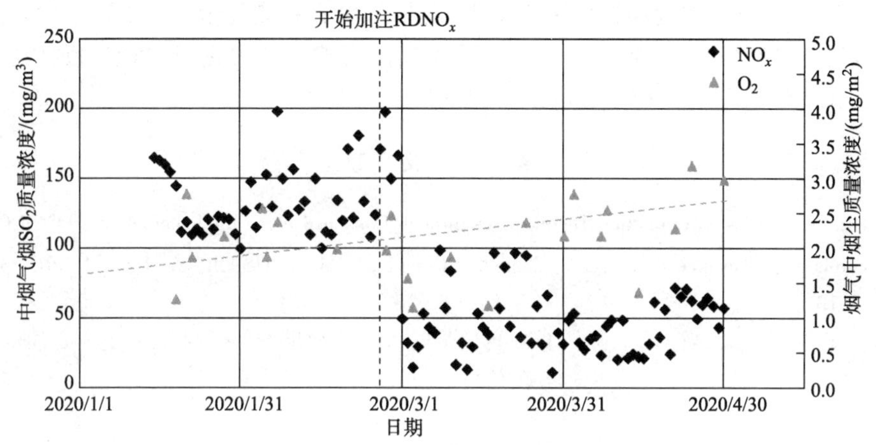

图 2　$RDNO_x$ 助剂应用前后烟气 NO_x 质量浓度变化趋势

烟气中其他污染物质量浓度变化趋势见图 3，可以看出，烟气 SO_2质量基本维持不变，稳定在≤50mg/m^3，这与助剂金属活性组分具有一定的 SO_x 捕集能力和烟气过剩氧恢复等有关；烟气粉尘质量浓度基本稳定在 10mg/m^{3}以下(主要取决于静电和布袋除尘)，均满足特别限值要求。

基于烟气 NO_x 质量浓度可稳定达标，装置自 2020 年 3 月底开始逐步降低助剂加入量。4 月以来，加入量已降低到 30kg/d，约占新鲜剂补充量的 1.5%，烟气 NO_x 排放仍可稳定达到环保限值要求。

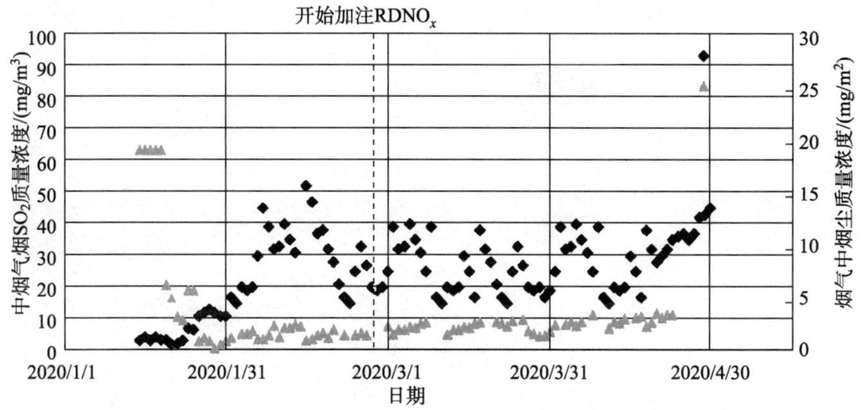

图 3　$RDNO_x$ 助剂应用前后烟气其他污染物质量浓度变化趋势

5 结论

RDNO$_x$ 助剂在安庆石化 DCC 装置的工业试用结果表明：

1）自助剂加注起，烟气 NO$_x$ 质量浓度开始稳步降低；在助剂累计到系统藏量约 2.5%、按进料计剂耗 0.03kg/t 稳定加注时，NO$_x$ 质量浓度降低到≤50mg/m^3；随着掺渣试验进行，原料性质变重，仍在无 SCR 等脱硝设施的情况下达到≤100mg/m^{3}的环保特别限值要求；相对未使用脱硝助剂前的约 140～170mg/m^3，降低幅度达到 70%以上。当前，调整优化助剂加注量至新鲜剂补充量的 1.5%～2%后，NO$_x$ 质量浓度依然保持稳定达标。

2）烟气中 SO$_2$质量浓度和粉尘浓度基本不变(静电和布袋除尘)，均满足环保限值要求。

3）助剂应用对产物分布和主要产品性质无负面影响，装置运行平稳，操作弹性大幅提高，主风量和烟气过剩氧体积分数可恢复到正常工况水平。

参 考 文 献

[1] Sexton J A. FCC Emission Reduction Technologies through Consent Decree Implementation：FCC NO$_x$ Emissions and Controls. In：Advances in Fluid Catalytic Cracking [M]，Occelli M L，Ed. CRC press，Boca Raton，2010.

[2] 宋海涛，田辉平，朱玉霞，等．降低 FCC 再生烟气 NO$_x$ 排放助剂的研制开发[J]．石油炼制与化工，2014，45(11)：7-12.

多功能 S Zorb 吸附剂 FCAS-MF 工业应用结果

徐莉[1]　宋　烨[1]　王文寿[1]　黄喜阳[2]　林　伟[1]　龚剑洪[1]　夏登刚[2]

（1. 中国石化石油化工科学研究院　北京海淀 100083；2. 中国石化长岭炼化公司　湖南岳阳 414012）

摘　要　本文介绍了石科院研发的多功能 S Zorb 吸附剂 FCAS-MF 在中国石化长岭炼化公司 1.2Mt/a 的 S Zorb 工业装置上进行工业应用的结果。结果表明：吸附剂 FCAS-MF 具有较好的反应及应用性能，可以满足工业装置生产需要。与现用吸附剂对比，吸附剂 FCAS-MF 具有良好的脱硫活性及稳定性，具有更好的降烯烃性能及辛烷值保留能力。在 S Zorb 工艺条件下，产品汽油硫质量分数小于 10μg/g 时，烯烃体积分数可进一步降低 2%～3%，RON 损失可减少 0.3～0.6 个单位。

关键词　S Zorb；多功能吸附剂；工业应用；脱硫；活性；辛烷值损失

1　前言

随着人们对环境保护的日益重视以及环保法规的日益严格，我国对汽油质量的要求也更为苛刻，车用汽油标准也在不断升级。2016 年 12 月 27 日环境保护部、国家质检总局联合发布《轻型汽车污染物排放限值及测量方法（中国第六阶段）》即轻型车“国Ⅵ”标准。新的汽油标准要求大幅度降低硫以及烯烃含量，而我国高辛烷值汽油资源不足，需要在实现脱硫的同时改善产品汽油辛烷值。当前国内应用最广泛的汽油质量升级技术是中国石化的催化裂化汽油吸附脱硫（S Zorb）技术，该技术具有脱硫深度高及辛烷值损失低的特点，国内已建成 37 套工业装置，总加工能力超过 40Mt/a，是中国汽油质量升级的关键技术之一。

S Zorb 技术脱硫过程需要在临氢状态下进行，在脱硫的同时原料汽油中的烯烃会不可避免地发生加氢反应，使产品汽油的辛烷值降低。我国成品汽油组成与欧美发达国家不同，催化裂化汽油约占成品汽油总量的 66%，缺少高辛烷值的重整汽油和烷基化汽油，因此我国对提高产品汽油辛烷值的需求非常迫切。

为满足超深度脱硫过程中优化辛烷值损失的要求，中国石油化工股份有限公司石油化工科学研究院（简称石科院）研究开发出辛烷值改善型 S Zorb 吸附剂 FCAS-MF。在保证吸附剂具有高脱硫活性的情况下，优化吸附剂的结构组成，结合催化材料的研究，开发出与金属活性中心有较好协同作用的酸性材料，促进金属中心和酸中心的协同作用，在 S Zorb 过程中可促进汽油烯烃和烷烃的异构化反应，在满足脱硫率的同时，可进一步降低烯烃体积分数，产品可满足“国Ⅵ”标准汽油的调和需求，具有很好的经济效益。

中国石化长岭炼化公司有两套 S Zorb 装置，多功能吸附剂 FCAS-MF 的工业应用在长岭 2#S Zorb 装置上进行。该装置于 2016 年 10 月 16 日建成投产，目前装置运行良好，可稳定生产硫质量分数小于 10μg/g 的产品汽油。

2 工业应用吸附剂

此次工业应用过程中所使用的吸附剂为石科院研发的多功能 S Zorb 吸附剂 FCAS-MF。在目前工业应用吸附剂 FCAS-R09 的生产工艺及应用情况分析的基础上，基于密度泛函理论的量子化学方法，对临氢异构化反应进行深入研究，揭示了异构化和裂化反应的本质差异，发现提高临氢异构化选择性的关键在于优化碳正离子中心碳原子的缺电子特性和其 β 位碳原子的电子偏离程度。通过对不同过渡金属的电子性质分析，结合沸石材料的结构特点，设计合成出封装金属 M 的沸石材料，精细调控弱酸中心/强酸中心比例，实现对烯烃定向活化、加氢异构化的催化材料开发，构建稳定的沸石封装金属材料，提高烃组分反应路径的选择性，促进烯烃异构化反应发生的同时抑制裂化反应的发生。该吸附剂在研发过程中解决了以下两个技术难题：

1）构建新催化材料与 S Zorb 活性组元的协同作用，通过对各活性中心的精准控制，解决脱硫过程中降烯烃和提高辛烷值的矛盾。

2）开发具有稳定层状结构的基质和复合氧化物黏结剂，保证吸附剂反应性能的同时，提升吸附剂活性稳定性及磨损强度。

开发出的多功能 S Zorb 吸附剂 FCAS-MF 可同时实现超深度脱硫、降烯烃、改善辛烷值的目标，提供符合“国Ⅵ”标准的高品质汽油。

同时，该吸附剂还采用了石科院新开发出的工业制备流程，改进了吸附剂的工艺制备技术。采用新制备技术生产的 FCAS-MF 吸附剂，其堆密度、孔体积、磨损指数等物化指标均与现用工业吸附剂 FCAS-R09 相似，且粒度分布在一定范围内可控。多功能 S Zorb 吸附剂 FCAS-MF 进一步提高了吸附剂载体比表面积，提升了活性组元分散度，使得吸附剂的镍质量分数降低了 2%~3%；生产过程中 NO_x 排放减少了 10%以上，在生产过程采用绿色环保生产工艺，实现全部原料的国产化，实现了多功能 S Zorb 吸附剂 FCAS-MF 的清洁、连续生产。

本次工业应用所用吸附剂均由催化剂南京分公司生产，各批次均经石科院检测符合 S Zorb 吸附剂出厂质量指标要求。

多功能吸附剂 FCAS-MF 与装置现用吸附剂 FCAS-R09 性能指标对比列在表 1 中：

表 1 两种 S Zorb 吸附剂的技术指标对比

项目		FCAS-MF	FCAS-R09
灼烧减量/%		0.3	0.2
松装密度/(g/cm³)		0.88	0.87
振实密度/(g/cm³)		1.18	1.08
FBAT/%		6.0	6.4
粒度体积分布/%	0~20μm	1.0	1.1
	0~40μm	5.8	8.2
	0~149μm	93.2	90.7
APS/μm		81.1	78.7
休止角/(°)		34.8	37.0
平板角/(°)		49.7	53.2

3 工业应用结果

3.1 标定结果

此次多功能吸附剂工业应用过程中，分别于使用多功能剂前及多功能剂质量分数占系统藏量40%时进行了空白标定及总结标定，得到的结果列在表2~表9。

3.1.1 空白标定及总结标定过程中的工艺参数

空白标定及总结标定时装置主要工艺参数列于表2。空白标定及总结标定时原料汽油均为长岭1#FCC重汽油及巴陵FCC汽油的混合汽油，氢气均为连续重整装置生成氢。

表2 空白标定及阶段标定工艺参数

标定属性	空白标定	总结标定
标定日期	2020-01-07~2020-01-10	2020-6-09~2020-6-11
反应进料量/(t/h)	142.9	141.3
原料油温度/℃	30.1	31.7
循环氢流量/(m^3/h)	9394.8	8658.5
新氢流量/(m^3/h)	2765.3	2414.4
反应压力/MPa	2.58	2.61
反应温度/℃	433	428
反应器藏量/t	32	32
稳定塔顶压力/MPa	0.64	0.62
稳定塔顶温度/℃	54.1	70.6
稳定塔底温度/℃	119.5	131.3
还原氢流量/(m^3/h)	1304.4	1098.8
还原器温度/℃	306	297
再生风流量/(m^3/h)	380	362
再生温度/℃	501	495
再生压力/MPa	0.17	0.14
加热炉入口温度/℃	346	323
加热炉出口温度/℃	421	414
换热器压差/kPa	89.6	133.3
氢油摩尔比	0.27	0.30

在空白标定时装置进料量保持在143t/h左右；反应温度在433℃左右；反应压力在2.58MPa左右；再生器压力为0.17MPa；再生温度正常，再生风量随原料汽油硫质量分数进行操作调整。

总结标定时反应器压力稍有提高，在2.61MPa左右，装置进料量为141t/h左右；反应温度在428℃左右；再生器压力为0.13MPa；再生温度正常，再生风量也随原料汽油硫质量分数进行操作调整。由表2中数据可见，长岭2#S Zorb装置原料/产品换热器有结垢现象，换热器压差升高较快，换热效率逐渐下降，会影响装置运行。空白标定及总结标定过程中装置运行情况均良好，随原料汽油性质等波动，装置各项反应、再生工艺参数稍有调整，基本相当。

3.1.2 空白标定及阶段标定过程中产品汽油性质

将空白标定及总结标定时取得的原料及产品汽油的主要性质列于表3。长岭2[#] S Zorb装置原料为长岭1[#]FCC重汽油及巴陵FCC汽油混合进料，原料汽油性质随两套催化装置原料情况及装置操作变化情况而波动，生产过程中原料汽油硫质量分数的波动和忽然变化给操作调整带来一定的难度，也会给产品汽油的辛烷值和硫质量分数带来一定影响。表3列出的数值为整个标定期间得到数据的平均值。

表3 空白标定及总结标定原料及产品汽油性质

标定属性	空白标定	总结标定
标定日期	2020-01-07~2020-01-10	2020-06-09~2020-06-11
原料硫/(μg/g)	172.1	176.9
产品硫/(μg/g)	7.3	7.8
脱硫率/%	95.8	95.6
原料 φ(烯烃)/%	21.2	24.6
产品 φ(烯烃)/%	18.8	21.2
烯烃体积分数降低/%	2.5	3.5
烯烃转化率/%	11.7	14.0
原料 RON	93.2	92.8
产品 RON	92.3	92.5
RON 损失	0.9	0.3

由表3数据可知，空白标定及总结标定过程中原料汽油平均硫质量分数分别为172.1μg/g及176.9μg/g，产品汽油平均硫质量分数分别为7.3μg/g及7.8μg/g，脱硫率分别为95.8%及95.6%；空白标定及总结标定过程中产品汽油烯烃体积分数分别降低了2.5%及3.5%；得到产品汽油的RON损失值分别为0.9及0.3。

由标定得到的产品汽油的主要性质可知，多功能吸附剂FCAS-MF具有较好的脱硫性能及辛烷值保留能力。与现用吸附剂对比，吸附剂FCAS-MF具有的脱硫活性及稳定性，具有更好的降烯烃性能及辛烷值保留能力。在S Zorb工艺条件下，产品汽油硫质量分数小于10μg/g时，烯烃转化率可进一步增加2.3%，RON损失可减少0.6个单位。

3.1.3 空白标定及总结标定过程中硫化物的反应规律

将空白标定及总结标定时原料及产品汽油中硫化物类型的变化情况列于表4。

通常S Zorb原料汽油中所含的硫化物种类主要有硫醇、硫醚、噻吩、各种取代噻吩(C_1噻吩、C_2噻吩、C_{3+}噻吩)及苯并噻吩等。在相同的工艺条件下不同类型的硫化物反应速率不同，硫化物脱除从易到难的顺序依次为硫醇和硫醚>苯并噻吩>噻吩>C_1噻吩>C_2噻吩>C_{3+}噻吩。

由表中数据可见，长岭2[#]S Zorb装置原料汽油噻吩及各种取代噻吩比例较高，均在71%以上，有时近80%，且30%以上是最难脱除C_2噻吩及C_{3+}噻吩的，因此长岭2[#]S Zorb装置运行时需要具有较好脱硫活性的吸附剂，并选择适宜的工艺参数。使用吸附剂FCAS-MF与使用吸附剂 FCAS-R09 时均可实现汽油的深度脱硫，产品汽油中硫质量分数可达到 10μg/g 以下，采用两种吸附剂时经过吸附脱硫反应后得到的产品汽油中硫化物类型分布基本相同，产品汽油中 90%左右的硫化物为取代噻吩类。

表 4 空白标定及阶段标定吸附脱硫反应前后硫化物类型变化 %(体)

硫化物类型	空白标定		总结标定	
	原料	产品	原料	产品
噻吩	7.79	5.76	14.35	10.11
C_1 噻吩	16.24	16.74	22.11	19.99
C_2 噻吩	16.94	25.67	16.18	29.09
C_{3+}噻吩	15.48	38.83	13.24	28.02
苯并噻吩	12.18	0.39	7.20	0
C_1 苯并噻吩	3.46	0	2.16	0
硫醚	6.46	5.65	6.83	8.24
硫醇	5.86	3.15	6.69	4.55
其他类型硫化物	15.59	3.81	11.34	0

3.1.4 空白标定及总结标定过程中反应后烃类化合物的变化规律

采用 S Zorb 工艺进行汽油深度脱硫的过程中，除发生脱硫反应外，还会发生烃类的化学反应，尤其是会发生烯烃的加氢饱和反应，这类反应的发生也是产品汽油辛烷值发生变化的最主要的原因之一。多功能吸附剂 FCAS-MF 在保证高脱硫活性的情况下，可在 S Zorb 过程中促进汽油烯烃和烷烃的异构化等反应，从而实现保留辛烷值的目标。表 5 中列出了空白标定及总结标定时原料汽油在吸附脱硫反应前后烃类化合物的变化情况。

表 5 空白标定及阶段标定时吸附脱硫反应前后 PIONA 组成变化情况 %(体)

烃类化合物类型	空白标定		总结标定	
	原料	产品	原料	产品
正构烷烃	5.40	6.90	6.29	7.59
正构烷烃变化	1.50		1.30	
异构烷烃	33.65	34.13	32.84	33.82
异构烷烃变化	0.48		0.98	
烯烃	21.23	18.75	24.64	21.19
烯烃变化	-2.48		-3.42	
环烷烃	6.91	7.18	7.11	7.57
环烷烃变化	0.27		0.46	
芳烃	32.80	32.99	25.99	26.64
芳烃变化	0.19	0.65		

从表 5 中结果可见，系统中加入多功能吸附剂 FCAS-MF，经过吸附脱硫反应后，烯烃体积分数减少，汽油中异构烃类和芳烃的体积分数增加。与目前工业应用的 S Zorb 吸附剂

FCAS-R09不同，使用吸附剂FCAS-R09时，反应过程中烯烃主要发生加氢饱和反应生成了正构烷烃，而FCAS-MF吸附剂由于具有适宜的酸中心，与吸附剂上脱硫活性中心Ni相互协同，形成了双功能催化剂活性中心，降低了S Zorb条件下异构化反应决速步骤的反应能垒，促进烯烃异构化和芳构化反应的发生，因此在使用吸附剂FCAS-MF时反应过程中烯烃反应主要转化为异构烷烃和芳烃。

3.1.5　空白标定及总结标定过程中吸附剂性质及消耗

空白标定时长岭2#S Zorb装置中使用的是催化剂南京分公司生产的吸附剂FCAS-R09。该吸附剂也是目前S Zorb工业装置中广泛使用的吸附剂之一。总结标定过程系统中使用的吸附剂为催化剂南京分公司生产的吸附剂FCAS-MF与吸附剂FCAS-R09的混合吸附剂，其中多功能吸附剂FCAS-MF在反再系统中的质量分数约为40%。

表6及表7中列出了空白标定及总结标定时吸附剂主要物化性质的分析结果。

在空白标定及总结标定时，待生剂比表面积分别为17.3m^2/g及23.2m^2/g；孔体积分别为0.065cm^3/g和0.081cm^3/g；可见随着多功能吸附剂FCAS-MF的加入，吸附剂的比表面和孔体积明显增加。长岭2#S Zorb吸附剂上硫、碳的质量分数一直较低，空白标定及总结标定时待生剂上硫的质量分数分别为4.6%及4.72%；吸附剂上碳的质量分数分别为1.08%及0.75%。空白标定时吸附剂中细粉含量较高，吸附剂平均粒径仅为36μm，随着新吸附剂的补充加入，吸附剂平均粒径增加到60μm。从组成看，空白标定时长岭2#S Zorb装置系统吸附剂中硅酸锌质量分数较高，已经超过20%，随着新剂的加入，吸附剂中的硅酸锌质量分数降低到15%以下。

表6　空白标定及总结标定中待生吸附剂性质

标定属性		空白标定	总结标定
比表面积/(m^2/g)		17.3	23.2
孔体积/(cm^3/g)		0.065	0.081
w(S)/%		4.60	4.72
w(C)/%		1.08	0.75
w(ZnO)/%		16.5	15.2
w(ZnS)/%		9.3	8.1
w(NiO)/%		14.2	15.8
w($ZnAl_2O_4$)/%		18.4	22.4
w(Zn_2SiO_4)/%		16.3	14.3
粒度体积分布/%	0~20μm	23.1	4.4
	0~40μm	53.8	24.9
	0~80μm	77.2	69.5
	0~105μm	85.9	85.4
	0~149μm	94.8	97.2
	>80μm	22.9	30.5
APS/μm		36.3	60.4

表7 空白标定及总结标定中再生剂性质

标定属性		空白标定	总结标定
比表面积/(m^2/g)		15.1	22.5
孔体积/(cm^3/g)		0.059	0.078
w(S)/%		3.13	3.95
w(C)/%		0.38	0.88
w(ZnO)/%		24.8	25.2
w(ZnS)/%		1.9	2.8
w(NiO)/%		14.3	15.8
w($ZnAl_2O_4$)/%		19.8	20.8
w(Zn_2SiO_4)/%		16.8	13.3
粒度体积分布/%	0~20μm	22.1	3.2
	0~40μm	51.7	22.8
	0~80μm	75.9	68.8
	0~105μm	85.2	85.0
	0~149μm	94.4	97.0
	>80μm	24.1	31.2
APS/μm		38.2	61.5

可见在空白标定及总结标定时吸附剂上的硫及碳的质量分数基本相当，其物化性质稍有不同。总结标定时吸附剂的比表面积、孔体积及活性组元锌及镍质量分数稍好于空白标定，多功能吸附剂中酸性多孔材料的引入，有利于提高载体的比表面，促进活性组元分散，提高活性组元利用率。降低吸附剂活性的硅酸锌及铝酸锌的质量分数低于空白标定吸附剂；由反应性能看，空白标定及总结标定时吸附剂均具有较好的吸附反应活性。

空白标定及总结标定时吸附剂的消耗量列于表8，可见空白标定及总结标定时吸附剂的消耗量相当，吸附剂单耗值均为0.03kg/t，低于设计单耗。

表8 空白标定及总结标定中吸附剂消耗值

项　　目	吸附剂消耗量/t	吸附剂单耗/(kg/t)	设计单耗/(kg/t)
空白标定	0.2	0.03	0.06
总结标定	0.2	0.03	0.06

3.1.6 物料平衡

空白标定及总结标定过程中装置物料平衡数据列于表9。由表9中的数据可知，空白标定过程中装置原料汽油量为7949.4t，氢气为17.7t，产品中液体产品量为7826.1t，气体产品为84.5t，损失约56.5t；中期标定过程原料汽油量为7244.6t，氢气为17.1t，产品中液体产品为7124.9t，气体产品为85.7t，损失为51.1t；总结标定过程原料汽油量为7079.9t，氢气为15.5t，产品中液体产品为6960.2t，气体产品为79.9t，损失为55.3t。经过物料衡算，装置标定过程中均基本可实现物料平衡。且使用多功能吸附剂FCAS-MF后，产品汽油收率为98.3%与空白标定时的产品汽油收率98.4%相当。

表9　标定过程物料平衡

项　　目	空白标定	总结标定
原料/t		
催化汽油	7949.4	7079.9
氢气	17.7	15.5
合计	7967.1	7095.4
产品/t		
液体产品	7826.1	6960.2
气体产品	84.5	79.9
损失	56.5	55.3
合计	7967.1	7095.4
液体产品收率/%	98.4	98.3

3.2　生产统计数据结果

在多功能吸附剂工业应用过程中，除进行总结标定外，同时对日常生产数据进行了统计分析，系统地跟踪工业应用期间装置运行情况，总结多功能吸附剂工业应用结果。

3.2.1　原料及产品汽油硫质量分数数据统计

将2019年11月1日至2020年6月11日期间长岭2# S Zorb装置原料及产品汽油中硫质量分数的变化情况绘于图1。由于长岭2# S Zorb装置原料油为长岭1# FCC重汽油及巴陵FCC汽油直接混合进料，原料性质随催化装置加工原油及操作变化情况而变化较大，导致产品汽油硫质量分数存在一定的波动。而且S Zorb装置调整需要一定的时间，遇到原料汽油硫质量分数突变的情况时，导致产品汽油硫质量分数也会产生波动。

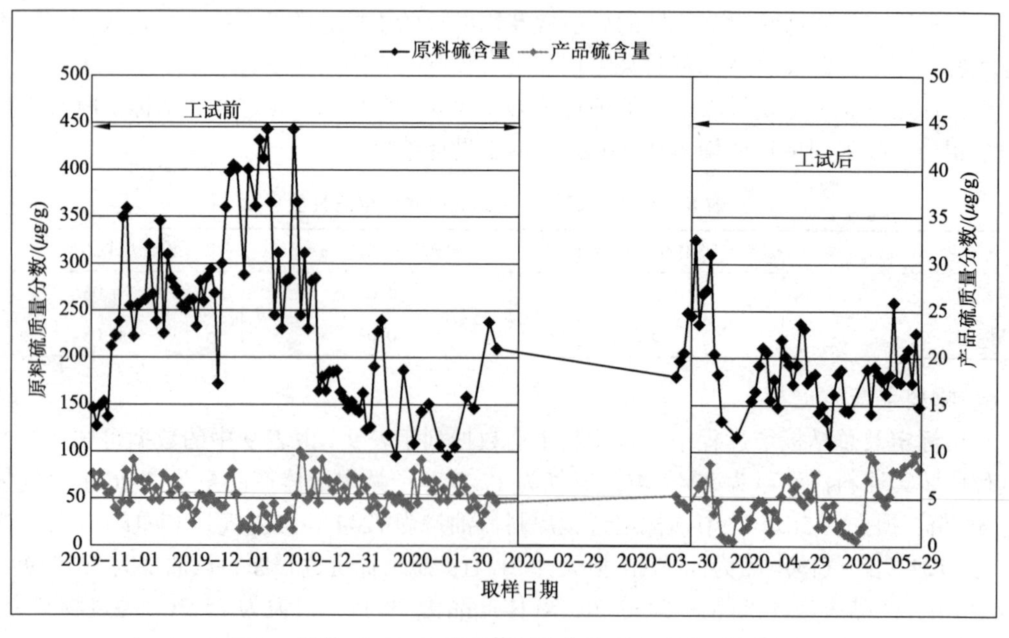

图1　长岭2# S Zorb装置原料及产品汽油硫质量分数

由图中曲线可以看出，2019 年 11 月 1 日至 2020 年 2 月 14 日长岭 2#S Zorb 装置原料汽油硫质量分数变化区间为 150～200μg/g，统计这 3 个月装置原料汽油硫质量分数平均值为 193μg/g，产品汽油中硫质量分数的平均值为 6.7μg/g。而在 2020 年 3 月 23 日至 2020 年 6 月 14 日多功能吸附剂工业应用过程中，装置原料汽油中硫质量分数的平均值为 172μg/g，产品汽油中硫质量分数的平均值为 5.8μg/g。可见，多功能吸附剂加入后未影响装置脱硫能力，装置可稳定生产硫质量分数小于 10μg/g 的产品汽油。

3.2.2　辛烷值损失统计数据分析

图 2 列出 2019 年 11 月 1 日至 2020 年 6 月 11 日期间长岭 2#S Zorb 装置产品汽油辛烷值损失情况。随着原料波动及装置操作参数调整等，装置得到的产品汽油辛烷值损失数据也有一定的波动。

2019 年 11 月 1 日至 2020 年 2 月 14 日长岭 2#S Zorb 装置运行过程中得到的产品汽油 RON 平均损失值为 0.96。2020 年 3 月 23 日至 2020 年 6 月 14 日多功能吸附剂工业应用过程中产品汽油的 RON 平均损失值为 0.61。可见，使用多功能 S Zorb 吸附剂后，装置 RON 损失情况得到明显的改善，RON 平均损失值减少了 0.35 个单位。

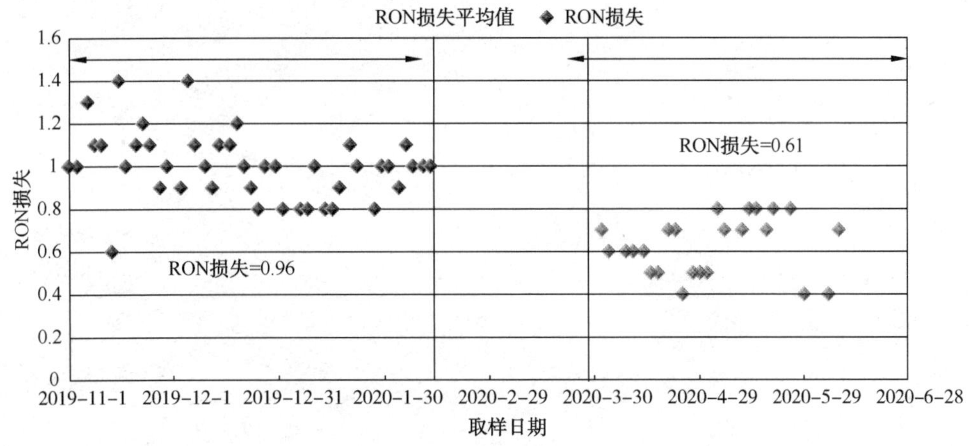

图 2　长岭 2#S Zorb 装置产品汽油辛烷值损失情况

4　结论

多功能 S Zorb 吸附剂 FCAS-MF 在长岭炼化公司的工业应用当前已取得较好结果，工业应用期间，生产装置运行稳定，产品汽油质量合格，辛烷值损失明显降低，多功能吸附剂的主要性能得到了充分的肯定。工业应用结果表明：

1）多功能吸附剂 FCAS-MF 的主要性能完全满足工业装置生产需要。

2）与现用吸附剂 FCAS-R09 相比，多功能吸附剂 FCAS-MF 具有良好的脱硫反应活性及稳定性。

3）与现用吸附剂 FCAS-R09 相比，多功能吸附剂 FCAS-MF 具有更好的降烯烃性能及辛烷值保留能力，在 S Zorb 工艺条件下，产品汽油硫质量分数小于 10μg/g 时，烯烃体积分数可进一步降低 2%～3%，RON 损失可减少 0.3～0.6 个单位。

4）多功能吸附剂 FCAS-MF 具有较好的流化性能及耐磨性能。

参 考 文 献

[1] 孙丽丽，汽油吸附脱硫工艺与工程技术[M]. 北京：中国石化出版社，2019.

[2] 吴德飞，孙丽丽 . S Zorb 技术进展与工程应用[J]. 炼油技术与工程，2014，44(10)：1-4.

[3] 毛安国. S Zorb 工艺过程反应规律分析[J]. 石油炼制与化工，2017，48(6)：30-34.

[4] 王文寿，毛安国，刘宪龙. 催化裂化汽油中硫化物的吸附脱除研究[J]. 石油炼制与化工，2012，43(6)：6-10.

S Zorb 吸附剂激光粒度分析的影响因素考察

郭瑶庆[1]　孙裕苹[2]　郭晓峰[1]

（1. 中国石化石油化工科学研究院　北京 100083；2. 催化剂南京分公司　江苏南京 210033）

摘　要　采用马尔文激光粒度仪，考察了遮光度、分散器搅拌速度、样品预处理等因素对 S Zorb 吸附剂粒度分析结果的影响。实验结果表明，不同型号仪器需要考察遮光度、搅拌速度对粒度分析的影响，确定最佳分析条件。超声会严重破坏吸附剂颗粒原貌。待生剂预处理适宜条件为 200℃烘干 8h，过高的预处理温度造成颗粒烧结，导致错误粒度分布结果。

关键词　S Zorb 吸附剂；激光散射法；粒度分布

1　前言

SZorb 吸附脱硫技术应用于催化裂化汽油脱硫，具有辛烷值损失和氢耗少、操作费用低等优点[1]，是满足“国Ⅵ”汽油中硫含量≤10mg/kg 标准的主要技术手段。S Zorb 吸附剂在反应器中与汽油蒸气以流化状态接触反应，通过反应器上部的扩径段后气体线速度降低，分离出大部分吸附剂，剩余吸附剂通过反应器过滤器实现与反应油气的彻底分离。吸附剂夹带的细小颗粒多会黏附在反应器过滤器上，导致反应器压差过高，影响装置安全稳定运行[1]。吸附剂在再生器中与空气以流化状态接触再生，焙烧除去吸附剂中的碳硫。通过分析装置不同位置取得的吸附剂粒度分布，可以用于判断吸附剂破碎产生细粉的位置，为装置平稳操作提供分析数据。因此吸附剂的粒度分布是产品重要分析指标之一。

通常吸附剂粒度分布的分析方法是激光粒度法[2]，但该方法主要是针对催化裂化催化剂的粒度分析，没有针对吸附剂做详细考察。不同型号的激光粒度仪由于接受激光的环形光电探测器的设计不同[3]，样品分散器结构设计不同，同一吸附剂在不同仪器上得到的粒度分布结果不尽相同，需要做分析条件考察。

2　内容

本文在马尔文公司的不同型号激光粒度仪上考察遮光度、分散器搅拌速度及预处理条件对粒度分布的影响。

3　结果与讨论

3.1　遮光度的影响

当遮光度>15%时，该样品中<20μm 的颗粒的体积分数逐渐增大。这是由于当颗粒数量过多即遮光度>15%时，易发生颗粒间多重散射情况，而非一次颗粒的散射[4]。这样提供虚假信息，得到 $d(0.9)$ 的数值偏低，使拟合计算得到<20μm 的颗粒的数量“增多”。当遮光度<10%时，颗粒数量不够，得到的 $d(0.9)$ 数据偏高。以上三种激光粒度仪的遮光度最佳测量

条件是10%~15%。需要注意的是，不同型号的仪器得到的$d(0.5)$值不完全一致。不同型号的激光粒度仪需要单独考察遮光度的影响，得到最佳分析条件。

3.2 分散器搅拌速度的影响

以MS2000型，2000G分散器的仪器举例，考察不同搅拌速度对吸附剂的粒度分布影响。2000G分散器设有搅拌转速和输送泵速两个设置参数。在设置高搅拌转速900rad/min前提下，考察了不同泵速对粒度分布的影响。可见随着输送泵转速的增大，$d(0.9)$值减小，当泵速在2200~2500rad/min范围时，$d(0.9)$值趋于稳定。因为搅拌桨在烧杯底部。吸附剂骨架密度大，易沉降在烧杯底部，低搅拌速度不能将所有颗粒输送进入样品池。在2200~2500rad/min此泵速下才有足够输送能量将所有颗粒完全带入激光光路的样品池中。

采用不同型号的仪器分析S Zorb吸附剂时，需要考察分散器搅拌速度的影响，设定最佳分析条件。

3.3 样品预处理的影响

3.3.1 超声分散的影响

做激光粒度分析时，常常使用超声分散，将团聚的颗粒充分分散。在MS3000型，HydroEV分散器上考察了超声对吸附剂的粒度分布的影响。

由表1可见，超声会严重破坏吸附剂颗粒原貌，导致颗粒变小，<10μm的小颗粒明显增加，超声时间越长，颗粒受破坏程度越大。因此，分析吸附剂粒度分布时不应使用超声分散。

表1 超声对吸附剂粒度分布的影响 %(体)

超声时间	原样，无超声	超声10s	超声20s	超声30s	超声40s	超声50s
$d(0.5)$/μm	77.05	75.3	73.6	72.3	70.5	68.6
<20μm	1.605	2.41	3.86	4.69	6.36	7.77
<40μm	10.445	11.9	13.46	14.6	17.05	18.97
<149μm	93.12	93.96	94.76	95.46	95.69	96.4

3.3.2 样品浸润性的影响

由于待生剂含有未汽提干净的汽油，在水中不浸润，常出现小颗粒漂浮在水面上的现象，还存在细小颗粒黏附成团难分散的情况，易得错误结果。去除待生剂中汽油的常用方法是焙烧或酒精溶解。在MS2000型，HydroMU分散器上考察了待生剂不同预处理条件对粒度分析的影响。

由表2可见，虽然350℃或650℃焙烧都可以部分去除碳、硫，但是焙烧得到的d(0.5)值都偏高。从图1可见200℃下烘8h不会破坏颗粒原貌，粒度测定时没有不浸润现象，无细小颗粒黏附成团的问题，可以得到更真实的结果，粒度分析结果与待生剂原样的分析结果基本一致。从图2可知，650℃焙烧后的样品存在小颗粒烧结在大颗粒上情况，大颗粒表面上有小突起，说明焙烧破坏了样品原貌。推荐吸附剂的待生剂粒度分析采用200℃下烘8h预处理再进行粒度分析。

表 2　待生剂中碳、硫对粒度的影响

处理条件	原样(含汽油)	650℃马弗炉焙烧 1h	酒精浸泡 48h	200℃烘箱烘 8h	300℃马弗炉焙烧 1h
碳含量/%	1. 14	0. 22	1. 14	1. 01	0. 82
硫含量/%	4. 79	1. 89	4. 64	4. 41	4. 10
$d(0.5)$/μm	38. 95	42. 90	39. 92	39. 29	41. 48
<40μm%/(体)	50. 97	47. 38	50. 07	50. 69	48. 68
<149μm%/(体)	93. 76	94. 13	93. 53	93. 83	93. 71

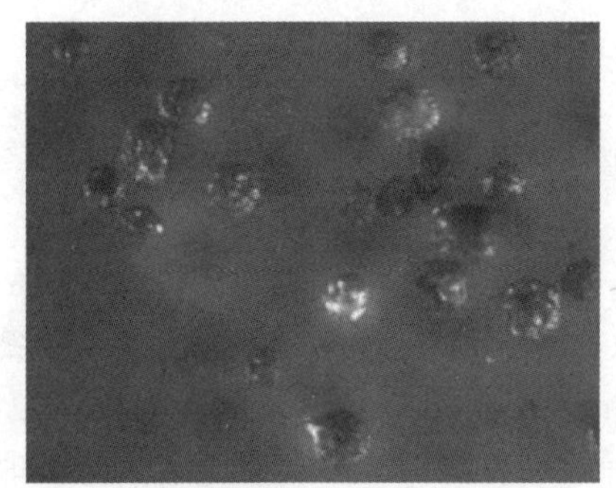

图 1　200℃下烘 8h 待生剂形貌(放大 60 倍)

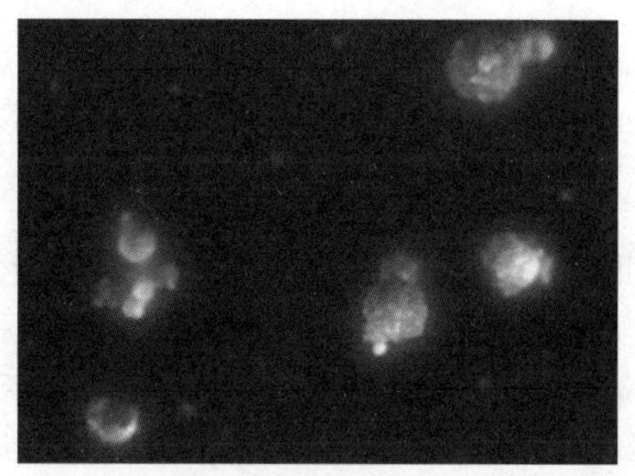

图 2　650℃焙烧后待生剂形貌(放大 60 倍)

4　结论

采用不同型号的马尔文激光粒度仪，考察了不同条件对 S Zorb 吸附剂粒度分析的影响。研究表明，不同型号仪器需要考察合适的遮光度，MS2000 型，2000G 分散器搅拌速度为 2200~2500rad/min 范围内，可以得到正确的粒度分析结果。S Zorb 吸附剂粒度分析超声分散会破坏颗粒原有形貌。待生剂粒度分析需要 200℃烘 8h 预处理，以减少待生剂在水中不浸润引起的分析误差。待生剂焙烧会引起大颗粒上烧结黏附小颗粒，使粒度结果偏大。

参　考　文　献

[1] 胡跃梁，孙启明 . S Zorb 吸附脱硫装置运行过程中存在问题分析及应对措施[J]. 石油炼制与化工，2013，44(7)：69-72.

[2] NB/SH/T 0951—2017，催化裂化催化剂粒度分布的测定激光粒度法[S].

[3] 于双双，杜吉，史宣 . 激光粒度仪光学系统设计方法[J]. 红外与激光工程，2014，43(6)：1735-1739.

[4] 滕飞，宁桂玲，田志坚，等 . 激光散射法测试超细颗粒粒度分布的研究[J]. 光散射学报，2004，16(2)：172-176.

RFS 硫转移剂和 RDNO$_x$ 脱硝助剂在完全再生装置的组合应用

沙　昊[1]　彭　强[2]　梁先耀[2]　苏显明[2]　徐祥龙[2]　朱　凯[1]　宋海涛[1]

（1. 中国石化石油化工科学研究院　北京 100083；
2. 中国石化北海炼化有限责任公司　广西北海 536000）

摘　要

关键词　催化裂化；烟气；蓝烟拖尾；硫转移剂；脱硝助剂

北海炼化公司催化装置为设计加工能力 2.1Mt/a 的 MIP 装置，当前加工量 270t/h，原料油以直馏蜡油为主，同时掺炼加氢蜡油和渣油。原料 S 含量 1.2%~1.4%，N 含量 1200~1600mg/kg。催化剂系统总藏量约 350t，新鲜剂补充量约 4.5t/d。采用完全再生操作，主风总量约 2850Nm^3/min，采用湿法脱硫进行烟气脱硫后处理，同时应用某型号助燃剂和脱硝助剂。

装置目前主要存在的问题是：烟气中 SO$_x$ 总量较高，脱硫塔出口烟气存在蓝烟和拖尾现象，气象条件不利时烟羽沉降于厂区及周边，对生产和生活环境造成影响。目前采用降低过剩氧含量和电除雾相结合的方法在一定程度上能缓解蓝烟拖尾现象，但装置操作弹性受限，且高 SO$_3$影响电除雾运行周期。

因此，北海炼化拟试用增强型 RFS 硫转移剂缓解催化装置脱硫塔烟气蓝烟拖尾现象。但由于烟气过剩氧含量较低，不利于硫转移剂充分发挥作用，而提高过剩氧含量又造成 NO$_x$ 排放增加，存在一定超标风险。RDNO$_x$-PC2 助剂相对其他脱硝助剂，可以在较高过剩氧含量条件下有效控制 NO$_x$ 排放[1-3]，因而北海炼化拟同时试用硫转移剂和 RDNO$_x$ 脱硝助剂。

1　技术方案

基于装置加工量较高，过剩氧含量较低等实际情况，助剂加注方案综合考虑装置进料量、硫平衡、烟气 SO$_x$ 和 NO$_x$ 质量浓度以及过剩氧含量等各方面因素[4-6]。其中硫转移剂推荐加剂方案：

1）快速加注阶段：按系统藏量 350t 计算，每天加注硫转移剂 840kg，连续加注 21d，达到系统藏量约 5%，进入稳定加注阶段；

2）稳定加注阶段：按助剂剂耗 0.055kg/t 计算，每天加注量 360kg，连续加注 10~15d 后，可进行总结标定。

脱硝助剂推荐加剂方案：

1）快速加注阶段：按系统藏量 350t 计算，每天加注脱硝助剂 360kg，连续加注 20d，达到系统藏量约 2%，进入稳定加注阶段；

2）稳定加注阶段：按助剂剂耗 0.02kg/t 计算，每天加注量 120kg，连续加注 10~15d

后，可进行总结标定。

2 脱硫脱硝助剂试用过程与效果

2019 年 11 月 5 日启动增强型 RFS 硫转移剂加注，每天加注 900kg，累计藏量至 2%，11 月 6 日，启动 RDNO$_x$-PC2 脱硝助剂加注，每天加注 120kg，累计藏量至 1%。

2.1 烟气 SO$_x$ 质量浓度变化

采用德图(testo 350)烟气分析仪测定烟气中 SO_2和 NO_x 质量浓度，结合 Q/SH 3360278—2018 测定烟气中 SO_3质量浓度。三旋出口烟气 SO_x 组成实测数据如表 1 所示。空白标定 SO_2 质量浓度约 4324mg/m^3，总 SO_x 质量浓度(以 SO_2 计)约 4760mg/m^3。在硫转移剂藏量占系统藏量约 1.8%时，SO_2质量浓度约 2145mg/m^3，总 SO_x 质量浓度(以 SO_2计)约 2410mg/m^3，下降 49.4%；在硫转移剂藏量占系统藏量约 2.0%时，SO_2质量浓度约 1920mg/m^3，总 SO_x 质量浓度(以 SO_2计)约 2150mg/m^3，下降 54.8%。在实际藏量占比远低于预定(5%)的情况下，SO_x 脱除率达到并超过 50%的预期效果。

表 1 硫转移剂加注前后三旋出口烟气 SO_x 组成

项目	O_2/%	CO/(mg/m^3)	SO_2/(mg/m^3)	SO_3/(mg/m^3)	总 SO_x^*/(mg/m^3)
加剂前	0.1~0.3	4000	4324	436	4760
加剂前(约 1.8%)	1.1~1.3	1	2145	265	2410
加剂前(约 2%)	1.1~1.3	0	1920	230	2150

* 以 SO_2质量浓度计。

加剂前后烟气中 SO_2在线表示数变化情况如图 1 所示。从图中可以看出，硫转移剂加入后，在原料硫含量基本稳定的情况下，脱硫塔入口 SO_2在线表示数明显下降，在 12 月 3 日将硫转移剂藏量占比提高到 2%时，在线表示数有明显下降趋势。

以上说明，硫转移剂脱硫效果十分理想，且仍有很大空间，随着硫转移剂藏量的提高，脱硫效果会更加显著。

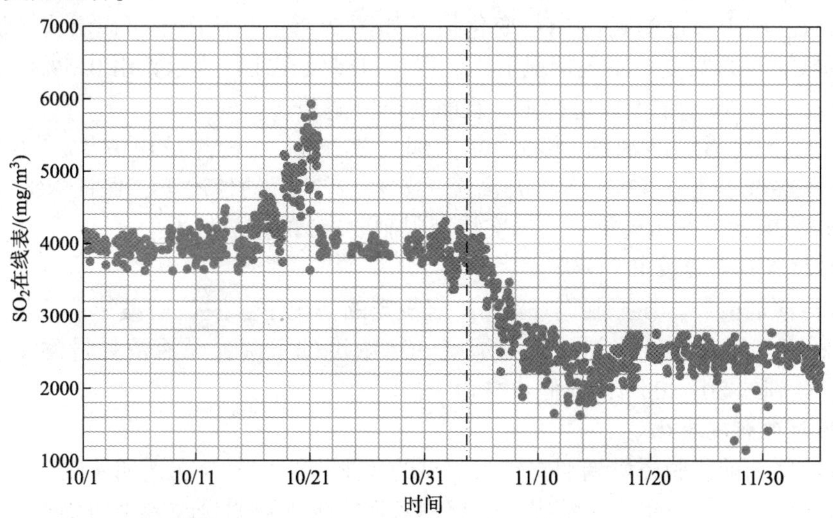

图 1 硫转移剂加注前后 SO_2在线表示数变化趋势

2.2　烟气 NO_x 质量浓度和过剩氧含量变化

三旋出口烟气 NO_x 组成实测数据如表 2 所示。加剂前，在装置过剩氧含量为 0.1%～0.3%，CO 浓度高达 4000mg/m³(存在能量损失及湿法静电安全隐患)的情况下，NO_x 质量浓度约 78mg/m³；在脱硝剂藏量占系统藏量约 1%时，装置将过剩氧含量提高到 1.1%～1.3%，CO 充分转化的情况下，NO_x 质量浓度约 75mg/m³，达到《石油炼制工业污染物排放标准特别限制要求》的排放标准。

表 2　脱硝助剂加注前后三旋出口烟气 NO_x 组成

项　目	O_2/%	CO/(mg/m³)	NO_x/(mg/m³)
加剂前	0.1～0.3	4000	78
加剂后(约 1%)	1.1～1.3	0	75

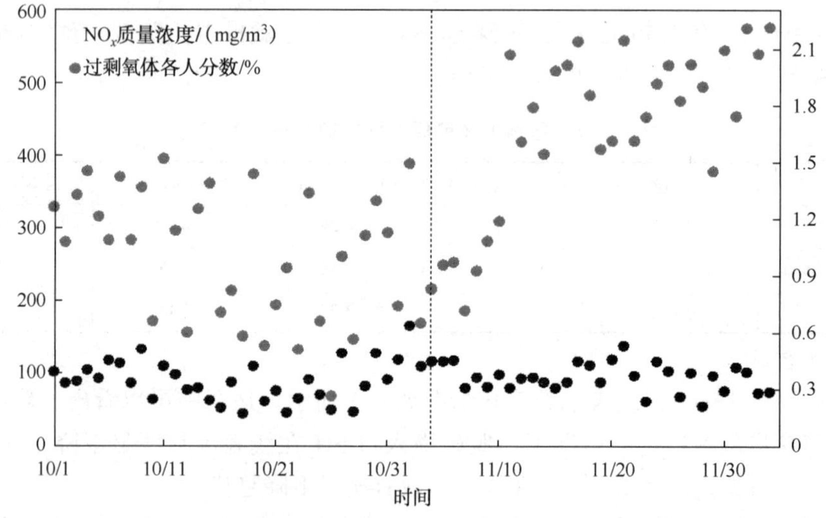

图 2　烟气过剩氧体积分数和 NO_x 质量浓度变化趋势(在线表)

加剂前后三旋出口过剩氧和 NO_x 变化情况如图 2 所示。从图中可以看出，脱硝助剂加入后，在原料中 N 含量变化不大情况下，装置将过剩氧在线仪表示数由 0.5%～1.4%升高至 1.6%～2.2%，NO_x 质量浓度保持稳定，且略有下降趋势。

以上说明，RDNO_x 助剂的加入，可在烟气实测过剩氧含量由 0.1%～0.3%提高到 1.1%～1.3%(在线表由 0.5%～1.4%升高至 1.6%～2.2%)的情况下，保证 NO_x 质量浓度稳定，达到《石油炼制工业污染物排放标准特别限制要求》的排放标准。

2.3　脱硫塔碱液消耗量变化

加注硫转移剂前后，在控制循环液 pH 值相当的情况下，脱硫塔碱液消耗量变化趋势见图 3。可以看出，随着硫转移剂加注和烟气 SO_x 浓度的下降，碱液消耗量逐步下降，由约 60～70t/d 降低到约 30～40t/d，降低 40%以上。

2.4　脱硫塔烟羽情况变化

加注硫转移剂前，脱硫塔烟羽有较为明显的蓝烟拖尾现象存在；加注硫转移剂后，在电除雾设备出现短路无法正常工作情况下，烟羽蓝烟拖尾现象明显改善，如图 4 所示。但由于硫转移剂藏量较低，烟气中还有大量 SO_x 存在，烟羽偶有一定的蓝烟拖尾现象存在。

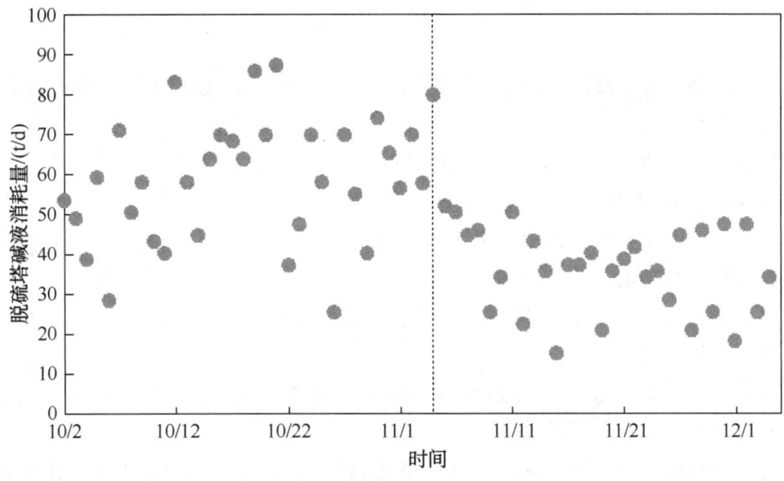

图 3　脱硫塔碱液消耗量变化趋势

图 4　加剂前后烟羽对

3　结论

增强型 RFS09 硫转移剂和 RDNO$_x$-PC2 脱硝助剂的试验结果表明，在硫转移剂累积至系统藏量约 2%，脱硝助剂累积至系统藏量约 1%时：

1）装置过剩氧含量实测由 0.1%～0.3%升高至 1.1%～1.3%的情况下，NO$_x$ 质量浓度保持稳定，且略有下降趋势，达到《石油炼制工业污染物排放标准特别限制要求》的排放标准。

2）三旋出口 SO$_x$ 质量浓度由 4760mg/m^3 降低至 2150mg/m^3，脱除率达到约 54.8%，在硫转移剂藏量占比远低于预计 5%的情况下，达到并超过预期目标。

3）脱硫塔碱液消耗量明显下降，由约 60～70t/d 降低到约 30～40t/d，降低 40%以上；

4）助剂的应用对裂化产物分布和产品性质无负面影响，装置操作、运行平稳，助剂无明显跑损问题。

参 考 文 献

[1] 杨文，白锐，刘丽强，等．降低重油催化装置烟气 NO_x 和外排水 COD 的助剂探索应用[J]. 当代化工，2019，48(09)：2076-2079.

[2] 余成朋，周巍巍，宋海涛，等．RDNO$_x$ 助剂技术在再生烟气 NO_x 达标排放中的应用[J]. 石油炼制与化工，2019，50(01)：96-100.

[3] 潘罗其，陈正朝，宋海涛，等．RDNO$_x$-PC1 助剂在不完全再生装置上的工业应用[J]. 石油炼制与化工，2018，49(08)：11-14.

[4] 杨磊，王寿璋，宋海涛，等．控制蓝烟和拖尾的增强型 RFS 硫转移剂的工业应用[J]. 石油炼制与化工，2018，49(12)：10-15.

[5] 侯利国，王学春，龚朝兵，等．硫转移剂 RFS09 在催化裂化装置中的应用[J]. 石化技术与应用，2019，37(04)：260-262.

[6] 宋海涛，罗勇，李禄博，等．新型硫转移剂在催化裂化装置上的工业应用[J]. 工业催化，2018，26(06)：80-82.

高稳定性 S Zorb 吸附剂开发及工业应用

宋 烨 林 伟 刘 俊 王磊

(中国石化石油化工科学研究院 北京 100083)

摘 要 针对 S Zorb 吸附剂在工业应用中，容易生成硅酸锌等物质导致失活的情况，通过对 S Zorb 吸附剂的催化材料、制备方法、吸附剂失活机理等深入研究，确定了高脱硫活性及高稳定性吸附剂的配方，使用了新型制备工艺，开发出的高稳定性 S Zorb 吸附剂 FCAS-II，其各项指标均达到了工业出厂要求。该吸附剂在中国石化某分公司 S Zorb 装置上进行了工业应用，结果表明该吸附剂具有更高的吸附脱硫反应活性和稳定性，具有良好的辛烷值保留性能和耐磨性能，工业实验过程中产品汽油硫质量分数出现超标(>10μg/g)的次数为 0，实现了超高硫原料长周期稳定生产清洁汽油的目标。

关键词 S Zorb 脱硫技术；氧化硅源；FCAS-II；高稳定性；高硫原料汽油

1 前言

随着人们对环境保护的日益重视以及环保法规的日益严格，对汽油质量的要求也更为苛刻，车用汽油标准也在不断升级[1-5]。我国现行的汽油产品标准 GB 17930—2013《车用汽油》要求 2017 年在全国实施硫质量分数不大于 10μg/g 的第五阶段汽油质量标准[5]。2016 年 12 月 27 日环境保护部、国家质检总局联合发布《轻型汽车污染物排放限值及测量方法(中国第六阶段)》即轻型车“国Ⅵ”标准。目前欧美发达国家大多采用选择性加氢脱硫技术生产清洁汽油，需要在很高氢分压情况下进行，汽油中的烯烃组分容易发生加氢反应，导致产品汽油的辛烷值降低。由美国康菲公司开发的 S Zorb 技术具有脱硫深度高及辛烷值损失低的特点，逐渐受到人们的重视。中国石化于 2007 年从美国康菲公司买断该技术，在此基础上进行二次开发[6,7]，并成为中国汽油质量升级的主要技术，获得广泛的应用[8]，目前国内共有 S Zorb 装置 35 套，总共加工能力超过 40Mt/a，是我国汽油质量升级的关键技术之一。

在 S Zorb 吸附脱硫工艺过程中，吸附剂将汽油中的硫化合物吸附下来并转移到再生器中，是 S Zorb 工艺发挥作用的重要关键因素之一。为了满足工业上对于吸附剂要求的不断，石油化工科学研究院(以下简称石科院)于 2009 年开发出了工业吸附剂 FCAS-R09[9,10]，取得了较好的工业应用效果。但在部分装置工业运转过程中，吸附剂中的活性组分氧化锌容易与吸附剂中的氧化硅组元发生反应生成硅酸锌，从而降低了吸附剂的硫存储能力和硫转移能力，对吸附剂活性整体不利。在国内外运行的 S Zorb 工业装置中，出现过多次由于吸附剂中硅酸锌质量分数过高导致脱硫活性降低，产品汽油硫质量分数超标等现象。

此外，随着汽油质量标准的提高，为了防止因波动生成的高硫汽油对汽油调合造成巨大的不利影响，工业上倾向于生成尽可能低硫的汽油(汽油硫质量分数基本为 0)，尤其对需加工超高硫原料汽油的 S Zorb 装置，提高 S Zorb 吸附剂的平衡活性并减少辛烷值损失是 S Zorb 吸附剂面临的新挑战。这就要求平衡吸附剂上的活性组元要尽可能的保留，因此减少 S Zorb

吸附剂使用过程中硅酸锌的生成也成为一个非常关键的因素[11]，需要开发研究低硅酸锌生成速率的吸附剂。

2 高稳定性 S Zorb 吸附剂 FCAS-Ⅱ的技术特点

高稳性 S Zorb 吸附剂 FCAS-Ⅱ是在工业吸附剂 FCAS-R09 的生产工艺及应用情况分析的基础上，通过对 S Zorb 吸附剂的催化材料、制备方法、吸附剂失活机理等的深入研究，确定了高脱硫活性及高稳定性吸附剂的配方。开发出高稳定性 S Zorb 吸附剂 FCAS-II，具有更高的平衡活性及更低的硅酸锌生成速率，可加工硫含量高、波动大的原料汽油，保持产品汽油硫质量分数稳定在 10μg/g 以下，避免因精制汽油产品硫含量超标而进一步打循环回炼加工，实现高硫原料长周期稳定生产清洁汽油。

同时开发出高稳定性吸附剂的工业制备流程，改进了 FCAS-Ⅱ吸附剂的工艺制备技术。采用新型吸附剂制备技术生产的 FCAS-Ⅱ吸附剂，其堆密度、孔体积、磨损指数等物化指标均与对比剂 FCAS-R09 相似，且粒度分布在一定范围内可控，较好的完成了预期目标。高稳性 S Zorb 吸附剂 FCAS-Ⅱ进一步提高了吸附剂强度，减少工业运转过程中装置细粉含量，提高吸附剂的活性稳定性，实现装置长周期稳定运行，尤其适用于加工超高硫原料汽油。

3 高稳定性 S Zorb 吸附剂 FCAS-Ⅱ的工业应用

中国石化某分公司汽油吸附脱硫装置是中国石化引进美国 ConocoPhillips 公司开发的汽油吸附脱硫专利技术并加以改进后，由中国石化工程建设公司设计，建成并投产的装置。设计处理量为 900kt/a，年开工时间为 8400h，原料主要为催化裂化装置的稳定汽油，产品为低硫精制汽油。

该公司 S Zorb 装置原使用 FCAS-R09 吸附剂，装置原料汽油硫含量较高(600~800μg/g)，且波动较大，经常出现因精制汽油产品硫含量超标需要进一步打循环回炼加工，影响装置经济效益的情况。为提高吸附剂脱硫效率，装置需要加大再生强度，避免因造成硅酸锌适宜生成的水热环境，而导致硅酸锌质量分数高。同时为提高吸附剂脱硫效率，吸附剂循环量高，因而吸附剂磨损大，会产生大量细粉，所以会导致过滤器压差过高，影响装置长周期运行。目前装置原料汽油硫质量分数进一步提高，需加工超高硫汽油(800~1200μg/g)，于 2017 年 8 月开始使用高稳性 S Zorb 吸附剂 FCAS-Ⅱ。

3.1 FCAS-Ⅱ工业应用前后原料及产品主要性质分析

图 1 中列出了高稳定性 S Zorb 吸附剂工业应用期间该 S Zorb 装置原料硫质量分数的变化情况，同时将工业应用前 2017 年 3 月 14 日至 2017 年 5 月 13 日装置原料汽油硫质量分数情况列在图 1 中。

由于该 S Zorb 装置原料油为催化装置汽油直接进料，原料性质随催化装置加工原油情况及装置操作变化情况而变化较大，图中该 S Zorb 装置原料硫含量数据波动较大，高稳定性吸附剂工业应用过程中，装置原料油中硫质量分数的平均值为 924μg/g；统计在高稳定性吸附剂加入装置前 60 天该 S Zorb 装置运行情况，其原料油中硫质量分数的平均值为 723μg/g。

图 2 中列出了 2017 年 3 月 14 日至 2017 年 5 月 13 日，2017 年 8 月 22 日至 2018 年 3 月 23 日该 S Zorb 装置产品硫质量分数的变化情况，装置产品硫质量分数平均值基本上在 5μg/g

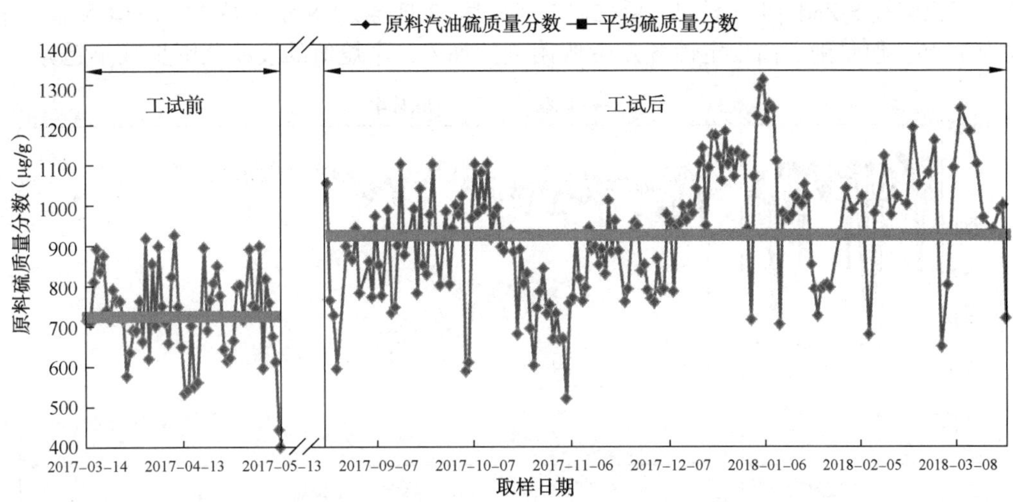

图 1　FCAS-II 吸附剂工业应用前后原料硫质量分数情况

左右。同时统计了 2017 年 3 月 14 日至 2017 年 5 月 13 日，2017 年 8 月 22 日至 2018 年 3 月 23 日该 S Zorb 装置运行过程中得到的产品硫质量分数小于 5μg/g 的数据点，总结发现在高稳性吸附剂加入前运行过程中，产品硫质量分数大于 10μg/g 的点占总数据量的 1%，而高稳性吸附剂加入装置后，在每天取样分析得到的数据结果中，产品硫质量分数出现超标(>10μg/g)的次数为 0。

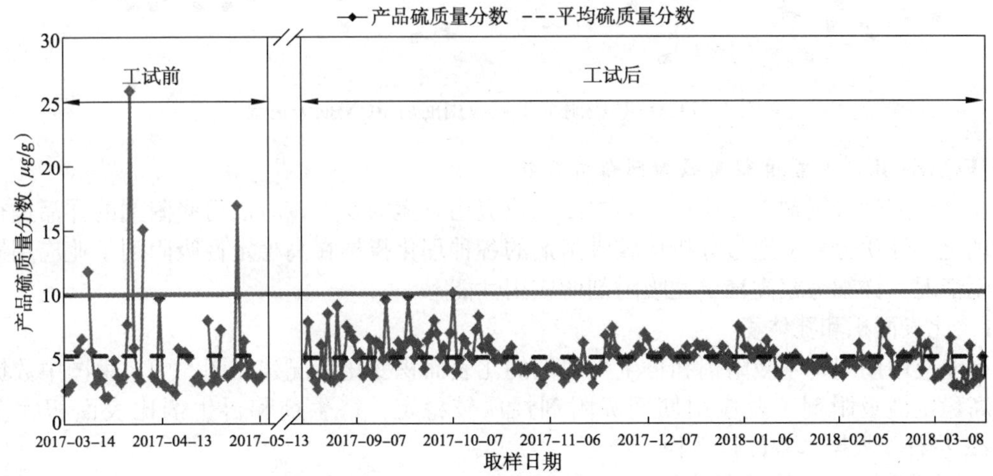

图 2　FCAS-II 吸附剂工业应用前后产品硫质量分数情况

图 3 为 2017 年 3 月 14 日至 2017 年 5 月 13 日，2017 年 8 月 22 日至 2018 年 3 月 23 日该 S Zorb 装置脱硫率曲线。在高稳定性吸附剂加入装置前运行过程中平均脱硫率为 99.24%，而高稳定性吸附剂加入装置后平均脱硫率为 99.43%。

3.2　FCAS-Ⅱ工业应用期间辛烷值损失分析

图 4 中列出了高稳性吸附剂工业应用前后该 S Zorb 装置得到的产品抗爆指数损失情况，高稳定性 S Zorb 吸附剂加入前(2017 年 3 月 14 日至 2017 年 5 月 13 日)RON 损失平均值为

1.45，高稳定性 S Zorb 吸附剂加入后(2017 年 8 月 22 日至 2018 年 3 月 23 日)RON 损失平均值也为 1.45，但是随着高稳定性 S Zorb 吸附剂的加入，辛烷值的波动范围呈减小趋势。

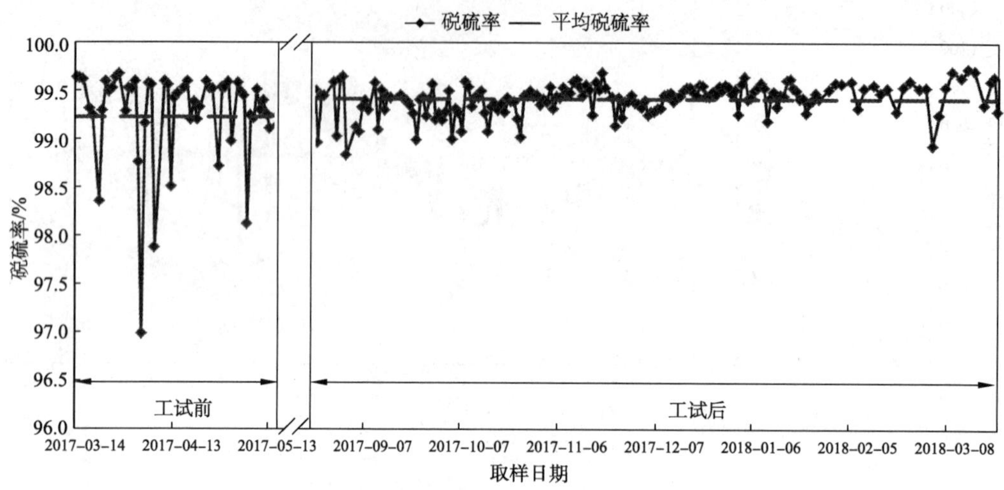

图 3　FCAS-II 吸附剂工业应用前后脱硫率曲线

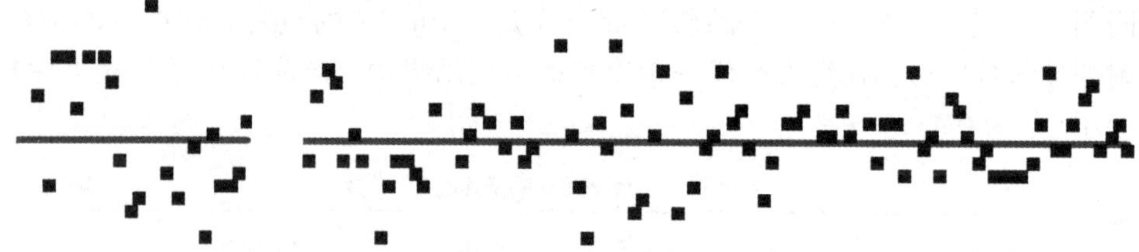

图 4　FCAS-II 吸附剂工业应用前后 RON 损失情况

3.3　FCAS-Ⅱ工业应用期间吸附剂性质分析

在高稳定性吸附剂工业应用期间按照工业应用方案的要求按时取得吸附剂的样品进行系统物理化学性质分析。通过分析比较吸附剂的各种理化指标在高稳定性吸附剂工业应用期间的变化情况，详细考察高稳定性吸附剂的应用性能。

3.3.1　比表面积和孔体积

工业应用期间待生吸附剂和再生吸附剂的比表面积变化情况列在图 5 中。由图中数据可见，高稳定性吸附剂工业应用期间吸附剂性质较稳定，待生剂和再生剂比表面积大多在 $25m^2/g$ 左右，数据基本保持平稳。

3.3.2　吸附剂上硫、碳质量分数

吸附剂上硫、碳质量分数是 S Zorb 工业装置运行过程中很重要的参数指标，在高稳定性吸附剂工业应用期间也对吸附剂样品进行了硫、碳质量分数的分析，得到的结果绘于图 6 和图 7 中。图 6 中是高稳定性吸附剂工业应用期间待生吸附剂和再生吸附剂上每日碳质量分数的变化情况曲线，其中待生剂上碳质量分数的变化范围为 0.60%～1.23%，平均值为 0.91%。再生剂上碳质量分数变化范围为 0.13%～0.72%，平均值为 0.40%。图 7 中曲线为待生吸附剂和再生吸附剂上硫质量分数的变化情况，高稳定性吸附剂工业应用期间待生剂上硫质量分数范围在 4.7%～9.2%，平均值为 7.0%。再生剂上硫质量分数范围为 2.6%～5.5%，平均值为 3.9%，平均硫差为 3.1%。

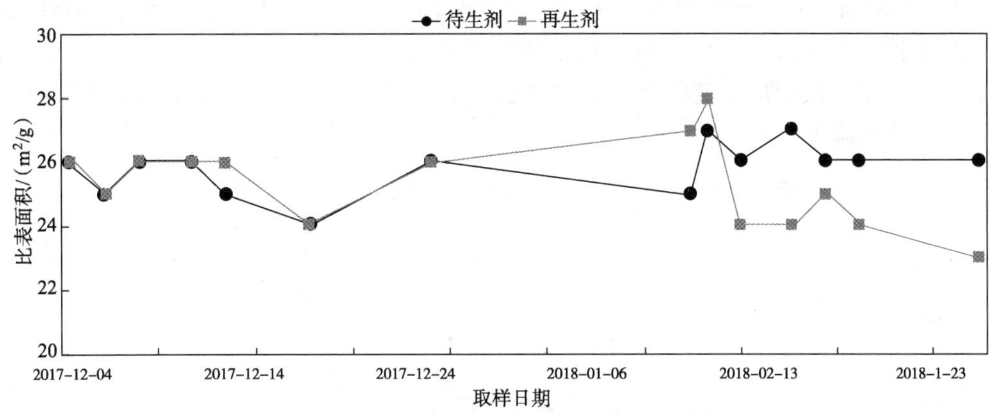

图 5　工业应用过程中吸附剂比表面积变化情况

图 6　工业应用过程中吸附剂上碳质量分数

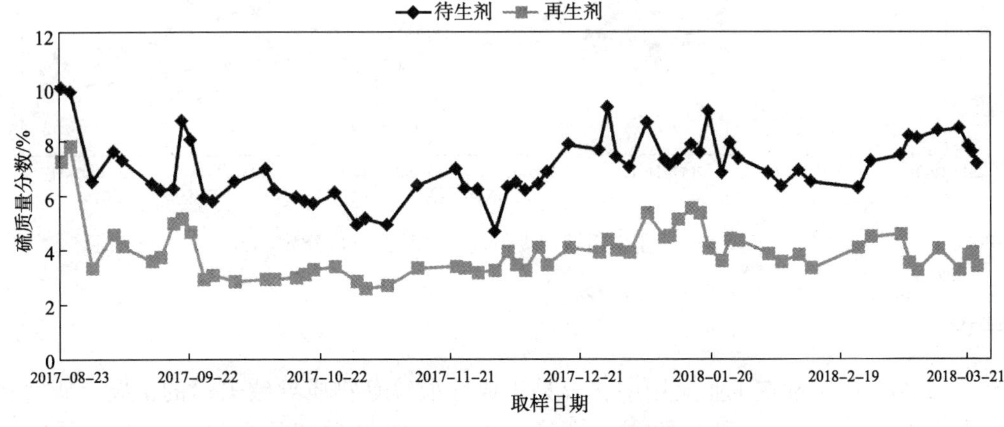

图 7　工业应用过程中吸附剂上硫质量分数

3.3.3　吸附剂硅酸锌质量分数变化

高稳定性吸附剂工业应用前后对取得的吸附剂样品进行了硅酸锌质量分数的表征，见图 8 和图 9。置换 FCAS-II 前装置硅酸锌质量分数高达 30%以上，硅酸锌生成速率约为 1.83kg

硅酸锌/(t 吸附剂・d)，硅酸锌生成速率高，有效 ZnO 质量分数低，再生苛刻度需提高，影响装置稳定性。置换高稳定性吸附剂后，装置吸附剂硅酸锌质量分数明显下降，运行稳定后，硅酸锌质量分数维持稳定在 20%，硅酸锌生成速率约为 1.1kg 硅酸锌/(t 吸附剂・d)，硅酸锌生成速率降低 40%。

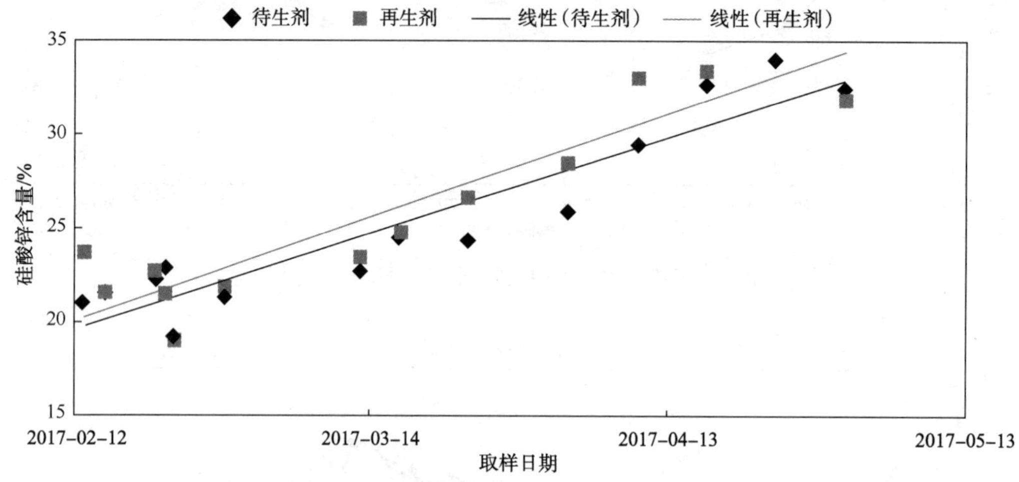

图 8　工业应用前吸附剂上硅酸锌质量分数

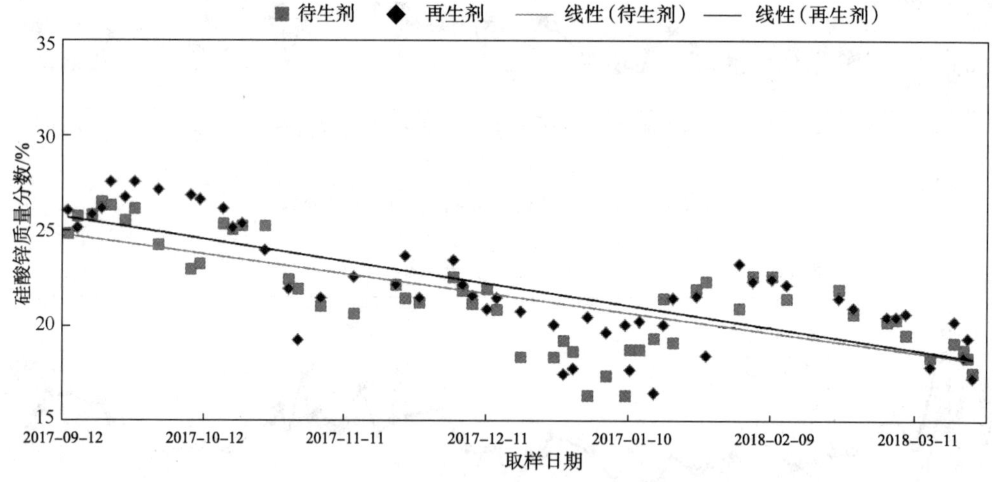

图 9　工业应用期间吸附剂上硅酸锌质量分数

4　结论

针对 S Zorb 吸附剂在工业应用中，容易生成硅酸锌等物质导致失活的情况，研究和开发了高稳定性 S Zorb 吸附剂，使用了高稳定性的硅源材料和新型制备工艺，开发出的 FCAS-Ⅱ吸附剂各项指标均达到了工业出厂要求，且具有较高的活性稳定性。

高稳定性 S Zorb 吸附剂 FCAS-Ⅱ在国中国石化某分公司 S Zorb 装置上的工业应用结果表明：①精制产品汽油硫质量分数都在 10μg/g 以下，平均值为 4.0μg/g。催化裂化汽油经过深度脱硫后，RON 损失平均值为 1.46。②FCAS-Ⅱ吸附剂具有较高的活性稳定性和较低的硅酸锌生成速率，在工业应用过程中，硅酸锌质量分数开始呈明显下降趋势，与目前工业剂 FCAS-R09 相比，硅酸锌生成速率降低 40%。平衡剂的活性一直维持在 90 以上，且辛烷值保留能力与目前工业剂相近。③高稳定性吸附剂 FCAS-Ⅱ在加工超高硫原料汽油时，精制汽油硫质量分数都在 10μg/g 以下，基本稳定在 5μg/g。解决了因产品汽油硫含量超标需回炼的问题；且在异常工况下，高稳定性吸附剂有一定的调节能力，减少整个装置更换吸附剂的需求，实现了超高硫原料长周期稳定生产清洁汽油。

综上所述，高稳定性吸附剂 FCAS-Ⅱ具有更高的吸附脱硫反应活性和稳定性，具有良好的辛烷值保留性能和耐磨性能，有良好的应用前景和工业推广价值。

参 考 文 献

[1] Song C. An overview of new approaches to deep desulfurization for ultra-clean gasoline, diesel fuel and jet fuel [J]. Catalysis today, 2003, 86(1): 211-263.

[2] Babich I V, Moulijn J A. Science and technology of novel processes for deep desulfurization of oil refinery streams: a review[J]. Fuel, 2003, 82(6): 607-631.

[3] Ito E, Van Veen J R. On novel processes for removing sulphur from refinery streams[J]. Catalysis Today, 2006, 116(4): 446-460.

[4] Brunet S, Mey D, Pérot G, et al. On the hydrodesulfurization of FCC gasoline: a review[J]. Applied Catalysis A: General, 2005, 278(2): 143-172.

[5] 曹湘洪. 车用燃料清洁化——我国炼油工业面临的挑战和对策[J]. 石油炼制与化工, 2008, 39(1): 1-8.

[6] 龙军, 林伟, 代振宇. 从反应化学原理到工业应用Ⅰ. S Zorb 技术特点及优势[J]. 石油学报（石油加工）, 2015, 1: 1.

[7] 林伟, 龙军. 从反应化学原理到工业应用 II. S Zorb 催化剂设计开发及性能[J]. 2015, 31: 419-425.

[8] 李鹏, 张英. 中国石化清洁汽油生产技术的开发和应用[J]. 炼油技术与工程. 2011(12): 11-15.

[9] 林伟, 田辉平, 朱玉霞, 等, 一种含磷脱硫吸附剂及其制备方法和应用[P]. 中国, ZL 200810246690. 3.

[10] 林伟, 田辉平, 朱玉霞, 等, 一种含碱金属脱硫吸附剂及其制备方法和应用[P]. 中国, ZL200910078395. 6.

[11] Jun L, Huiping T, Wei L. Desulfurizing adsorbent, preparing promss and use thereof. US Pat, US 8, 202, 816 B2. Jun. 19, 2012.

五、设备材料与防腐蚀

S Zorb 装置合金管道焊接工艺技术及质量控制措施探讨

冯一哲　李　伟　范建林　王雪奇

（中国石化第五建设有限公司　广东广州 510000）

摘　要　铬钼合金耐热钢管道具有良好的热稳定性、抗高温氧化、高温强度性能优良等特性，广泛应用于石油炼化装置高温、高压、易燃、易爆的管道。目前，在对铬钼合金钢管道进行焊接时，更加注重钢材在常温和高温情况下所具有的蠕变强度及持久强度。本文通过分析铬钼合金钢管道焊接技术以及焊后热处理技术，并结合 S Zorb 装置中 A335-P9、A335-P11 管道焊接的实际施工，对焊接工艺和质量控制措施进行探讨研究。

关键词　管道焊接；工艺技术；质量控制；措施

1　导言

铬钼合金钢主要是将合金元素添加，将高温蠕变的强度提高。当前铬钼合金钢管道焊接施工的过程中，往往采取严格的焊接工艺对铬钼合金钢管道进行焊接，从而保证该类合金钢焊接质量。S Zorb 装置中 A335-P9 使用部位为加热炉炉管，其工作温度 306. 2~684. 5℃，最大管径为 ϕ168. 3mm，最大壁厚为 9. 53mm；A335-P11 其最高工作温度可达 525℃，其中最大管径为 ϕ508mm，最大壁厚为 27. 8mm。两者焊接工艺复杂，且 A335-P9 炉管焊接位置复杂操作空间受限，因此对施焊人员技能及焊接质量要求高，A335-P11 工艺管道焊接工作量大，壁厚较厚。

2　A335-P9 和 A335-P11 焊接性分析

A335-P9 和 A335-P11 是以 Cr-Mo 基为主的珠光体耐热钢，化学成分及力学性能分别见(表 1 和表 2)。供货状态为正火+回火，钢的组织为珠光体+铁素体钢。因其合金元素化学成分以及组织成分，决定了其在焊接过程中存在的一些问题，其主要问题是冷裂纹和热影响区的硬化和软化，以及焊后热处理或高温长期使用中出现的消除应力裂纹(SR 裂纹)。

表 1　SA335-P9 和 A335-P11 的化学成分

钢号	C	Mn	P	S	Si	Cr	Mo
A335-P11	0. 08~0. 13	0. 30~0. 50	≤0. 025	≤0. 025	0. 50~1. 00	1. 0~1. 5	0. 44~0. 65
A335-P9	0. 09≤0. 14	0. 3~0. 5	≤0. 018	≤0. 005	0. 35~0. 55	8. 5~10	0. 92~1. 1

表 2　力学性能指标

牌号	屈服 Y. S. /MPa	抗拉 T. S. /MPa	伸长 E. L. /%
SA335-P11	205	415	30
SA335-P9	395	525	44

热影响区软化：S Zorb装置合金钢分布在高温工作管线，分析研究表明高温工况下热影响区软化区成为蠕变过程中开裂的主要位置，因此热影响区的软化在S Zorb装置中不容忽视。铬钼合金钢焊接过程中由于奥氏体晶粒严重长大，冷却后得到粗大晶粒组织，塑性韧性下降，产生热影响区软化区，焊接过程的热循环导致的热影响区软化只能通过一定的工艺手段防止。通过减小热输入能有效减小软化区宽度，降低软化程度，软化区减小到一定程度后产生约束强化，相邻强硬部分约束产生应变强化效果。

热影响区硬化和冷裂纹：热影响区硬化铬、钼元素能显著提高钢的淬硬性，同时这两种合金元素推迟了冷却过程中的组织转变，提高了过冷奥氏体的稳定性。碳当量一定的情况下，焊接过程中的小热输入也会得到较多的淬硬组织。淬硬倾向同时受冷却时间$t_{8/5}$的影响，冷却时间延长，热影响区最高硬度值明显降低。同时采取增大热输入、降低冷速的方法可以减少淬硬组织的出现，但会引起接头区过热的加剧，因此采取对合金钢焊前预热+小热输入，从而有效防止多层多道焊过程中冷却速度过快，出现淬硬倾向的组织。A335-P9、A335-P11焊接后的热处理也能改善接头的金相组织，提高焊接接头的塑性、韧性。

当焊缝中扩散氢含量过高、焊接热输入较小时，由于淬硬性组织和扩散氢的作用，常出现冷裂纹。可采用低氢焊条和控制焊接热输入在合适的范围，加上适当的预热、后热措施，有效避免焊接冷裂纹。

消除应力裂纹：一般出现在焊接热影响区的粗晶粒区，与焊接工艺及焊接残余应力有关，尤其是采用大热输入时，焊接层间的过热区易出现应力裂纹。选择合适的焊接工艺及焊接材料，限定焊接材料的化学成分，严格控制焊前预热及层间温度、采用合理的焊接热输入(多层多道)，焊缝层间厚度尽量减薄且连续焊接，完成后及时进行后热处理，可有效的控制消除应力裂纹。

由于A335-P9的合金元素过高，碳当量较大，焊接困难程度提升，为保证根部焊缝不氧化，焊接前里口必须采用水溶性纸封堵，制作氩气室从坡口处充氩，焊接时全程控制氩气流量，保证获得良好的焊接质量。

3　焊接质量控制易发生的问题

通过对A335-P9和A335-P11焊接性的分析，我们采取相应工艺措施防止焊接问题的产生，但施工现场仍然会出现一些其他问题，如：

1）管道组对时定位焊没有严格按照技术、规范要求进行，仅凭经验进行作业；

2）个别焊接作业人员进行A335-P11厚壁管道焊接，采用多层多道焊接方法时每层焊接接头处未错开；

3）S Zorb装置施工现场压力管道材质种类较多，装置紧凑，工作面积小，管线密集，因此易产生焊接工艺参数混乱现象。经焊接工艺评定合格的焊接工艺指导书得不到严格执行，施工工人任意改变坡口形式和尺寸，更改电流电压参数，加快焊接速度，使焊缝产生缺陷或缺欠。

4　管道焊接的质量控制

4.1　技术准备

施工开工前，各施工承包商按照工程内容及特点组建项目部，配置资质符合要求的相应质量、技术、施工、安全、材料的管理人员，按要求完成《施工组织设计》、《项目质量计划》、《检验、试验计划》和专项工程施工技术方案等项目策划、管理制度和实施方案。经审批后，施工承包商根据策划结果组织配置作业人员、施工机具、检验测量设备、材料等。

总承包、监理、业主在各施工承包商工程开工前按规定对其开工条件进行检查确认，并由施工承包商编制开工报告等文件资料，并报审相关部门批准确认。主要包括：

1）设计交底及图纸会审；

2）管理人员及特殊工种人员资质；

3）主要施工设备、机具、检试验测量器具进场报审；

4）工程施工组织设计、施工方案、分部分项划分、检验试验计划。

施工技术交底：施工承包商技术负责人根据各专业工程需要组织编制相应的施工技术方案/措施、施工设计文件、作业指导书、工艺卡等施工技术文件，并组织对管理、技术、质量及作业人员进行及安全、技术交底，交底培训实施动态管理和确保全员覆盖。

4.2 焊接材料的准备

化工焊接材料主要包含了焊条、焊丝、焊剂和保护性气体等。依照《焊接材料质量管理规程》中的相关规定，焊接材料在入库之前应当按照批次的顺序来进行入库的核查。在进行保管的过程中不能受到潮湿、生锈和变质。焊接材料在正式使用之前应该按照产品说明书对其进行烘干工作。在使用时从烘干箱当中取出放进保温桶中备用。在焊接材料的选取方面要遵循等强度的原则，在没有特殊要求时优先考虑使用酸性焊条，当焊接接头有较强韧性的要求时，需要选用低氢碱性的焊条，焊材选用见表 3。

表 3 焊材选用对照

母材材质	焊丝/焊条
A335 P9(全氩)	ER80S-B8
A335 P11	CHG55B2R/CHH307R

由于珠光体焊条具有容易吸潮的特性，因此严格控制焊条领用数量以及使用时间成为我们现场焊材管理的重点。

4.3 焊接工艺措施的准备

焊接工艺措施主要根据被焊工件的材质、牌号、化学成分，焊件结构类型，焊接性能要求来确定。首先要确定焊接方法，在 S Zorb 装置中 A335-P9 为加热炉的炉管，规格为 *DN*150(壁厚 9.53mm)及 A335-P11 *DN*80 管道(壁厚 2.87~8.7mm)以下都采用钨极气体保护焊(GTAW)，钨极气体保护焊具有可进行全方位焊接、实现单面焊双面成型、不产生飞溅和焊缝成型美观等优点，从而保证了工艺管道的焊接合格率。

而 A335-P11 *DN*80 管道(壁厚 8.7~26.19mm)以上采用钨极气体保护焊(GTAW)+焊条电弧焊(SMAW)，这样既能保证焊接质量，又能提高工作效率、减小劳动强度、节约施工成本。

确定焊接方法后，再制定焊接工艺参数。焊接工艺参数根据之前的焊接性分析，做好焊接工艺评定，并结合现场实际确定如表 4 所示：

表 4　焊接工艺参数

母材材质	焊接方法	填充金属	焊接电流/A	电弧电压/V	焊接速度/(cm/min)
P9	GTAW	φ2.4	110~120	13~14	7~10
P11	GTAW	φ2.4	115~125	11~13	5~7
	SMAW	φ3.2	115~135	22~24	8~10
	SMAW	φ4.0	140~160	24~26	9~11

焊前预热和焊后热处理应严格按照规范 SH/T 3554—2013(石油化工钢制管道焊接热处理规范)进行操作，并且应满足表 5 中确定的预热温度和焊后热处理温度，最终以硬度检测来检验焊后热处理是否达到要求。

表 5　焊接工艺温度

母材材质	预热温度/℃	层间温度/℃	焊后热处理温度/℃	焊后恒温时间/h
A335-P9	250~350	不低于预热温度	750~780	2h
A335-P11	150~200	不低于预热温度	700~750	2h

焊后热处理应升温速度和降温速度也必须严格控制：A335-P9 升温 300℃以下不控制，300℃以上需≤200℃/h，降温≤220℃/h，300℃以下随炉冷却。A335-P11 升温 300℃以下不控制，300℃以上需≤200℃/h，降温≤200℃/h，300℃以下随炉冷却。对于不能立即热处理的焊口需进行后热 30min，温度 300~350℃的消氢处理。

4.4　焊接过程中检查

严格执行三检制，焊接人员首先自检，然后由质检人员检查，不合格工序不准下转；在焊接工作完成之后，就要对完工之后的焊缝是否达到了相应的标准进行检查，包括外观检查和焊缝无损检测。通过外观检查，保证焊缝的实际尺寸需要符合相应的标准要求。通过无损探伤检查保证焊缝内部质量符合相应的标准要求。对于超标的缺陷按照工艺文件要求实施返修。

外观检测与无损检测流程：坡口打磨→坡口 PT 检测→预热→焊接→焊接完成→焊后热处理→硬度检测→RT 检测→焊缝 PT 检测→光谱检测

RT 检测需在热处理完成 24 小时以后检测，探伤完成后需对焊缝表面检测进一步检测是否出现裂纹。

4.5　铬钼合金钢管道焊接技术

随着焊接技术逐渐成熟和发展，同时大多数施工过程主要是对自动和半自动的焊接工艺加以应用，在焊接工厂化预制的推广应用过程中，埋弧自动焊以及混合气体熔化极气体保护焊等焊接方法的推广应用，对于生产效率的提高以及焊接质量的提高均有着非常明显作用。但自动焊设备往往需要有相对较大的投资，仅仅适用于相对较大的项目中，并在项目的预制阶段投入使用，而手工焊过程主要是用于小型的项目及现场组焊的固定焊口。

铬钼合金钢管道在焊接之前必须进行预热，做好对 A335-P9、A335-P11 钢预热温度的控制，常用的加热设备主要有绳式加热器、磁铁式加热器以及履带式加热器，在保温的过程中其材料主要选取硅酸铝和陶纤毯等材料，为保证热处理质量预热方法主要采用电加热。采取电加热片进行预热，采取双人对称施焊，并对层间的温度加以控制，测温采用热电偶进行测温及控制，并将其测温点选取正对焊工工件表面的和坡口边缘相近的位置，温度控制的过程中，其层间温度尽可能地在相邻的母材金属的位置进行测量，预热温度 150~200℃，道间温度≤200℃。

铬钼合金钢管道焊接过程中，一条焊缝尽量一次性焊完，否则焊接中断时，必须保证至少焊接两层，同时保证焊接的壁厚相对较大，并将其加热到 330℃，对其进行保温处理，恒温时间一般在 30min 左右。在下次重新恢复焊接前，首先要对焊缝表面进行表面检测(渗透和磁粉检测均可)确认没有裂纹，然后再按原先的焊接工艺开始新的预热和焊接过程。同时，铬钼合金钢管道的焊接，必须对施工人员进行系统的培训，将施工人员的认知程度和质量控制意识全面提高，并加强施工过程的监督，及时地发现问题，并制定一定的奖罚制度，做好施工的合理控制，确保消除延迟裂纹风险。

5 结论

综上所述，社会在发展，科技在进步，焊接技术同样也得到了空前的发展。铬钼合金钢管道焊接技术需要注意：

1）正确的设置坡口的形状；

2）保证焊接的方便性与科学性；

3）使用较为先进的焊接工艺，例如多层多道小电流小摆动焊接。

遵循这些要求能有效避免基层对合金金属的稀释。

参 考 文 献

[1] 范保国. 管道焊接质量控制的措施探讨[J]. 中国石油和化工标准与质量，2012，(51)：196-196.

[2] 孙留铛. 浅析油气管道焊接工艺技术及质量控制[J]. 中国石油和化工标准与质量，2012，33(12)：120-120.

[3] 张勇. 浅谈石油场站管道的焊接工艺以及质量控制措施[J]. 科技与企业，2011，13：108-108.

[4] 李亚江. 焊接冶金学(材料焊接性)[M]. 北京：机械工业出版社，2008.

[5] 张文钺. 焊接冶金学-基本原理[M]. 北京：机械工业出版社，1999.

催化裂化富氧再生氧气管道安全设计

齐一芳

（中国石化洛阳工程有限公司　河南洛阳 471003）

摘　要　富氧再生技术可增加催化裂化装置的烧焦能力，提高加工负荷并改善产品分布。氧气是助燃气体，引入催化裂化装置必然增加装置的安全隐患。本文从提高氧气管道系统抵御火灾风险能力、降低管道内可燃物存在的可能性、降低点燃能量、避免可燃介质与氧气接触等方面分析提高氧气管道安全性的设计方法和思路，并总结出催化裂化富氧再生氧气管道安全设计方案。

关键词　催化裂化；富氧再生；氧气管道；安全设计

在不对装置再生器及主风机能力进行改造的条件下，富氧再生可大幅度提高催化裂化装置的加工量和掺炼重油的能力，一般可提高 20%以上，同时可有效降低再生剂定碳（再生剂上的含碳量），改善产品分布，这是富氧再生优于常规再生的特点[1]。然而将具有助燃性质的氧气引入催化裂化装置，将增加装置火灾和爆炸的风险。因此富氧再生技术氧气管道的安全设计值得深入探讨。

1　富氧再生技术概述

常规再生为不完全再生，主风中氧浓度为 21%；完全再生的主风中氧浓度为 23%～26%。富氧再生技术通常在催化裂化改造中采用，在原有主风中掺入部分高浓度氧气，混合均匀后能够提高主风整体氧浓度。在工程应用中具体包含氧气管道、氧气流量控制阀组、注氧分布器及仪表自控系统等部分见图 1。在现有装置改造过程中，氧气通过特殊的注氧分布器被注入原有主风管道中，并在一定的长度内与主风达到均匀混合。

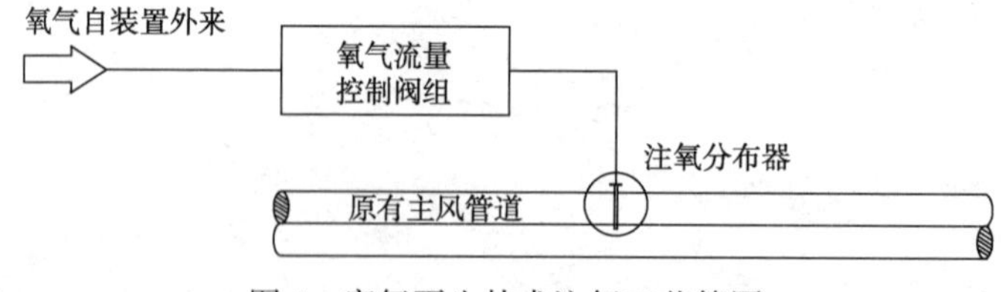

图 1　富氧再生技术注氧工艺简图

2　氧气的火灾危险性

火灾发生的三要素是：可燃物质、助燃剂、点燃能量，三个要素缺一不可。管道发生的安全事故，主要是着火燃烧和燃爆。许多可燃物质如铁渣、油脂、纤维质碎屑等，在高浓度氧气或纯氧管道中比在大气中更易于燃烧，且在氧气的助燃下，燃烧剧烈，从而导致爆燃。

基于氧气的特性，GB 50016—2014《建筑设计防火规范》中表 3.1.1 将氧气的火灾危险性定义为乙类。

3 氧气管道在催化裂化装置中的风险

3.1 氧气的火灾风险

氧气的助燃性和氧化特性使氧气管道发生火灾、燃爆事故的风险性较高。分析国内外多年来氧气管道燃爆事故原因，总结出造成氧气管道火灾事故的主要因素为：①氧气中夹带可燃固体颗粒；②可燃物存在于输氧管道中；③绝热压缩升温；④电火花放电[2]。

3.2 氧气管道穿越装置的风险

根据 GB 50160—2008《石油化工企业设计防火标准(2018 年版)》，催化裂化装置的火灾危险性为甲类，装置内处理的工艺介质有甲、乙类可燃气体以及甲、乙类可燃液体。由于装置内法兰、阀门等连接部位存在泄漏风险，具有助燃性的氧气管道在穿越催化裂化装置时增加了装置的火灾和爆炸风险。

4 氧气管道安全设计

某催化裂化装置改造应用富氧再生技术提高装置处理量，其氧气管道的设计参数见表 1。

表 1 氧气管道设计参数

管径	*DN*200	设计压力	0. 68MPa
操作温度	40℃	流速	16m/s
操作压力	0. 5MPa	浓度	>90%
设计温度	60℃		

4.1 提高氧气管道系统抵御火灾风险能力

4.1.1 氧气管道系统材料选用

根据国内外的工程实践，氧气管道的火灾风险与氧气介质的流速及工作压力密切相关。氧气管道中氧气最高流速的限定，是非常重要的安全措施，流速过大，会造成燃爆事故[3]。依据 GB 16912—2008《深度冷冻法生产氧气及相关气体安全技术规程》中表 9 和表 10，该氧气管道在一般场所可选用无缝碳钢管、不锈钢无缝管道，而阀后 5 倍公称直径、调节阀组前后各 5 倍工程直径范围、放散阀后等部位流速急剧增大，火灾风险增加，应选用不锈钢材质。综合考虑以上因素，装置中富氧再生氧气管道材料选用不锈钢无缝管道。

4.1.2 氧气阀门选用

球阀处于完全打开的状态时，流量被认为是平稳的，而且阀体和过流部分可按非冲击场合考虑[4]。依据 GB 16912—2008《深度冷冻法生产氧气及相关气体安全技术规程》的 8. 5 条，该富氧再生氧气管道阀门选用氧气专用不锈钢球阀。

4.1.3 主风管道材料核算

高浓度氧气通过注氧分布器注入主风管道中心后，被空气包裹，以特定的扩散形态经过一段距离后与主风均匀混合。基于上述设计原则，主风管道材料维持原设计。如果改造装置主风管道布置不能满足特定扩散形态所必需的直管段要求或注氧分布器设计未进行相应流体动力学模拟分析，则必须进行主风管道选材核算。

4.2　降低管道内可燃物存在的可能性

管道内可能存在的可燃物包括：在气流冲刷下易破碎的垫片(如金属包覆垫、橡胶石棉板垫片)；氧气管网中携带的管壁脱落物；管内壁油脂；切割管道和坡口加工时产生的碎屑、焊接组对时带入的焊渣以及管道内壁未清除干净的污物；水压试验后管道内壁发生的锈蚀物等。为降低管道内可燃物存在的可能性，氧气管道设计及施工应满足以下几点：

1）氧气管道上法兰垫片依据 GB 16912—2008《深度冷冻法生产氧气及相关气体安全技术规程》中相关规定及氧气管道的设计参数进行选型，选用缠绕式垫片、聚四氟乙烯垫片、柔性石墨复合垫片；

2）对于旁通管道，放空管道与吹扫置换管道等备用管道应自主管顶部接出，或至少水平方向接出[5]，以避免介质流速下降，碎屑沉积；

3）氧气管道安装之前，按照工艺要求对其进行脱脂处理，必须保证脱脂质量[6]，脱脂工作中需注意：脱脂剂和脱脂方法的选择、规范脱脂过程以及脱脂后的保护，脱脂处理按照 HG 20202—2014《脱脂工程施工及验收规范》进行并在系统泄漏性试验之前完成；

4）氧气管道的施工除满足现行石油化工金属管道相关施工及质量验收标准外，还应满足 GB 16912—2008《深度冷冻法生产氧气及相关气体安全技术规程》中相关施工要求，以确保管道内壁清洁与光滑度；

5）GB 50030—2013《氧气站设计规范》中规定小于或等于 4.0MPa 的氧气管道采用无油脂干燥的空气或氮气做气压强度试验，当设计压力大于 4.0MPa 时，仍采用水压试验，试验后应及时有效对管道进行排水和烘干。

4.3　降低点燃能量

使流体流动方向突然改变或产生漩涡从而引起流体中颗粒对管道进行撞击的位置称做撞击场合；否则称为非撞击场合。撞击激发的能量在氧气的助燃作用下极易点燃管道内存在的杂质及颗粒等。高温及静电火花也是火灾发生三要素中点燃能量的来源。为降低达到上述点燃能量的可能性，设计中应满足以下几点要求：

1）富氧再生氧气管道上的弯头、变径管、三通等管件均采用标准无缝对焊管件；

2）氧气管道布置时，弯头或三通不应与阀门的出口直接相连，阀门出口侧宜有长度不小于 5 倍管道外径且不小于 1.5m 的直管段，以达到稳流的效果；

3）氧气管道不得穿过高温作业及火焰区域。当必须穿过时，应增设隔热措施，确保氧气管壁温度不超过 70℃；

4）氧气管道系统的静电接地系统必须严格按照标准要求执行：氧气进出装置处应设静电接地，装置内每 80~100m 处，设静电接地，防静电接地电阻不得大于 10Ω，氧气管道、阀门上的法兰连接处应采用金属导线跨接，其跨接电阻应小于 0.03Ω[5]。

4.4　避免可燃介质与氧气接触

当氧气管道或可燃介质管道发生泄漏时，火灾风险急剧加大，因此为避免可燃介质与氧气接触，首先，应确保氧气管道系统安全可靠，其次，应将氧气管道特别是阀组尽可能布置在远离可燃气体排放或泄漏风险大的位置。设计时应做到以下几点：

1）氧气管道的连接方式应为焊接，在与设备、阀门等的连接处，可采用法兰或螺纹连接。如果与设备或阀门的连接处采用螺纹连接，为防止氧气接触油脂类物质，螺纹连接处应采用聚四氟乙烯作为填料。

2）氧气管道宜架空敷设，并敷设在不燃烧材料组成的支架上。

3）氧气管道采用自然补偿方式。

4）当氧气管道与装置内可燃介质管道邻近布置时，首先确定合理的相对位置关系，其次保证适当的安全距离。对于改造装置，通常管架内管道密布，难以找到满足氧气布置空间的合适位置，可考虑管架或构架外挑支撑，以便确保氧气管道与可燃介质管道有足够的安全距离。

5）氧气排放管道的布置参照可燃介质的排放要求，同时氧气放空口必须远离可燃气体放空点。

6）氧气流量控制阀组内整合有氧气调节阀组、放空阀组及一些控制仪表，在催化裂化改造装置内布置时应：①尽可能布置在远离可燃介质泄漏风险大的场合；②靠近主风管道氧气注入点，同时便于规划氧气管道路由；③适当架高布置。

5 总结

富氧再生技术在提高改造的催化裂化装置处理量、减少设备及管路系统改造工程量方面均有很大优势。氧气管道系统安全运行才能确保富氧再生技术在催化裂化装置的应用。

氧气管道安全设计是个系统工程，因此，工艺、自控以及管道的设计都应从安全角度出发，遵守安全设计原则。本文仅从管道设计的角度对氧气管道的安全设计进行分析探讨，总结出催化裂化富氧再生氧气管道安全设计方案如下：

1）氧气管道选用不锈钢无缝管道，管件选用标准不锈钢无缝对焊管件，阀门选用氧气专用不锈钢球阀；

2）从降低可燃物存在可能性的角度，管道布置应避免盲端及低点，氧气管道脱脂及施工应严格遵守相关标准规范；

3）从降低点燃能量的角度，氧气管道布置应避免形成撞击场合，必须设置可靠的静电接地设施；

4）氧气管道及阀组布置均应与可燃介质管道保持一定的安全距离。

参 考 文 献

[1] 王明哲，华炜. 富氧再生技术在催化裂化装置上的应用[J]. 化工进展，2007，26(2)：262-266.
[2] 颜士颖. 制氧站内输氧管安全设计[J]. 安徽冶金科技职业学院学报，2010，20(3)：21-24.
[3] 姜淼. 氧气管道安全措施及现场施工问题浅谈[J]. 山东化工，2016，45(18)：110-111.
[4] 付荣申. 煤化工中氧阀的选型[J]. 石油化工自动化，2013，49(4)：20-23.
[5] 廖贵华. 煤化工氧气管道安全设计[J]. 广东化工，2014，41(10)：122-123.
[6] 何金波. 石油化工工程项目氧气管道脱脂方案及过程控制方法[J]. 科技与创新，2014，(14)：48-49.

催化裂化余热锅炉的运行与适应性改造

吴　东　程千里　张苡源　杨　磊　郝永杰　夏明川

（中国石化青岛炼化公司　山东青岛 266500）

摘　要　某炼化公司 2.9Mt/a 催化裂化于 2008 年 5 月投入运行，其初始设计排烟温度较高，出于节能降耗的考虑，将省煤段的光管更换为翅片管，重新设计省煤器模块。而随着 2014 年烟气脱硫脱硝项目和 2019 年烟气脱硫脱硝除尘项目的上线，两次提高了余热锅炉的运行压力，同时随着设备的长周期运行，设备强度、腐蚀与积灰等问题也接踵而来。本文介绍了该装置应对以上问题所进行的一系列适应性改造和取得的积极效果。

关键词　催化裂化；余热锅炉改造；长周期运行

1　余热锅炉构造与工况

1.1　余热锅炉构造

该余热锅炉与装置外取热器、油浆蒸发器共同组成装置中压蒸汽发生、过热系统。该余热锅炉除过热自产的少量中压饱和蒸汽外，主要过热外取热器、油浆蒸发器产生的中压饱和蒸汽，同样除预热自身锅炉汽包上水外，还预热外取热器、油浆蒸发器汽包上水。锅炉分为三个模块：过热段、蒸发段、省煤段。余热锅炉配备一套汽包加药系统，通过加入磷酸三钠调节汽包炉水 pH 值在 7~9 之间；配备一套激波吹灰系统，利用可燃气体与空气混合爆燃所产生的脉冲激波进行除灰。管路初始设计见表 1。

表 1　余热锅炉炉管初始设计规格

模块	管路形式	规格	材质	布置形式
过热段	光管	φ42×4	12Cr1MoVG	逆流顺列卧式双绕
蒸发段	光管	φ51×5	20G	逆流顺列卧式
省煤段	光管	φ32×4	20G	逆流顺列布置

1.2　余热锅炉介质参数

两台余热锅炉在额定工况下的总烟气量为 350000Nm³/h（湿基），年工作时间：8400h。余热锅炉入口总烟气参数见表 2。

表 2　余热锅炉入口烟气参数

序号	项目	单位	设计工况
1	烟气量	Nm³/h（湿基）	350000
2	温度	℃	480
3	压力	kPa	~4.5

续表

序号	项目	单位	设计工况
4	气体组成	%(体)	
	CO_2		12.332
	O_2		4.007
	N_2		73.521
	H_2O		10.15
5	NO_x	mg/Nm^3(干基)	150
6	SO_2	mg/Nm^3(干基)	1000
7	颗粒物	mg/Nm^3(干基)	200

2 省煤器的节能改造

2.1 改造背景

余热锅炉于2008年5月投入运行，经过近两年的运行，余热锅炉排烟温度约在195℃左右，处于常规设计的排烟温度水平。催化烟气流量大，余热锅炉排烟温度相对较高，低温热利用具有较大的潜力。

2.2 改造内容

新省煤器采用外保温模块化箱体结构，受热面为蛇形翅片管，顺列逆流布置。省煤器的翅片管基管采用高压锅炉无缝钢管20G，管径为$\phi42$；翅片采用ST12钢；进出口集箱材质为20G；箱体材料为Q235A。模块箱体外形尺寸为长、宽、高=4740、4240、2428(mm)，模块箱体上预留吹灰器接口，以有效清除受热面积灰。低温省煤器换热面积由1157m^{2}增加到5838m^2，可以有效降低排烟温度，提高经济效益。

2.3 改造后的运行工况

改造前后锅炉运行参数见表3。

表3 改造前、后锅炉运行参数对照

序号	项目名称	单位	改造前	改造后
1	再生烟气流量	Nm^3/min	6420	6420
2	装置主风量	Nm^3/min	5500	5500
3	烟气进余热锅炉温度	℃	465~475	468~481
4	外取热器饱和蒸汽产量	t/h	55	45
5	油浆蒸发器饱和蒸汽产量	t/h	66	65
6	余锅自产饱和蒸汽产量	t/h	11	20
7	过热蒸汽出口温度	℃	410~420	405~410
8	省煤器出口热水温度	℃	180	180
9	省煤器入口烟气温度	℃	270~277	270~275
10	蒸发段入口烟气温度	℃	300~310	296~310
11	排烟温度	℃	195	136
12	给水进口温度	℃	135	135
13	给水泵出口压力	MPa	6.0~6.5	6.0~6.5

余热锅炉进行节能技术改造后，排烟温度从195℃降低至136℃，可持续最低排烟温度达到130℃左右(见图1)，有效地回收了烟气低温热能，两台余热锅炉可多回收烟气余热约为20216.85×10^4MJ/a，折合节约燃料气(9500kcal/kg)5082t/a，按照年运行8400h计算，可产生经济效益约1500万元/年(扣除装置改造新增投资折旧费)，改造后的经济效益十分可观。

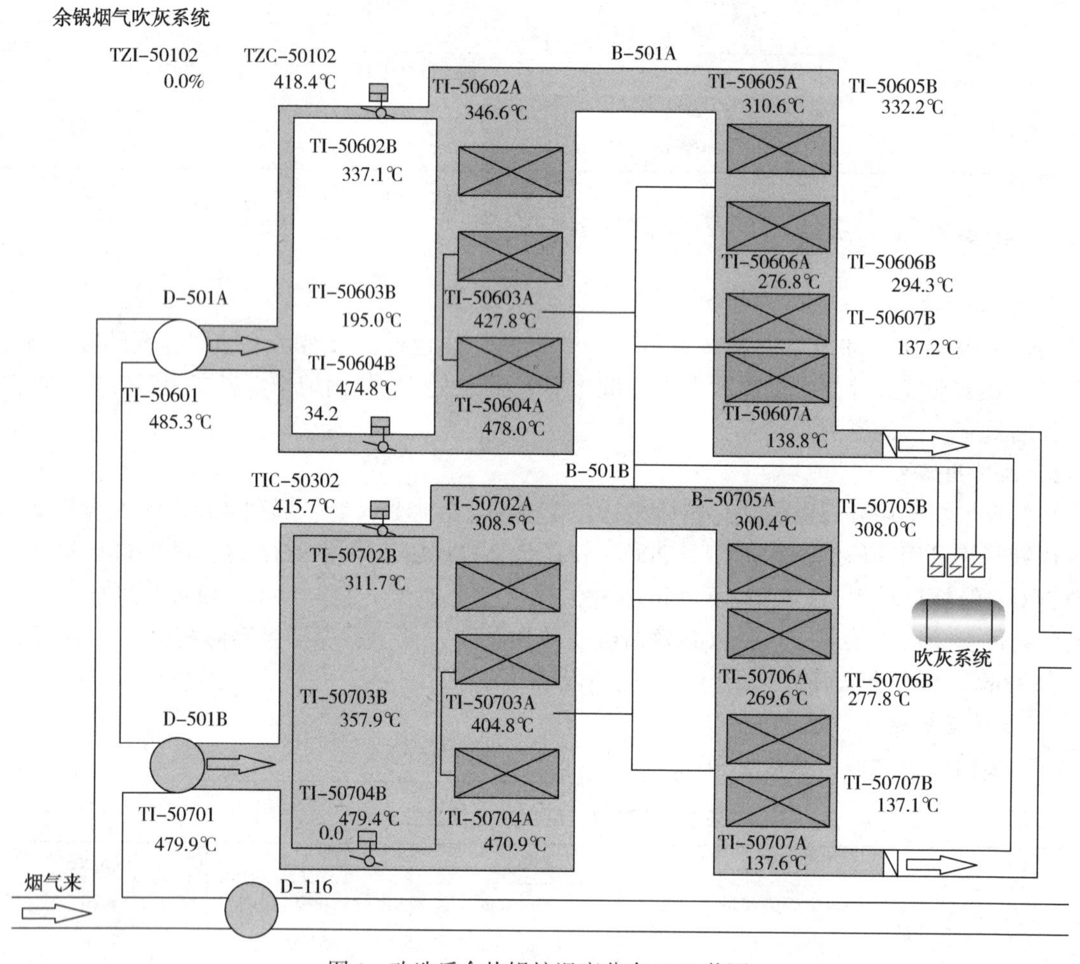

图1　改造后余热锅炉温度分布DCS截图

3　余热锅炉升压加固优化改造

3.1　改造背景

由于环保要求，催化装置于2014年新上再生烟气脱硫脱硝项目，该项目利用EDV湿法脱硫技术洗涤烟气中的粉尘，将对余热锅炉烟气侧承压能力提出较高的要求，烟气脱硫系统阻力降一般为5kPa，余热锅炉系统阻力降一般为3kPa，而后续增设烟气脱硫脱硝系统后，余热锅炉烟气侧压力可达9kPa，原运行余热锅炉前部分受热面为微正压，尾部受热面为微负压，原余热锅炉烟气侧设计耐压不超过4kPa，原余热锅炉耐压不能满足要求，需进行适应性改造。

余热锅炉运行过程中烟气泄漏严重，尤其过热器和蒸发器集箱(含穿墙管)位置其密封措施腐蚀损坏，烟气泄漏明显，增设脱硫脱硝后余热锅炉烟气压力进一步提高，将导致烟气泄漏更为严重，根本无法正常生产，严重影响余热锅炉长周期安全运行且污染环境。

装置余热锅炉烟气含硫量存在波动，烟气 S 含量在 229mg/ms，且存在波动，烟气计算露点温度为 135℃；而余热锅炉给水温度最高为 130℃。给水温度低于露点温度，不能满足省煤器防腐要求。

其次，由于露点温度过低，余热锅炉低温省煤器积灰较为严重。其积灰与上部各换热面积灰明显不同，上层换热面(中温省煤器等)积灰较少，且翅片间没有被催化剂粉尘堵塞。而在低温省煤器，催化剂已经完全堵塞翅片间隙，且灰分呈现黏性，有结块现象。

3.2 升压加固优化改造内容

1）对余热锅炉炉体护板整体加固改造；省煤器壳体用角钢进行加固，其他用 16 号工字钢进行加固。

2）对蒸发器、过热器集箱穿墙管进行密封改造；建造方箱并填充浇注料进行密封。

3）增加给水预热器，并优化改造中、低温省煤器模块及省煤器的给水流程。图 2 为给水预热器流程图。

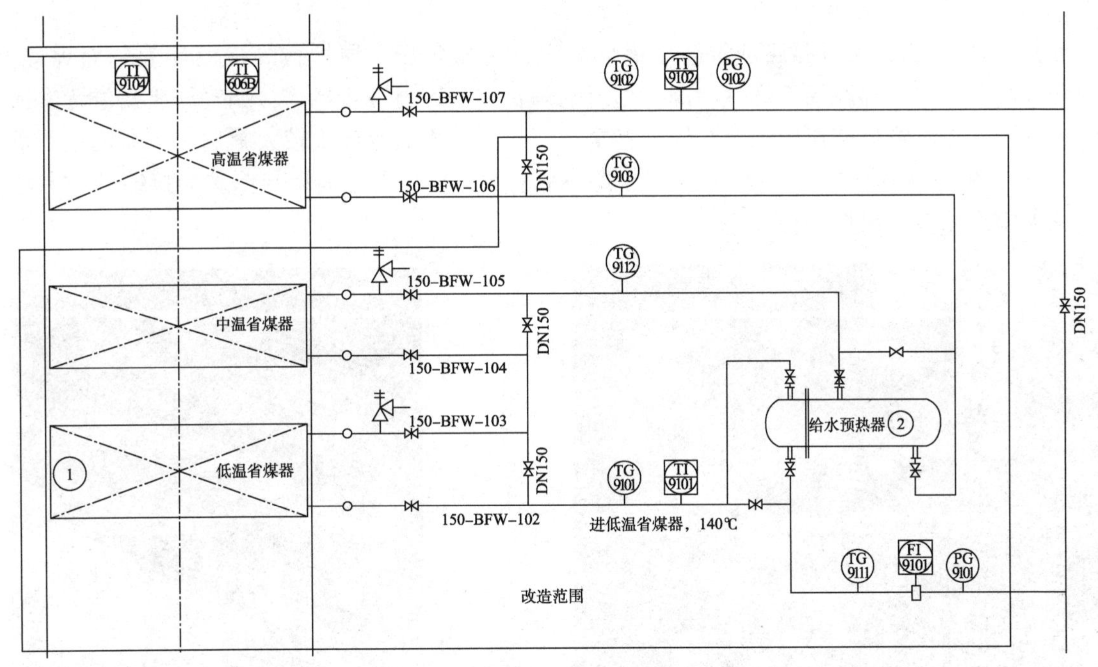

图 2 给水预热器流程图

利用中温省煤器出口较高温度的除氧水与公用工程除氧水站来的除氧水进行换热，使低温省煤器入口水温提高到 140℃，避免余热锅炉露点腐蚀。密度高的翅片积灰程度要比间隙更宽的翅片高，特别在低温段高密度的翅片更易形成灰桥，翅片灰桥首先在管子表面积聚起来，然后填满翅片间隙而形成。翅片表面的烟灰积聚到上限后，必将堵塞烟道，在伴有酸性液体冷凝条件下加之金属管壁的腐蚀产物铁氧化物，其积灰若不能及时消除，随着时间效应的增强想进一步清除就较为困难。翅片积灰搭桥后，削弱了翅片强化传热作用。因此，在选用翅片节距和翅高时，必须综合考虑积灰对传热的削弱[1]。低温省煤器模块优化改造后，其管排间距增大、翅片间距调整至 9mm，经优化后可有效防止积灰。

3.3　改造后的效果

锅炉烟气系统内确保余热锅炉本体耐压至10kPa；正常运行时锅炉护板、穿墙管、仪表接管及膨胀节等无烟气泄露。

从余锅目前运行的状态来看，整体强度满足要求，未发生因强度不足导致的炉体破损情况；穿墙管与膨胀节未发生泄漏，但是锅炉护板在近几年中因腐蚀出现了多处漏点，并且在2019年大检修的内部检查中发现多处减薄严重。余热锅炉从微负压向正压炉的改造具有较大难度，设备为正压后不管从炉体强度方面和防腐蚀方面都面临很大挑战。

4　余热锅炉2019年适应性改造

4.1　改造背景

从2015年改造后的4年运行中余热锅炉出现了以下问题：

1）激波吹灰器腐蚀严重；如图3所示由于设计缺陷，激波吹灰器的激波发生器本体、喷嘴及相连管路存在大面积泄漏，激波发生器喷嘴存在堵塞，基本全部失效，部分爆破在炉外进行，已失去吹灰功能并严重影响安全生产。同时余热锅烟气阻力增加，受热面吸热能力变差。

2）部分炉墙护板泄漏腐蚀；余热锅炉原设计为微负压，原护板焊接设计为单面焊接，部分焊缝有缺陷，存在局部烟气渗漏，随着锅炉长周期运行逐步暴露，烟气经泄漏位置渗透到大气中并冷凝产生露点腐蚀，对锅炉安全运行、卫生面貌等产生较大影响。泄露比较严重的区域见图4：锅炉过热器段至蒸发段过渡的水平段、集箱密封墙箱与原炉墙接缝处、激波吹灰器附近区域、出口烟道等。

图3　激波吹灰器储气罐烟气倒窜腐蚀形貌

图4　炉体护板焊缝渗漏形貌

3）余热锅炉尾部外保温壁面腐蚀污染严重；尾部省煤器激波吹灰器喷嘴腐蚀，导致烟气严重泄漏，部分泄漏烟气冷凝后的酸液侵蚀原外保温材料，表面锈蚀严重。

其中吹灰器的问题较为突出：①吹灰器原设计反吹风不成熟，无法达到均匀、有效反吹，尤其是烟脱系统上线后，因背压增加，反吹风效果更差，造成烟气反串，激波发生器本体、喷嘴及相连管路存在大面积泄漏，部分激波发生器喷嘴堵塞；②吹灰器布点不合理，多数布点位置在管束管夹位置，激波吹灰器的喷口距离吊梁较近，吹灰的能量不能引起管束较强的振动。

而现今为了满足环保需要，催化烟气需超净排放，装置需除尘改造。除尘改造后余热锅炉后续装置烟气阻力进一步增大导致余热锅炉烟气压力同步升高，为了余热锅炉安全稳定运行，余热锅炉需做适应性改造。

4.2 改造内容

对锅炉泄漏的护板进行挖补和补焊，衬里进行修复；吹灰系统改造为具有反吹措施的防腐、防堵并联型激波吹灰系统。同时对材质进行升级处理，激波吹灰器本体材质以蓄气罐与底部弯头焊接处为界，蓄气罐及上部的管道用304材质，下部的90°弯头、炉墙衬管和喷嘴等用316L材质，为确保每一点吹灰器的激波能效，每一路激波吹灰器点火阀组最多只能带两台蓄气罐，每台蓄气罐仅配一只定向喷嘴，优化后单台余热锅炉激波吹灰器共布置93台，两台余热锅炉布置186台。改造后重新开孔调整吹灰位置，改造前后布置见图5。

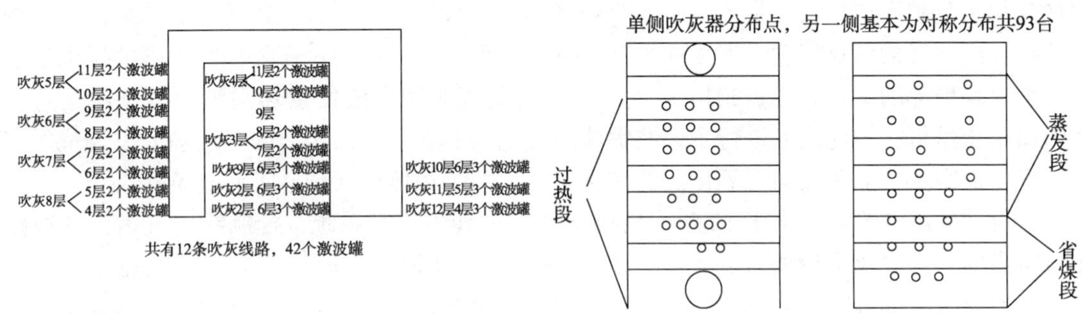

图5 改造前后吹灰点布置(左侧为改造前)

改造后激波吹灰器采用并联式模块结构，每一路的燃气和空气的控制阀、点火器独立运行，控制阀前后设有可靠的阻断结构，确保该路控制阀故障时不影响其他各路吹灰器吹灰。激波吹灰器管路需采用全焊接密封结构，每台吹灰器与炉墙连接处需设有可靠的炉墙密封、减震组件确保烟气密封，零泄漏，从而避免露点腐蚀发生。

4.3 改造效果

余热锅炉整体泄漏面貌得到改善，运行一年以来没有出现炉体泄漏、烟气外溢的情况。

吹灰系统经过改造后，反吹效果良好，控制系统维护次数大大减少，现场测试爆燃声音有力，烟机出口压力显著降低(见图6)，同时减少积灰将减少炉体的垢下腐蚀。

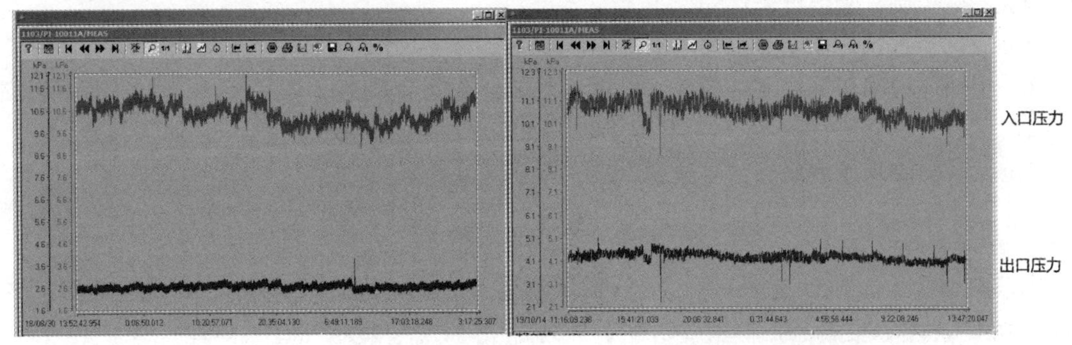

图6 余热锅炉改造前后进出口压力对比(左侧为改造前)

由图6可以看出，经过半年的运行，余热锅炉尾部烟气脱硫脱硝除尘系统上线后，余热锅炉出口压力进一步提高(由2.6kPa提高至4.3kPa左右)，而入口压力维持在原来水平(11kPa左右)，由此可以推算出余热锅炉压力降下降了1.5kPa左右。降低烟机背压将有效地提升烟机的做功能力，大幅节约电能。

5　结论

余热锅炉作为催化裂化装置尾部回收能量的设备存在着露点腐蚀问题，尤其在低温省煤器部位。余热锅炉的腐蚀一般分为低温腐蚀和高温腐蚀。低温腐蚀的特点是均匀性的腐蚀，使管壁厚度逐渐减薄以至破裂。高温腐蚀的特点是局部性、溃痛性腐蚀，使管子因管壁穿孔而破坏。低温腐蚀主要是硫酸腐蚀，高温腐蚀存在高温氧化铁的催化腐蚀、碱性硫酸盐络合物腐蚀和钒化学腐蚀[2]。

一方面要控制排烟温度不能过高，才能全面的回收热能，避免热量浪费，同时降低后续的烟气脱硫脱硝系统的蒸发量，得到较为经济的节能效果；另一方面还要控制排烟温度不能过低，远离烟气的露点温度，因为在局部区域烟气温度分布不均，还要控制更高的排烟温度以避免出现局部的露点腐蚀。2014年上线的烟气脱硫脱硝系统使余热锅炉由微负压运行转变为微正压运行，与此同时进行了一些炉体强度上的更新。然而压力的提高降低了烟气的流动速度，加剧了二氧化硫向三氧化硫的转化速率，并为炉体积灰创造了有利条件。

原设计的激波吹灰器由于12条吹灰线路共用一套主控制系统，控制线路过多，各线路出口压力的差别以及电磁阀存在泄漏，要求各线路的瓦斯和风配比不同，而主控制只有一套，从而导致大部分吹灰器可燃气体与空气混合无法爆燃，吹灰器吹灰效果差。并且余热锅炉增压后炉内积灰更加严重，反吹达不到要求而造成了烟气倒窜腐蚀吹灰管路，造成烟气外泄，吹灰系统失效。

为此在2019年装置的大检修中对余热锅炉进行了适应性改造，消除这些隐患与问题。

除了正文中的工程技术手段，也应运用管理手段从工艺操作和日常维护上维持余热锅炉的长周期运行，主要包括以下几项措施：

1）监控原料中以及催化剂中的重金属含量，避免钒超标导致大量二氧化硫向三氧化硫转化。

2）监控原料中的硫含量，适量加入硫转移剂以控制燃烧中产生的二氧化硫含量。

3）控制再生烟气中的氧含量，及时调节主风流量以降低过剩的氧。

4）严格控制排烟温度≥145℃。

5）通过给水预热器调节省煤段上水温度≥140℃。

6）定期巡检吹灰系统运行情况，发现运行故障的及时处理，效果不好的及时调整燃料气配比。

7）及时消除现场泄漏点，避免漏点扩大造成区域性腐蚀。

参 考 文 献

[1] 徐森荣. 防止余热锅炉积灰措施探讨[J]. 电站系统工程，2003，(4)：15-16.
[2] 樊节斌. 余热锅炉的腐蚀机理与防范措施[J]. 石油和化工设备，2006，(5)：43-44.

SA-335P11 耐热钢焊接分析

党贞文

（中国石化炼化工程第五建设公司　广东广州 510163）

摘　要　本文通过长岭炼化 2# 1.2Mt/a 催化汽油吸附脱硫装置项目的 A335-P11 管线焊接实践，阐述了 A335-P11 耐热钢焊接及热处理工艺，并与 15CrMoG 耐热钢对比分析对焊接工艺过程及工艺注意事项进行了介绍。

关键词　A335-P11；焊接工艺；焊接接头；焊接措施

1　SA—335MP11 钢材的焊接分析

SA—335MP11 的分类在 ASME 标准中为高温用铁素体合金钢，根据《石油化工铬钼钢焊接规范 SH/T 3520－2015》中低合金耐热钢 15CrMoG 钢的化学成分和力学性能与 SA—335MP11 钢最为接近。

15CrMoG 钢的主要化学成分(质)　（%）

C	Mn	Si	Cr	Mo	S	P
0.12~0.18	0.40~0.70	0.1~0.37	0.8~1.1	0.4~0.55	≤0.030	≤0.030

15CrMoG 钢的力学性能

屈服强度 R_d/MPa	抗拉强度 R_m/MPa	冲击吸收功/J(常温)	伸长率/%
235	440~640	35	21

SA-335P11 钢的主要化学成分(质)　（%）

C	Mn	Si	Cr	Mo	S	P
0.05~0.15	0.30~0.60	0.50~1.00	1.0~1.5	0.44~0.65	≤0.025	≤0.025

SA-335P11 钢的力学性能

屈服强度 R_d/MPa	抗拉强度 R_m/MPa	冲击吸收功/J(常温)	伸长率/%
≥205	≥415	36	30

通过以上对比可知，首先 SA—335MP11 钢属于 1Cr-0.5Mo 钢，其合金成分总质量分数<5%，为低合金耐热钢，其焊接性一般，有淬硬倾向，焊缝和热影响区内较可能形成对冷裂纹敏感的组织。其次，由于 Cr、Mo 为强碳化物形成元素，从而使焊接接头的过热区具有一定程度的再热裂纹敏感性。再次，Cr-Mo 钢及其焊接接头在 350~500℃温度区间长期运行过程中会发生渐进的脆变现象，即回火脆性。

为了改善其焊接性，保证焊接质量，焊接时应采取合适的工艺措施，包括焊前准备、焊接方法的选择、焊接材料的选配和管理、焊前预热、焊接参数的选择和焊后热处理。

2 焊前准备及焊接方法

管道焊接采用手工氩弧焊打底，氩弧焊具有低氢、工艺适应性强、易于实现单面焊双面成形的优点。为确保焊缝金属的韧性，降低裂纹倾向，采用低氢型碱性焊条。焊条电弧焊填充、盖面。

焊条烘干焊条在使用之前，必须按一定的规范进行烘干处理，E5515-1CM 焊条的烘干温度为 350℃，保温 2h。SA-335P11 为铬钼钢材料坡口需进行 PT 检测，为防止热切割时产生脆裂淬硬倾向，坡口的加工宜采用机械方法。坡口形式及尺寸如图 1 所示，焊接前，将坡口及其两侧边缘上的油污、铁锈、氧化物等清除干净，直至露出金属光泽。

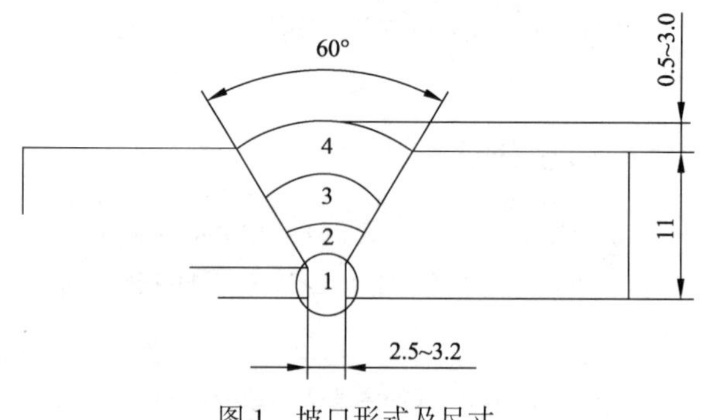

图 1 坡口形式及尺寸

3 焊接工艺

(1) 焊前预热

预热是防止焊接接头冷裂纹和再热裂纹的有效措施之一。根据《焊接材料与碳当量与预热温度的关系》估算最低预热温度为 120℃，预热温度并非越高越好，为防止氢致裂纹的产生，规定较高的预热温度是必要的，但过高时，则可能产生马氏体组织，从而降低韧性。SA-335P11 拟采用预热温度为 120～170℃，层间温度≤250℃。焊前预热采用火焰均匀加热，红外测温仪测温。

(2) 焊接层数及工艺

焊接第 1 层采用氩弧焊打底，其余各层均采用焊条电弧焊完成。焊接过程中，控制好层间温度。ER55-B2、E5515-1CM 是 1Cr-0.5 钢采用的氩弧焊、电弧焊常用焊丝焊条，具有良好的焊接性和综合性能，其化学成分与 SA-335P11 基本相当，都为低氢碱性焊条。焊接参数见表 1。

表 1 焊接工艺参数

焊接层次	焊接方法	焊材	焊材直径/mm	焊接电流/A	焊接电压/V	焊接速度/(cm/min)	预热温/℃	热处理工艺
打底层	GTAW	ER55-B2	2.5	110～120	11～14	5～7	120～200	700℃以上，保温 2h
填充层	SMAW	E5515-1CM	3.2	115～135	22～24	8～10		
盖面层	SMAW	E5515-1CM	3.2	140～160	24～26	9～11		

4 焊后热处理

根据SAME标准及SH3501规范，进行焊后消除应力退火热处理，热处理温度(700℃±15℃)，降低硬度，消除残余应力，改善组织。

5 结论

通过以上焊接工艺实际操作和探伤结果表明，(长岭炼化2#催化汽油吸附脱硫装置A335-P11管道焊缝检测合格率98.7%)的，焊接质量良好，符合合格标准，为以后SA-355P11材料的产品焊接有了宝贵经验。

参 考 文 献

[1] 陈伯蠡. 焊接工程缺欠分析与对策. 2版[M]. 北京：机械工业出版社，2006.
[2] 中国机械工程学会焊接学会. 焊接手册(第3卷)[M]. 2版. 北京：机械工业出版社，2001.
[3] SH 3501—2011，石油化工有毒、可燃介质钢质管道工程施工及验收规范[S].
[4] SH/T 3520—2015，石油化工铬钼钢焊接规范[S].

催化烟气脱硫脱硝装置中的设备腐蚀机理及防腐措施

陈俊芳

（中国石化石家庄炼化公司　河北石家庄 050099）

摘　要　针对石家庄炼化分公司 2.2Mt/a 催化裂化装置配套烟气脱硫脱硝装置运行中设备腐蚀问题、腐蚀机理及防腐措施进行了分析，归纳了几种主要的腐蚀机理及相应的防腐措施，说明了环保严峻形势下烟气脱硫脱硝设备防腐工作的重要性。

关键词　催化裂化；烟气脱硫脱硝；设备；防腐；环保

1　前言

石家庄炼化公司 2.2Mt/a 催化裂化装置配套建设的烟气脱硫脱硝装置主要包括电除尘系统、烟气脱硫脱硝系统、化肥制备系统等。此系统应用的是一种"有机催化烟气综合治理技术"，流程概况如下：催化装置烟气经电除尘器除尘、烟道喷水降温后进入脱硫脱硝吸收塔。在吸收塔及附属再生循环罐内，浆液中的氨水与烟气中的 SO_x、NO_x 反应生成硫酸铵、硝酸铵盐液（硝酸铵微量）。脱硫脱硝系统的盐液送入化肥制备单元，经蒸发结晶、稠厚、离心分离、干燥后得到硫酸铵、硝酸铵的混合化肥。此技术的核心是采用以色列 Lextran 研发的有机液体催化剂，在脱硫脱硝吸收塔及附属再生循环罐内促进氨水和 SO_x、NO_x 的正向反应，生成硫酸铵、硝酸铵盐液。其主要特点为：脱硫脱硝过程在一个吸收塔及附属再生循环罐内完成，一体化程度高，同时在正常操作情况下，不外排污水，不存在二次污染问题。

由于烟气脱硫脱硝系统中湿烟气、硫酸铵盐液等介质的腐蚀性较强，此工艺技术也是首次应用于催化裂化装置烟气的处理上，使用经验不足，造成该脱硫脱硝系统在运行中出现了一些腐蚀问题。

2　吸收塔入口烟道的腐蚀机理及防腐措施

2.1　腐蚀机理

催化烟气中含有一定量的 SO_2、SO_3、NO_x 等腐蚀性介质，易与金属铁发生反应并生成可溶性盐，尤其当温度低于烟气露点温度时，烟气会在设备内壁吸附凝结，形成液膜，并吸收烟气中的硫化物形成酸性液滴，从而发生电化学腐蚀。同时，烟道降温喷水中的氯离子吸附到金属表面上时，金属的钝化状态就会遭到破坏，从而导致局部腐蚀，在焊缝接头等易存在应力的部位还会造成应力腐蚀开裂。

2.2　防腐措施

烟气脱硫脱硝吸收塔入口烟道内降温前烟气温度约为 160℃，经喷水降温后降至 130℃以下，接近烟气的露点温度，因此腐蚀性较强。本系统吸收塔入口烟道采用 Q345R 内衬 NS142 材质进行防腐，运行中未出现腐蚀问题。

NS142 是钛稳定化处理的全奥氏体镍铁铬合金化学成分见表 1，并添加了铜和钼。NS142 在氧化和还原环境下都具有抗酸和碱腐蚀性能，同时具有有效的抗应力腐蚀开裂性。在各种介质中的耐腐蚀性都很好。

表 1 NS142 化学成分

元素名称	镍 Ni	铬 Cr	铁 Fe	碳 C	锰 Mn	硅 Si	钼 Mo	铜 Cu	钴 Co	铝 Al	钛 Ti
含量/%	38~46	19.5~23.5	余量	≤0.025	≤1.0	≤0.5	2.5~3.5	1.5~3.0	≤1.0	≤0.2	0.6~1.2

3 吸收塔本体及其浆液系统的腐蚀机理及防腐措施

3.1 腐蚀机理

吸收塔是烟气与浆液充分接触，发生脱硫脱硝反应的主要场所。该设备内部工作环境十分复杂：气液相混合、干湿交汇、酸碱中和、冷热交替，存在诸多腐蚀因素。

3.1.1 SO_4^{2-}与 pH 值导致的腐蚀

随着脱硫脱硝反应的进行，塔内浆液中的硫酸铵浓度提高，SO_4^{2-}浓度增加，正常操作下，浆液 pH 值可达 5.5~6.5，产生较强的腐蚀性。

3.1.2 Cl^-导致的腐蚀

随着吸收塔内补水、冲洗水等的进入，将氯离子带入系统，由于水是循环利用的，氯离子在系统内不断累积，浓度不断提高，可达成千上万 mg/L。由于金属表面钝化膜的不均匀性，氯离子可吸附在钝化膜薄弱部位，产生局部腐蚀；之后，局部腐蚀部位会与 H^+发生反应，成为阳极，与其他处于钝化状态的金属表面构成“小阳极-大阴极”的腐蚀电池结构，加速腐蚀；此外，在发生孔蚀部位还会形成闭塞电池结构，由于氯离子的穿透性强，侵入蚀坑内形成高浓度的金属氯化物，金属氯化物水解后酸性升高，对蚀坑内金属腐蚀加速。

3.1.3 气液相交汇及冲刷导致的腐蚀

在塔内气液相交汇处，由于气液相分布的绝对不均匀性，产生湍流或介质走短路，对塔壁及内件产生冲刷腐蚀，同时此部位易产生干湿交汇，加剧了腐蚀。此外，在浆液循环的管路、支撑梁、喷淋管等处，也会产生冲刷腐蚀。

3.2 防腐措施

吸收塔本体采用 Q345R 内衬 316L 的复合钢板材质成分见表 2。理论上该材质可适用于上述腐蚀环境，但在实际运行中，该吸收塔内壁曾出现多处孔蚀穿孔(见图 1)。分析结果显示：该复合钢板 316L 不锈钢堆焊表面层平均成分中镍含量为 5.05%，大大低于 316L 标准中要求的最低含量；过渡层化学成分中 Cr 为 13.91%、Ni 为 7.72%、Mo 为 1.71%，大大低于 GB/T 983—2012 标准中 E309MoL 要求的含量，而且低于 AISI 标准 316L 要求的最低含量。因此，造成塔内壁孔蚀的原因为复合钢板局部堆焊层、过渡层材质缺陷。后采取内壁贴 316L 钢板补焊的方法进行处理。

表 2 316L 化学成分

元素名称	镍 Ni	铬 Cr	碳 C	锰 Mn	硅 Si	钼 Mo	硫 S	磷 P
含量/%	10~14	16~18	≤0.030	≤2	≤1	2~3	≤0.03	≤0.045

图 1 吸收塔内壁孔蚀情况

为彻底解决吸收塔内壁腐蚀问题，计划将该塔整体更新为 316L 材质。此外，考虑到不锈钢在氯离子环境下产生腐蚀的温度(见图 2)，在生产中还要避免氯离子在塔内浓缩，注意控制浆液中氯离子的浓度，吸收塔补水采用除盐水等。

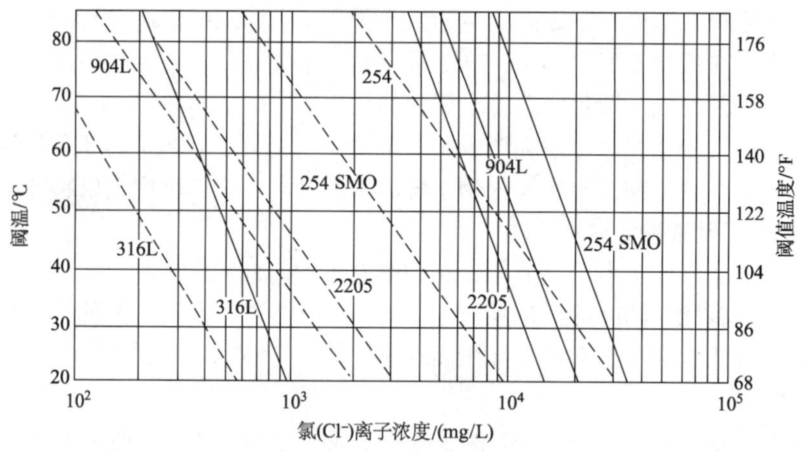

图 2 不锈钢在氯离子环境下产生点蚀(实线)和缝隙腐蚀(虚线)的温度

4 化肥制备系统的腐蚀机理及防腐措施

4.1 腐蚀机理

化肥制备系统中主要是硫酸铵溶液的腐蚀，硫酸铵结晶对管线、设备的冲蚀以及硫酸铵溶液对水泥地面、构筑物的腐蚀。

4.1.1 硫酸铵溶液的腐蚀

硫酸铵溶液属于强酸弱碱盐，发生水解后溶液显酸性，会对钢产生腐蚀。硫酸铵水解方程式如下：

$$2NH_4^+ + SO_4^{2-} + 2H_2O \rightleftharpoons 2H^+ + SO_4^{2-} + 2NH_3 \cdot H_2O$$

4.1.2 硫酸铵结晶的冲蚀

在化肥制备系统中，管线、设备输送的是30%以上的硫酸铵溶液，随着结晶蒸发过程的进行，硫酸铵溶液不断蒸发浓缩，产生大量晶粒，对管线、设备产生冲刷侵蚀。

4.1.3 硫酸铵溶液对水泥地面及构筑物的腐蚀

普通硅酸盐水泥凝固后的砂浆或混凝土的主要成分是水化硅酸钙、氢氧化钙、含水铝酸三钙以及铁铝酸四钙。当硫酸铵溶液与水泥接触时，硫酸铵溶液通过毛细作用渗入水泥内部，与氢氧化钙反应，放出含水硫酸钙和氨气。其反应方程式如下：

$$(NH_4)_2SO_4+Ca(OH)_2+2H_2O \longrightarrow CaSO_4 \cdot 2H_2O+2NH_4OH$$

$$NH_4OH \longrightarrow NH_3+H_2O$$

同时，硫酸铵与水化硅酸钙及铝酸钙等中的氧化钙化合后，与分解出来的二氧化硅、氧化铝等反应生成可溶性的复盐，在水溶液流失、晶体硫酸钙生成的过程中，体积不断扩大，约为氢氧化钙的两倍多，产生了很大的内应力。硫酸钙继续与铝酸三钙反应，生成硫代铝酸钙，其体积也增大2.5倍左右。其反应方程式如下：

$$3CaO \cdot Al_2O_3+3(CaSO_4 \cdot 2H_2O) \longrightarrow 3CaO \cdot Al_2O_3 \cdot 3CaSO_4+6H_2O$$

这些反应产物结晶后体积增大使水泥的强度不断下降。另一方面，硫酸铵溶液发生渗入-结晶潮解-再结晶的反复过程，使水泥的体积扩大数倍，甚至数十倍。干湿交替的环境更加有利于结晶在水泥缝隙中生长。在几方面破坏力的作用下，导致水泥发生疏松、剥离、脱落等破坏。

4.2 防腐措施

1）化肥制备系统大多数容器、管线采用316L材质，实际生产中应用无异常。

2）部分容器采用碳钢+玻璃鳞片材质，理论上可适应硫酸铵溶液环境，但在实际运行中却存在一定问题。由于玻璃鳞片防腐层为人工施工，对于内壁有其他内件的容器来说，玻璃鳞片防腐层在内件与容器内壁接触位置的边角处易存在微小缺陷，采用电火花检测的方法也无法彻底杜绝。即使是一个微小的防腐层缺陷，就足以很快产生腐蚀，造成容器穿孔。如：盐液缓冲罐原设计即为碳钢+玻璃鳞片内防腐，多次出现腐蚀穿孔，修复防腐层后再次出现腐蚀穿孔，最终在检修中更换为316L材质。

3）部分机泵泵壳及叶轮采用碳钢+聚四氟乙烯材质，理论上可适应硫酸铵溶液环境，但在实际运行中也存在问题。由于机泵泵壳及叶轮处介质流速较高，含有一定量的硫酸铵结晶，因此会对聚四氟乙烯防腐层产生剧烈冲蚀。一旦聚四氟乙烯防腐层产生破坏，泵壳及叶轮本体很快就会被腐蚀。随后，对这些机泵进行了更新，泵壳、叶轮材质升级为2507双相钢(成分见表3)，泵轴材质升级为2205双相钢成分见表4，以其较强的耐腐蚀性能及机械强度来满足需要。

表3 2507双相钢化学成分

元素名称	镍Ni	铬Cr	碳C	锰Mn	硅Si	钼Mo	硫S	磷P	氮N
含量/%	6~8	24~26	≤0.03	≤1.2	≤0.8	3~5	≤0.02	≤0.035	0.24~0.32

表4 2205双相钢化学成分

元素名称	镍Ni	铬Cr	碳C	锰Mn	硅Si	钼Mo	硫S	磷P	氮N
含量/%	4.5~6.5	22~23	≤0.03	≤2	≤1	3~3.5	≤0.02	≤0.03	0.14~0.2

4）水泥地面及机泵台座采用大理石砖铺设、耐酸水泥勾缝的方式进行防腐，与设备基础、梁柱接缝处做环氧树脂保护。装置运行过程中注意勾缝处是否破损，及时修补，避免硫酸铵溶液经大理石砖缝隙渗入水泥地面。对于化肥制备厂房楼层地面及穿楼板洞口等处不易做大理石砖防腐的区域，采用工业合成塑料板进行防腐，以发挥其防滑、耐磨、防老化、绝缘、抗渗透强、耐酸碱(pH 值 1~12 之间)等功效。

5　结论

由于烟气脱硫脱硝装置中湿烟气、硫酸铵盐液等介质的腐蚀性较强，在生产过程中，出现了一些设备腐蚀问题，对装置的长周期运行造成了很大的威胁。只有认清烟气脱硫脱硝装置内的设备腐蚀机理并采取相应的防腐措施，尽快改善设备腐蚀状况，才能从硬件上为装置长周期运行奠定基础。

参 考 文 献

[1] 朱启武. 电厂湿法脱硫装置腐蚀与防护现状[J]. 中国材料科技与设备，2013，2：13-16.
[2] 张定华. 硫酸铵厂房和构筑物的腐蚀防护[J]. 腐蚀与防护，2002，1：28-29.
[3] 赵文恺. 硫酸铵生产中设备腐蚀的解决方法[J]. 设备管理与维修，2010，9：41-43.
[4] 王刚. 湿法烟气脱硫设备不锈钢及高合金材料的应用[J]. 冶金信息导刊，2016，2：7-13.

催化装置再生旋分器典型故障机理及检修措施

陈俊芳

（中国石化石家庄炼化公司　河北石家庄 050099）

摘　要　旋分器是催化装置再生系统不可缺少的气固分离设备。再生旋分器在几十年的实践中，发生了许多故障，也有了很大的改进。通过对多套装置近三个检修周期的调查，就再生旋分器本体部分而言，主要存在旋分器内壁衬里损坏、筒体顶板及升气管焊缝开裂等两种典型故障。分析认为，两种典型故障的主要机理涉及设计、操作、施工等方面，并针对其提出了检修应对措施和注意事项，以期降低再生旋分器故障数量和提高旋分器寿命。

关键词　催化；旋分；故障；衬里；焊缝

1　前言

旋分器是催化装置反再系统不可缺少的气固分离设备。对于再生器旋分系统而言，其作用为分离回收烟气中所携带的催化剂固体颗粒。在催化装置数十年来的运行实践中，旋分器系统经历了从进口到国产，多种形式的更新换代，其中发生了许多故障，也总结了不少成功的经验。本文尝试从催化装置再生旋分器本体发生的典型故障、原因分析及其应对措施等方面进行总结，以供今后的装置运行之鉴。

2　概况

2.1　结构形式

再生旋分器系统主要部件包括筒体、锥体、灰斗、升气管、料腿、翼阀或防倒锥及其吊挂、拉杆等，一般为多组两级旋分组合使用。

20 世纪 90 年代前，我国曾先后引进国外的各种旋分器，如：杜康型(D 型)、Buell 型(B 型)、GE 型等。20 世纪 90 年代初，我国开发出了 PV 型旋分器，结束了旋分器均依靠引进的历史。之后，在 21 世纪初，我国又先后开发出了 BY 型和 PLY 型旋分器。目前，催化装置使用的旋分器类型基本为 PV 型、BY 型和 PLY 型。

2.2　再生旋分器本体主要故障

根据对中国石化系统内 40 余套催化装置近三个检修周期的调查结果来看，再生旋分器本体故障类型主要有两种：一种是旋分器内壁衬里损坏(近三个检修周期共发生 34 次)，另一种是旋分器筒体顶板、升气管等部位的焊缝开裂(近三个检修周期发生 6 起)。这些故障轻则需进行检修修复，重则导致旋分器整体更换，对装置运行及检维修费用的消耗造成了巨大的影响。

3　主要故障原因分析及检修措施

3.1　旋分器内壁衬里损坏

3.1.1　现状

旋分器内部从矩形入口、筒体、灰斗到料腿上部，一般均为龟甲网形式的高耐磨衬里，以适应高浓度的催化剂固体颗粒及不稳定的气固两相流对旋分器内壁的磨损。

催化剂颗粒对旋分器内壁的磨损可以划分为切削磨损、摩擦磨损、撞击磨损等三类，且往往是同时并存、互相诱发、共同作用。旋分器内壁有两个磨损较严重的部位：矩形入口及环形空间筒体(即旋分器入口目标区域)；分离空间锥体末端。衬里典型损坏情况见图1、图2：

图1 旋分器矩形入口衬里损坏

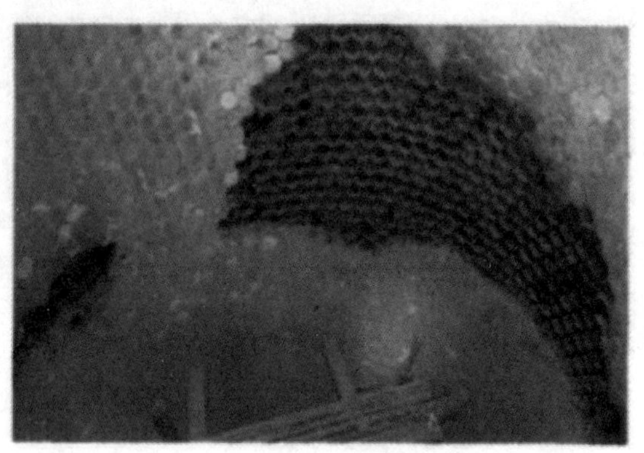

图2 旋分器筒体内壁衬里脱落

旋分器内壁衬里发生损坏后，一般为局部修复；当发生大面积衬里损坏时，无法修复，将被迫进行旋分器整体更新。表1为近年因衬里问题进行旋分器更新的案例：

表1 旋分器内壁衬里损坏典型案例

企业名称	处理量/(MT/a)	装置形式	旋分材质	旋分衬里问题
沧州	1.2	同轴式	304	衬里脱落鼓包，于2017年更新旋分器
高桥	0.6	同轴式	304	衬里大面积脱落，于2014年更新旋分器
海南	2.8	高低并列	304	旋风入口衬里磨损严重、龟甲网脱落，于2018年更新旋分器

3.1.2 故障机理分析：

(1) 含催化剂颗粒的气体流场特点所致。

旋分器入口目标区域，是指从粉尘进入旋分器的入口方向所看到的筒体内壁区域。在这个区域内，固体颗粒不沿气体流线运动，而是穿过气体流线向旋分器的筒体壁面切削、撞击磨损兼而有之。磨损最严重的点位于颗粒冲击方向与筒体壁面之间夹角为20°的部位(以旋分器入口处为0°，在60°~135°方位之间)。

在旋分器锥段末端，属于摩擦磨损。这是由于旋涡不稳定性引起的内旋涡涡核尾部进动到锥体下部所致。在附壁点，高速涡核会直接与旋分器锥体器壁接触，固体颗粒对器壁产生明显的磨损。锥径的缩口作用使旋转速度和浓度增高，所以越靠近锥体末端磨损越严重。

这些部位的磨损为含催化剂颗粒的气体流场特点所致，一般无法干预和改变。

(2) 旋分器内壁缺陷加剧磨损。

由于旋分器内二次流的存在，含尘气体有一个离开器壁并作径向流动的强烈趋势。特别是当气流在器壁处遇到扰动时，这种情况更有可能发生。如：焊接裂纹、器壁翘曲或变形、颗粒沉积、衬里损坏、器壁磨蚀，以及大多数以前被维修过的地方。

这种情况对于使用时间较长，存在变形，局部衬里进行过修复，局部焊缝进行过修复和补焊等部位更容易发生，而且将导致恶性循环，衬里损坏加剧。从装置检修实际情况来看，再生旋分器内壁衬里一旦发生过局部损坏修补，之后每个检修周期均要进行不同程度的修补，而且缺陷部位多为重复性修补，直到衬里损坏不断扩大、加剧，被迫整体更新旋分器。

(3) 衬里特性及热变形。

衬里材料有许多特性，其中一个易被忽视的特性是热震稳定性。热震稳定性是指其抵抗温度急剧变化时不破坏的能力，即其温差应力不超过其抗折强度极限。热震稳定性与其化学组成、强度、弹性模量、热膨胀和热导率等有密切关系。一般来说，衬里的强度越高，弹性模量与线膨胀系数越小，热导率越高，则热震稳定性越好。当再生器内温度发生急剧变化时，如衬里的热震稳定性不佳，则有可能发生脱落损坏。

另一方面，当再生器内温度发生比较急剧的变化时，旋分器筒体、龟甲网及衬里都会膨胀变形。由于金属筒体和龟甲网的热膨胀系数和导热率都远远超过衬里材料，因此金属材料的温度上升快，膨胀变形量大。衬里材料的形变方向虽然与金属材料一致，但形变量小，因此阻碍了筒体和龟甲网的自由膨胀，从而衬里受金属筒体和龟甲网的挤压，筒体和龟甲网的热应力转变为对衬里的压应力。当其超过一定值时，容易产生热裂纹而导致衬里发生破裂甚至脱落。

近年来，随着装置工艺技术的提高、操作条件的完善，正常生产过程中再生器超温的发生概率已很小。但在装置开停工和异常操作条件下，应注意温度急剧变化对衬里材料特性及热变形的影响。

(4) 衬里施工质量

衬里施工质量对于旋分器的运行意义至关重要。衬里施工质量不佳会导致衬里附着力下降，容易产生局部裂纹、脱落等缺陷，在高温、磨损、振动等因素共存的运行条件下极易发展为较大缺陷。如：衬里施工前金属表面未进行有效处理；衬里料搅拌、振捣、浇注不善；龟甲网拼接、焊接不规范等。尤其是龟甲网的拼接、焊接不规范，是衬里产生局部脱落，甚至大面积脱落的重要原因。

3.1.3　检修措施

(1) 提高衬里施工质量。

衬里的施工必须按照 SH/T 3609—2011《石油化工隔热耐磨衬里施工技术规程》及 GB 50474—2008《隔热耐磨衬里技术规范》等标准进行，尤其是龟甲网的拼接和焊接工艺要保证。拼接时采用平行拼接或端点拼接方式；焊接时焊缝要布置在龟甲网的拼接处及钢带交角处，每排网孔隔孔焊接，端部要全部与器壁焊接，以保障衬里的附着性和耐磨性。在旋分器制造过程中，要做好监检工作，避免留下制造隐患。在旋分器衬里的检修、修复过程中，应按照隐蔽工程检查标准逐步工序进行确认验收。

(2) 消除旋分器内壁缺陷。

保证内壁光滑度，杜绝形状突变。特别是在旋分器内壁局部衬里进行修复时，要做好修复衬里与原有衬里的搭接和过渡，避免在新旧衬里的接缝处产生新的磨损和破坏的薄弱点。此外，有一种高耐磨涂料可喷涂在旋分器壁(在青岛、茂名等地已有应用)，在提高耐磨性的同时，也可提高旋分器内壁的光滑度。

(3) 控制再生器操作温度波动的频次和幅度。

开停工过程中，严格按照升降温曲线进行操作，正常操作中维持再生器温度的平稳度，降低衬里及龟甲网等的热变形应力，给予旋分器良好的操作环境。此外，还应重视对衬里热震稳定性的测定，并在质量指标中提出要求，提高衬里抗温度剧变的能力。

3.2 旋分筒体顶板、升气管焊缝开裂

3.2.1 现状

旋分器筒体通过吊挂固定在再生器顶部器壁上，下端自由伸缩。有的再生器旋分系统结构设计中，一级旋分器通过吊杆固定在再生器顶部的螺栓座上，二级旋分器没有专门的吊挂结构，直接通过其顶部的烟气出口管焊接在再生器壳体上。依据对多家催化装置的调查结果，再生旋分器筒体焊缝故障主要表现为筒体顶板、升气管焊缝开裂等问题。筒体焊缝典型故障情况见图3和图4。

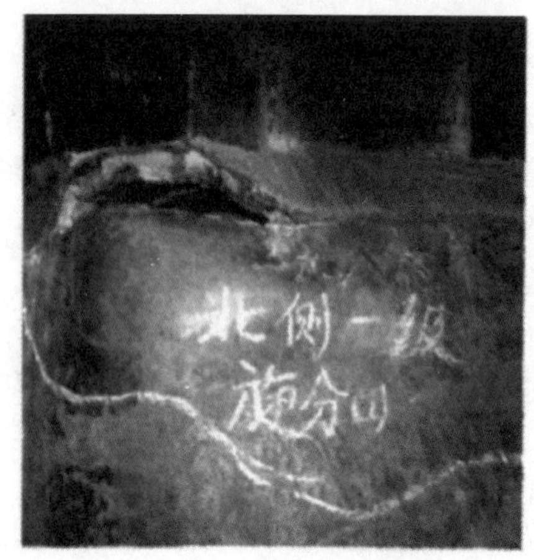

图3 旋分器筒体顶板焊缝开裂

图4 旋分器升气管焊缝开裂

表2为旋分器筒体顶板、升气管焊缝开裂的典型案例，其中齐鲁0.8Mt/a催化装置再生旋分器因多次发生旋分器筒体顶板开裂，最终造成吊挂断裂，旋分本体变形下沉，于2017年整体更新旋分器。

表2 旋分器筒体顶板、升气管焊缝开裂的典型案例

企业名称	处理量/(Mt/a)	装置型式	材质	旋分筒体焊缝问题
高桥	1.4	同轴式	304	升气管外壁裂纹，补焊并增加筋板
茂名	2.2	高低并列	304H	二级旋分升气管与内集气室角焊缝开裂，补焊
齐鲁	0.8	高低并列	304	旋分筒体顶板局部开裂，贴板补焊，并增加筋板，2017年更新旋分器

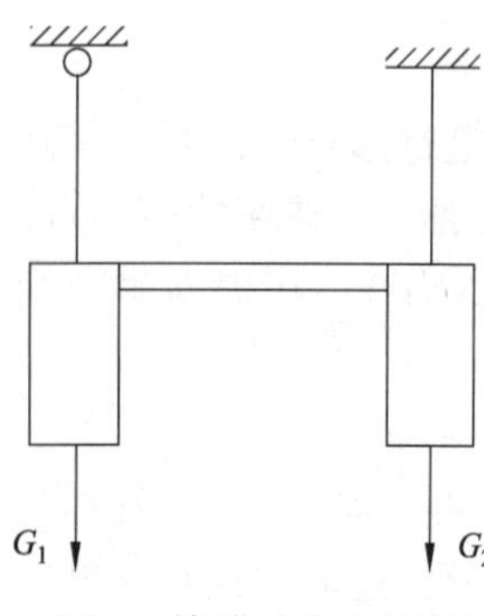

图5 旋分吊挂力学模型

3.2.2 故障机理分析

(1) 旋分器吊挂系统结构设计问题

对于一级旋分器通过吊杆固定在再生器顶部的螺栓座上，二级旋分器没有专门的吊挂结构，直接通过其顶部的烟气出口管焊接在再生器壳体上这种旋分器吊挂系统，其力学模型可简化为如图5所示，构成了一个类似刚架的静不定结构。

一级旋分器吊杆所受的拉应力大于二级旋分器吊挂机构所受拉应力，正常工作时一级旋分器下沉幅度比二级旋分器的下沉幅度大，但二者又通过一二级旋分器之间的方形通道刚性连在一起，

最后的结果是一二级旋分器吊挂系统所承受的载荷重新分配，一级旋分器吊挂系统的一部分载荷通过方形通道转嫁到二级旋分器的吊挂结构上。同时，方形通道本身也受到拉、弯及扭转作用，致使方形通道底板与一级旋分器筒体顶板的连接处、二级旋分器的升气管处产生较大的局部应力。

具体到装置实际情况中，发生筒体顶板、升气管焊缝开裂故障的旋分器系统大多也正是属于上述吊挂结构形式。此外，在这种结构形式中，二级旋分器顶部为死点，约束方向为垂直方向往下延伸，但在料腿拉杆处又有多处横向约束，旋分器筒体与料腿拉杆之间的热膨胀应力又对旋分器产生一个附加的弯矩。这部分载荷同样会叠加在上述部位。旋分器筒体顶板、升气管焊缝处极易受此集中载荷影响，产生变形或焊缝开裂。

(2) 施工缺陷

在升气管、方形通道对接焊缝的焊接过程中，焊缝或热影响区若存在裂纹、未焊透、夹渣、气孔等缺陷，由于焊接工艺、焊材不当导致焊缝或热影响区金相组织存在大量渗碳体或 σ 相，在高温、振动、应力集中等多种因素的作用下，焊缝强度不够，缺陷极易迅速发展，产生断裂故障。

3.2.3　检修措施

1) 设计上采用一二级旋分器均以吊杆固定在再生器顶部的螺栓座上的结构形式。这样，使旋分器吊挂系统柔性化，一二级旋分器之间的载荷差可通过带一定弹性的螺栓座和吊杆吸收，旋分器系统的横向附加弯矩在一定程度上也可以通过吊杆的水平向微小偏转而释放，从而降低上述应力集中部位的附加载荷。此外，在旋分器筒体、灰斗处是否可增加横向约束，以稳定旋分系统整体结构，以横向约束件平衡附加载荷，可进一步探讨其可行性。

2) 在现有结构形式下(见图6)，采用增加顶板、升气管壁厚；部件材质升级；在应力集中部位增加补强筋板等措施，提高上述应力集中部位的强度。

图6　升气管部件材质升级，焊缝处增加补强筋板

3) 保障施工质量。旋风分离系统所有现场焊的焊缝应采用氩弧焊打底的全焊透结构。焊后采取无损检测手段对焊缝进行检测，杜绝缺陷。

4) 利用停工检修时机对旋分器母材、热影响区、焊缝进行硬度、金相检测，评估金属学性能，及早发现异常金相组织并及时进行修复或更换。

4　结语

有统计数据显示，系统内再生旋分器平均使用年限 8~9 年。使用时间最长的是高桥分公司 1#催化再生器旋分器 18 年；最短的是广州分公司 2#催化二再旋分器，只有 4 年。对比而言，国外旋分器的实际平均寿命约为 20 年，我们仍有较大差距。衬里损坏脱落、筒体变形或开裂以及技术改造是旋分器更换的主要原因，其中，衬里损坏是其最主要原因。

再生旋分器故障的产生除了设备本身原因之外，也与设计条件适用性、设计合理性、工艺操作条件、检修维护情况等因素有很大程度相关。要最大限度地理解和解决设备故障，就要从设备的全生命周期、各个角度进行全面地考虑。只有如此，才能最大程度地保障催化装置“安稳长满优”运行。

参　考　文　献

[1] 蔡香丽，黄蕾，乔伟，等. FCCU 旋风分离器壳体断裂失效的原因分析[J]. 炼油技术与工程，2014，(9)：28-31.

[2] 饶霁阳，王燕楠，杨晓惠，等. 催化裂化装置再生器内旋风分离器破坏原因分析[J]. 化学工程与装备，2010，(4)：62-64.

[3] A. C. 霍夫曼，L. E. 斯坦因. 旋风分离器—原理、设计和工程应用[M]. 北京：化学工业出版社，2004.

腐蚀监测系统在某大型炼油项目中催化装置上的实施

陈　怡　刘婉青

（中国石化炼化工程洛阳公司　河南洛阳 471003）

摘　要　通过整理、总结腐蚀监测系统在某大型炼油项目中的应用过程，介绍了腐蚀监测系统在典型的催化裂化装置、液化烃气体脱硫装置的设计方案、工程设计中的细节问题，以及专业化的腐蚀监测系统在炼油装置中的选型，希望能够有助于腐蚀监测系统的进一步地发展和应用。

关键词　催化装置；腐蚀测量仪表；腐蚀监测系统

腐蚀监测就是对设备腐蚀速度和某些与腐蚀速度有密切关系的参数进行连续或断续测量，同时根据这种测量对生产过程的有关条件进行自动控制的一种技术[1]。

中亚国家的某大型炼油厂石油深加工联合装置项目，在催化裂化装置、液化烃气体脱硫装置等其他装置中设置了腐蚀监测系统。

这些装置采用了法国专利商 AXENS 的工艺包，由前端工程设计(FEED)公司完成腐蚀监测系统的方案设计，由 EPC 承包方完成最终的工程。

1　腐蚀监测点的布置方案

1）催化裂化装置的腐蚀监测点设置在催化裂化反应之后的反应产物处理系统，包括分馏部分和吸收稳定部分，主要的腐蚀形式是：$H_2S-HCl-NH_3-H_2O$ 垢下腐蚀，以及 $H_2S-HCl-H_2O$ 造成塔顶及塔顶循环系统的均匀腐蚀和局部腐蚀(坑蚀)[2]。催化裂化装置腐蚀监测点的分布如图 1 所示，相关信息见表 1 所列。

表 1　催化装置腐蚀监测点分布及相关信息

监测点序号	测量参数	安装位置	介质	操作温度/℃	操作压力/MPa(G)	腐蚀机理
1	腐蚀损耗量	分馏塔顶出口管道	油气	117	0.08	$H_2S-HCl-H_2O$
2	腐蚀损耗量	分馏塔顶空冷器出口管道	油气	58	0.06	$H_2S-HCl-H_2O$
3	腐蚀损耗量	分馏塔顶油气分离罐气相出口管道	富气	40	0.04	$H_2S-HCl-H_2O$
4	腐蚀损耗量	分馏塔顶油气分离罐液相出口管道	酸性水	40	0.04	$H_2S-HCl-NH_3-H_2O$
5	腐蚀损耗量	气压机冷凝器出口管道	富气	40	1.58	$H_2S-HCl-H_2O$
6	腐蚀损耗量	气压机分液罐气相出口管道	油气	40	1.58	$H_2S-HCl-H_2O$
7	腐蚀损耗量	气压机分液罐液相出口管道	酸性水	40	0.57	$H_2S-HCl-NH_3-H_2O$

续表

监测点序号	测量参数	安装位置	介质	操作温度/℃	操作压力/MPa(G)	腐蚀机理
8	腐蚀损耗量	吸收塔出口管道	油气	48	1.54	$H_2S-HCl-H_2O$
9	腐蚀损耗量	吸收塔顶冷凝器出口管道	油气	40	1.50	$H_2S-HCl-H_2O$
10	腐蚀损耗量	吸收塔顶回流罐气相出口管道	进再吸收塔油气	40	1.50	$H_2S-HCl-H_2O$
11	腐蚀损耗量	吸收塔顶回流罐酸性水出口管道	酸性水	40	0.57	$H_2S-HCl-NH_3-H_2O$
12	腐蚀损耗量	再吸收塔顶出口管道	油气	46	1.47	$H_2S-HCl-H_2O$
13	腐蚀损耗量	再吸收塔顶气冷凝器出口管道	解气	40	1.43	$H_2S-HCl-H_2O$
14	腐蚀损耗量	再吸收塔底贫吸收油聚集器液相出口管道	酸性水	40	0.57	$H_2S-HCl-NH_3-H_2O$
15	腐蚀损耗量	干气脱硫塔进口管道	酸性气	40	1.42	$H_2S-HCl-H_2O$
16	腐蚀损耗量	干气脱硫塔底出口管道	富胺液	62	1.51	$H_2S-HCl-NH_3-H_2O$
17	腐蚀损耗量	塔顶气出口管道	酸性气	60	1.63	$H_2S-HCl-H_2O$

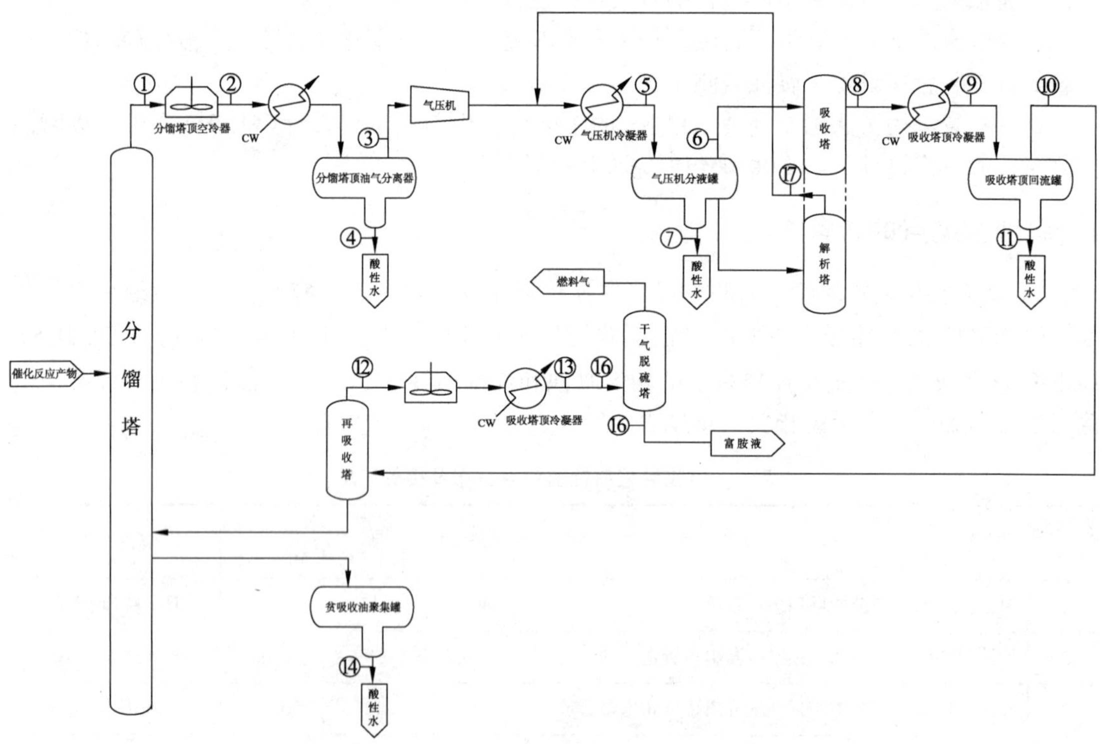

图1 催化裂化装置腐蚀监测点分布示意

2）液化烃气体脱硫装置的腐蚀监测点设置在碱液循环系统，包括碱液冲洗、碱液再生循环、废碱液系统，主要的腐蚀形式是：$Fe^{+}+H_2O$，由碱液引起的金属“碱脆”腐蚀[3]。液化烃气体脱硫装置腐蚀监测点的分布如图2所示，相关信息见表2所列。

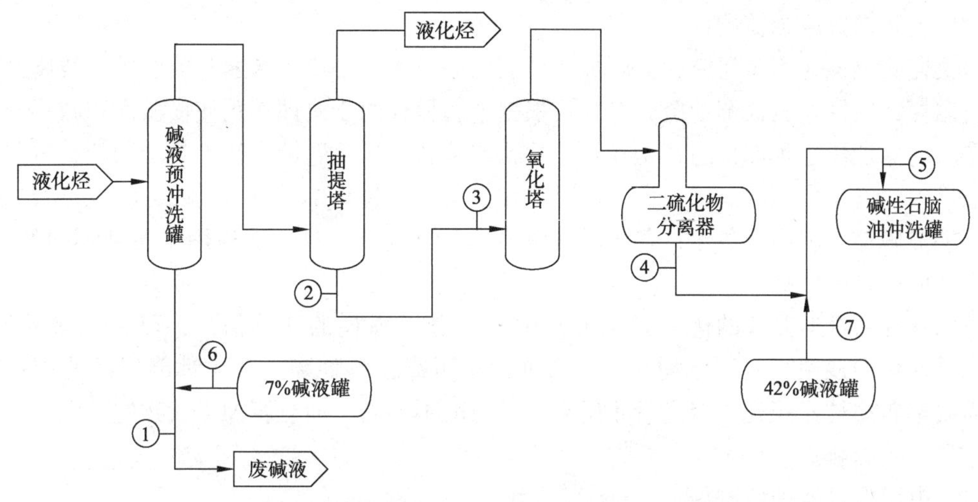

图 2　液化烃气体脱硫装置腐蚀监测点分布示意

表 2　液化烃气体脱硫装置腐蚀监测点分布及相关信息

监测点序号	测量参数	安装位置	介质	操作温度/℃	操作压力/MPa(表)	腐蚀机理
1	腐蚀损耗量	碱液预冲洗罐排液管道	废碱	40	0.62	$Fe^{+}+H_2O$
2	腐蚀损耗量	抽提塔底出口管道	NaOH(15%)	40	2.28	$Fe^{+}+H_2O$
3	腐蚀损耗量	氧化塔进口管道	NaOH(15%)	45	0.54	$Fe^{+}+H_2O$
4	腐蚀损耗量	二硫化物分离器碱液出口管道	NaOH	46	0.45	$Fe^{+}+H_2O$
5	腐蚀损耗量	碱液石脑油冲洗罐入口管道	NaOH+石脑油	40	2.5	$Fe^{+}+H_2O$
6	腐蚀损耗量	7%碱液罐出口管道	NaOH	38	ATM	$Fe^{+}+H_2O$
7	腐蚀损耗量	42%碱液罐出口管道	NaOH	38	ATM	$Fe^{+}+H_2O$

2　腐蚀监测仪表的选型

目前常用的在线腐蚀监测仪表有：电阻探针(ER)腐蚀监测仪、电感探针(MR)腐蚀监测仪、电化学探针(LRP)腐蚀监测仪，各自特点比较见表 3[4] 所列。

表 3　在线型腐蚀测量仪表的特性比较

项　目	电化学探针	电阻探针	电感探针
适用性	仅适用连续电解质(电化学反应)	所有腐蚀介质(测量金属损耗)	所有腐蚀介质(测量金属损耗)
响应时间	快	响应慢，一个月左右	响应快，1h
腐蚀速率	瞬时腐蚀速率	平均腐蚀速率	平均腐蚀速率
灵敏度	高	中	高
外界影响	较大	温度系数大	温度系数小
价格	便宜	较贵	贵
应用领域	实验室/现场	实验室/现场/在线	实验室/现场/在线
探针寿命	中等	较短	较短

(1) 电阻探针腐蚀监测仪

该类监测仪最初用于研究大气腐蚀，目前已经成为一种应用普遍与成熟的在线腐蚀监测仪。电阻探针腐蚀监测仪测量金属腐蚀是根据金属原件由于腐蚀作用使横截面积减小导致电阻值增大的原理。这种原件通常是丝状、片状或管状，如果腐蚀大体上是均匀的，电阻的变化就与腐蚀的增量成比例。该类检测仪可以在设备运行过程中对设备的腐蚀状况进行连续地监测，能准确地反映出设备运行各阶段的腐蚀率及其变化，且能够适用于各种不同的介质，不受介质的电导率影响。

电阻探针腐蚀监测仪的优点是：可提供关于金属损耗的连续信息，可在大多数的气、油、水等环境中使用，应用原理直观，数据稳定可靠，各种腐蚀介质都能广泛使用；缺点是：需要金属损耗累积到一定量后才反应，灵敏度不够高，而且腐蚀生成物的导电性有时对测量结果产生影响。

(2) 电感探针腐蚀监测仪

该类监测仪是通过检测电磁场强度的变化来判断金属原件的腐蚀程度，实现在线腐蚀监测。其特点是测试敏感度高，适用于各种介质。

电感探针腐蚀监测仪的优点是：应用广泛，灵敏度高，响应较快；缺点是：对低腐蚀速率的腐蚀系统响应较慢，对于存在局部腐蚀的应用场合，测量结果不够理想。

(3) 电化学探针腐蚀监测仪

该类监测仪是基于金属腐蚀过程中的电化学本质而进行的一种快速测定腐蚀的腐蚀监测仪。其特点是对腐蚀程度的响应非常快，能获得瞬间的腐蚀速率，比较灵敏，能够及时地反映设备操作条件的变化。但它不适用于导电性差的介质，这是由于当设备表面有一层致密的氧化膜或钝化膜，甚至堆积有腐蚀产物时，将产生假电容而引起很大的误差，甚至无法测量。此外，电化学探针腐蚀监测仪得到腐蚀速率的技术基础是基于稳态条件，所测物体是均匀腐蚀或全面腐蚀，因此电化学探针腐蚀监测仪不能提供局部腐蚀的信息。在一些特殊的条件下，检测金属腐蚀速率通常需要与其他测试方法进行比较，以确保电化学探针腐蚀监测仪的准确性。电化学探针腐蚀监测仪可以在线实时监测腐蚀率。

电化学探针腐蚀监测仪的优点是：响应较快、灵敏度高、分辨率高；缺点是：只能应用于电解质环境。

经过性价比的综合分析比较，EPC 承包商最终采用了电阻探针腐蚀监测仪。

腐蚀监测仪表的规格书中应填写以下的规格信息：

1) 管嘴高度：例如，200mm；

2) 管嘴安装位置：例如，水平管道，垂直向上；

3) 工艺管道材质：例如，A671 CC60 CL22；

4) 用途：例如，监测管道腐蚀情况，计算腐蚀速率；

5) 腐蚀余量：例如，6mm；

6) 主要腐蚀因素：例如，H_2S-HCl-H_2O；

7) 安装形式：例如，可在线插拔，螺丝螺母抱杆安装，带法兰球阀；

8) 测量范围：例如，0~10mils；

9) 响应时间：例如，1min。

3 腐蚀监测系统及作用

现场腐蚀监测仪的4~20mA输出信号反映的是金属的腐蚀损耗量，腐蚀损耗量的国际通用工程计量单位是密耳(mil)，1mil=0.0254mm。

该项目把腐蚀损耗量信号直接引入DCS，利用DCS的数据采集、计算、记录、显示等功能，构成了最基本的腐蚀监测系统。根据式(1)计算出相应的腐蚀速率(腐蚀速率的单位通常采用mm/a或μm/d)：

$$\text{腐蚀速率}=\frac{\sum y_{i(t_i-\mu)}}{\sum(t_i-\mu)^2} \tag{1}$$

$$\mu=\frac{\sum t_i}{m} \tag{2}$$

式中：m为采样次数；t为采样时间；y为腐蚀监测仪表测量的损耗值；$i=1, 2, \cdots, m$。

由于DCS适用于工艺过程控制，对处理监测周期较长的腐蚀数据，例如分析整理、归纳回放几天或几周时间间隔的数据，在DCS平台上不易处理，而且DCS上一般都没有专业化的腐蚀管理数据库和应用软件。

腐蚀监测仪的输出信号也可以接入由腐蚀监测仪厂家配置的专业化的腐蚀监测系统，这种专业化的腐蚀监测管理系统一般包括系统盘柜、信号卡件、DCS的通信卡件以及装备有腐蚀管理数据库及腐蚀管理应用软件的电脑服务器。

专业化的腐蚀监测系统为腐蚀监测提供了更佳的工作平台，能够实现以下的功能：定制专业化的数据报表；总体性的腐蚀数据管理；与DCS实时交换数据；将腐蚀数据与工艺过程参数相关联，如温度、压力、pH值、溶解氧、化学药剂用量等；资产计算与评估；化学试剂耗量计算与预测；专业化的腐蚀分析报告。

腐蚀监测系统对炼油装置的长、满、优运行起着十分关键的作用，主要有以下几个方面：

(1) 为设备防腐提供依据

在装置运行过程中，为了减缓设备的腐蚀，需要在容易出现腐蚀的管道中注入缓蚀剂。通过腐蚀监测系统反馈的数据，可以及时了解缓蚀剂、中和剂等化学药剂的防腐效果，并根据监测结果，调整缓蚀剂的类型或比例。利用腐蚀监测系统中的专业化数据库资源，结合自动控制技术，还可以实现化学药剂的自动化、精细化、智能化注入。

(2) 预防事故发生

腐蚀性介质的泄漏或工艺参数的异常变化有时会导致设备严重腐蚀。通过腐蚀监测系统，可以实时监测介质的腐蚀状况，一旦发现腐蚀速率骤然变化，应立即对装置进行检查，及时找出问题原因，以防止重大事故的发生。

(3) 分析腐蚀原因

通过腐蚀监测系统，可以了解和掌握腐蚀过程与工艺参数的关系，有利于分析腐蚀原因，对腐蚀的发生和变化趋势做出综合分析。

(4) 预测设备寿命

根据腐蚀监测系统得出的腐蚀速率，可以评估设备及管道的寿命，为设备及管道更换及材质的选择提供依据，减少危险事故发生的概率，尤其对于在高温高压且存在硫化氢介质的装置，该功能尤为重要。

4　结束语

近年来，由于国内的炼油加工能力的不断提高，石油产品销量的不断增加，国内的原油资源难以满足需求，大量进口高硫原油在所难免，这样会加大炼油设备的腐蚀程度。设备腐蚀将产生安全隐患，减少设备使用寿命，增加装置非计划停工检修。为保证炼油设备正常生产，安全长时间运行，对炼油设备的腐蚀监测变得尤为重要。腐蚀监测技术在预防事故发生、预测设备寿命、分析设备腐蚀原因、改善设备运行状态、提高设备的可靠性等方面具有广阔的应用前景。通过分析总结该项目腐蚀监测系统的实施过程，希望能够推广和促进腐蚀监测系统在国内的应用与发展。

参　考　文　献

[1] 胡洋，吴俊良. 炼油生产装置防腐情况调研[J]. 石油化工腐蚀与防护，2008，25(02)：38-40.

[2] 车建鹏. 延安炼油厂催化裂化装置腐蚀监测系统应用研究[D]. 西安：西安石油大学，2014.

[3] 陈合成. 碱液腐蚀及防护技术[J]. 石油化工腐蚀与防护，2004，21(01)：20-23.

[4] 况成承. 在线腐蚀监测系统在常减压蒸馏装置的应用[J]. 石油化工腐蚀与防护，2014，31(02)：56-57.

高温油泵机械密封技术改造

但加飞

（中国石化巴陵石化公司　湖南岳阳 414014）

摘　要　针对炼油装置高温热油泵存在机械密封泄漏率高、检修频繁、威胁装置安稳长周期运行等安全隐患，巴陵石化炼油部通过机封改型、材质升级、机封辅助系统、机泵状态监测、应急消防设施、进出口阀门远程控制和摄像监控七个方面对装置中的高温油泵机械密封进行评估和技术升级改造，降低了其对装置安稳长周期运行潜在的威胁，取得了良好的效果。

关键词　高温油泵；机械密封；隐患；技术改造

高温油泵是指介质温度大于自燃点的离心油泵。在 2010 年前后，国内多家炼油厂接连发生高温油泵机械密封泄漏自燃着火事故，给装置安全运行及生产任务的完成造成了较严重的影响。巴陵石化炼油部炼油装置拥有 8 台高温热油泵。这些高温油泵机械密封构造单一，密封性能落后，每年都会发生多起机封泄漏故障。虽然未造成更严重的着火或爆炸事故发生，但每年不仅会消耗较多的人力物力和财力来保运，而且给装置设备的长周期安全运行埋下了重大隐患。

1　高温油泵机械密封存在的安全隐患分析

炼油部炼油装置高温油泵机械密封原型号为辽宁丹东某公司生产的 DBM 系列单端面波纹管机械密封。该系列机封可满足高温无腐蚀或轻腐蚀介质，却不适应于频繁开停机泵，且抗抽空性能较差。而该装置高温油泵管理规定要求每月进行一次切换，开停次数较频繁，对机封的使用寿命会造成很大影响，因此机封失效频发。

其次，这些高温油泵的机封采用 PLAN02+32+62 相对较落后的冲洗方案，单端面密封一旦失效，高温热油会直接泄漏到周围环境中，极易产生自燃着火事故。并且，该高温油泵系统以前并没有针对这一比较严重的安全隐患设计特别的预防和应对措施。

因此，为降低其对炼油装置安稳长周期运行潜在的威胁，对装置 8 台高温油泵机械密封进行技术升级改造非常必要。

2　技术改造措施

2.1　机封改型

2.1.1　机封串联布置

机械密封由原来 DBM 系列的单端面波纹管式改为 C65-＊＊/TD/C50-＊＊/TD 系列的串联波纹管式。新型机封呈串联布置，有两对动静环密封面。密封面结构为 B 型，即平衡型、内装式、无止推环（波纹管结构）、补偿装置旋转式密封[1]。

其中，油介质侧机封选 C65 型，称为一级密封，大气侧选 C50 型，称为二级密封。运行期间，一、二级密封同时工作，由于一、二级密封腔是一个带压空间，且压力大于介质密封腔压力，一旦一级密封失效，在密封压差作用下，高温油介质也不会外漏，从而确保了介质不会泄漏入大气中。

2.1.2 材质升级

串联式波纹管机械密封动静环材质分别为反应烧结碳化硅和浸锑石墨。原单端面密封动静环材质为镍基硬质合金和浸树脂石墨。虽然镍基硬质合金与反应烧结碳化硅在既定条件下都能满足使用要求，但后者的高温热强度性、抗氧化性、耐磨损性、热稳定性、热膨胀系数、热抗震能力和耐化学腐蚀能力都优于前者。

同样，浸树脂石墨虽然具备了高度的润滑耐磨作用，但由于其耐高温性能较浸锑石墨差，且耐磨性又相对逊色一筹。故而同时将新型机封动静环材质进行优化升级，期望能更好地提升机封使用寿命。

此外，由于之前单端面机械密封所使用的密封圈采用的是从外国进口的全氟醚橡胶，价格高，采购周期长，不利于维护。因此，将新型机封密封圈改为柔性石墨，其耐高温耐磨蚀性能不仅没有下降，而且采购和维护更加快捷方便。

2.2 新增机械密封辅助系统

高温油泵特性是高温(200~400℃)，有颗粒磨蚀，易结焦或积炭，介质黏度大，泵入口压力低，一旦泄漏与空气接触易自燃燃烧，引起火灾爆炸或其他次生安全事故，同时对周围环境有害。

根据这一特性，改造后新型机封布置方案为PLAN02+32+53a+62[2]，即在原方案基础上增加一台带液位及压力报警开关的以氮气进行加压的隔离液罐。一级密封仍然使用柴油对机封端面进行冲洗冷却，二级密封采用隔离液罐内32#工业白油或46#汽轮机润滑油进行循环冲洗冷却。机封冲洗方案示意如图1所示。

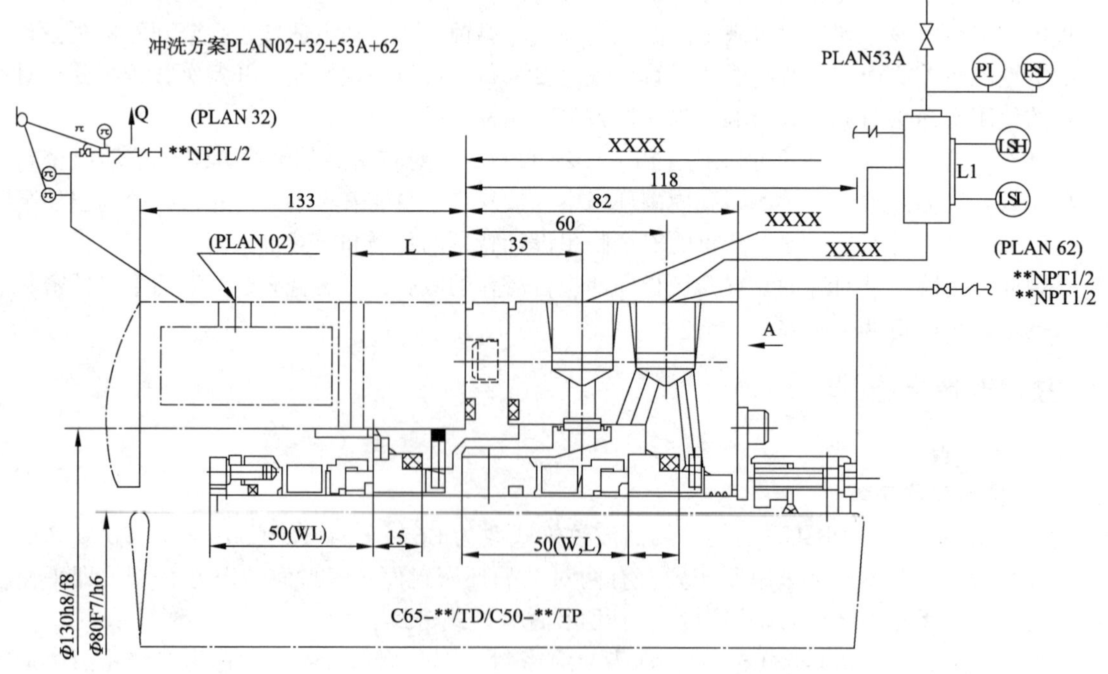

图1 机封冲洗方案示意

隔离液罐上设置有压力报警开关和液位报警开关，顶部设有氮气减压阀，外部来的2.0MPa(表)中压氮气经过减压阀减压后对隔离液罐进行加压，减压阀后压力应大于系统设定压力值。如果隔离液罐压力低于该设定值或液位低于下限值，压力或液位开关会发出报警信息，并在控制室内发出声光报警。这样就能快速掌握机封故障信息并采取相应措施，将机封故障隐患消除在萌芽状态。

故该辅助系统专门针对高温油泵这一特性而设。其作用主要是改善机封运行工况，防气蚀抽空，润滑密封端面，带走端面摩擦热，并能及时准确地对密封运行状态进行监控。

2.3 配套改造

2.3.1 安装在线机泵群状态监测系统

对高温油泵群配套引进BH5000P在线状态监测系统。BH5000P是针对机泵开发的集振动、工艺参数于一体的网络化的监测诊断系统。该系统采用了多种先进技术，可以针对企业用户不同网络特点，形成一套基于企业局域网和因特网的设备实时在线监测诊断系统。

该系统将监测、诊断、报警、预防维修集于一体，实为一种快速、准确诊断设备故障的有效手段。安装该状态监测系统后，可以通过频谱分析、诊断，能更实时掌控高温油泵的运转状况。

2.3.2 安装焰感及自动泡沫喷淋消防设施

该高温油泵群泡沫喷淋系统由雨淋阀组、信号阀、吸气式泡沫喷头、末端试水装置、排气阀、管道过滤器及自动控制系统组成。附带一套焰感传感器接入消防泡沫自动控制系统。从而实现了焰感监测、自动喷淋的自控一体化。

正常情况下，打通分馏、常压二路消防泡沫流程，如图2所示。分馏和常压高温油泵群处雨淋阀前后手阀要求处于全开状态，使消防泡沫系统处于随时备用状态。火灾情况下，分自动控制与半自动控制。自动控制是将消防泡沫泵主控制柜设置在自动状态，焰感器检测到高温热油泵群有焰火高温，发出声光报警同时自动启动消防泡沫泵和现场雨淋阀，自动消灭高温热油泵群焰火。而半自动控制是在保留声光报警的前提下，将消防泡沫泵主控制柜设置在手动操作状态，一旦焰感器检测到高温热油泵群有焰火高温，发出声光报警(现场与控制室内都有声光报警)，这时候操作人员需检查确认，避免误报，如情况属实，则将情况报告班长或调度，同时手动启动消防泡沫泵，然后人工通过手动盘开启某路雨淋泡沫。此外高温热油泵消防泡沫系统预留有外接口，通过消防水带可以连接消防栓或消防车，在需要时可用消防水降温或灭火。

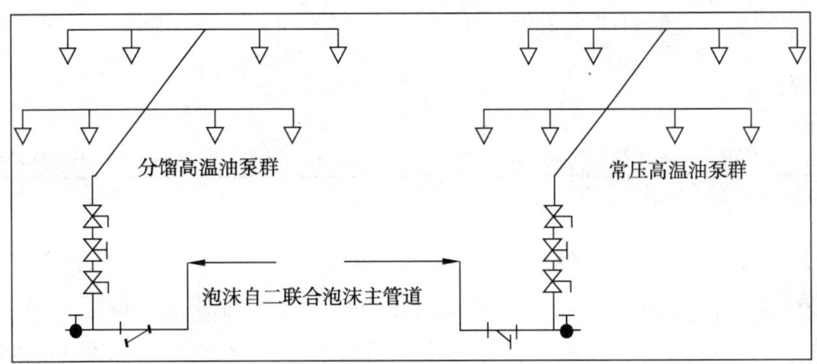

图2 消防泡沫系统流程

2.3.3　高温油泵出入口手阀改气动控制

根据中国石油化工股份有限公司《石化股份炼[2011]23号》文件《关于切实做好高温油泵安全运行的指导意见》的要求，对于直径≥*DN*300的高温油泵出入口阀门要选用电动或气动闸阀，做到在事故状况下能迅速切断物料。该炼油装置高温油泵阀门不符合总部指导意见的要求，需要进行改造。

具体方案：拆除原闸阀手轮机构，在阀杆支架上焊接固定法兰，气动执行机构通过该固定法兰和阀体连接，执行机构的风源取自就近的仪表风管线，且执行机构控制柜设置在距离高温油泵6m外，从而实现远程控制高温油泵进出口阀门开关。

2.3.4　设置遥控电机开关，增加紧急停车按钮

根据高温油泵电机运行管理要求，炼油部炼油装置高温油泵电机保护被列入改造项目。即在控制室电脑DCS上增设紧急停机按钮，通过对DCS进行组态，电机紧急停机信号送电气配电间的开关柜，实现电机紧急停机保护。

2.3.5　增设高温油泵监控摄像点

对所有高温油泵增加视频监控，即在高温油泵群区上方增设现场画面摄像点，将现场实时画面通过摄像头传递到控制室视频矩阵显示屏上，操作员在室内就可以直观地对高温油泵的运行状况进行监控。

3　技术改造效果

高温油泵机封技术改造前后效果对比见表1。

从表1可以看出：①高温油泵改造前机械密封使用寿命平均只能维持半年，改造后机泵密封可连续运行2年以上；②技术改造前一旦机封出现泄漏，与空气接触易自燃燃烧，无法近前扑灭，可能引起火灾爆炸或其他次生安全事故，同时对容易污染环境，且在事故状态下无法迅速切断或隔离物料，存在极大的安全隐患，而改造后不仅可以实现实时监测系统和监控视频随时掌握设备运行情况，同时可以实现自动快开油泵出入口阀门、远程紧急停车，而且还可以在事故状态下泡沫系统自行喷淋灭火。因此技术改造后，高温油泵运行安全状况得到极大改善，为装置安稳长周期运行打下良好基础。

表1　技术改造前后效果对比

序号	改造前	改造后
1	机封平均使用寿命<8000h	改造成功后累计运行时间>20000h
2	现场手动开关出入口阀门	实现远距离自动快捷开关阀门
3	现场手动紧急停车	直接在室内实现远程紧急停车
4	现场巡检了解机泵运转状况	实现远程实时在线状态监测
5	泄漏着火时无法近前扑灭	实现泡沫系统自行喷淋灭火

4　结论

为切实做好高温油泵的安全运行，炼油部炼油装置从机封改型、材质升级、机封辅助系统、机泵状态监测、应急消防设施、进出口阀门远程控制和摄像监控七个方面对装置中的高温油泵机械密封进行了评估和技术升级改造。技术升级改造后的运行效果表明，机械密封使

用寿命确实明显提高，一系列的配套设施也为高温油泵群增加了更加安全可靠的设备堡垒，解决了炼油装置高温油泵所存在的一系列安全隐患，高温油泵运行安全状况得到明显改善，为装置安稳长周期运行打下良好基础。

参 考 文 献

[1] 何玉杰. 机械密封选用手册[M]. 北京：机械工业出版社，2011.

[2] API682-2004，离心旋转泵的轴密封系统[S].

金陵石化 S Zorb 装置反应器过滤器 ME101 长周期运行方案

苑宝龙　毛文华

（中国石化金陵石化公司　江苏南京 210046）

摘　要　中国石油化工股份有限公司金陵分公司有两套年处理量为 1.50Mt 的 S Zorb 催化裂化汽油吸附脱硫装置，文中通过对两套 S Zorb 装置运行中反应器过滤器运行情况分析，总结出影响反应器过滤器使用寿命的关键因素：原料汽油进料量、进料量平稳时间、反吹压力、反吹时间、反吹阀门开关时间、反应压力、反吹周期及反吹阀门故障率等。根据金陵石化公司两套 S Zorb 装置运行情况，制定了最优的关键参数组合，以保证 ME101 长周期运行。

关键词　S Zorb；反应器过滤器 ME101；运行参数；长周期

金陵石化公司共有两套催化汽油吸附脱硫装置，第一套 1.50Mt/a S Zorb 技术催化汽油吸附脱硫装置在 2012 年 8 月投产，成功开车后，运行情况正常，为保证青奥会期间绿色环保出行，于 2012 年 9 月开始全面生产硫含量低于 10μg/g 的“国Ⅴ”汽油。第二套 1.50Mt/a S Zorb 技术催化汽油吸附脱硫装置于 2014 年 9 月 1 日开车一次成功，扩能改造后装置运行平稳。

金陵石化公司现有的两套 S Zorb 装置均采用美国 ConocoPhillips 石油公司开发的 SZorb 吸附脱硫专利技术，该技术具有氢耗少、辛烷值损失小、生产成本低的优点，可以生产低硫清洁汽油产品。装置原料来自金陵石化公司Ⅰ、Ⅲ催化裂化装置及罐区的稳定汽油，氢气源为系统管网氢气。吸附剂为中国石化催化剂公司南京分公司生产。

1　S Zorb 装置反应器过滤器 ME101 过滤与反吹原理

金陵石化公司的 S Zorb 装置采用流化床反应系统，通过在反应器 R101 顶部设有反应器过滤器 ME101，实现了高温汽油和氢气混合物与吸附剂颗粒的气固分离。过滤器 ME101 的过滤精度为 1.3μm，吸附剂粉末脱除率为 99.97%。ME101 的过滤元件的材质是金属粉末，生产工艺采用粉末烧结而成。这种滤芯的优点有渗透性能好、抗热震、耐高温、可在线反吹再生和离线后清理滤芯孔道内的堵塞物再生，具有良好的机械加工性能[1]，但是缺点是成本高、检维修困难和使用寿命短，目前还不能满足长周期使用的要求。

汽油和氢气的高温气体混合物从 ME101 滤芯表面穿过滤芯的微孔进入滤芯内部，通过滤芯内部圆柱形通道到达反应器头盖上部，混合物中的吸附剂粉末则被过滤下来黏附在滤芯表面形成滤饼。滤饼的厚度对过滤器过滤性能具有重要影响，滤饼厚度适中可以使过滤器过滤性能增加，但是随着滤芯表面吸附剂粉末的增加，过厚滤饼导致过滤器差压逐渐增大，当达到反吹周期设定时间或差压达到设定值时，ME101 反吹程序就会自动开启，对反应器过滤器 ME101 六个分区进行脉冲式反吹。过滤器的过滤及反吹过程见图 1。反吹过程是将大的吸附剂颗粒从过滤器表面吹下，而细的颗粒则能牢固地附在过滤器表面，形成新的过滤饼，从而改善过滤效果，在过滤的时候能把更小的吸附剂颗粒过滤下来。反吹完成后过滤器本身的过滤压差降低到一个恒定值：称为“恢复压差”，达到一个新的平衡[2]。

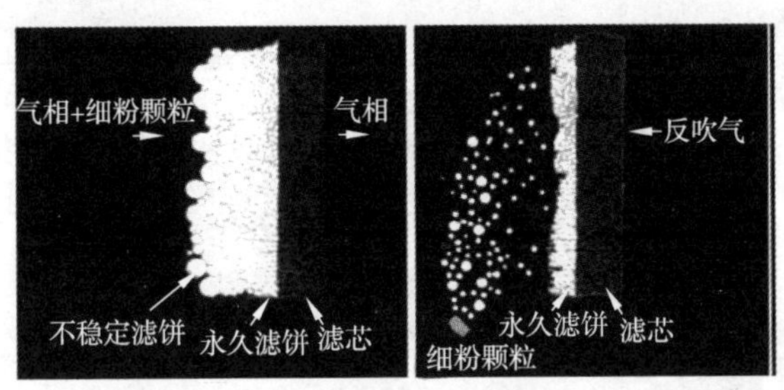

图 1 过滤器过滤与反吹过程示意图

2 两套 S Zorb 反应器过滤器 ME101 的运行情况分析

2.1 反应器过滤器 ME101 的控制参数

随着装置的长周期运行，ME101 滤芯表面的永久滤饼将慢慢增厚，反应器过滤器 ME101 差压逐渐增大；另外，如果操作过程中反应器藏量过大，吸附剂中的细粉会大量聚集在反应器伞冒以上，导致细粉大量堆积在滤芯表面，从而过滤器差压升高。影响反应器过滤器使用寿命的关键因素：原料汽油进料量、进料量平稳时间、吸附剂藏量、反吹压力、反吹时间、反吹阀门开关时间、反应压力、反吹周期及反吹阀门故障率等。

2.1.1 反应器过滤器 ME101 的差压

当反应器过滤器 ME101 差压逐渐增大后会出现下面几个问题：

1）由于过滤器前后差压的升高，反吹周期随之逐渐减小，反吹频率增大，反吹阀门开关次数增大，反吹阀门使用寿命变短。

2）因金属粉末烧结滤芯有固定的抗压强度，过滤器差压过高，滤芯表面承受压力越大，滤芯差压达到一定的值时会出现断裂现象，同时反吹时阻力增大，反吹瞬间滤芯剧烈晃动导致滤芯根部与管板连接处出现裂纹。

3）当反应器过滤器 ME101 差压增大后，随之反吹压力也会逐渐升高；当系统操作压力不变的条件下，ME101 差压增大，反应器压力将降低，脱硫反应效果变差，只有提高吸附剂藏量加大脱硫效果，这种条件下吸附剂细粉会增多，大量聚集在反应器伞冒周围，后期 ME101 差压增大更快，形成恶性循环[3]。

为维护装置安全平稳运行，反应器过滤器 ME101 的压差控制<150kPa，当压差>150kPa 时，过滤器就要更换滤芯。金陵石化公司Ⅰ-S Zorb 装置 ME101 共用两台进口滤芯，第一台新滤芯首次使用了 18 个月后差压>150kPa，滤芯更换清洗备用；第二台新滤芯使用了 20 个月至 2016 年 9 月差压>150kPa，滤芯更换清洗备用。目前，Ⅰ-S Zorb 装置 ME101 使用的是第一台再生后的滤芯，已经平稳运行 12 个月，差压在 42kPa 左右，运行状况良好。ME101 反应器过滤器待再生的滤芯在检修期间保护完好，再生后滤芯的情况见图 2。经过再生后，滤芯重新投入使用，反应器过滤器 ME101 差压在 40kPa 左右，滤芯清洗效果良好。

金陵分公司Ⅱ-S Zorb 装置 ME101 共计使用过两台国产滤芯，第一台使用了 33 个月，因差压>150kPa 而更换清洗备用；第二台于 2017 年 6 月更换，目前使用情况良好，差压在 20kPa 左右。

2.1.2　反应器过滤器 ME101 的反吹过程参数设置

反吹压力、反吹时间、反吹阀门开关时间、反应压力、反吹周期及反吹阀门故障率等均能对反应器过滤器 ME101 的使用寿命造成影响。

2.2　反应器过滤器滤芯检修期间的维护

在滤芯清洗期间的保护方法：用净化风反吹滤芯彻底去除滤饼防止颗粒物堵塞滤芯孔道，使用防饱和水袋保护滤芯防止滤芯孔道内的细粉与空气中的饱和水反应结垢堵塞孔道。滤芯保护的示意图见图 2。

图 2　Ⅰ-S Zorb 反应器过滤器 ME101 清洗滤芯保护图

3　影响反应器过滤器 ME101 滤芯的使用寿命及长周期运行的对策

3.1　S Zorb 装置反应器过滤器 ME101 的使用寿命的影响因素

反应器过滤器 ME101 的使用寿命是影响 S Zorb 装置长周期稳定的重要因素，金陵分公司两套 S Zorb 共计 4 台过滤器滤芯的使用情况见表 1。

表 1　反应器过滤器 ME101 与影响差压的关键参数数据统计

反应器过滤器 ME101	反吹阶段	原料汽油进料量/(t/h)	进料量平稳情况	反吹压力/MPa	反应压力/MPa	反吹时间/s	反吹阀门开关时间/s	反吹周期/min	反吹阀门故障次数
第一台 2012.08 至 2014.02 Ⅰ-S Zorb	第一阶段	178	平稳	5.9	2.65	1	0.8	180	无
	第二阶段	120~178	波动较大	6	2.2~2.65	1.3	0.8	180	无
	第三阶段	120~192	波动较大	6.1	2.2~2.65	1.5	0.8	60	无
	第四阶段	120~192	波动较大	6.5	2.2~2.65	1.5	0.8	10	无
	无								
第二台 2014.02 至 2016.09 Ⅰ-S Zorb	第一阶段	178	平稳	5.9	2.65	1	0.8	180	无
	第二阶段	120~178	波动较大	6	2.2~2.65	1.3	0.8	180	无
	第三阶段	120~192	波动较大	6.1	2.2~2.65	1.3	0.8	60	无
	第四阶段	120~192	波动较大	6.5	2.2~2.65	1.3	0.8	10	无
	无								

续表

反应器过滤器 ME101	反吹阶段	原料汽油进料量/(t/h)	进料量平稳情况	反吹压力/MPa	反应压力/MPa	反吹时间/s	反吹阀门开关时间/s	反吹周期/min	反吹阀门故障次数
第一台 再生后使用 2016.09 至 2018.09 Ⅰ-S Zorb	第一阶段	178	平稳	5.5	2.55	1.3	0.8	180	无
	第二阶段	120~178	波动较大	6	2.2~2.65	1.3	0.8	60	无
	拟第三阶段	120~140	平稳	6	2.25	1	0.5	120	无
	拟第四阶段	120~140	平稳	6	2.25	1.3	0.5	60	无
	拟第五阶段	120~130	平稳	6.5	2.25	1.5	0.5	10	无
第三台 2014.09 至 2017.12 Ⅱ-S Zorb	第一阶段	178	平稳	5.9	2.65	1	0.8	180	无
	第二阶段	160~178	平稳	6	2.2~2.65	1.3	0.8	180	无
	第三阶段	160~178	平稳	6.1	2.2~2.65	1.3	0.8	60	2
	第四阶段	140~178	波动较大	6.5	2.2~2.65	1.3	0.8	10	4
	第五阶段	120~178	波动较大	6.6	2.2~2.65	2	0.9	5	7
第四台 2017.06 至 2020.02 Ⅱ-S Zorb	第一阶段	125	平稳	4.5	2.2	1	0.8	220	无
	第二阶段	130~178	波动较大	5.2	2.2~2.55	1	0.8	180	无
	拟第三阶段	150~160	平稳	5.5	2.55	1	0.5	120	无
	拟第四阶段	150~160	平稳	6	2.55	1.3	0.5	60	无
	拟第五阶段	120~130	平稳	6.5	2.55	1.5	0.5	10	无

由表 1 可以看出，当进料量平稳(进料量为装置负荷 80%~90%)、反应器线速在 0.35m/s 左右，流化床内吸附剂细粉颗粒的析出率会明显减少，反应器过滤器差压变化较小，运行时间明显延长；反吹压力越大，形成的滤饼越薄，所以建立滤饼初期要尽量降低反吹压力；反吹时间在 1s 时，反吹效果较好，条件允许的条件下，尽量缩短反吹时间；反吹阀门开关时间越短，反吹效果越好；反吹周期是根据不同时期 ME101 的差压来制定的，反吹周期设计越合理，差压增长越慢；反吹阀门故障次数越多，尤其到后期，差压增长越快。

3.2 反应器过滤器 ME101 工艺参数优化

根据金陵石化两套 S Zorb 装置使用情况，制定了最优的关键参数组合，共计分为五个阶段，第一个阶段为滤饼建立期，建议在低处理量、进料平稳、反吹压力 4.5MPa、反吹时间 1s、阀门开关时间在 0.8s 以内、反吹周期 220min 及反吹阀门完好的情况下建立永久滤饼[4]。

第二个阶段为低差压稳固期，建议处理量在 150~160t/h、平稳进料、反吹压力 5.0MPa、反吹时间 1 秒、阀门开关时间在 0.8s 以内、反吹周期 180~220min 和反吹阀门完好的情况下稳固差压。

第三个阶段为差压缓慢增长期，建议处理量在 150~160t/h、平稳进料、反吹压力 5.5MPa、反吹时间 1s、阀门开关时间在 0.5s 以内、反吹周期 120~180min、反吹阀门完好的情况下差压缓慢增长。

第四个阶段为差压反复增长期，建议处理量 150~160t/h、平稳进料、反吹压力 6MPa、反吹时间 1.3s、阀门开关时间在 0.5s 以内、反吹周期 60min、反吹阀门完好的情况下增长。

第五个阶段为差压快速增长期，为了抑制差压快速增长，建议处理量 120~130t/h、平稳进料、反吹压力 6.5MPa、反吹时间 1.5s、阀门开关时间在 0.5s 以内、反吹周期 10min 并且反吹阀门保持完好。不同时期进行不同的设置方案，以保证 ME101 长周期[5]运行。

4 结论

通过分析金陵分公司两套 S Zorb 装置反应器过滤器 ME101 长周期运行的影响因素，结合现有装置的运行情况，制定出适合不同阶段使用的工艺参数，为装置长周期稳定运行提供了解决方案。

参 考 文 献

[1] 顾临，邱世庭，赵扬. 金属多孔滤材技术综述[J]. 流体机械，2002，30(2)：30-34.
[2] 胡跃梁. S Zorb 吸附脱硫装置运行过程中存在问题分析及应对措[J]. 石油炼制与化工，2013，44(7)：69-72.
[3] 包材保. S Zorb 装置过滤器差压高的处理方法[J]. 炼油技术与工程，2014，44(6)：38-41.
[4] 冯小艳，徐西娥，魏涛. S Zorb 装置反应器过滤器滤饼的建立[J]. 机械设备，2015，45(8)：33-35.
[5] 郭晓亮. S Zorb 装置长周期运行影响因素及对策[J]. 炼油技术与工程，2013，43(1)：5-9.

浅析催化装置烟气轮机振动与蒸汽的关联

张启东　李建鹏　李　顺　周纪武

（中国石化金陵石化公司　江苏南京 210046）

摘　要　分析了催化裂化装置烟气轮机轮盘冷却蒸汽和密封蒸汽变化对烟机振动影响的不同之处，指出在日常生产中可以通过提高蒸汽品质，合理调整蒸汽用量，来有效避免蒸汽对烟机振动的影响，为烟机长周期运行提供一定的保障。

关键词　催化裂化；烟机；蒸汽；振动

1　烟机概况

分公司Ⅲ催化裂化装置处理量 3.50Mt/a，其中烟气轮机-主风机机组是装置的关键设备，由烟机-轴流风机-齿轮箱-电机/发电机三机组组成，其运行状况好坏直接影响装置的长周期运行和装置能耗高低，也影响分公司的中压蒸汽平衡。烟气轮机型号为 YL32000A，由中国石油渤海装备有限公司制造，轴向进气，垂直向上排气，转子结构为悬臂式单级轮盘。机组于 2012 年 10 月随装置建设完成安装试车工作，并一次开车成功投入生产运行，其机械工况和性能达到设计要求，机组的设计参数见表 1。

表 1　YL32000A 烟气轮机设计参数

名称	数据	名称	数据
介质	再生烟气	功率/kW	32275
烟气流量/(m^3/min)	7340	绝热效率/%	79
入口压力/MPa(a)	0.361	转速/(r/min)	3761~3799
出口压力/MPa(a)	0.114	转向	从进气端看为逆时针
入口温度/℃	670	轮盘外径/mm	1380
出口温度/℃	496	轴振动高报警值/μm	60
烟气粉尘含量/(mg/m^3)	≤150	轴振动高高报警值/μm	100

2　烟机振动情况

Ⅲ催化烟机 2017 年 1 月 11 日检修结束，开机后运行工况一直很好，进入 10 月份，重载瓦振动开始波动，最大波动上升幅度为 40μm 左右，最大振动值已达 70μm。2018 年 3 月 9 日进行在线除垢后，轻、重载瓦振动平稳。5 月 25 日烟机重载瓦两个振动 VT40101X 和 VT40101Y 同步波动上升，最高至 75μm。6 月 27 日再次进行在线除垢，运行 2 个月后再次出现重载瓦振动大幅波动，振动上升的状况。10 月 19 日再次在线除垢，到 11 月 21 日烟机重载瓦振动又出现了大幅波动的情况。

据烟机以往运行和检修状况来看，烟机振动上升的原因主要是，烟气中的催化剂细粉在烟机的叶片、围带和轮盘等部位附着和堆积，在高温下烧结成垢，垢的分布不均和垢片的局部脱落会破坏烟机转子的动平衡，使烟机的振动值上升。振动波幅增大的原因则是，催化剂细粉进入气封内，充实转子与汽封的缝隙，造成摩擦。细粉进入汽封内，堵塞蜂窝密封孔，减弱密封效果，使细粉更容易进入，进一步增加摩擦。

受蜂窝型密封结构和工作原理的影响，一旦蜂窝内聚集充满催化剂细粉以后这种摩擦振动就会产生，会贯穿以后烟机的整个周期，只是程度不同。表象上就是阶段性且无规则振动波动，且波幅大持续时间较短。烟机的振动呈总体上升趋势且波幅增大，在运行状态下很难进行有效的处理，但采取一些辅助调节手段可以减缓这种振动上升波动增大的趋势，给烟机提供一个相对稳定的工作环境。图 1 为 2018 年 9 月 19 日至 10 月 10 日烟机重载瓦振动趋势。

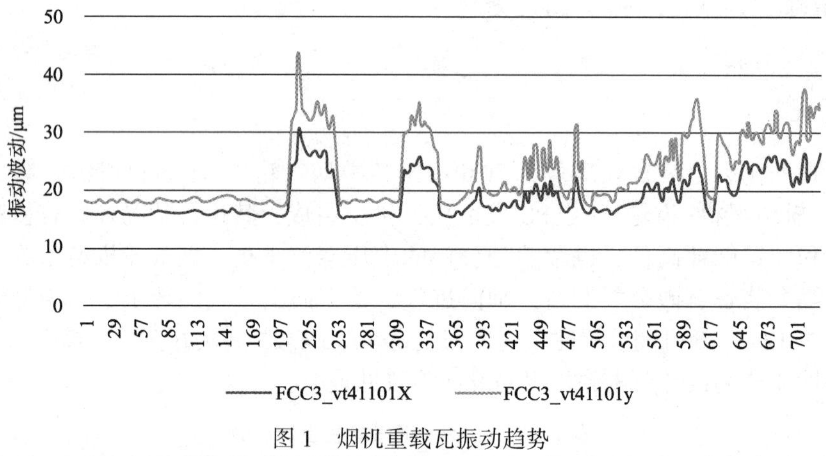

图 1 烟机重载瓦振动趋势

针对烟机振动运行周期缩短的问题，对烟机的运行工况进行了一些调整，取得一些效果。从生产角度上，严格控制再生器温度和藏量，减轻催化剂跑损对烟机运行的影响，对稳定烟机的运行工况起到了一定作用。在这些调节手段中，发现烟机的轮盘冷却蒸汽和密封蒸汽与烟机的振动关系尤为密切，蒸汽量及蒸汽温度的变化对烟机振动的影响较为显著。

3 轮盘冷却蒸汽的影响

3.1 轮盘冷却蒸汽的作用

为降低烟机轮盘和叶片的工作温度和阻止烟气进入轮盘，防止催化剂细粉进入轮盘死区，形成的团块粘在轮盘上，影响动平衡。轮盘冷却蒸汽系统设有前、后两路蒸汽进行轮盘冷却。一路冷却蒸汽通过冷却蒸汽轮盘温度控制调节阀组进入动静叶之间，沿轮盘前侧面作径向流动冷却轮盘，最后经静叶组件与轮缘端面的轴向间隙进入动叶片前的烟气流道。另一路冷却蒸汽(轴端密封蒸汽)通过轴端压差控制调节阀组经汽封体进入轮盘与排气机壳之间的空腔，沿轮盘后侧面作径向流动冷却轮盘，最后经轮缘后端面与排气机壳的轴向间隙进入动叶片后的流道。一般采用过热蒸汽或饱和蒸汽冷却、吹扫烟机轮盘。

3.2 轮盘冷却蒸汽对振动的影响

高温烟气通过混有较低温度的蒸汽时，或冷却蒸汽本身带有不饱和蒸汽时，在水分凝结作用下，易造成催化剂细粉沉积，催化剂粉尘会大量附着在烟机流道及叶片上。这些黏结物有时是均匀分布的，当分布不均匀时，将直接影响转子的动平衡。当这种沉积在围带上的催化剂细粉发展到一定厚度时，就会与动叶片顶端产生摩擦而造成振动。烟机运转过程中结垢增多、增重后，附着在转子某部位的垢块因局部膨胀或收缩受离心力作用被甩脱，就会破坏转子的动平衡。更严重的是脱落的垢块在通过动叶时，使叶片受到撞击，致使叶片在叶根处产生裂纹或者断裂，引起机组振动突发性升高。而当黏结物大部分脱落后，转子达到新的动平衡，烟机的振动又会随之减弱。

当轮盘冷却蒸汽温度过低或带水时，由于直接与烟机转子接触，易造成烟机轮盘温度变化过大，造成烟机“翘头”，振动急剧增大。另一方面在离心力的作用下蒸汽沿轮盘径向运动，在与烟气混合的过程中，一部分水滴在动静叶之间迅速汽化膨胀，对转子造成瞬间冲击现象，加剧烟机振动。而一部分未完全汽化的水滴则进入动叶流道内汽化，汽化后体积膨胀，在烟机动叶的后部出口处产生很大的阻力，造成烟机逆流，加剧烟机振动。

3.3　轮盘冷却蒸汽的调整

进入烟机系统的蒸汽有轮盘冷却蒸汽和密封蒸汽，蒸汽量的大小和品质对烟机振动的影响至关重要。装置烟机使用蒸汽有两路，一路来自装置低压蒸汽总管北端，经烟机入口管线盘管加热；另一路来自减温减压后蒸汽，两路蒸汽的混合点在轮盘冷却蒸汽控制阀前。通过调节阀 TIC41208 调节蒸汽量以控制轮盘温度在 320～350℃ 规定范围内。为提高烟机用蒸汽质量，目前使用系统蒸汽经烟机入口烟气管线盘管加热的一路，烟机用蒸汽流程见图 2。

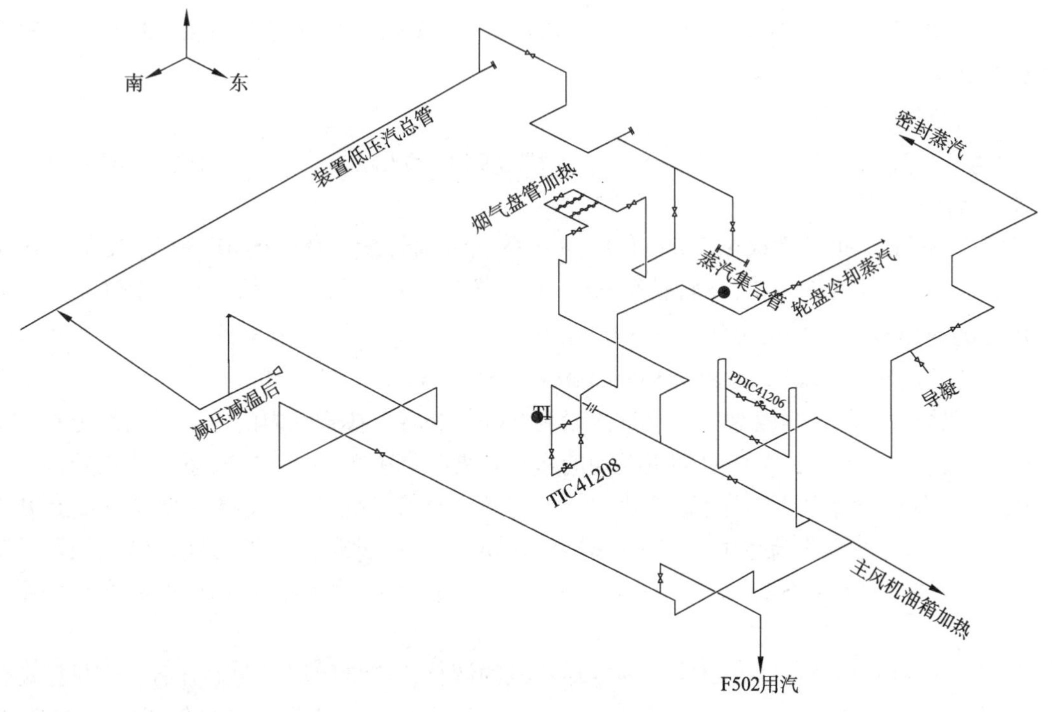

图 2　烟机蒸汽流程示意

为提高蒸汽品质，对蒸汽流程进行了改造，将蒸汽在烟机入口管线上做了 4 组盘管对蒸汽进行加热。但从流程布置看，烟机用蒸汽处于低压蒸汽系统末端，且管线较长较细，在冬季或是雨天，如果停留时间长，温降会较大，易造成蒸汽带水。2018 年 12 月 4 日烟机振动上升，且波动较大，最高达到 60μm，通过分析相关参数，发现受下雨影响蒸汽温度由 245℃降低至 232℃影响较大。蒸汽温度与振动的关联现象如图 3 所示。

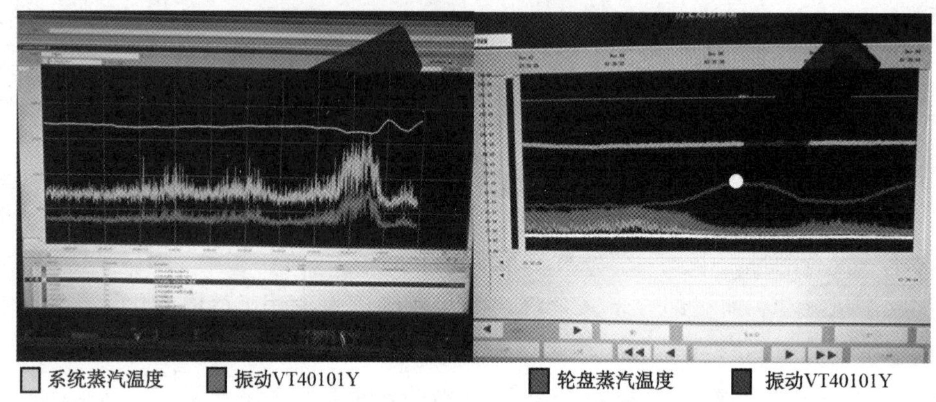

图 3 轮盘蒸汽温度与烟机振动趋势

蒸汽在此段管线内的停留时间按下式计算：

（1）计算蒸汽密度

$$\rho=\frac{10.1972\times P_1}{1.2560+4.75\times10^{-3}\times t-0.0989\times P_1+1.3460\times10^{-4}\times P_1\times t}$$

其中：P_1 为蒸汽绝对压力 0.60+0.1013=0.7013MPa，T 为蒸汽温度 232℃，计算出 232℃蒸汽密度 $\rho=3.1076\text{kg/m}^3$。

（2）计算出蒸汽体积流量

轮盘冷却蒸汽和密封蒸汽质量流量 M 分别为 940，500kg/h，则 $V_{气}=M/\rho=463\text{m}^3/\text{h}$。

（3）计算管线容积

经实际测量，此段管线由 70m 的 DN400 系统蒸汽管线、15m 的 DN80 管线和 50m 的 DN50 管线组成，$V_{管}=\pi\cdot D_{400}{}^2\times管长/4+\pi\cdot D_{80}{}^2\times管长/4+\pi\cdot D_{50}{}^2\times管长/4=3.14\times0.4^2\times70/4+3.14\times0.08^2\times15/4+3.14\times0.05^2\times50/4=8.9655\text{m}^3$。

（4）停留时间 $t=V_{管}/V_{气}=8.9655\times3600/463\approx69.7\text{s}$

从计算结果来看，当轮盘冷却蒸汽流量为 940kg/h 时，在管线内的停留时间约为 69.7s。为平稳烟机运行，并判断蒸汽对烟机振动的影响程度，调整关小 1.0MPa 系统蒸汽减温减压用减温水，将减温减压后蒸汽温度由 290℃提至 315℃，轮盘蒸汽温度由 232℃上升至 253℃，同时将轮盘蒸汽流量由 940kg/h 提至 1350kg/h，降低蒸汽停留时间。烟机振动下降至 30μm，且波动减小，保持平稳。轮盘冷却蒸汽流量、温度的调整与烟机振动变化关系见表 2。

从表 2 可以看出，伴随着每次轮盘冷却蒸汽的调整，流量增加温度上升后，烟机振动都会有一个明显的下降，到一定程度后渐趋平稳。从历次烟机解体观察烟机轮盘结垢情况看，结垢相对比较松软。蒸汽量增大后导致轮盘温度发生改变，轮盘的热膨胀情况发生变化从而改变了烟机的振动。同时蒸汽量增大后也对轮盘上松软的结垢有一定的吹扫作用，从而改变了烟机的动平衡。由于烟机已连续运行 24 个月，结垢较为严重，蒸汽的调整在一段时间内平稳了振动，但还存在反复上升现象。

表 2　烟机轮盘冷却蒸汽流量调整与烟机振动关系

日期	调整状态	减温减压蒸汽温度/℃	轮盘蒸汽温度/℃	轮盘蒸汽流量/(kg/h)	蒸汽停留时间/s	重载瓦 VT41101Y 振动/μm
12-04	调整前	290	232	940	69.7	60
	调整后	315	253	1350	51.7	30
12-26	调整前	315	253	1470	48.5	50
	调整后	319	258	1570	45.8	30
02-20	调整前	319	258	1700	43.0	60
	调整后	319	263	1800	40.8	20

4　密封蒸汽的影响

4.1　密封蒸汽的作用

为了防止带有粉尘的高温烟气从轴伸出端外漏，污染环境和润滑油质量。故在轴伸出部位装有梳齿或蜂窝状密封，并在密封装置中注入蒸汽。蒸汽通过压差控制调节阀组注入汽封体内的蒸汽密封段。通过烟气与密封蒸汽的压差控制，实现轮盘与汽封体之间的空腔蒸汽压力大于动叶后的烟气压力 7kPa，使密封蒸汽进入烟气流道。

4.2　密封蒸汽对振动的影响

Ⅲ催化烟机密封使用的是蜂窝状密封。该密封由三级蜂窝密封带和汽封体组成，并在两级蜂窝带之间注入蒸汽。蜂窝带由六边形小蜂窝孔组成，当气流通过时，蜂窝孔将气流切割，分离成若干个涡流，涡流对气流产生强大的阻尼，进而实现对气体的密封作用。蜂窝带采用 Ni 基合金，比铝合金还要软，不用担心其与转子摩擦，因而密封间隙较梳齿密封小。烟气进入密封体，在蜂窝孔内会产生较大温降，而此处恰好存在大量的密封蒸汽，温降使蒸汽冷凝成水滴，水滴吸收烟气中催化剂粉尘经长时间积累，最终将六面体小蜂窝堵塞(图 4)。蜂窝堵塞又会进一步降低密封效果，致使催化剂粉尘大量沉积在密封体内。当蒸汽温度下降或蒸汽带水，水进入烟机密封系统，迅速汽化膨胀，造成蜂窝状密封内沉积的催化剂膨胀或松动，与转子摩擦造成振动上升且波动加剧。从以往机组拆卸情况来看，汽封体结垢严重，汽封的蜂窝基本上全部被催化剂结死，而且汽封体有被催化剂冲刷的现象。

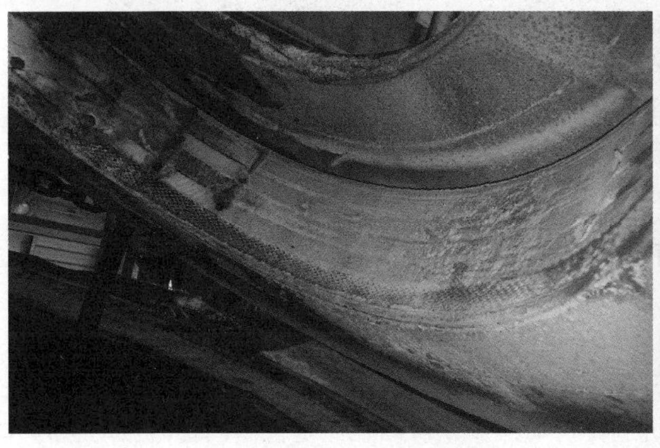

图 4　烟机蜂窝密封催化剂积垢程度

4.3　密封蒸汽调整

针对以往解体烟机蜂窝堵塞的情况和烟机运行 24 个月状况判断，目前蜂窝密封已经被催化剂粉尘堵塞，密封效果严重降低。由于密封蒸汽没有流量显示和压力指示，只能根据密封蒸汽放空口排汽量判断密封蒸汽的注入效果，为确保排汽口有蒸汽排出，逐渐将密封蒸汽差压控制阀全开，利用提高密封蒸汽流量和压力，保证烟气不沿轴向外泄进入密封体。差压控制阀全开后，观察排气口排出蒸汽，同时烟机蜗壳内密封体烟气泄漏量明显减少，从而降低因密封效果变差而使催化剂细粉进入密封体内结垢的程度，避免转子与结垢产生摩擦振动上升。

4.4　效果

通过对影响烟机振动的关联参数分析，调整烟机轮盘冷却蒸汽和密封蒸汽相关参数，观察对烟机振动的影响之后。装置决定控制轮盘蒸汽温度不低于 245℃，保证轮盘蒸汽流量不小于 1300kg/h，避免流量偏小，蒸汽在管线内停留时间过长，温度下降，产生冷凝水。控制减温减压后蒸汽温度不小于 310℃，从源头提高蒸汽品质。将密封蒸汽量维持最大。通过上述调整后烟机振动上升波幅增大的趋势得到了有效的控制，图 5 所示为调整后一周烟机振动的变化情况。

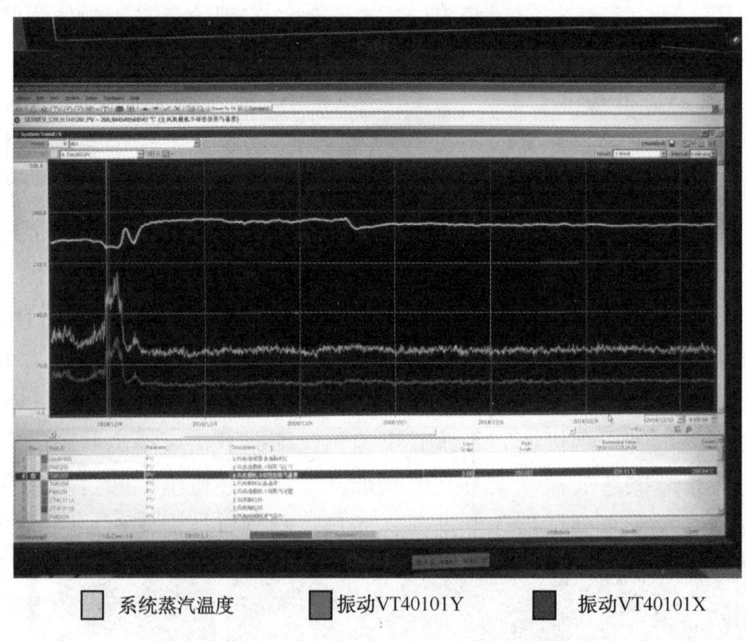

图 5　蒸汽温度调整后的烟机振动变化情况

5　结论

1）烟机使用蒸汽的品质对烟机的影响较大，严格控制蒸汽品质能有效避免烟机振动和结垢加剧。

2）烟机在长周期运行过程中，由于烟气中所含的催化剂细粉在烟机内部的结垢，致使平衡被破坏或产生摩擦，振动上升。当频繁发生振动波动时，在可控范围内，对轮盘蒸汽量以及汽封蒸汽量进行调整，对烟机进行扰动操作，可以在一定范围内控制振动上升波动的趋势并有可能使之下降。

3）加强工艺平稳操作，控制再生器二密低藏量，增加沉降高度，减少催化剂跑损；在满足再生的前提下低主风生产，避免线速过高催化剂破损跑损。从源头抓起，严控进入烟机的催化剂细粉含量。

4）在机组检修开机后可适当增加密封蒸汽量，将密封蒸汽差压由 15kPa 提高至 30kPa，保证蜂窝汽封在完好工作状态时，尽量减少催化剂粉尘进入汽封。在运行一段时间后，为适应蜂窝堵塞后的新工况，可将密封蒸汽控制阀全开，尽量杜绝催化剂粉尘结垢与转子摩擦。

5）进一步优化蒸汽流程，扩径蒸汽管线至 DN100，同时增加蒸汽加热盘管数，降低蒸汽管路压降，提高蒸汽压力，强化对轮盘的吹扫作用。同时降低蒸汽在蜂窝密封内冷凝，延缓蜂窝体的堵塞。

参 考 文 献

[1] 方明. 催化裂化烟机振动原因分析及应对措施[J]. 化工设备与管道，2010，47(4)：41-44.

[2] 王愿祥. RFCCU 烟机密封放空堵塞原因及处理[J]. 兰州石化职业技术学院学报，2015，15(1)：27-29.

[3] 王群，徐峰. 催化烟机主风机技术问答[M]. 北京：中国石化出版社，2005.

在线射线扫描与修理技术在催化裂化再生滑阀故障处理中的应用

钟　杰

（中国石化燕山石化公司　北京 102500）

摘　要　再生滑阀是催化裂化装置关键设备，其作用是调节再生后的高温平衡催化剂循环量，控制两器压差和反应器温度，再生滑阀一旦出现故障，往往造成装置停工。针对某催化裂化装置运行期间再生滑阀出现的故障，通过在线射线扫描对故障进行判断并成功对滑阀进行在线修理。文章描述了滑阀的故障现象，分析了故障原因，提出了对滑阀设备的维护策略和预知性维修，对催化裂化装置再生滑阀故障在线处理提供了成功案例，具有一定的借鉴意义与参考价值。

关键词　再生滑阀；射线扫描；在线处理

1　概述

再生滑阀是催化裂化装置催化剂循环流程中的关键设备，在反应再生流程中，对催化裂化反应温度控制、物料调节以及压力控制起到关键作用。在紧急情况下，还起到自保切断两器的安全作用[1]。若再生滑阀出现故障将会直接影响到整个装置的长周期平稳运行。国内某 800kt/a 催化裂化装置于 2017 年停工检修，11 月开工运行 4 个月后发现再生滑阀无法调节，该故障制约了催化裂化装置反再系统的正常调节，当装置发生异常时，由于滑阀无法及时关闭，将导致装置非计划停工，国内曾多次发生因滑阀故障导致的非计划停工，所以该故障是影响装置安全平稳运行的重大隐患。通过工艺调整、在线射线扫描检测等手段，判断滑阀阀杆发生断裂(阀杆与阀板脱开)，在做好安全风险评估的前提下，通过在线在阀体上增加手动执行机构，实现再生滑阀可以正常开关，消除影响正常生产的重大隐患。

2　再生滑阀失效形式

800kt/a 催化裂化装置再生滑阀为电液单动冷壁滑阀，美国 TAPCO 公司生产，公称直径为 DN1000，工作介质为催化剂，工作温度 680℃，压力：<0. 25MPa，材质：16Mn+衬里+硅交网；阀体金属壁厚 19mm，内部 92mm 厚隔热衬里+耐磨衬里。

再生滑阀在装置运行期间，当滑阀阀位在 28%～85%之间调节时，滑阀压降没有变化，反应温度没有明显变化，说明滑阀实际阀位并没有随着执行机构的输出发生变化。为了进一步分析滑阀故障，调节阀门开度小于 28%，发现滑阀可以关小，但不能开大，初步怀疑阀杆断裂或者阀板脱离滑道。该情况下，装置的正常运行受到再生滑阀故障的严重制约。

3　在线射线扫描技术的应用

通过对再生滑阀调整，分析反再系统参数变化情况，初步判断滑阀阀杆断裂或者滑阀闸板脱离滑道，为了进一步验证滑阀故障情况，决定采用在线射线扫描方式对滑阀进行监测，判断滑阀具体故障状况。

3.1 检测原理及方法

γ射线透过物体后的强度，与物体的厚度、密度及物质对射线的吸收系数有关，射线的吸收量是介质的密度和厚度的乘积函数，见下列公式。在线检测就是利用γ射线这个特性进行扫描分析的。通过扫描可以测出设备内部相应部位的密度的变化，从而分析设备内部机械故障情况。

γ射线在物质中的衰减服从指数规律：

$$I=Ioe^{-\mu_m \rho l}$$

式中 ρ——介质（指吸收物质）密度；

l——透过介质的厚度；

μ——物质的质量吸收系数；

I——射线透过吸收物质后的强度；

Io——初始（γ射线）强度。

根据再生滑阀的结构，采用直线扫描方式，沿着滑阀阀板的平行方向从上到下进行直线扫描，得到不同位置的密度分布曲线；调节滑阀后，再进行同样的直线扫描检测。滑阀调节2次，分别为阀位43%和75%两种状态下扫描得到6条密度分布曲线，对比这6条曲线，判断滑阀阀板是否随调节而移动，从而分析该滑阀内部的机械故障情况。扫描方位如图1和图2所示。

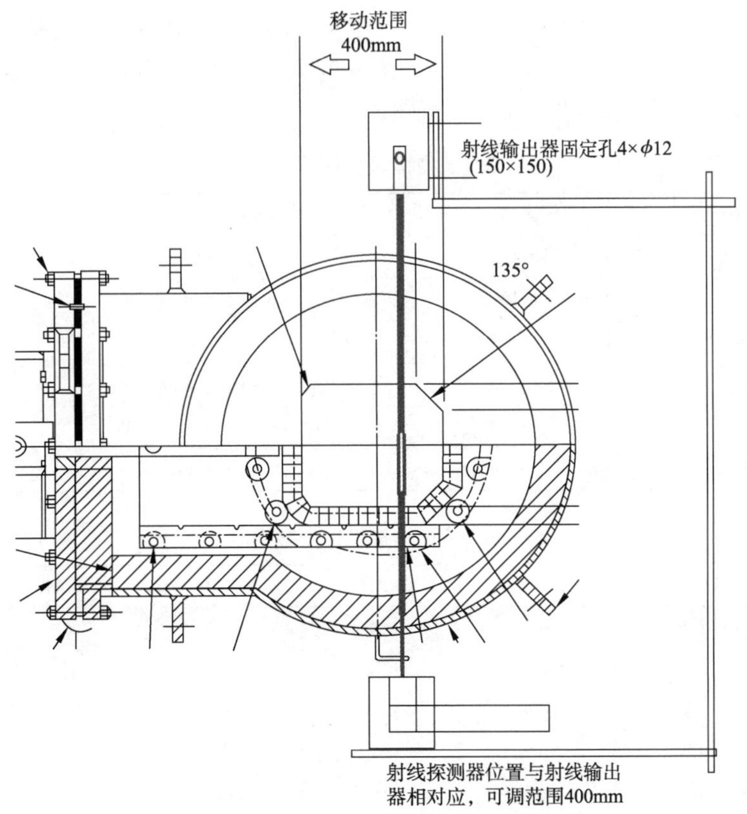

图1 再生滑阀射线扫描示意图（灰色为射线束）

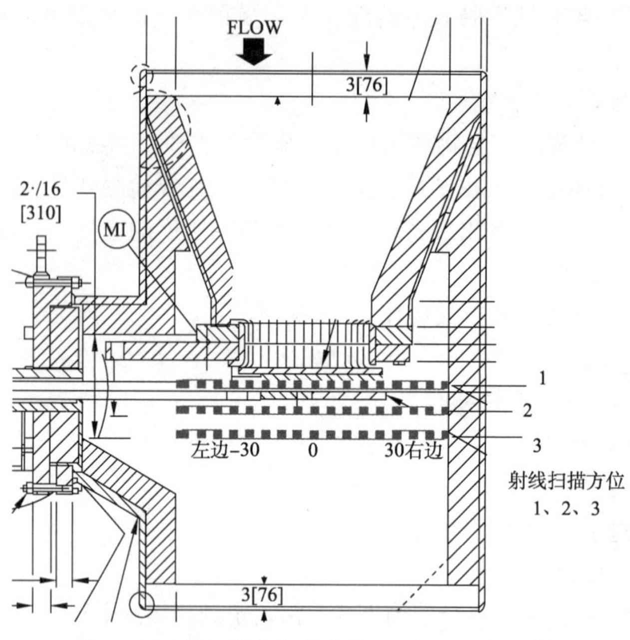

图 2 再生滑阀射线扫描方位图(灰色为射线束)

3.2 检测数据分析

检测扫描线共 6 条，分别是调整前 43%阀位状态下的 3 条曲线(1-43%，2-43%，3-43%)，调整滑阀到 75%阀位状态下的 2 条曲线(3-75%，1-75%)，最后调回到 43%流量状态下的一条曲线(1-43%R)。每条扫描曲线的长度为 60cm，扫描间隔为 3cm。扫描线数见表 1，检测数据见表 2，检测结果综合分析图如图 3 所示。

表 1 扫描线代号和方位

序号	扫描线代号	滑阀流量	扫描位置	扫描方向
1	1-43%	43%(原始状态)	平行穿过阀板中心位置	自西向东，管道中心位置为 0，左边为负，右边为正。
2	2-43%	43%(原始状态)	平行穿过距阀板中心 4cm 位置	
3	3-43%	43%(原始状态)	平行穿过距阀板中心 8cm 位置	
4	3-75%	75%(调节到 75%阀位)	平行穿过距阀板中心 8cm 位置	
5	1-75%	75%(保持 75%阀位)	平行穿过距阀板中心 8cm 位置	
6	1-43%R	43%(调回到 43%阀位)	平行穿过距阀板中心位置	

表 2 在线射线检测数据

位置	1-43%	2-43%	3-43%	3-75%	1-75%	1-43%R
-27	119	341	1384	1379	6	71
-24	112	337	1362	1326	12	44
-21	100	339	1434	1363	27	62
-18	108	347	1546	1402	34	64
-15	128	373	1673	1542	45	85
-12	148	399	1672	1586	56	101

续表

位置	1-43%	2-43%	3-43%	3-75%	1-75%	1-43%R
-9	133	406	1720	1672	53	121
-6	144	402	1756	1678	75	132
-3	172	402	1731	1653	92	158
0	192	444	1660	1678	126	170
3	232	730	1568	1607	176	243
6	283	875	1353	1459	274	330
9	321	553	980	1124	233	360
12	427	538	763	763	383	506
15	546	569	740	771	513	727
18	699	662	875	862	510	659
21	601	614	887	877	445	598
24	551	609	782	855	422	620
27	512	654	825	795	370	521

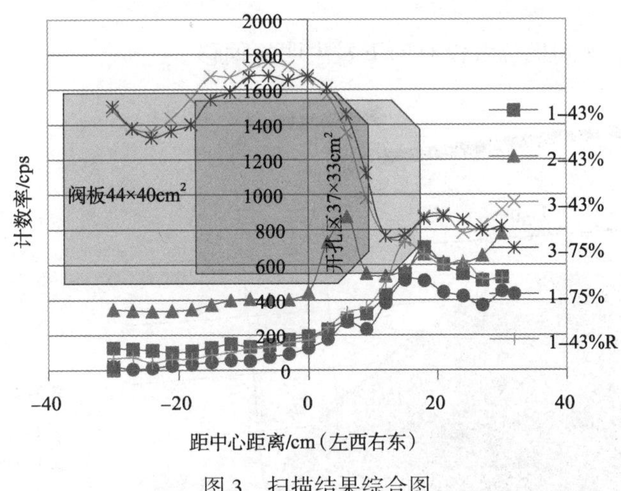

图 3　扫描结果综合图

图 4 中显示两组对比曲线（3-43%，3-75%；1-75%，1-43%R），分别是 43% 和 75% 阀位显示状态下，平行穿过阀板中心位置和平行穿过距阀板中心 8cm 位置时的扫描曲线。

从图中可以看出，滑阀调节前后，扫描曲线没有发生明显的变化，说明阀板位置基本未变，判断滑阀阀杆与阀板的连接断开，阀门调节无效，阀门打开宽度在 10cm 左右。

根据射线强度（计数率）与密度成反比例的关系，计算出不同位置的相对密度分布，距离阀板不同位置密度分布如图 5 所示。可以得到如下结论：

1）绿色的扫描曲线（1-43%）平行穿过阀板中心位置，射线全部被屏蔽，但是部分散射射线被接收，因此形成左侧相对密度较高，打开窗口的位置密度较低。

2）棕红色的扫描曲线（2-43%）平行穿过距离阀板中心 4cm 位置，此处位于阀板的边缘部位，由于射线束和射线探测器具有 3cm 的尺寸大小，因此一部分射线被屏蔽，另一部分射线穿过被接收。另外，在中心偏右的 6cm 位置，密度偏低。

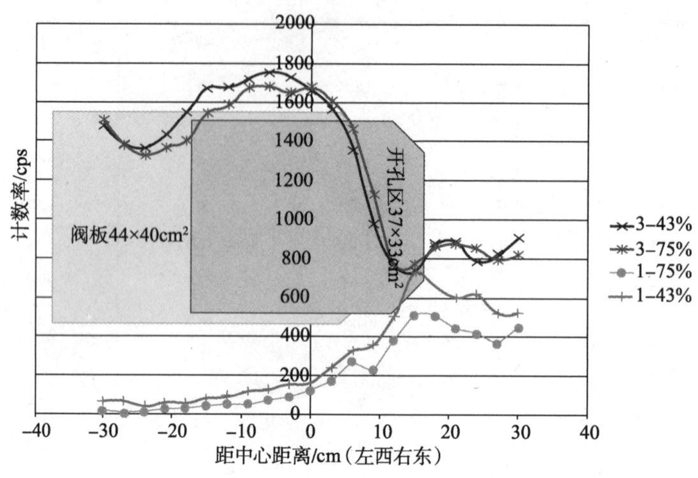

图4　滑阀调节前后扫描曲线对比

3）蓝色的扫描曲线(3-43%)平行穿过距阀板8cm位置，射线未穿过阀板，总体密度较低，由于阀板的屏风效应，阀板后面的固体催化剂颗粒数量较少，形成一个相对密度较低区域。

4）根据图5判断，阀板位置没有向下发生明显偏移。

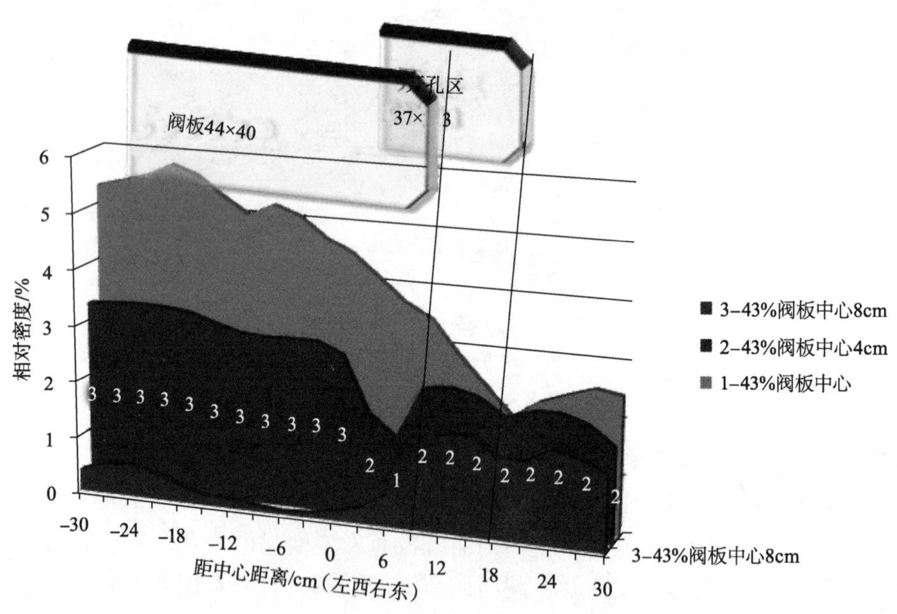

图5　距离阀板不同位置密度分布图

3.3　在线扫描检测结果

通过射线扫描检测，可以判断：

1）再生滑阀打开宽度在10cm左右，滑阀阀位从43%调节到75%，然后又调节回43%，扫描曲线形态未发生明显变化，说明阀板位置未发生变化、滑阀阀杆与阀板脱离。

2）阀板不同位置扫描曲线对比，表明阀板位置没有向下发生明显偏移。

4 再生滑阀故障在线处理

4.1 在线处理方案的确定

根据实际调节，再生滑阀在现有位置上无法打开。通过线扫描，判断滑阀阀板和阀杆已脱离，阀板仍保留在滑轨上，没有发生偏离，这为在线处理滑阀故障提供了数据支持和理论依据。

在不停工情况下对再生滑阀进行在线修理，具体方案是：在再生滑阀执行机构的对面阀体上增加一套手动辅助执行机构，通过主阀杆和辅助阀杆共同作用实现滑阀正常开关。

此方案需要在阀体上带压打孔，安装高温闸阀，此基础上安装手动执行机构，见图6。其中带压开孔位置定位、开孔刀具材质选择，是决定本次在线处理实施过程能否成功的关键。

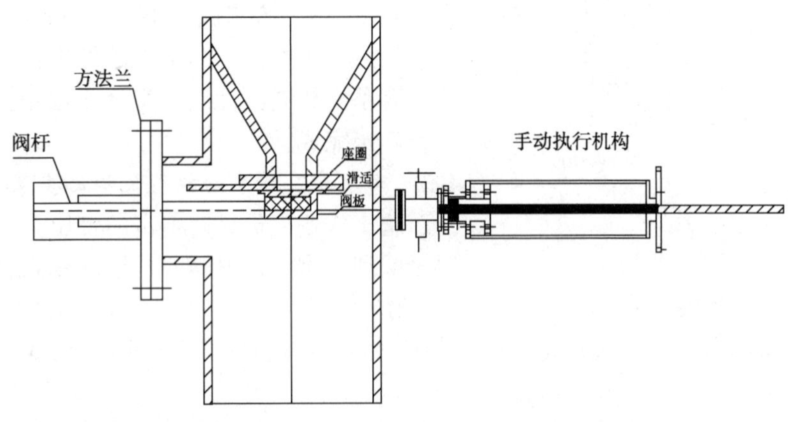

图6 手动执行机构安装示意图

4.2 带压开孔位置的确定

由于再生滑阀公称直径大（滑阀尺寸为 ϕ1000mm，长度为 1600mm，阀杆直径为 ϕ51mm，阀板高度为 91mm），阀体倾斜安装，液动执行机构为水平安装，与阀体呈一定角度，为确保开孔位置的精准，采用三种定位方法确定开孔位置，互相印证。

（1）延伸测量法

围绕阀杆周向位置测量找出 0°、90°、180°、270°四点标记，分别以 0°（上点）和 180°（下点）为铅垂线、90°和 180°为水平线，沿标记点向阀座延伸至方法兰位置、划线标记垂直线和水平线，其相交点为阀体中心点。尺寸 $L_1=L_2=L_3=L_4$，$L_5=L_6=L_7=L_8$，见图7。

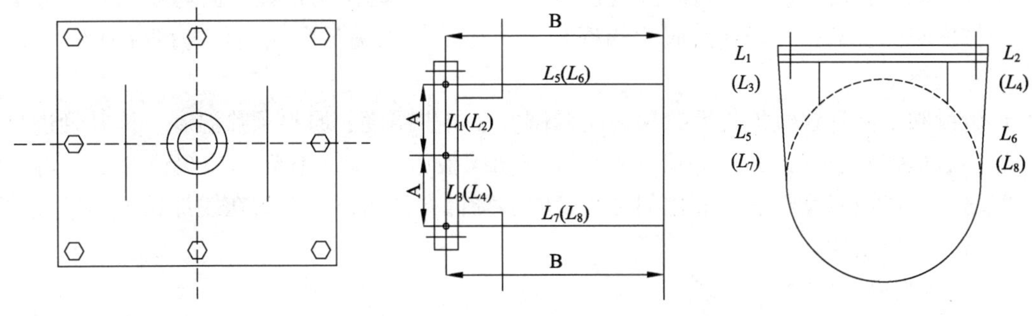

图7 方法兰划线、标记

(2) 图纸测量法

根据图纸尺寸，沿滑阀焊道位置标记基准点，沿焊缝中心位置向下测量926mm取测量点，两点位置连线标记滑阀水平中心线，同理，以方法兰为基准，测量、连线标记滑阀垂直线，两线相交取得阀体中心点。根据滑阀图纸得出的阀体中心点，是理论与实际偏差的重要论证。

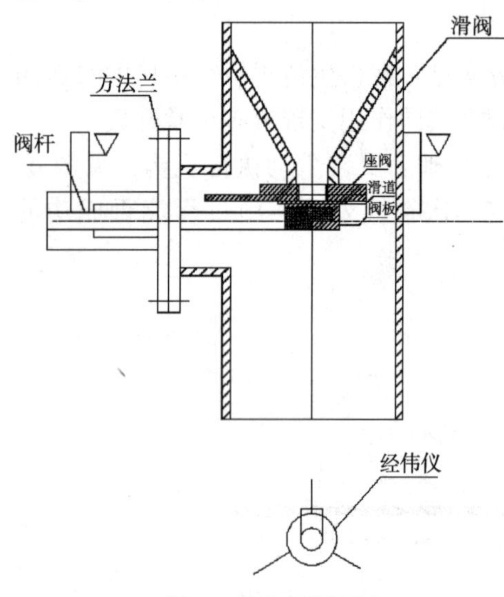

图8　经纬仪测量法

(3) 经纬仪测量法

使用经纬仪测量阀杆水平面位置，刻度尺放置阀杆顶部位置，测量相对整数作为参考点，测量对面阀体相应的参考点，与阀体连接处划线。可测量2点，方便划出中心线位置。与上述延伸测量法相同找出垂直线。中心点位置为阀杆顶部，需向下垂直位置25mm，方未阀杆中心点位置。见图8。

经过三种方法的测量得出结果：三次测量确定的位置基本相同，理论与实际测点相互应证，开孔位置确定完成。

4.3　带压开孔及手动执行机构的安装

施工作业人员具有丰富的带压开孔经验，进展比较顺利，难点是滑阀的衬里硬度高，普通钻头无法工作。开孔期间因滑阀衬里硬度和材质的影响，在损坏三支钻头的情况下顺利完成开孔，且成功将辅助阀杆作用于闸板上，证明了本次带压开孔定位的准确性。

4.4　再生滑阀调试

4.4.1　开阀调试

试验过程中，在再生温度、原料预热温度、提升管进料量等操作参数稳定状态下，通过手动辅助阀杆推动再生滑阀阀板由27%开大至28%开度，再生滑阀压降由65kPa降低至55kPa，滑阀压降减小，反应温度升高，催化剂循环量明显增大，证明再生滑阀安装手动辅助阀杆成功实现开大滑阀阀位功能，见图9。

4.4.2　关阀调试

调试过程中，液动执行机构关小滑阀时，反再参数无变化，说明阀板无实际动作，即液动执行机构主阀杆与阀板脱开且有一定距离，根据现场测试与计算，判断主阀杆断裂，造成滑阀主阀杆剩余长度无法满足滑阀开度在28%至0%之间的作用行程。面对新问题，方案调整：依据实际测算数据，增加滑阀主阀杆长度500mm，以满足滑阀阀位开度在0%至100%间的正常调整。

再生滑阀主阀杆在线加长后二次关阀调试。在再生温度、原料预热温度、提升管进料量等操作参数稳定状态下，调整滑阀主阀杆，推动阀板由28%关小至27%阀位开度，再生滑阀压降增大，反应温度降低，催化剂循环量明显降低，证明再生滑阀在线加长主阀杆成功实现关小滑阀阀位功能。

4.4.3　运行效果及经验

再生滑阀调试成功后，滑阀调节功能正常，运行平稳。本次成功对滑阀故障进行在线处

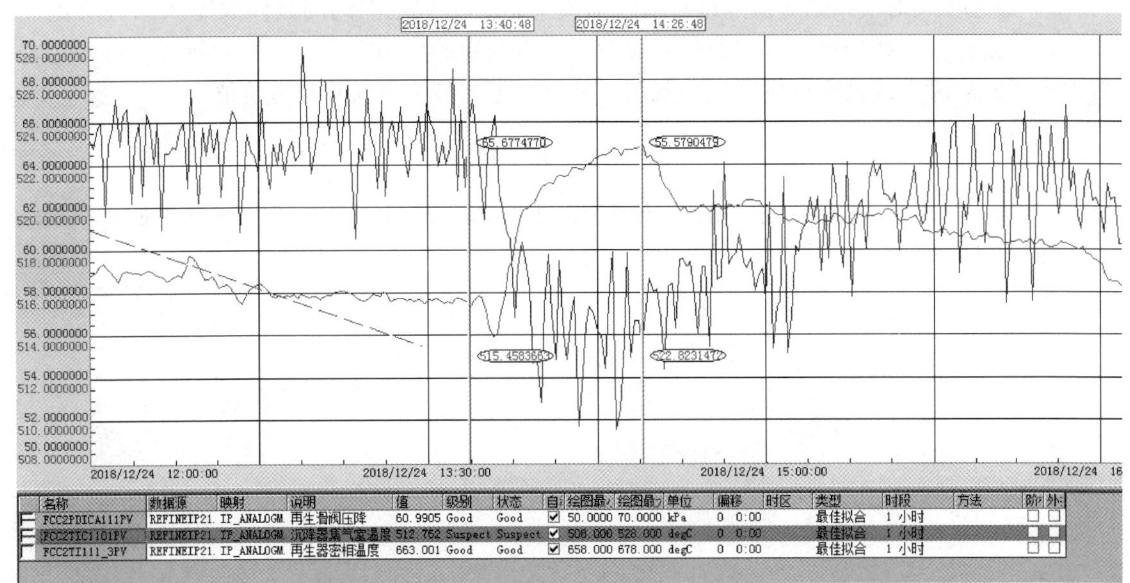

图 9　顶开滑阀时反应温度变化趋势

理，既解决了装置平稳运行的一大隐患，同时也为催化裂化装置再生滑阀的在线处理提供了实践案例，积累了成功经验，主要经验包括：

1）本次故障处理方案具有创新性，包括开孔定位、阀杆加长方案以及在线射线检测技术在催化裂化滑阀故障处理中的应用。

2）处理过程中的难点包括：阀体内部故障现象的分析判断，辅助阀杆作用点带压开孔位置定位的准确性，开孔接管法兰焊接过程中与主阀杆同心度的保证，主阀杆加长方案的可靠性分析以及主阀杆和加长段的焊接与定位，投用后滑阀阀位开度的重新校核与定位。

3）处理过程的风险包括：开孔过程中钻头断裂，衍生二次故障的风险，开孔对滑阀衬里的损坏，造成衬里局部脱落，导致器壁超温的风险，开孔完成后辅助阀杆退出过程中介质泄漏的风险。

4）再生滑阀运行期间，要加强对滑阀运行状态的监测，做好停工期间滑阀拆检计划，对滑阀具体故障情况进行根本原因分析，对其制定针对性的预知维修方案与维护策略，保证滑阀设备的完整性运行。

5）本次再生滑阀在线处理技术圆满地解决了滑阀无法调节的隐患，但是滑阀在检修投用 4 个月就发生断裂故障的原因还需要继续研究，在下次检修时进行验证，确保设备和装置的长周期运行。

5　结论

再生滑阀是催化裂化装置关键设备，再生滑阀一旦出现故障，往往造成装置停工。针对催化裂化装置运行期间再生滑阀出现无法调节的故障：

1）通过增加手动执行机构，成功在线解决了催化裂化装置再生滑阀无法调节的问题，同时，证明了前期对滑阀故障判断的准确性以及在线处理方案的可操作性；

2）通过在线射线扫描对滑阀进行射线监测分析，对确定滑阀的具体故障状态有决定性的作用，是在线射线扫描在催化裂化装置滑阀故障判断的成功实践，具有创新性，对催化装置再生滑阀故障在线处理提供了成功案例，具有一定的借鉴意义与参考价值。

参 考 文 献

[1] 马亚斌，李新明，赵佳磊. 再生滑阀在线修复技术在催化裂化装置的应用[J]. 设备管理与维修，2017，(3)：67-69.

六、烟气脱硫脱硝

催化裂化再生烟气中 NO_x 影响因素及控制方法

郭　伟　李　宁　白　锐　杨进华　程相民

(中国石化海南炼化公司　海南洋浦 578101)

摘　要　中国石化海南炼油化工有限公司 2.8Mt/a 重油催化裂化装置在 2018 年第四周期开工后出现外排烟气中 NO_x 质量浓度接近排放限值 200mg/m^3 的情况，成为制约装置加工负荷的关键因素。以催化裂化焦炭中氮的转化机理为切入点，从原料油、再生器操作、余热锅炉操作 3 个方面进行分析，查找影响因素，最终利用源头控制、操作条件、应用助剂 3 种措施，使外排烟气中 NO_x 得到有效控制。

关键词　催化裂化；NO_x；烟气；原料油

氮氧化物(NO_x)是主要的大气污染物，影响环境，危害人体健康。此外，由于催化裂化外排烟气中的 NO_x 易与水化合形成硝酸根离子，对碳钢等材质的设备造成腐蚀，从而威胁相关装置的安全平稳运行。随着催化裂化原料劣质化，原料氮含量逐渐升高，是否能满足外排烟气中 NO_x 的质量浓度不大于 200mg/m^3 的要求成为影响装置环保达标排放的主要制约因素。

中国石化海南炼油化工有限公司(简称海南炼化)2.8Mt/a 重油催化裂化装置由中国石化工程建设有限公司(简称 SEI)设计，于 2006 年 8 月建成投产，设计加工加氢处理后的混合渣油，生产方案为多产液化气(或丙烯)和汽油。为了满足全厂汽油烯烃含量的要求，催化裂化反应部分采用中国石化石油化工科学研究院(简称石科院)开发的多产异构烷烃和丙烯的 MIP-CGP 工艺；再生器采用重叠式两段再生，第一再生器(简称一再)贫氧再生，第二再生器(简称二再)富氧再生，再生烟气由烟气压缩机送余热锅炉回收热能后再经脱硫脱硝工艺处理而外排大气。脱硝技术采用选择性催化还原法(SCR)，脱硝模块催化剂装入系统中，因烟气温度过高，超过脱销模块装填催化剂的设计范围(350~420℃)，导致催化剂烧熔失活，从而脱硝效率下降。2018 年装置第四周期开工后，出现外排烟气中 NO_x 的质量浓度接近 200mg/m^3 的情况，制约了装置的加工负荷。为确保外排烟气达标排放，现对外排烟气中 NO_x 含量上升的原因进行分析，以便采取应对措施。

1　催化裂化再生烟气中 NO_x 的生成机理

催化裂化原料中的氮化物包括碱性氮化物和非碱性氮化物，由于碱性氮化物上的氮原子带有孤对电子，极易吸附在催化剂 L 酸的酸性位上，造成催化剂失活以及使原料油发生缩合结焦、裂化脱氮等反应[1]，以致催化裂化焦炭中氮化物的含量常常占到催化裂化原料氮化物含量的 40%[2]。

清楚认识氮化合物在催化裂化过程中的转化规律对再生烟气后续脱氮处理显得尤为重要。在催化剂再生烧焦过程中，焦炭中大分子杂环化合物中的氮会转化为低相对分子质量的氮化物和一些自由基，如 HCN、—CN、—NH_2 等，然后又转化为中间产物 HCN 或 NH_3，在有氧气存在的情况下，HCN 和 NH_3 会进一步氧化为氮气和氮氧化物，同时再生器中存在的

CO 等还原性物质还会促进氮氧化物进一步转化为氮气[3]。催化剂烧焦过程中氮的转化途径如图 1 所示。

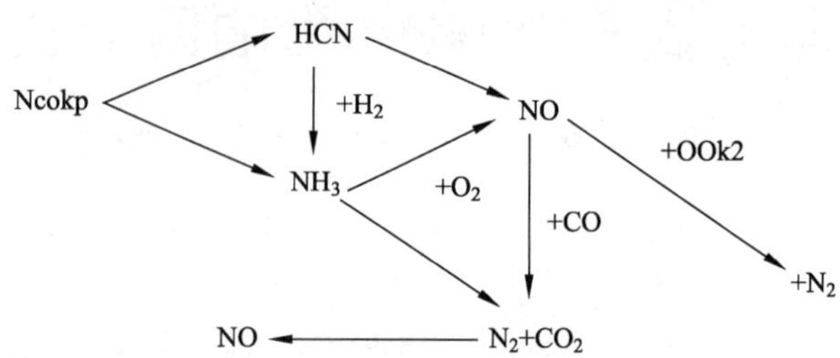

图 1　催化剂烧焦过程中氮的转化途径

相比于常规的催化裂化装置，海南炼化的不完全再生催化裂化装置采用重叠式两段逆流再生，当待生催化剂均匀通过再生剂床层顶部时，发生下列反应[4]。

$$2C+2NO \longrightarrow 2CO+N_2$$

第一再生器为贫氧环境，焦炭部分燃烧产生 CO(约占催化剂烧焦负荷 65%)；第二再生器为富氧环境，焦炭完全燃烧产生 CO_2(约占催化剂烧焦负荷 35%)。根据催化裂化再生烟气中 NO_x生成机理可知，再生器中的 NO_x是在二再富氧环境下生成。在一再贫氧环境下，二再烟气中携带的 NO_x与一再中具有还原性的 C、CO、NH_3、HCN 发生反应，主要生成 N_2。

2　影响因素

2.1　催化裂化原料油

装置标定期间原料性质稳定，具有代表性。对于催化裂化工艺来说，原料的氮含量是影响再生烟气中 NO_x浓度的关键因素，原料中大约 50%的氮化物随待生催化剂进入再生器[5]。表 1 和表 2 分别为装置标准化标定时装置产品中的氮分布数据和焦炭中的氮分布数据。由表 1 可知，海南炼化催化裂化装置焦炭中氮和损失的氮的总量占原料总氮的比例约为 74.96%，进入再生器的氮有 5%~20%被氧化为氮化物，其余的转化为氮气[5]。由表 2 可知，焦炭中的氮约 15.56%转化为 HCN，NH_3，NO，其余 84.44%的氮转化为 N_2。因此，若原料总氮含量增高，焦炭中的氮含量也随之升高，生成的氮氧化物也会升高，最终引起脱硫脱硝装置外排 NO_x升高。

表 1　标准化标定时装置产品中的氮分布　　%

项　目	数　据	项　目	数　据
干气	0	油浆	6.9
液化石油气	0	焦炭+损失	74.96
汽油	0.84	含硫污水	10.44
轻柴油	6.86		

表 2　标准化标定时装置焦炭中的氮质量浓度及分布

项　目	质量浓度/(mg/m³)	氮分布/%	项　目	质量浓度/(mg/m³)	氮分布/%
HCN	20	0.55	NO_2	0	0
NH_3	380	14.87	N_2(损失)		84.44
NO	6	0.14			

2.2 催化裂化再生器操作

对于贫氧再生装置来说，在二再富氧环境下，氮完全燃烧生成 NO_x；在一再贫氧环境下，二再烟气中携带的 NO_x 与一再中具有还原性的 CO，C，NH_3，HCN 发生反应，生成 N_2，然而中间产物 NH_3 与 HCN 并未完全参加反应，而是有部分进入余热锅炉中燃烧生成了 NO_x[6]。由表 2 焦炭中氮分布数据的 HCN 占 0.55%、NH_3 占 14.87%、NO 占 0.14%、N_2(损失)占 84.44%可判断催化裂化再生烟气的 NO_x 含量不高。因此控制一再、二再的烧焦负荷，减少中间产物 NH_3 与 HCN 的浓度是控制 NO_x 的关键手段之一。

2.3 余热锅炉操作

NH_3 与 HCN 在余热锅炉过氧环境下会生成 NO_x，通过调整余热锅炉炉膛温度及过剩氧含量，从而控制炉膛还原氛围，进一步促进 NO_x 与 NH_3，HCN，CO 还原反应，降低 NO_x 浓度。除此之外，控制余热锅炉炉膛燃烧温度，有利于降低废水中的有机物，对废水中 COD 也具有决定性影响。

3 控制措施

催化裂化外排烟气中 NO_x 排放的控制措施，可从源头控制、操作条件、使用助剂 3 个方面进行考虑。

3.1 源头控制

首先，原油选择上，尽量控制原油中的氮含量，根据原料油性质，调整原料油中氮含量，减少氮氧化物前身物的生成。其次，对催化裂化原料进行加氢预处理，可明显降低硫、氮含量，但要达到较高的脱硫率和脱氮率，需要进行深度加氢，反应条件较苛刻[7]，因此，应适当提高渣油加氢催化裂化原料预处理反应器的脱氮率，控制催化裂化原料油的氮含量。

3.2 过程减排

过程减排主要是通过调整操作手段、改变工艺参数，达到降低 NO_x 的效果。

3.2.1 反再操作对再生烟气 NO_x 的影响

海南炼化催化裂化装置再生形式为两段重叠式逆流再生，一再贫氧、二再富氧，充分发挥 NH_3、HCN、C、CO 的还原作用，在维持一、二再正常流化及稀密相密度、温度情况下，提高二再的烧焦负荷，减少一再的烧焦负荷。催化裂化装置进行标准化标定期间，对不同操作条件下的外排烟气中 NO_x 进行测试标定。在原料性质、处理量基本一致、总风量微增的情况下，将一再风量适当转向二再，从而增加二再烟气中 CO 在二再的燃烧比例，进一步增加再生剂中氮化物在二再中的氧化比例，生成的 NO_x 增多，NO_x 进入一再，一方面被 C、CO、HCN、NH_3 等还原介质还原为 N_2，另一方面还原性 NH_3、HCN 被消耗，减少再生烟气中 NO_x 的前身物，最终外排烟气 NO_x 的质量浓度由 190.2mg/m^3 降低至 162.8mg/m^3。催化裂化反再系统操作调整前后主要参数见表 3。

在不完全再生装置中，基于再生烟气中 NO_x 的生成机理，一再中 NH_3、HCN 同时存在，受再生器设计及 CO 起燃温度的限制，由催化裂化待生催化剂氧化再生过程中的基元反应可知，NH_3 和 HCN 是 350℃以上时焦炭裂化和水解的产物，且必须有一定浓度的 CO_2，较低的再生器床层温度不利于水解反应生成 NH_3，则无法与二再生成的 NO_x 进行还原反应。

表 3 催化裂化反再系统操作调整前后主要参数对比

项 目	调整前	调整后	项 目	调整前	调整后
处理量/(t/h)	377.2	373.5	二再稀相温度/℃	692.5	704.8
w(氮)/(μg/g)	2680	2702	总风量/(m^3/min)	5206.8	5269.3
一再密相温度/℃	702.5	696.5	二再风量/(m^3/min)	1917.2	2191.4
一再稀相温度/℃	684.1	685.4	外取热发汽量/(t/h)	180.3	173.6
二再密相温度/℃	679.3	682.4	外排烟气 NO_x/(mg/m^3)	190.2	162.8

一再密相温度低于680℃时，在其他操作参数不变的情况下，外排烟气 NO_x 的浓度增加较为明显。一再密相温度及外排烟气 NO_x 的浓度随时间的变化情况如图 2 所示。

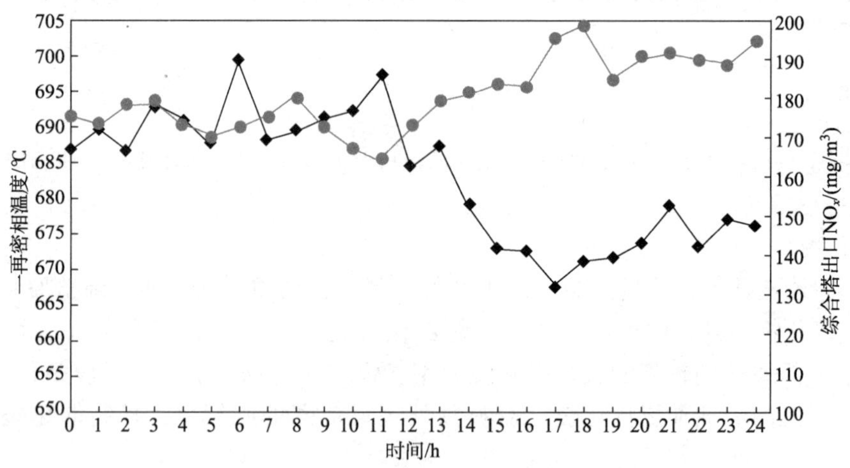

图 2 一再密相温度及外排烟气 NO_x 浓度随时间的变化

●—NO_x 质量浓度；■—一再密相温度

3.2.2 余热锅炉对外排烟气 NO_x 的影响

催化裂化再生烟气进入余热锅炉后，在富氧环境中，再生烟气中携带的 HCN 与 NH_3 燃烧生成 NO_x[8]，这是外排 NO_x 产生的主要原因。因此，可通过降低余热锅炉瓦斯量或者降低余热锅炉过剩氧含量，控制余热锅炉炉膛温度，降低综合塔外排 NO_x 浓度。催化裂化装置标准化标定期间，稳定催化裂化反应部分的操作条件，针对余热锅炉不同操作条件对外排烟气 NO_x 浓度的影响进行了测试标定。

调整余热锅炉氧含量对外排烟气 NO_x 浓度的影响见表 4。由表 4 可以看出，在保证催化裂化原料性质稳定且生焦量一定、余热锅炉正常燃烧的前提下，通过调整风机入口挡板刻度，降低余热锅炉氧含量，余热锅炉 A 炉氧质量分数由 3.4%降低至 2.5%，余热锅炉 B 炉氧质量分数由 2.85%降低至 2.2%，提高了炉膛温度，促进了生成的 NO_x 与 C，CO，HCN，NH_3 等还原介质发生反应转化为 N_2，从而减小 NO_x 的浓度，此时外排烟气 NO_x 质量浓度由 189.5mg/m^3 降低至 173.4mg/m^3。

调整余热锅炉燃料气流量对外排 NO_x 浓度的影响见表 5。由表 5 可以看出，在保证催化裂化原料性质稳定且生焦量一定、余热锅炉正常燃烧的前提下，通过降低余热锅炉瓦斯流量，将余热锅炉 A 燃料气流量由 725m³/h 降低至 609m³/h，余热锅炉 B 燃料气流量由 815m³/h 降低至 630m³/h，使得还原氛围增加，促进了生成的NO_x与 C，CO，HCN，NH_3等还原介质发生反应转化为N_2，从而减少了NO_x生成，此时外排烟气NO_x质量浓度由 191.2mg/m³降低至 170.5mg/m³。

表 4 操作调整前后余热锅炉氧含量参数对比

项　目	调整前	调整后	项　目	调整前	调整后
催化裂化处理量/(t/h)	374.5	376.3	余热锅炉 B 氧质量分数/%	2.8	2.2
混合原料氮质量分数/(μg/g)	2755	2768	外排烟气NO_x质量浓度/(mg/m³)	189.5	173.4
余热锅炉 A 氧质量分数/%	3.4	2.5			

表 5 操作调整前后余热锅炉燃料气参数对比

项　目	调整前	调整后	项　目	调整前	调整后
催化裂化处理量/(t/h)	370.2	369.5	余热锅炉 B 燃料气流量/(m³/h)	815	630
混合原料氮质量分数/(μg/g)	2650	2544	外排NO_x质量浓度/(mg/m³)	191.2	170.5
余热锅炉 A 燃料气流量/(m³/h)	725	609			

3.3 应用脱硝助剂

在应用脱硝助剂前后不同工况下，原料性质及处理量基本一致，且空白标定与总结标定操作工况相当的情况下，对 $RDNO_x$脱硝助剂使用情况进行对比如图 3 所示，外排烟气NO_x质量浓度由 186.9mg/m³降低到 146.9mg/m³，下降 40mg/m³，脱除率达 20%以上。且助剂应用对产物分布和主要产品性质无负面影响，未发生因为助剂质量问题而导致的影响主催化剂流化、跑损问题，但助剂加注期间，二再稀、密相温度上升，存在助燃现象。

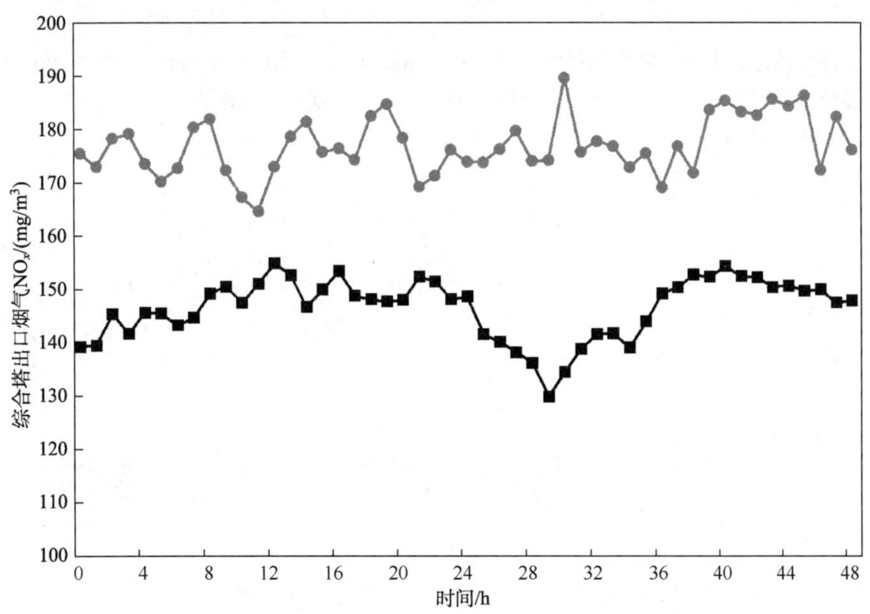

图 3 应用脱硝助剂前后外排烟气NO_x浓度随时间的变化

●—空白标定(未加助剂)；■—总结标定(加脱硝助剂)

4　结论

1）外排烟气中的 NO_x 主要在余热锅炉中产生，但是中间产物 NH_3 与 HCN 是在催化裂化反应-再生系统中产生。

2）源头控制来自原料中的氮含量，选择氮含量在设计值以内的原料油，是有效降低 NO_x 浓度的手段，因此应在合理范围内提高渣油加氢装置的脱氮效率，尽可能控制催化裂化原料中的氮含量。

3）通过改变再生器床层的烧焦状况，优化反再操作条件，调整优化一再、二再的烧焦比例，可以降低再生烟气中 NO_x 的浓度。

4）通过优化余热锅炉操作条件，比如降低余热锅炉氧含量或燃料气流量，可以降低外排烟气中的 NO_x 的浓度。

5）通过加入脱硝助剂，改变再生器中的反应过程，也是降低外排烟气中的 NO_x 浓度的方法之一。

参 考 文 献

[1] 许友好，李宁，华仲炯. 催化裂化工艺技术手册[M]. 北京：中国石化出版社，2018.

[2] 许友好. 催化裂化化学与工艺[M]. 北京：科学出版社，2013.

[3] 焦云，朱建华，齐文义，等. FCC 过程中 NO_x 形成机理及其脱除技术[J]. 石油与天然气化工，2002，31(6)：306-309.

[4] 潘罗其，陈正朝，宋海涛，等. RDNO_x-PC1 助剂在不完全再生装置上的工业应用[J]. 石油炼制与化工，2018，49(8)：11-14.

[5] 陈俊武，许友好. 催化裂化工艺与工程[M]. 3 版. 北京：中国石化出版社，2015.

[6] 杨斌，吴章柱. 催化裂化装置烟气中 NO_x 生成机理分析及控制方法[J]. 化工技术与开发，2017，46(9)：9-51.

[7] 王德会，许新钢. 流化催化裂化原料加氢预处理技术综述[J]. 当代石油石化，2011，19(9)：7-11.

[8] 陈妍，姜秋桥，宋海涛，等. 模拟不完全再生 FCC 装置 CO 锅炉中 NH_3 的转化规律[J]. 石油炼制与化工，2017，48(7)：6-8.

催化裂化装置 CO 焚烧炉降低 NO_x 研究

杨　斌　刘立超　刘文强　李尉铭

（中国石化巴陵石化公司　湖南岳阳 414014）

摘　要　本文对影响不完全再生催化裂化 CO 焚烧炉产生 NO_x 的因素进行了探究，确定了 CO 焚烧炉 NO_x 产生的关键因素，对 CO 焚烧炉燃烧器火嘴结构和一次风分配流程进行了改造，并对 CO 焚烧炉操作工艺条件进行了调整和优化；经设备改造和工艺优化后，CO 焚烧炉处理后的催化烟气外排 NO_x 浓度降至 100mg/Nm^3 以下，达到环保限排标准。

关键词　催化裂化；NO_x；CO 焚烧炉；燃烧器；工艺优化

随着国家《石油炼制工业污染物排放标准》颁布以及湖南省关于执行污染物特别排放限值要求的实施，催化裂化再生烟气氮氧化物（NO_x）排放有了更严格的标准（≤100mg/Nm^3）。

目前，巴陵石化公司的 1.05Mt/a 催化裂化装置采用不完全再生操作。产生的再生烟气经过烟气轮机做功后进入 CO 焚烧炉，经过焚烧和余热锅炉取热后进入烟气脱硫装置净化，最终排入大气。由于未配套烟气脱硝装置，烟气中的 NO_x 排放浓度达到 200mg/Nm^3 以上，达不到特别排放限值的要求。降低经 CO 焚烧炉处理后的催化裂化烟气中 NO_x 含量满足环保达标排放具有重要意义。

1　NO_x 生成的机理

催化裂化烟气中的 NO_x 主要有三种类型，分别是热力型、快速型及燃料型 NO_x。

热力型 NO_x 是空气中的氮气在高温条件下氧化生成的 NO_x，温度是氮气转化为 NO_x 的最主要因素，有研究认为在 1600℉（870℃）以下时，反应基本不发生[1]。

快速型 NO_x 是 1971 年 Fenimore[2] 通过实验发现的，在燃料为碳氢化合物且富燃环境下，反应区附近快速生成的 NO_x。碳氢燃料燃烧产生的 CH 自由基与空气中氮气反应生成中间产物 HCN 和 NH_3，再进一步与富余氧快速反应生成 NO_x。

燃料型 NO_x 是指燃料中的含氮化合物在燃烧过程中热分解和氧化而生成的 NO_x[3,4]。催化裂化原料中的大部分氮以焦炭形式随待生催化剂进入再生器，在烧焦过程中，焦炭中的氮化物首先转化为 HCN 和 NH_3，二者发生氧化反应生成 NO_x。

在不完全再生工况下，再生器处于贫氧和较高浓度 CO 环境，HCN 和 NH_3 氧化反应减少，已生成的 NO_x 被 CO 还原成为 N_2 的反应增加，再生器出口烟气中的含氮化合物主要以 HCN 和 NH_3 的形式存在。反应过程见图 1。

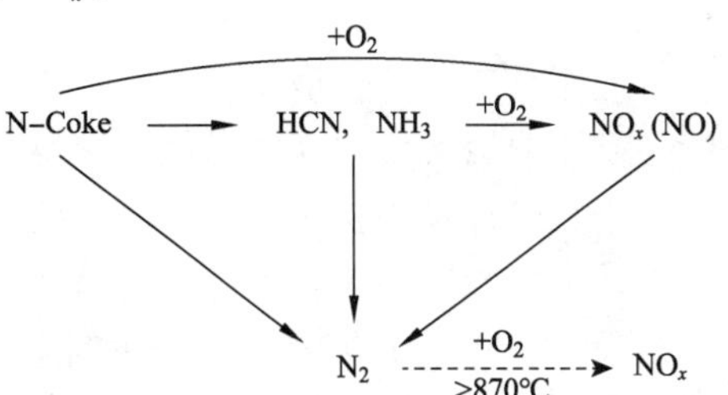

图 1　再生器烧焦过程氮化物反应过程

再生器烧焦过程中氮化物发生的主要反应如下：

$$HCN/NH_3+O_2 \longrightarrow N_2+(H_2O/CO_2)$$

$$HCN/NH_3+O_2 \longrightarrow NO_x$$

$$C+2NO \longrightarrow CO_2+N_2$$

$$2CO+2NO \longrightarrow 2CO_2+N_2$$

2 CO焚烧炉产生NO_x的影响因素

以催化干气为助燃料的CO焚烧炉炉膛温度在900℃左右，火焰中心处温度超过900℃。催化烟气进入CO焚烧炉燃烧后，其中的含氮化合物HCN和NH_3会全部或部分转化为NO_x。因此CO焚烧过程中产生的NO_x包括了热力型、快速型和燃料型NO_x。而影响CO焚烧炉出口烟气NO_x含量的主要因素有燃烧器结构、助燃干气用量、一次风比例、再生烟气CO浓度等。

2.1 燃烧器结构

CO焚烧炉燃烧器结构直接影响火焰及周边区域温度分布，燃烧器燃料量和喷嘴孔径决定火焰形态，在燃料一定的条件下，喷嘴孔径大，火焰长度短且集中，火焰燃烧区温度越高，热力型NO_x生成量大；此外，燃烧器喷嘴的数量及空间分散度也在一定程度影响火焰形态，进而决定火焰及燃烧区温度。

2.2 助燃干气用量

在一定范围内降低进入燃烧器的助燃干气用量，可以降低燃烧区的碳氢化合物浓度和火焰温度，减少快速型NO_x和热力型NO_x的生成。

2.3 一次风比例

在焚烧炉总风量不变的情况下，降低一次风量，可有效降低火焰中心的过剩氧浓度及火焰温度，能够减少NO_x的生成；

2.4 烟气CO浓度

降低再生烟气中CO浓度，可显著降低CO焚烧炉炉膛温度，达到抑制热力型NO_x生成的目的。

3 改造优化措施及效果

3.1 燃烧器结构改造

锅炉B1503的CO焚烧炉F1502为立式圆筒结构，炉底部水平安装两个气体燃烧器，富含CO烟气从环形分布箱的分布口与二次空气混合形成高速漩流，与下部燃烧器产生的高温烟气混合，燃烧后进入余热锅炉，结构简图见图2。

原燃烧器燃料喷孔分前后两排排列，喷头喷孔为Φ3.5mm，共36个，原燃烧器喷嘴结构见图3所示：

由于焚烧炉两燃烧器各只有一个喷嘴，燃料燃烧的火焰集中，不利于热力型NO_x的控制。基于分散燃烧以降低燃烧区域温度的原则，对燃烧器喷嘴进行了如下改造：单台燃烧器助燃干气设计量为90Nm^3/h，喷头按外圈和中心配置，外圈六组喷头喷孔为4-Φ2.3mm，最大设计流量80Nm^3/h，中心喷头喷孔为8-Φ1.5mm，最大设计流量10Nm^3/h，结构见图4。

设计在90Nm^3/h燃气工况下时喷孔内燃气平均流速为220m/s。高流速的燃气燃烧时火焰长度更长，外圈喷孔喷射的小火焰分割大火焰区域，减少了局部高温区，使炉膛温度分布更均匀。改造后单台燃烧器的压力流量性能曲线(理论计算值)详见图5。

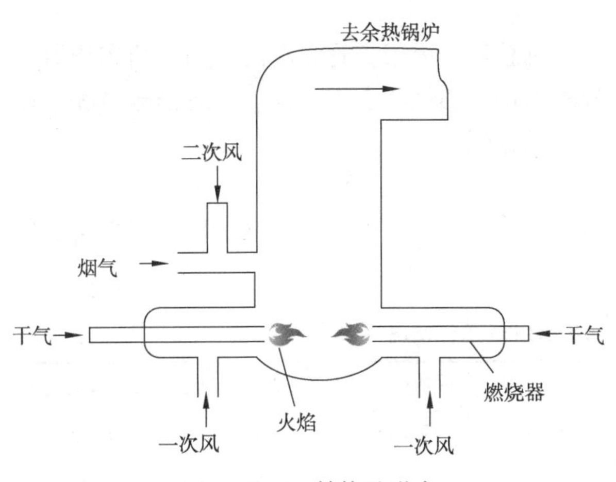

图 2　F1502 结构及形式

图 3　F1502 原燃烧器喷嘴结构及形式

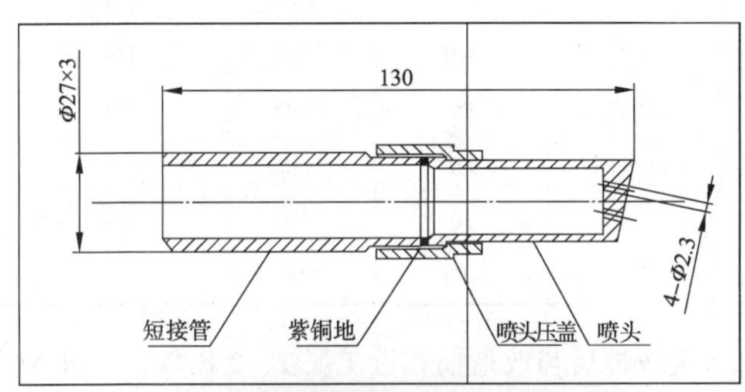

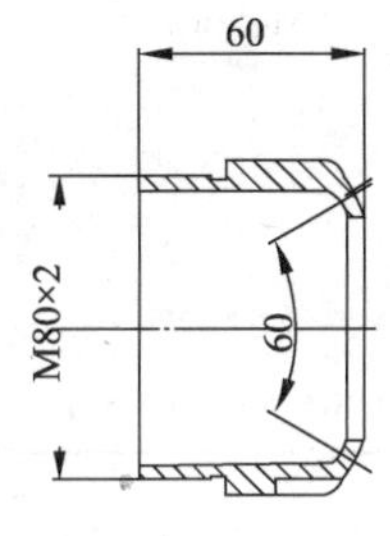

图 4　改造后燃烧器火嘴结构

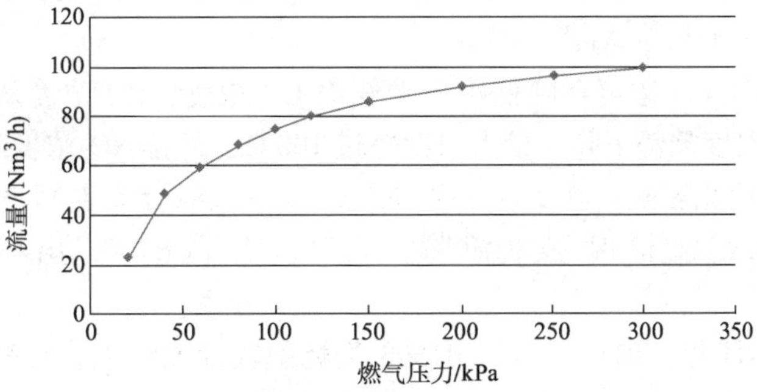

图 5　燃烧器压力流量性能曲线

3.2　燃烧器一次风流程优化

原一次风通过总管蝶阀控制去燃烧器的一次风总量，由于支管无阀门控制，两燃烧器一次风配比存在偏流情况，导致两燃烧器风量分配不均，燃烧状态不可控。针对偏流情况，在一次风风管分支上分别加装蝶阀，用于控制一次风分配。

3.3　焚烧炉工艺参数优化及效果

燃烧器火嘴经过改造后，对比改造前后不同工艺操作条件下，锅炉 B1503 出口 NO_x变化情况，具体运行工况如表 1 所示：

表 1　改造前后锅炉 B1503 运行情况

工艺参数	改造前工况 1	改造前工况 2	改造后工况 1	改造后工况 2	改造后工况 3
催化烟气 CO 浓度/%(体)	6.69	5.56	6.45	5.46	4.52
B1503 鼓风总量/(Nm^3/h)	10060	9850	10012	9850	9620
一次风量/(Nm^3/h)	2350	2300	2300	2300	2280
B1503 瓦斯用量/(Nm^3/h)	175	180	182	184	185
B1503 炉膛温度/℃	929	860	845	825	735
B1503 氧含量/%	1.85	1.65	1.56	1.85	2.02
外排烟气 CO 浓度/(mg/Nm^3)	38	50	108	90	12
B1503 出口 NO_x浓度/(mg/Nm^3)	200	190	180	144	92

由上表可以看出，燃烧器火嘴改造后与改造前相近工况 1、2 比较，外排 NO_x浓度均出现较大幅度下降；从改造后工况 3 中可以看出，当催化烟气 CO 浓度降至一定程度，焚烧炉炉膛温度明显下降，NO_x 降低至 92mg/Nm^3，达到限排目标。同时，锅炉运行显示所产过热中压蒸汽温度下降 20℃左右，依然满足过热中压蒸汽指标要求。

在此改造后燃烧器基础上，进一步测试了助燃干气量、一次风量、再生烟气 CO 浓度等影响因素对 NO_x浓度的影响。

1）减少助燃干气用量：在改造后工况 3 条件下，将干气量从 140Nm^3/h 逐步提高至 220Nm^3/h，锅炉出口 NO_x浓度先降后升，先从 106mg/Nm^3降低至 92mg/Nm^3，然后再上升至 124mg/Nm^3，在干气量 175~185Nm^3/h 范围内出现最低值。

2）调整一次风比例：控制总风量不变，将一次风量从 2000Nm^3/h 逐步提升至 2400Nm^3/h 时，锅炉出口 NO_x浓度变化微小，从 2400Nm^3/h 提至 2800Nm^3/h 时，锅炉出口 NO_x浓度从 92mg/Nm^3逐渐升高至 118mg/Nm^3。

3）低控再生烟气 CO 浓度：降低再生烟气中 CO 浓度，CO 浓度从 6.45%逐步降低至 4.5%，焚烧炉炉膛温度趋势下降，最大幅度超过 100℃，外排 NO_x浓度降幅接近 50%。

4）消除一次风偏流影响：在工况 3 基础上，将一次风分支上新增蝶阀同时缓慢关小 30%卡量，一次风偏流情况基本消除。此时，锅炉 B1503 出口 NO_x 浓度下降至 62mg/Nm^3。

最终，经过摸索优化，确立了锅炉 B1503 焚烧炉较合理的工艺控制条件，运行情况见表 2：

表 2 锅炉 B1503 优化后工艺运行情况

工艺参数	改造后最佳工况	工艺参数	改造后最佳工况
催化烟气 CO 浓度/%(体)	4.5	B1503 炉膛温度/℃	720
B1503 鼓风总量	9500	B1503 氧含量/%	1.95
一次风量/(Nm^3/h)	2350	外排烟气 CO 浓度/(mg/Nm^3)	20
B1503 瓦斯用量/(Nm^3/h)	180	B1503 出口 NO_x 浓度/(mg/Nm^3)	62

3.4 焚烧炉运行稳定性

2017 年 7 月，锅炉 B1503 CO 焚烧炉燃烧器改造完成，进行了相关优化得到合理控制工艺条件，为确保长周期运行有效性，2019 年 5 月对锅炉 B1503 运行情况进行了测定，情况见表 3：

表 3 锅炉 B1503 长周期运行情况

工艺参数	工况	工艺参数	工况
催化烟气 CO 浓度/%(体)	4.95	B1503 炉膛温度/℃	759
B1503 鼓风总量	9900	B1503 氧含量/%	1.68
一次风量/(Nm^3/h)	2400	外排烟气 CO 浓度/(mg/Nm^3)	0
B1503 瓦斯用量/(Nm^3/h)	170	B1503 出口 NO_x 浓度/(mg/Nm^3)	74

由上表可以看出，燃烧器火嘴运行接近 2 年后，相近工况下外排 NO_x 浓度稳定，可以得出燃烧器火嘴运行情况满足长周期稳定运行要求。

4 结论

本文对催化裂化余热锅炉 CO 焚烧炉产生 NO_x 的原因进行了阐述和分析，找出了其中关键影响因素，提出 CO 焚烧炉燃烧火嘴结构和一次风分配流程改造方案，基于改造后的燃烧器，对焚烧炉操作工艺条件进行了调整和优化，通过降低催化烟气 CO 浓度、优化焚烧炉瓦斯用量和一次风配比等组合工艺调整，锅炉 B1503 外排 NO_x 浓度降至 100mg/Nm^3 以下，达到了环保限排标准；长周期监控显示燃烧器运行稳定。

参 考 文 献

[1] Dishman K L, Doolin P K, Tullock L D. NO_x Emis-sion in Fluid Catalytic Cracking Catalyst Regeneration[J]. Ind EngChernRes, 1998, 37: 4631-4632.

[2] Fenimore C P. Formation of nitric oxide in premixed hydrocarbon flames[J]. Symposium (International) on Combustion, 1971, 13: 373-380.

[3] 于道永，徐海，阙国和. 催化裂化催化剂再生过程中的氮化学进展[J]. 化工进展，2009，28(12)：2146-2151.

[4] 朴佳锐，王骞，刘其武，等. 催化法降低氮氧化物排放量的研究进展[J]. 石化技术与应用，2013，31(1)：74-77.

催化裂化装置烟气消白工艺的开发与应用

周建文[1]　陈　刚[1]　徐刚林[1]　刘鹏程[2]

（1. 中国石化金陵石化公司　江苏南京 210033；
2. 北京万信同和能源科技有限公司　北京 100029）

摘　要　通过白色烟羽成因分析和消白烟技术方案比较，研究开发了针对催化装置烟气脱硫塔消除白烟的 FCH 脱硫烟气冷凝再热技术和工艺，并在中国石化金陵石化公司 1.3Mt/a 催化裂化装置应用，达到了环境空气温度 0℃以上烟囱肉眼看不到白烟的效果。该设施运行夏季能耗为 0.91kgEO/t 原料，运行费用 1.84 元/t 原料，冬季运行能耗 2.24kgEO/t 原料，费用 3.96 元/t 原料。

关键词　催化裂化；烟气脱硫；白色烟羽

中国石油化工股份有限公司金陵石化公司Ⅰ催化装置原料加工能力 1.3Mt/a，再生烟气量约 15.0 万 Nm^3/h，烟气脱硫设施采用美国 BELCO 公司的 EDV6000 钠碱法脱硫工艺，脱硝采用脱硝助剂控制 NO_x 排放。脱硫后烟气通过吸收塔顶烟囱直排大气，在烟囱出口形成明显的白色烟羽拖尾现象，不仅造成严重的视觉污染，饱和湿烟气带水导致烟囱周围出现“降雨”现象，而且烟气携带较多的可溶解盐，对公司周围环境造成污染。

1　白色烟羽形成原因

催化裂化装置烟气脱硫通常采用湿法脱硫，脱硫出口的烟气接近饱和湿度状态，从烟囱排出后与温度较低的大气接触后，烟气中的水蒸气出现凝结，透光率下降，从而出现了肉眼可见的白色烟羽现象，随着水蒸气在大气中的扩散，水蒸气浓度降低，透光率提高，白色烟羽慢慢减少直至消失不可见。

饱和湿空气含水量随温度变化曲线如图 1 所示。

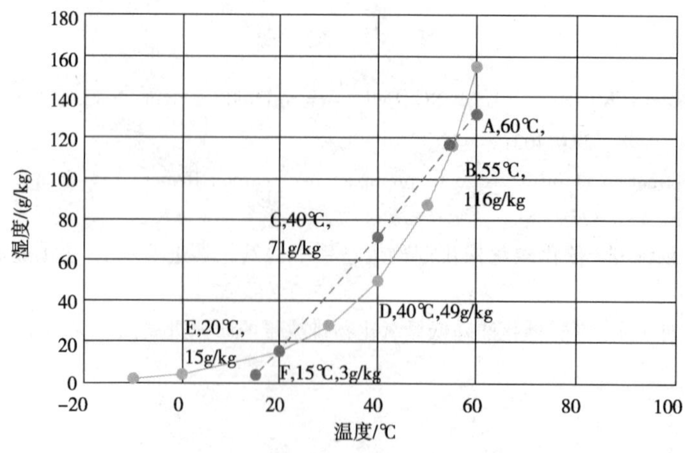

图 1　温度与饱和状态含水量的关系图

图中曲线代表饱和湿空气含水量随温度变化的曲线，温度越高饱和烟气含水量越高。假设 F 点(15℃)为烟囱周边空气参数，A 点(60℃)为烟囱出口烟气参数，烟气刚排出烟囱时接近饱和状态，随着空气的混入及烟气与空气进行换热，烟气由未饱和状态到达 B 点的饱和状态，继续沿着 BDE 曲线变化直至达到状态 F，过量的水蒸气则凝结为雾滴即白色烟羽。冬季由于环境温度相对较低，更容易出现湿烟羽，夏天由于温度高，湿烟羽的拖尾长度相对较短[1]。

2　消白烟原理

为减少白烟，理论上要使烟囱出口烟气降温至环境温度的过程中，其变化曲线应在饱和湿空气含水量随温度变化的曲线下方[2]，如图 2 所示。假设 A 点为烟囱出口烟气参数，F 点为烟囱周围空气参数，一般有三种解决方法：

(1) 烟气加热

提升烟气温度，将烟气温度加热到 B 点温度，如图 2 中 ABF 加热曲线。

(2) 烟气降温

降低烟气温度由 A 点到 E 点，冷凝烟气中的水分，减少烟气含水量，保证烟气变化曲线与饱和曲线不相交或相交段减少，如图 2 中烟气降温 ACEF 曲线。受冷却介质如循环水温度限制，在冬季烟气排口温度难以达到环境温度，会影响消白烟效果。

(3) 先冷凝降温再加热

先冷凝，降低烟气温度由 A 点到 C 点，再加热到 D 点，既可减少排烟水分又可使得烟囱出口烟气参数远离饱和曲线。如图 2 中 ACDF 曲线为烟气冷凝再直接加热变化曲线，ACGF 曲线为烟气冷凝再混热风变化曲线。

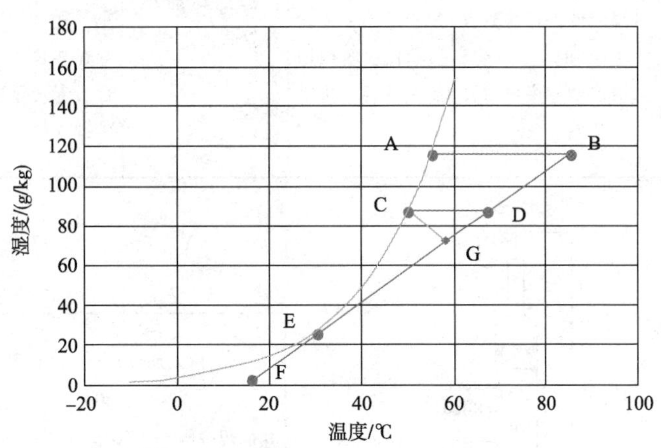

图 2　烟气消白烟变化曲线图

3　消白烟技术方案比较

为了达到较好的烟气消白效果，考虑现场平面布置，若只单独采用烟气冷凝或者再热技术，烟气冷凝器或再热器设备庞大，实施起来会比较困难，因此采用冷凝再热技术较适宜[3,4]。

目前冷凝再热技术在热电行业使用较多[5,6]，通过调研交流，催化装置消白烟冷凝再热技术方案有以下五种，其流程见图3~图5，方案比较见表1，针对催化装置脱硫(脱硝)塔上部烟气含超细催化剂颗粒、盐颗粒，含有的饱和水汽在烟囱壁冷凝，冷凝液pH值只有2左右；脱硫(脱硝)塔塔底浆液含盐4%~10%、悬浮物催化剂颗粒在1300~2400mg/L、COD约在3000mg/L、pH值6~8，浆液具有颗粒物浓度高、盐含量高、易腐蚀的特点，确定了金陵石化公司采用浆液冷却+烟气混合再热方案。

表1 催化装置消白烟方案比较

方案	方案1	方案2	方案3	方案4	方案5	金陵石化公司方案
名称	原烟气换热	余热回收	蒸汽加热	空气混合	工艺炉加热	冷却+烟气混合
冷却方式	在脱硫塔上部滤清模块段，循环浆液增加冷却器	烟气通过溴化锂制冷热水、热水和循环水换热，温度降低到45℃以下去脱硫塔，滤清模块增加冷却器	脱硫塔滤清模块循环浆液增加冷却器	脱硫塔滤清模块循环浆液增加冷却器	脱硫塔滤清模块循环浆液增加冷却器	脱硫塔底循环浆液采用板式换热器冷却
加热方式	锅炉出口烟气经过袋式或静电除尘后与脱硫塔出净化烟气换热到75℃以上通过引风机排空	烟气排放段增加热水换热器升温到75℃排空	脱硫塔顶增加蒸汽加热	空气鼓风机升压后与烟气换热再到脱硫塔顶排口与净化烟气混合到62℃	引其他装置高温工艺炉烟气去催化脱硫塔排口进行混合加热到75℃排空	空气经过烟空板式换热器加热后与脱硫塔顶烟囱处烟气混合，排空温度为75℃
不足	布袋或电除尘器、氟塑料换热器不适应催化烟气高温非正常工况，除尘占地面积大、投资大	烟气进脱硫塔前温度低，存在露点腐蚀和结垢风险，塔顶增加再热器容易结垢	滤清模块循环浆液量小，冷却负荷低；塔顶增加再热器容易结垢	冷却负荷小，热管式换热器存在结垢、压降大风险	工艺炉烟气量小，热量不足，存在装置生产联合、未来排口超净排放超标风险	塔底冷却负荷大，板式换热器换热效率高、占地小、不易结垢堵塞，烟空混合避免采用加热器结垢

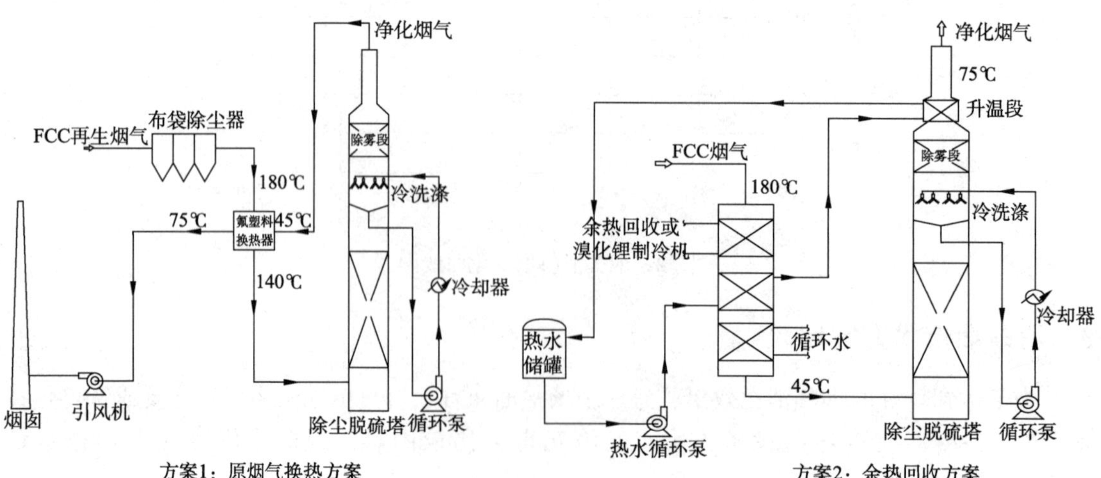

图3 消白烟方案1和2

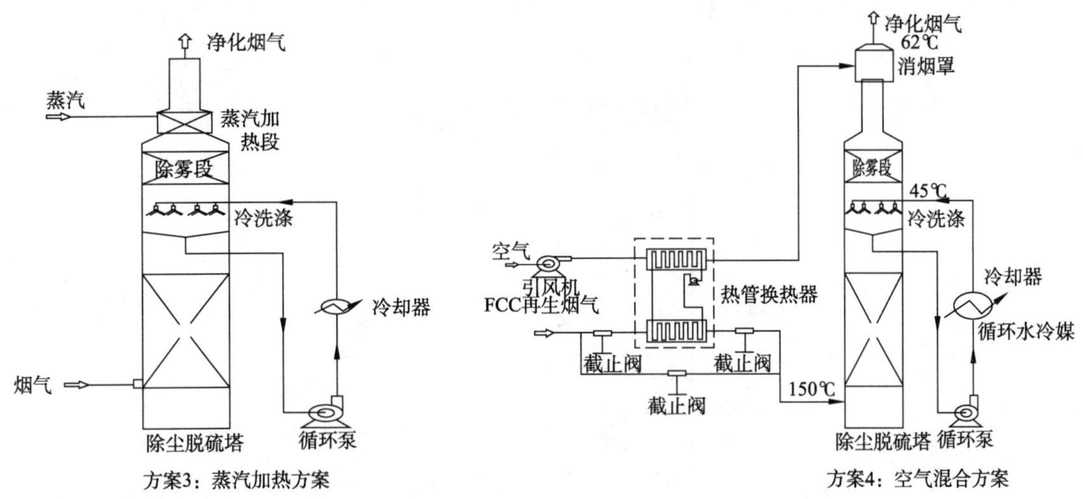

图 4　消白烟方案 3 和 4

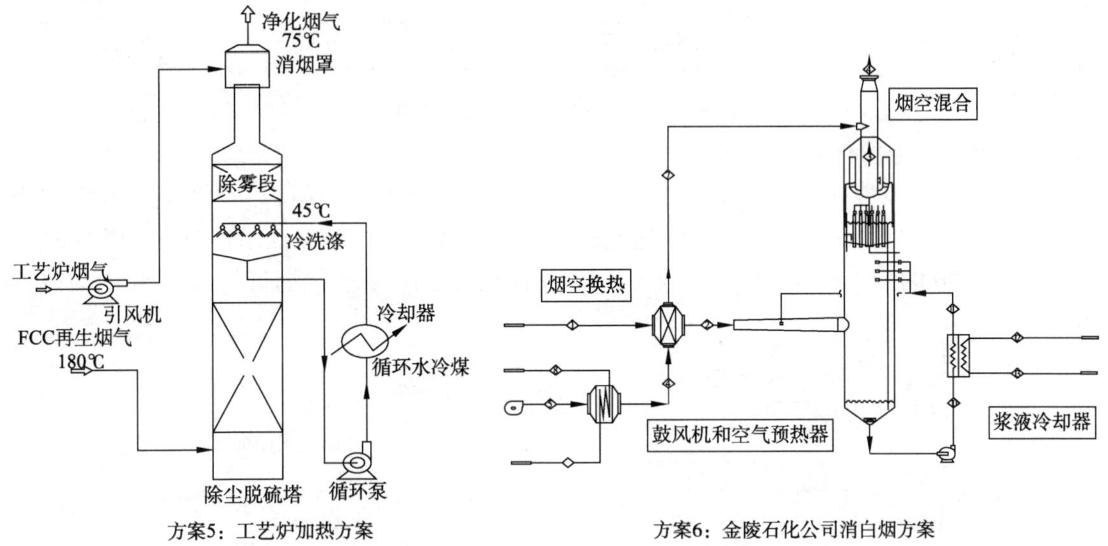

图 5　消白烟方案 5 和金陵石化公司消白烟方案

针对催化装置烟气露点防腐、换热器结垢等影响长周期运行的风险特点，金陵石化公司通过调研，与北京万信同和能源科技有限公司、南京金陵石化工程设计有限公司共同研发了 FCH 脱硫烟气冷凝再热技术（专利号 ZL201820991587.0），该技术难点及应对措施如下：

（1）烟空换热器长周期

催化裂化装置烟气组成复杂，其中 SO_2 含量约 600mg/m^3，NO_x 含量约 90mg/m^3，催化剂粉尘含量约 120mg/m^3，消白烟 FCH 技术关键设备烟空换热器的长周期运行面临设备腐蚀与积灰结垢两大问题，同时烟气侧压降要尽可能低，减少烟机出口压力降。为此烟空换热器采用直通道板式换热器专利设备，换热板材质使用 2205，与烟气接触结构材料采用 316L，为防止烟气侧出现露点腐蚀，在空气进烟空换热器前增设了空气预热器，将空气进烟空换热器前温度提高到 70℃以上。针对烟空换热器积灰问题，在烟空混合器出口烟气侧设置了激吹灰器定时吹灰，吹灰器使用压缩氮气作为吹扫气源，氮气压力为 0.8~1.2MPa。吹扫器设有 11 个吹扫头，包括 A1～A7、B1、C1、D1～D2，其中 A1～A4、B1、C1 吹扫管与板长方向平行；A5～A7、D1～D2 吹灰管与板长方向垂直。激波吹灰器吹扫头具体分布见图 6。

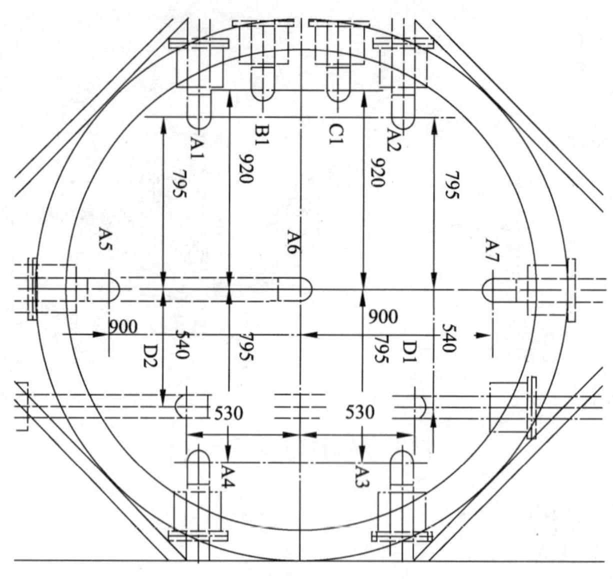

图 6　激波吹灰器吹灰头分布图

(2) 热空气与净化烟气混合

烟气脱硫塔顶烟囱大小为 *DN*2200，净化烟气量 15000Nm^3/h；热空气主管线大小为 *DN*1100，热空气量 76000Nm^3/h，为达到较好的混合效果，同时保证烟囱强度，热空气经过三个 *DN*800 的分支按 120°三个不同标高分别进入烟囱与净化烟气进行混合。具体见图 7。

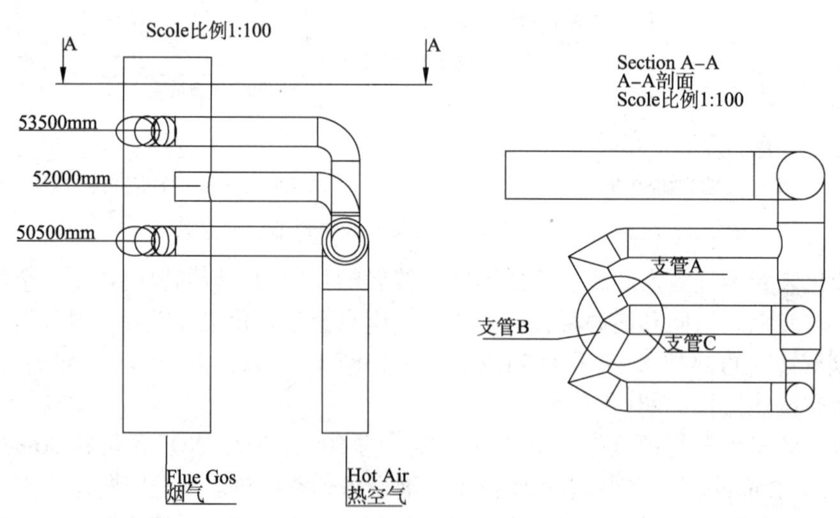

图 7　烟空混合器结构图

图 8 是流场模拟烟空混合后烟囱顶部温度分布，模拟结果是烟空混合后平均温度 75.1℃，最低温度 67.7℃，最高温度 83.4℃，烟囱压降上升 392Pa，满足设计要求。

FCH 脱硫烟气冷凝再热专利技术具有以下优势：

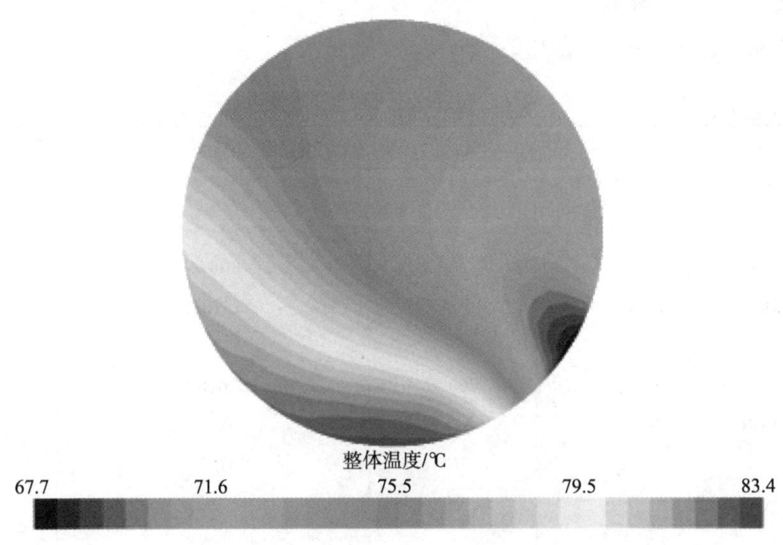

图 8　流场模拟烟空混合后烟囱顶部温度

1）采用独创、先进的浆液冷却及控制技术，用浆液冷却器代替传统的烟气冷凝器，脱硫塔顶无需设置庞大的烟气冷凝器，脱硫塔改造量小，且浆液冷却器为"水—水"换热，比烟气冷凝器的"气—水"换热效率更高，重量体积更小。

2）浆液冷却器和烟气换热器的传热元件均采用独特的直通道无触点结构，板片材料采用双相不锈钢，具有阻力小、抗堵塞、耐腐蚀、传热效率高优异性能。

3）浆液冷却器浆液侧阻力小，不用更换原有浆液循环泵，改造安装工程量小，甚至可以不停机施工。

4）在同等设计工况下，烟气换热器阻力小，重量仅为常规翅片管换热器的三分之一。采用直通道无触点结构，不存在烟气"死区"，不易积灰，烟气侧行程短，吹灰清洁彻底。

5）消白、节水、减排叠加共生。脱硫补水量可减少 80% 以上；脱硫塔烟尘和酸雾排放值可在原有基础上再减少。

4　FCH 冷凝再热消白烟技术的应用

4.1　工艺流程简述

金陵石化公司 I 催化装置余热锅炉出来的烟气经过烟空换热器与预热后的空气进行换热，烟气从 200℃ 降至 170℃ 进入脱硫塔，脱硫塔内烟气与新增的塔底浆液冷却器（直通道无触点结构板式换热器）循环冷却浆液接触，温度降至 45℃ 以下，在排口与热空气混合加热至 75℃ 排出。空气通过鼓风机和空气预热器预热至 70℃，再与烟气换热到 135℃，到脱硫塔顶部与净化烟气混合。为防止换热器积灰，烟空混合器采用氮气吹灰器定时吹灰。

4.2　消白烟设施运行情况

FCH 冷凝再热消白烟技术于 2019 年 5 月 I 催化装置检修时实施，6 月 17 日随装置开工投运，2019 年 8 月 6 日 13 时至 9 日 13 时进行了标定，为考察消白烟在冬季运行效果，选取了 2019 年 12 月 ~2020 年 1 月工况。

4.2.1 消白烟设施运行参数

消白烟设施工艺参数对比见表2：

表2 主要工艺参数对比情况

参　　数	设计值	夏季(标定)2019.8.6~2019.8.13	冬季 2019.12~2020.1
运行条件			
环境温度/℃	0	26~34	6.5
环境相对湿度/%	78	80~99	57~100
余热锅炉出口烟气量/(Nm^3/h)	150000	137025	145255
空气预热器			
鼓风机出口空气流量/(Nm^3/h)	76000	26162	73697
空气预热器加热蒸汽量/(t/h)	3.11	0.54	2.81
蒸汽温度/℃	165	153	241.91
空气预热器空气出口温度/℃	70	78	88.76
烟空换热器			
烟空换热器空气入口温度/℃	70	78	88.76
烟空换热器空气出口温度/℃	135	164	139.5
烟空换热器烟气入口温度/℃	≥240	183	182.55
烟空换热器烟气出口温度/℃	150	143	152.1
烟空换热器压降/kPa		1.1	1.1
浆液冷却器			
浆液冷却器循环水量/(t/h)	756	511	334.86
循环冷却水给水温度/℃	32	31	28.03
循环冷却水回水温度/℃	40	43	44.12
浆液冷却器浆液入口温度/℃	47.8	49.7	48.72
浆液冷却器浆液出口温度/℃	45	44	44.67
运行效果			
净化烟气温度/℃	45	46	42.56
烟囱出口(空气混合后)烟温/℃	70	60.7	72.58
烟气脱硫塔节约新鲜水量/(t/h)	-9.7	-9.5	-7.7

4.2.2 消白设施运行能耗

消白设施运行能耗见表3。

表3 消白烟设施运行能耗

项　　目	设计	夏季(标定) 2019.8.6~2019.8.13	冬季 2019.12~2020.1	公用工程单价/ [(元/t)，(元/kW·h)]
电/(kW/h)	205	118	203	0.55
循环水/(t/h)	756	514.3	334.86	0.24
除盐水/(t/h)		0.027	0.125	3.68
蒸汽/(t/h)	3.11	0.551	2.81	117
新鲜水/(t/h)	-9.79	-9.5	-7.7	2.27

续表

项　　目	设计	夏季(标定) 2019. 8. 6~2019. 8. 13	冬季 2019. 12~2020. 1	公用工程单价/ [(元/t), (元/kW·h)]
烟机耗电增加*/(kW·h)		100	100	
标定处理量/(t/h)		155. 42	141	
设计处理量/(t/h)	154. 76			
能耗/(kgEO/t)	2. 31	0. 91	2. 24	
运行成本/(元/t)	4. 11	1. 84	3. 96	

* 增加烟空换热器降低了烟机做功，经测算约增加主风机耗电 100kW/h。

由上表可看出消白设施夏季标定能耗为 0. 91kgEO/t 原料，运行费用 1. 84 元/t 原料，冬季运行能耗 2. 24kgEO/t 原料，费用 3. 96 元/t 原料，远低于设计值。

4. 2. 3　消白烟效果

FCH 冷凝再热消白烟设施投运以来，Ⅰ催化烟气脱硫塔烟囱达到了环境空气温度 0℃以上，相对湿度小于 78%无白烟的目标，经过半年多运行观察，消白烟效果与环境温度影响不大，但与环境空气相对湿度影响较大，在相对湿度达到 100%，环境温度较低的阴雨天气时需加大冷却负荷同时提高排口混合温度才能消除如图 9 所示。另外消白烟实施后减少了脱硫塔补新鲜水量，如全开浆液冷却器，可以达到不补水；烟气排放颗粒物浓度可以达到 25mg/m^{3}以下，脱硫塔烟囱顶部直管段没有冷凝水挂壁，减缓了设备腐蚀。

改造前烟囱排口

改造后标定时

2020.1.3（环境7~9℃相对湿度100%）

图 9　消白烟设施运行前后效果对比图

5　结论

1）针对催化装置烟气脱硫塔特点，研究开发了 FCH 脱硫烟气冷凝再热技术和工艺，通过空气预热和热空气混合以及采用直通道无触点结构的板式换热器，避免了烟气露点腐蚀和结垢，浆液冷却器压降小，耐腐蚀，耐催化剂冲刷，不易堵塞，适合老装置改造实施。

2）金陵分公司 I 催化消白烟设施投运以来，烟囱排放达到了环境空气温度 0℃以上，相对湿度小于 78%无白烟的目标，考虑新增烟空换热器增加的主风机耗电，夏季标定能耗为 0. 91kgEO/t 原料，运行费用 1. 84 元/t 原料，冬季运行能耗 2. 24kgEO/t 原料，费用 3. 96 元/t 原料，远低于设计指标。

3）消白烟设施投运，消除了烟囱白烟和对周边环境的影响，减少了脱硫塔补水，降低了烟囱颗粒物排放浓度，减缓了脱硫塔上部设备腐蚀。

参 考 文 献

[1] 段飞飞. 燃煤电厂烟气深度治理技术研究[J]. 中国环保产业，2018，(11)：45-48.
[2] 冯殿义，高原. 烟气白烟羽治理排烟温度预测[J]. 辽宁工业大学学报(自然科学版)，2019，(2)：104-106+110.
[3] 单永华. 燃煤电厂湿烟囱白烟机理及治理方法研究[J]. 中国资源综合利用，2018，(9)：98-102.
[4] 谢开光，吴杰. 燃煤电厂湿烟囱白烟机理及治理方法探讨[J]. 科技创新导报，2019，(13)：142-143.
[5] 孙陟. 浅谈燃煤烟气收水消白烟及污染物协同治理[J]. 中国环保产业，2019，(3)：48-50.
[6] 晏琳. 工业生产尾气深度治理改造设计[J]. 石油和化工设备，2019，(22)：81-85.

催化装置异常工况减排 NO_x 的操作优化

胡龙旺　谢新春　徐刚林　包江滔

(中国石化金陵石化公司　江苏南京 210033)

摘　要　以130Mt/a催化富氧再生装置工业生产数据为依据，根据再生烟气氮氧化合物的产生及脱硝助剂的反应原理，对装置开停工、低负荷生产等备机生产的异常工况下 NO_x 排放浓度超标的原因进行分析，提出优化措施。在没有脱硝技术设置的催化装置，通过开工采用精制柴油作燃烧油、精制蜡油作提升管进料、提高烧焦起燃温度665℃以上以及提高烧焦罐藏量至55%，可以控制烟气 NO_x 排放浓度小于100mg/m^3，满足现行外排废气控制指标要求。

关键词　催化裂化；异常工况生产；NO_x 排放；操作优化

近年来，环保问题逐步得到社会的高度重视，环保达标排放已成为企业发展的生命线。再生烟气 NO_x、SO_x 和粉尘的排放是催化裂化装置环保排放的重点监控指标，某石化公司Ⅰ催化裂化装置从2018年1月起，烟气排出口 NO_x 控制指标由200mg/m^{3}降低为100mg/m^3。由于Ⅰ催化装置没有脱硝技术设施，正常生产工况下，NO_x 排放浓度能够控制合格，当装置发生异常生产工况时，NO_x 的达标排放已成为困扰装置生产的难点。

1　装置脱硝概况

Ⅰ催化裂化装置没有脱硝设施，采用加注脱硝助剂的方式进行脱硝。该装置提升管以蜡油和渣油混合进料，采用前置烧焦罐串联两段完全再生形式，两器设置为高低并列式。装置原料表现为重质化和劣质化，氮含量高，在加工过程中只有约5%~25%的氮转化进入液体产品中，而80%~95%的氮随焦炭一起进入待生催化剂中，焦炭中的氮在催化剂再生过程中转化为 NO_x 和 N_2，其中 N_2 占原料的30%~40%。[1]。

待生催化剂再生在富氧条件下进行，烧焦罐在675~695℃条件下进行烧焦，烧去90%以上的总焦炭，再生器在695~710℃条件下完成烧焦，使再生催化剂的含碳量降低至0.1%(质)以下[2]。

氮在烧焦过程中转化为 NO_x，主要为NO和 NO_2，其中NO约占氮氧化合物总量的90%以上，脱除再生烟气中的 NO_x，目前应用较多的脱硝手段主要有加注脱硝助剂和再生烟气脱硝技术[3]，Ⅰ催化裂化装置采取的是加注TUD脱硝助剂的形式进行脱硝。

在脱硝助剂的作用下，焦炭和CO两种还原剂可以将 NO_x 转化成分子态氮，由于助剂上焦炭的含量很低，脱硝助剂主要促进再生烧焦形成的CO来还原NO，焦炭中的氮化物在再生部分涉及的反应如下[4]：

$$R\text{-}N+1/2O_2 \longrightarrow NO$$

$$C+2NO \longrightarrow CO_2+N_2$$

$$2CO+2NO \longrightarrow 2CO_2+N_2$$

装置正常生产时，反再操作条件为提升管进料量为140~155t/h，主风机供风量为

130000m^3/h，脱硝助剂占床层总藏量的2.0%(质)，烧焦罐料位50%~65%，再生器料位18%~22%，烧焦罐温度665~690℃，再生器密相温度705~715℃，稀相温度708~715℃，再生烟气氧含量3.0%~5.0%，在此条件范围内，可以实现NO_x的达标排放。

2　NO_x排放超标的分析

装置开工初期以及主风机发生故障等需用备用风机维持低负荷生产时，烟气氮氧化合物控制达标已成为制约装置运行瓶颈。本文以蜡油掺炼精制渣油原料对正常生产与低负荷生产的数据进行对比，具体操作条件见表1。

表1　正常生产与低负荷生产主要操作参数对比

项目	处理量/(t/h)	渣油量/(t/h)	主风量/(m^3/h)	反应温度/℃	反应压力/kPa	再生压力/kPa	NO_x/(mg/m^3)
正常生产	156(设计值)	93	132000	521	182	215	48
	150	95	130000	522	180	215	47
	145	85	131000	520	175	215	42
低负荷生产	125	80	99700	520	125	150	125
	123	78	100000	522	122	151	118
	120	75	102000	523	120	150	104

从上表可以看出，在备用主风机生产工况时，供风量只有100000m^3/h，由于主风量大幅降低，装置处理量降低至设计负荷的80%，原料性质不变，渣油掺炼比例变化较小，反应温度不变，远低于满负荷生产时的供风量，再生压力降低，再生器与反应器差压维持在30kPa左右，此时装置生产最大的问题为NO_x排放浓度大幅上升，最高125mg/m^3，超过装置的环保控制指标。

2.1　NO_x来源分析

2.1.1　提升管原料的影响

Ⅰ催化裂化装置以加氢蜡油与加氢渣油作为提升管反应原料，不同时期原料蜡油与渣油的氮含量分析数据见表2。

表2　反应原料氮含量分析数据

项目	分析1	分析2	分析3	平均值
加氢蜡油氮含量/(mg/kg)	322.7	511.5	590.6	474.9
加氢渣油氮含量/(mg/kg)	1155.4	1388.6	1214.3	1252.7

从上表可以看出，渣油的氮含量约为蜡油氮含量的3倍，文献指出，原料中80%~95%的氮转化进入焦炭中，焦炭中的氮在烧焦过程转化为NO_x，在脱硝助剂的作用下，部分NO_x转化为N_2排放进入大气，因而原料中渣油的含量对烟气中NO_x排放浓度的影响较大。

2.1.2　烧焦罐燃烧油的影响

开工初期，需向烧焦罐喷入燃烧油以提高催化剂温度，转剂流化。喷油初期，为了维持床层温度，需维持一定量的燃烧油喷入量，而燃烧油进入烧焦罐后，其中氮元素转化为NO_x排入大气。因而，燃烧油的质量对NO_x有一定的影响，目前可供选择的柴油主要有常减压柴油、催化柴油和加氢柴油，不同类型柴油的氮含量分析数据见表3。

表3 反应原料氮含量分析数据

项目	分析1	分析2	分析3	平均值
催化柴油氮含量/(mg/kg)	750.2	704.8	810.5	755.2
常减压柴油氮含量/(mg/kg)	389.2	360.1	345.1	364.8
加氢柴油氮含量/(mg/kg)	28.2	15.3	9.8	17.8

从上表可以看出，不同类型柴油氮含量相差较大，开工过程中柴油的用量一般为1500kg/h，因而柴油的选择对 NO_x 的排放也有一定的影响。

2.1.3 主风中氮的影响

燃料燃烧时空气中带进来的氮在高温下与氧气反应可以生成热力型 NO_x，其总反应式为：

$$N_2+O_2 \longrightarrow 2NO$$

$$2NO+O_2 \longrightarrow NO_2$$

文献指出[1]，热力学计算表明，空气中氮反应生成可检测量的 NO_x 所需要的温度极高。在典型的再生条件下(氧过量1%，温度730~780℃)，即使反应达平衡也仅有不到10mg/kg的NO形成，在870℃该反应平衡时的NO也不到30mg/kg。催化裂化装置的烧焦与再生一般在700℃左右的温度进行，远远低于热力型 NO_x 的产生条件，因而，主风中的氮转化为 NO_x 的量极少，对装置烟气 NO_x 排放的影响可以忽略。

2.2 操作分析

2.2.1 烧焦罐藏量对 NO_x 的影响

催化剂藏量由反应藏量和再生藏量组成，反应藏量主要指沉降器汽提段催化剂藏量，再生藏量由烧焦罐和再生器两部分藏量组成，藏量分布对装置烧焦有一定的影响。不同状况下，NO_x 排放浓度(AI1201D)和CO排放浓度(AI1201A)与沉降器料位(LIC110)、烧焦罐藏量(WI711)、再生器藏量(WI710)之间的生产数据统计见表4。

表4 床层藏量与 NO_x 排放浓度的关系

项目	LIC110/%	WI710/%	WI711/%	AI120A/(mg/m³)	AI1201D/(mg/m³)
正常生产	41	22.8	55.6	578	45
低负荷生产	41	21.7	63.6	644	90
	40	23.8	57.4	620	96
	40	21.6	54.6	310	106
	40	22.7	51.3	75	112
	45	25.0	49.5	23	119
	43	29.2	38.4	10	129

分析表4可以得出以下结论：低负荷生产条件下，NO_x 排放浓度明显增大，即使与正常生产保持相同的料位分布，NO_x 的排放浓度依然很高。低负荷生产条件下，沉降器料位没有明显变化，随着烧焦罐藏量的降低，CO浓度降低，NO_x 排放浓度逐渐增大。

烧焦罐藏量决定了催化剂在烧焦罐的停留时间，烧焦罐藏量降低，烧焦强度减弱，烧焦产生的 CO 浓度降低，当烧焦罐藏量低于 55%时，CO 浓度显著降低，脱硝反应缺乏还原剂而使 NO_x 排放超标。

2.2.2　烧焦罐温度对 NO_x 的影响

烧焦罐是脱硝反应的主要场所，下面对烧焦罐温度分布进行分析，主要研究对象为烧焦罐最下层起燃温度 T744C 及烧焦罐第二层四个径向温度 T743A～D，如图 1 所示。不同工况下，烧焦罐温度与 NO_x 排放浓度，如表 5 所示。

表 5　烧焦罐温度分布与 NO_x 排放浓度的关系

项目	T744C/℃	T743A/℃	T743B/℃	T743C/℃	T743D/℃	AI1201A/(mg/m³)	AI1201D/(mg/m³)
正常生产	675	683.3	688.7	677.1	669.2	398	45
低负荷生产	664	673.4	659.7	667.0	670.2	23	122
	652	660.5	648.5	660.8	664.6	49	114
	646	652.7	641.0	652.9	655.7	75	124
	654	663.9	648.5	661.6	663.1	23	122
	648	654.9	641.3	655.8	657.2	394	85
	650	658.8	649.9	654.4	652.4	644	83
	652	655.7	643.7	658.0	660.6	644	101

根据 DCS 仪表显示将正常生产与低负荷生产时的温度分布分别列于下图：

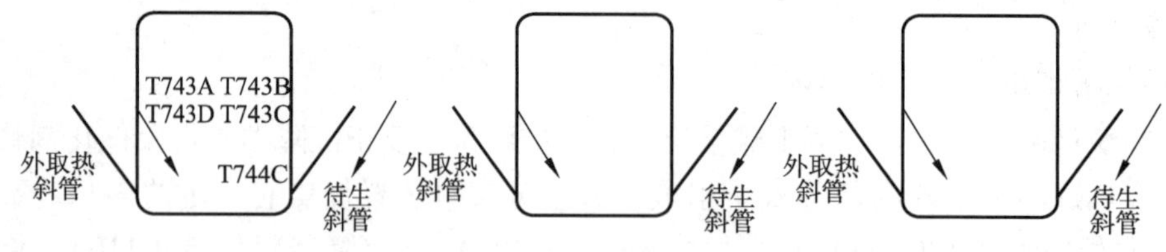

图 1　不同工况下烧焦罐温度分布示意图

从表 5 可以看出，装置低负荷生产条件下，烧焦罐起燃温度 T744C 明显偏低，差值大于 10℃，烧焦罐起燃温度与 NO_x 排放浓度有明显的相关关系。从温度分布图可以看出，正常生产温度分布呈良好梯状递增状态，而降量生产时，出现烧焦罐上部温度分布低于下部，且径向温差大，表明低负荷备机生产时烧焦罐流化状态不佳。

Grace Davison 公司对再生过程碳和氮化物的燃烧情况研究表明，碳燃烧生成 CO_2 和 CO 的温度比氮燃烧生成 NO 的温度要低 50℃，氮的燃烧需经过中间产物 HCN 和 NH_3 之后转化为 NO，在不使用 CO 助燃剂的情况下，HCN 于 665℃达到峰值且浓度较大[3]。因此，低负荷生产条件下，烧焦罐温度偏低，NO 产生在烧焦罐上部及再生器，还原反应时间不足，因而脱硝效果降低。另外，烧焦罐径向温度分布是判断床层催化剂流化状态的重要参数[5]，备机生产时由于主风量低，床层流化不稳定，波动较大，对烧焦罐烧焦与脱硝反应也有不利的影响。

2.2.3　再生器温度对 NO_x 的影响

再生器温度分布受烧焦温度影响较大，重点考察再生器密相温度(T711)、稀相温度(T710A)、密稀相温差(δT)与 NO_x 排放浓度(AI1201D)、CO 排放浓度(AI1201A)的关系，数据如表 6 所示。

表 6 再生温度与 NO_x 排放浓度的关系

项目	T744C/℃	T710A/℃	T711/℃	δT/℃	AI1201A/(mg/m^3)	AI1201D/(mg/m^3)
正常生产	675	709	711	2	398	45
低负荷生产	618	639	651	12	644	83
	636	666	673	6	394	85
	647	688	684	-4	644	91
	653	692	686	-6	644	101
	658	699	692	-7	49	114
	647	726	708	-18	23	122
	652	717	690	-27	75	124

从上表可以看出，低负荷生产条件下，随着密稀相温差从正值转变为负值，并逐步出现尾燃现象时，再生烟气中 CO 含量逐渐降低，NO_x 排放浓度逐步增大，远远超过控制指标 100mg/m^3。要实现 NO_x 达标排放，需要有足够的 CO，同时又要有合理的烧焦罐与再生器的热量平衡，减少尾燃。

2.2.4 氧含量对 NO_x 的影响

装置再生烟气氧含量分析表位于再生器出口三旋入口处，可以很好地表征再生烧焦状况，氧含量(AI401)与 NO_x 排放浓度(AI1201D)、CO 排放浓度(AI1201A)的关系如表 7 所示。

表 7 再生烟气氧含量与 NO_x 排放浓度的关系

项目	AI401/%	AI1201A/(mg/m^3)	AI1201D/(mg/m^3)
正常生产	4.5	398	45
低负荷生产	7.1	394.2	84.9
	3.8	644	91.44
	3.8	643.9	100.7
	3.4	49	113.95
	1.4	22.6	122.17
	2.4	75.1	124.08

分析再生烟气氧含量与 CO 的浓度关系发现，随着氧含量的降低，CO 浓度呈先增加后降低的趋势，NO_x 排放浓度逐步增大。氧含量降低至 3.4% 以下时，CO 浓度也明显减低，NO_x 排放浓度增大至 100mg/m^{3}以上。

从表 7 可以看出，低负荷生产时，无论氧含量高低，NO_x 的排放浓度都明显高于正常生产时的浓度。因而，异常工况生产时，单独控制氧含量在正常生产范围，对控制 NO_x 排放不能起到决定性作用。

2.3 仪表分析

装置烟气 NO_x 采用西门子 U23 红外气体分析仪进行在线实时监测，测量仪采用分光光度法对非发散性红外线的吸收，特定波长红外线的衰减与相应的气体浓度成比例的原理，监测结果受温度、烟气水含量、取样探头等因素影响。设备运行一段时间后，在线环保监测数

据 SO_x、NO_x 与粉尘浓度会产生零点漂移现象，导致监测数据高于实际数值。因而，为了保证监测数据的可靠性，在设备运行一段时间后，尤其是开工初期或装置遇到异常工况的情况下，NO_x 监测仪表需要进行零点校正维护。

3 NO_x 超标的操作优化

根据开停工及备机生产等异常工况下 NO_x 超标的原因分析，可以采取以下措施降低 NO_x 排放浓度。

1）优化原料，优化渣油用量与渣油带入时间。由于 NO_x 的根本来源是原料，开工初期采用全蜡油开工，全蜡油开工至处理量达到装置最低负荷要求后，逐步将渣油引入装置。掺炼渣油后，随着再生床温提高，关小燃烧油的喷入量，直至燃烧油全部关闭，此过程以维持烧焦罐温度平稳为原则。

2）开工初期，采用加氢精制柴油作为再生器升温使用的燃烧油，可以降低再生尾气中 NO_x 排放浓度。同时，在装置开停工及备机低负荷生产等异常工况下，及时联系专业人员对 NO_x 监测仪表进行零点校准，确保测量准确可靠。

3）提高提升管喷油前烧焦罐温度。从操作分析可以看出，烧焦罐起燃温度过低，是影响 NO_x 排放浓度超标的一个主要原因。装置开工初期一旦出现烧焦罐温度过低的情况，由于备用主风机负荷所限，短时间提高烧焦罐温度的难度很大。因而，在开工初期，通过燃烧油将烧焦罐温度提高至665℃以上，通过提高提升管进油量，相应降低燃烧油量，实现烧焦罐起燃温度平稳过渡。

4）调整取热负荷，强化烧焦，降低尾燃。提高烧焦起燃温度，除了开工初期提高烧焦温度外，另一个调节手段是调整外取热负荷。在保证烧焦温度的前提下，关闭燃烧油后逐步投用外取热，外取热负荷调整以尽量减少尾燃为根本原则，一旦出现尾燃应及时降低取热，提高烧焦温度，保证烧焦强度。

5）优化催化剂藏量分布。烧焦罐藏量降低，NO_x 排放浓度增加。提高烧焦罐藏量有利于 NO_x 的达标排放，但受备用风机主风量限制，需兼顾烧焦罐的流化，建议烧焦罐藏量以控制55%为宜。

4 结论

在没有脱硝技术设施的催化裂化装置，提升管混合原料氮含量小于1000mg/kg时，通过加注TUD脱硝助剂，可以实现再生尾气 NO_x 达标排放。但在装置开停工、低负荷生产等备机生产的异常工况下，通过精细化操作，优化原料，开工采用加氢精制柴油作燃烧油、用精制蜡油作提升管进料、提高烧焦起燃温度至665℃以上，以及提高烧焦罐藏量至55%，可以控制烟气 NO_x 排放浓度小于100mg/m³，满足当前外排废气控制指标要求。

参 考 文 献

[1] 于道永，徐海，阙国和. 催化裂化过程中的含氮化合物及其转化[J]. 炼油计，2000，30(06)：16-19.
[2] 赵伟凡. 流化催化裂化高效再生工艺的探讨[J]. 石油炼制与化工，1983(06)：32-42+31.
[3] 陈俊武，许友好. 催化裂化工艺与工程[M]. 北京：中国石化出版社，2015.
[4] 胡化风. 催化裂化装置再生烟气污染物净化方案研究[J]. 化工管理，2015(30)：212.
[5] 梁凤印. 催化裂化装置技术手册[M]. 北京：中国石化出版社，2017.

冷凝再热消白烟工艺的模拟与优化

花　海　徐刚林　刘作亮　贾进许　周建文

（中国石化金陵石化公司　江苏南京 210033）

摘　要　为进一步研究冷凝再热消白烟工艺过程，利用流程模拟软件 Petro-sin 建立烟气脱硫消白烟过程的计算模型。提出了一种模拟烟气在大气扩散过程中相变的方法，基于该方法分析了操作参数和气候条件对于消白效果的影响，并对操作参数进行了优化分析。模型计算结果表明：更多的热空气量和更低的浆液返塔温度有利于排烟在大气扩散过程中减少白色烟羽的生成。低温和高空气湿度的气候条件不利于消白操作。所建立消白烟工艺过程模型结果准确合理，模拟结果可为实际操作参数的优化调整提供借鉴，并证明了单一的冷凝或再热工艺对于烟气消白操作是不合理的。

关键词　消白烟；模拟；操作优化；冷凝再热

湿法烟气脱硫工艺利用氢氧化钠、氨等碱性介质作为脱硫剂，以水溶液的形式与含硫烟气进行充分接触，实现烟气达标排放的目的。脱硫后的饱和烟气在离开烟囱后与大气接触，温度降低，烟气中的水蒸气冷凝成大量的白色烟羽，造成视觉污染，并影响污染物在大气中的扩散，是导致大气雾霾的重要原因[1]。中国石化金陵石化公司Ⅰ#催化裂化装置为消除烟气脱硫塔的白色烟羽，采用 FCH 烟气冷凝再热专利技术对原有烟气脱硫塔进行改造，实现了在 0℃以上，78%相对湿度以下的气候条件下，烟气脱硫白色烟羽的消除。

消白技术，本质上是通过能源的消耗使烟气远离饱和状态，但过度地远离饱和态将带来能源的巨大浪费。论文利用流程模拟软件对实际的消白烟过程进行建模与模拟，分析气候条件和操作参数变化对与烟气脱硫消白烟效果的影响，以寻求消白的最优的操作范围，为单元的实际操作提供指导。

1　工艺流程简介

FCH 工艺流程如图 1 所示，主要由烟空换热系统和浆液冷却系统两部分组成。催化烟气经烟空换热器与空气换热后，进入烟气脱硫塔内，自下而上与循环浆液逆流接触，浆液循环内设冷却器，降温以减少烟气含水量。完成脱硫反应的烟气与经过加热的热空气混合后向大气排放，提高烟气温度的同时降低水蒸气分压，实现消白效果。

2　模型的建立和验证

论文利用 Petro-sim 中 Absorber Column Sub-Flowsheet 模块模拟烟气脱硫塔如图 2 所示，塔内设置侧线循环模拟浆液冷却器影响。烟气脱硫塔外排烟气于烟空混合器处与热空气混合，并增设一股水进料，模拟塔顶水珠分离器的分离效果。模型根据实际流程设置空气预热器和烟空换热器，模拟烟气与空气的换热过程。进料物流参数如表 1 所示，模拟结果与实际值作比较列于表 2，完全分离和部分分离两组结果模拟了烟气脱硫塔顶水珠分离器对烟气和水的分离效果。

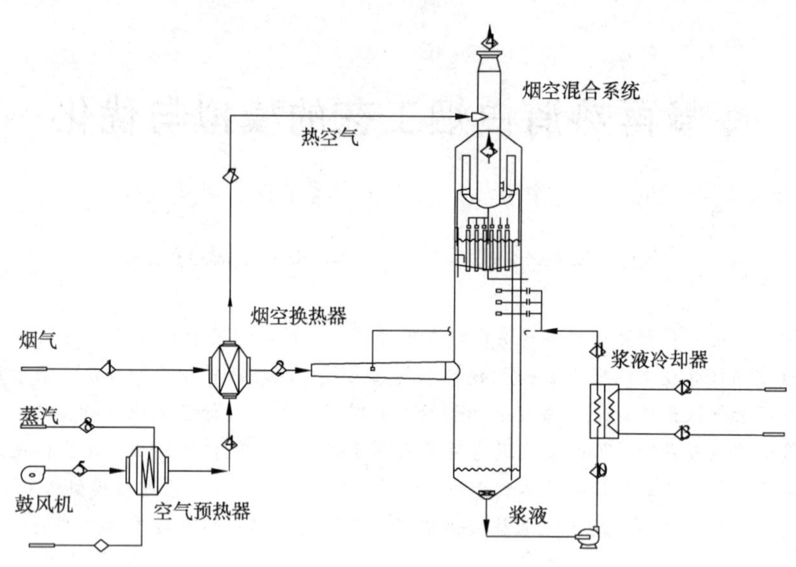

图 1　FCH 烟气脱硫消白烟工艺流程

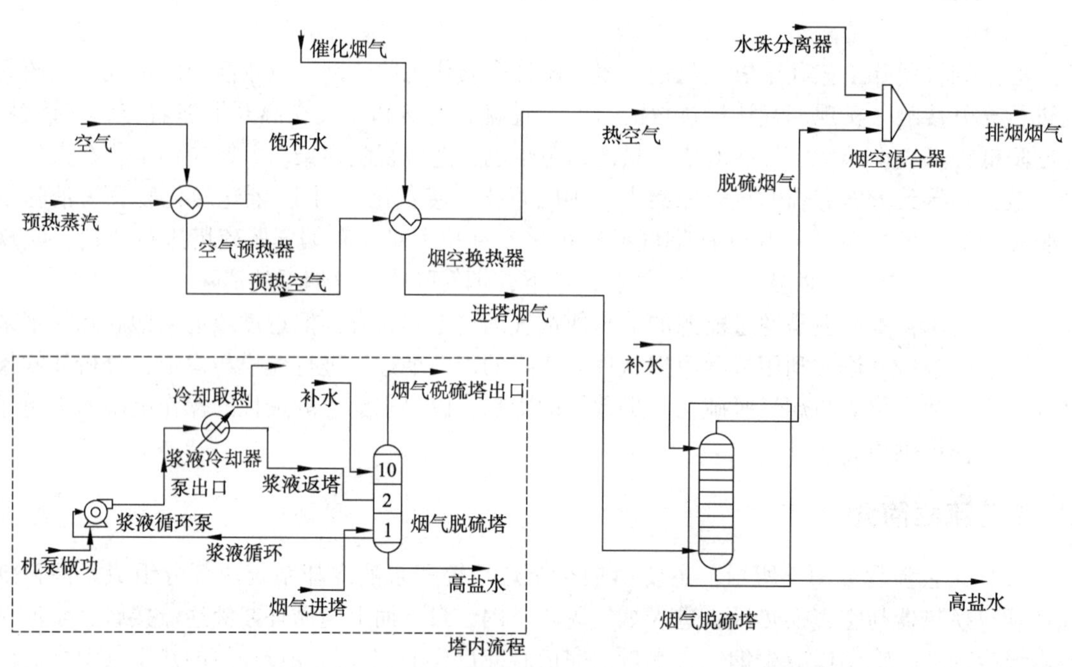

图 2　FCH 工艺的模型建立

表 1　进料物流参数

物料	组成					温度/℃	压力/kPa
	水/(kg/h)	氮气/(kg/h)	氧气/(kg/h)	二氧化碳/(kg/h)	总流量/(m^3/h)		
催化烟气	14500 (12.2%)(体)	127303 (68.8%)(体)	11362 (5.4%)(体)	39725 (13.7%)(体)	14.8×10^4 (192t/h)	180	111.3
空气	202	74115	22516		7.5 万	3	101.3
预热蒸汽	3200					165	701

表 2 模拟值与实际值的比较

参数	模拟值		实际值
	完全分离	部分分离	
烟气进塔温度/℃	152.0	152.0	153
热空气温度/℃	139.3	139.3	140.6
浆液循环量/(t/h)	1770	1770	1770
浆液返塔温度/℃	43.4	43.4	43.4
外排烟气温度/℃	77.5	72.2	71.8
外排烟气含水量/(kg/h)	12568	13218	12925

从表 2 可以看出，当烟气脱硫塔出口烟气与水完全分离时，模型计算的大部分结果与实际接近，但外排烟气温度较实际值偏高，该误差的出现是由于实际运行中水珠分离器无法完全去除烟气中夹带的水珠，这部分水在烟空混合器内汽化吸热，导致实际的排烟温度低于模拟结果。考虑烟气的夹带效应后的模拟结果见部分分离组，当烟气夹带 650kg/h 的水滴后，全部模拟结果与实际参数吻合较好，说明论文所建立的消白烟过程准确合理，能够用于分析各种因素对消白过程的影响。

3 烟气生成白色烟羽的数学模型

对于已有的外排烟气，可用由少到多的大气与烟气混合来模拟烟气在大气中的扩散过程。论文分步对不同质量大气与烟气混合后的混合烟气进行气液相平衡计算，当气相比例小于 1 时，认为可见烟羽产生，以此来判定排烟的消白效果。表 3 列出了模型中脱硫烟气和排烟烟气的物料性质，通过分布计算烟气在不同扩散程度下的气液相比例，模拟烟气在大气扩散过程的烟羽生成过程，结果列于图 3，图 3 中的横坐标表征的是烟气扩散的程度。

表 3 烟空混合前后的烟气参数

物料	组成				温度/℃	压力/kPa
	水/(kg/h)	氮气/(kg/h)	氧气/(kg/h)	二氧化碳/(kg/h)		
脱硫烟气	12366	127303	11362	39725	47.1	101.3
外排烟气	13218	201418	33878	39725	72.2	101.3

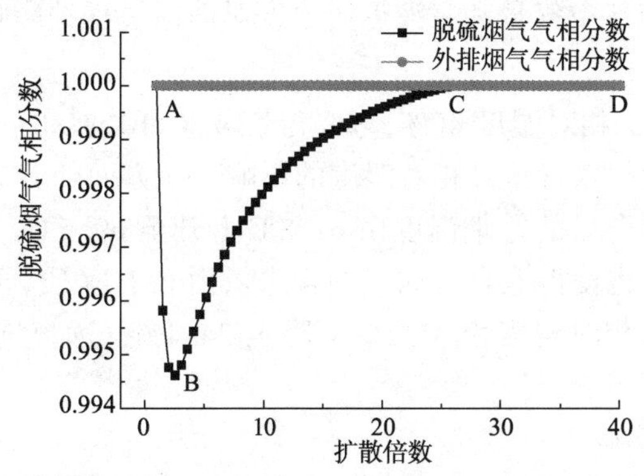

图 3 不同烟气在大气扩散过程中的气相分数变化

从图3中可见，模型中消白烟气在大气扩散过程中其气相分数始终等于1，因此实现了消白烟的目标。而未与热空气混合的脱硫烟气，在扩散的过程中出现了气相分数小于1的情况，表明该烟气直接排向大气会有明显的白色烟羽形成。脱硫烟气与浆液充分接触，为近似饱和状态，位于图4中A点。进入大气环境后(即D点条件：25℃，64%相对湿度)，烟气性质沿AD线向D点扩散。AB段烟气远离平衡线，对应图3中AB曲线中气相分数下降段。C点为扩散烟气与平衡线交点，烟气至此不断接近平衡线，直至白色烟羽消失，此时图3中气相分数恢复至1。此后，该烟气处于无色状态继续扩散，直至D点，达到环境条件。可见，图3中AB点间的垂直距离可以表征烟气白羽量，AC点水平距离可表征烟气在一定扩散条件下的停留时间，以实现对烟气烟羽生成过程的模拟。相应过程也能够从图5中体现。

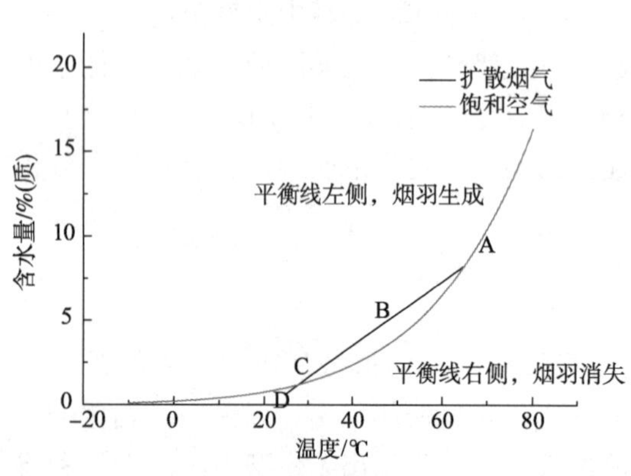

图4　烟气扩散过程中的相变示意图

图5　烟气扩散成烟的实例

4　模拟计算结果与分析

4.1　操作条件的影响

根据实际的操作经验，烟气脱硫消白烟单元的独立变量有催化烟气性质、混合空气量及浆液返塔温度。烟气性质受催化装置操作影响，一般不做调整。混合空气量决定了与烟气混合的热空气性质，浆液返塔温度决定了脱硫烟气的温度，二者共同作用于排烟烟气的温度和相对湿度，进而影响烟气消白效果。论文选取表1中催化烟气组成，在大气温度0℃，相对湿度40%的条件下，模拟热空气量和浆液返塔温度对消白过程的影响。

4.1.1　热空气量的影响

图6为大气温度0℃，相对湿度40%，烟气量$14.8\times10^4 m^3/h$，浆液返塔43.4℃时，热空气量对与外排烟气温度、水含量及相对湿度的影响。一方面随着混合空气量的上升，热空气中携带的热量更多，混合后的排烟温度由61.8℃上升至69.5℃。另一方面，更多含水量少的空气量与烟气混合，也使得混合后烟气的含水量由6.1%(质)下降至4.7%(质)。两方面的共同作用下，烟气的相对湿度由42.5%下降至24.4%，远离饱和状态，有利于避免烟羽的生成。

4.1.2　浆液返塔温度的影响

该装置烟气脱硫塔浆液循环量为固定值，更低的浆液返塔温度为能够降低脱硫烟气的温度。图 7 为大气温度 0℃，相对湿度 40%，烟气量 14.8 万 m^3/h 条件下，固定热空气流量 60t/h，温度 133℃不变，不同浆液返塔温度对排烟性质的影响。湿法脱硫烟气一般处于饱和状态[2]，随着浆液返塔温度由 51℃下降至 38℃，脱硫烟气的温度随之下降，烟气的含水量由 6.74%(质)降低至 3.88%(质)，外排烟气的相对湿度由 28.81%下降至 23.07%。因此，降低浆液返塔温度亦有利于消白操作。

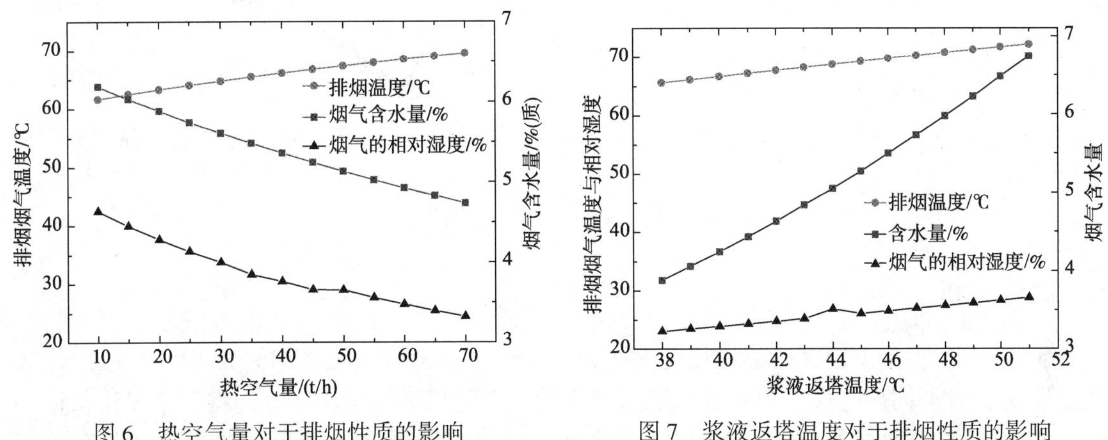

图 6　热空气量对于排烟性质的影响　　图 7　浆液返塔温度对于排烟性质的影响

4.2　气候条件对消白效果的影响

选择表 4 中远低于设计工况负荷的操作条件进行模拟，考察了不同大气条件对消白效果的影响，结果绘于图 8 和图 9。图 8 为 80%相对湿度条件下温度对消白效果的影响，20℃时，混合热空气后的排烟温度为 63℃，烟气的气相分数始终为 1，消白效果很好，无可见白色烟羽。10℃时，排烟温度为 61℃，曲线明显下降，烟气可见白色烟羽。0℃时，排烟温度为 59℃。排烟过程中气相分数最低值为 0.996，烟羽量大，拖尾严重。这是由于在烟气排放条件不变的情况下，前文图 4 中湿烟气排放过程中 AD 线的 A 点不变，空气温度越低，则图 4 中的 D 点越向左偏移，AD 线斜率越小，AD 线与水汽平衡线相交的面积越大，湿烟羽量越大。故实际操作中，冬季低温天气消白难度大，所需的能耗更高。

表 4　消白操作条件

项目	烟气含水量/(kg/h)	烟气温度/℃	预热蒸汽量/(kg/h)	热空气量/(kg/h)	浆液冷后温度/℃
模拟工况	13456	180	1500	23100	43.4
设计工况	14500	180	3200	74115	43.4

为 0℃下，不同空气湿度对于消白效果的影响，从图中可见，空气湿度越大，烟气的白色烟羽量越大，拖尾长度越长，消白难度越大。这是由于空气的相对湿度其本质是空气对水汽的容纳程度，当空气的相对湿度越高，空气对外来水汽的吸纳程度有限，越容易出现白色烟羽[3]。结合前文图 4 进行分析，大气温度不变，空气相对湿度上升，则 AD 线 D 点向上位移，导致 AD 线与水汽平衡线相交的面积增大，烟气烟羽量上升。值得注意的是，图 9 空气相对湿度 100%时模拟了雨雾条件下的烟气排放情况，此时大气的水含量很高，空气对于烟气的稀释作用基本消失，烟羽量大，且难以消散，几乎无法实现消白操作。该条件下操作应以降低浆液返塔温度为主，通过减少烟气的含水量来减少烟羽的生成。

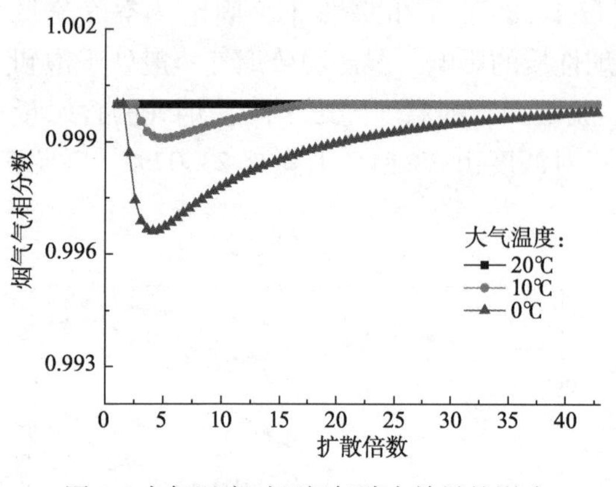

图 8 大气温度对于烟气消白效果的影响

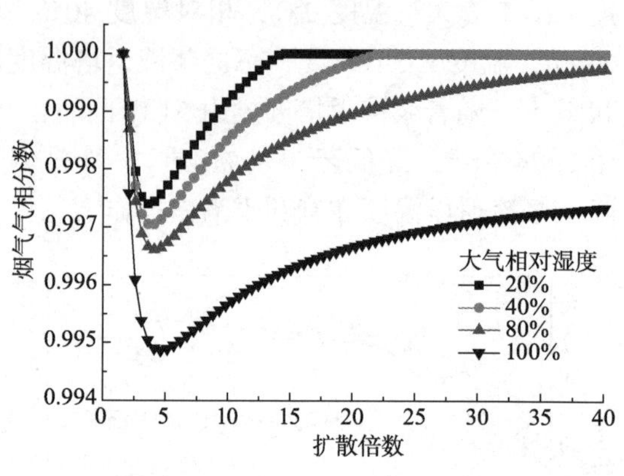

图 9 大气湿度对烟气消白效果的影响

5 优化分析

近 50 年来，南京地区的平均相对湿度为 75%[4]，日最低气温平均值为 13℃，以此作为消白工况，对不同热空气量和浆液返塔温度下的消白效果进行优化计算，将各个操作条件下外排烟气扩散过程中的最低气相分数绘于图 10，图 10 中白色区域为无白烟工况，颜色越深则烟羽情况越严重，显然合适的操作组合因处于白色区域的最下部。进一步分析，在烟气性质与气候条件相同的情况下，浆液返塔温度越高，实现消白效果所需的热空气量越多，最终会因受鼓风机和换热器的负荷所限导致无法消白。热空气量下降，需要更低的浆液返塔温度来满足消白要求，但浆液返塔温度会受冷却介质循环水量的限制。因此，单一依靠冷凝或再热系统显然无法满足不利气候条件下的消白要求，类似结论在文献中亦有报道[5,6]。适宜的操作条件应该位于图 10 的中间位置，即在该气候条件下，为达到消白效果适宜的热空气量为 40~50t/h，浆液返塔温度为 42~44℃。

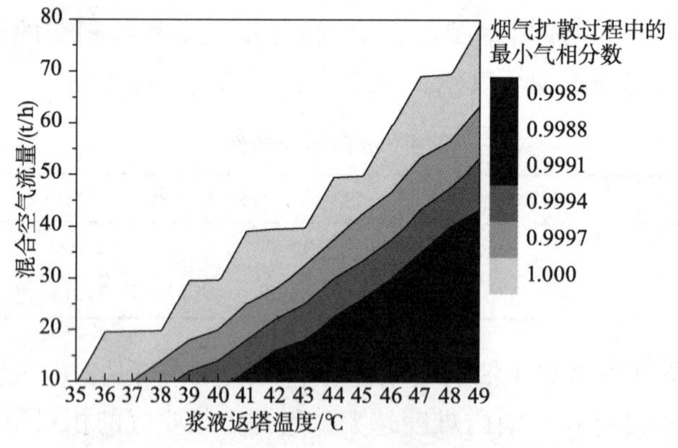

图 10 热空气量和浆液返塔温度对消白效果的影响

6 结论

1）考虑烟气与水珠不完全分离的 Petrol-sim 模型能很好的模拟烟气脱硫塔消白烟设施的运行，并能够利用大气与烟气的混合来模拟烟气扩散中的相变过程，模拟结果对于消白设施的设计、优化和改进有一定的指导意义。

2）对操作参数的模拟分析得出：更多的热空气与烟气进行混合，浆液的返塔温度越低，越能够降低烟气在外排温度下的饱和湿度，有利于其在大气扩散过程中减少白色烟羽的生成。

3）对气候条件的模拟分析得出：更低的气温与更高的相对湿度不利于烟气的消白烟操作，尤其是当空气湿度100%的阴雨天气，热空气对于烟气的稀释作用基本消失，此时降低浆液返塔温度消白的效果更好。

4）对操作优化模拟计算表明：单一利用冷凝或再热工艺对于烟气消白操作而言是不合理的。该装置在13℃，75%相对湿度的气候条件下，适宜的混合热空气量为40~50t/h，适宜的浆液返塔温度为42~44℃。

参 考 文 献

[1] ChengYafang, Zheng Guangjie, Wei Chao, et al. Reactive nitrogen chemistry in aerosol water as a source of sulfate during haze events in China[J]. Science advances, 2016, 2(12).

[2] 欧阳丽华，庄烨，刘科伟，等. 燃煤电厂湿烟囱降雨成因分析[J]. 环境科学，2015，36(06)：1975-1982.

[3] 郭小虎，张小龙，李军民，等. 空气特性对湿烟羽治理技术的影响[J]. 环境工程技术学报，2019，9(05)：531-537.

[4] 陈佳澄，钟史明. 1961—2010年南京市相对湿度变化特征分析[J]. 能源研究与利用，2018，(04)：45-49.

[5] 马修元，惠润堂，杨爱勇，等. 湿烟羽形成机理与消散技术数值分析[J]. 科学技术与工程，2017，17(22)：220-224.

[6] 舒喜，杨爱勇，叶毅科，等. 冷凝再热复合技术应用于燃煤电厂湿烟羽治理的可行性分析[J]. 环境工程，2017，35(12)：82-85+91.

一种新型硫转移助剂在催化裂化装置上的应用

李小军　孔祥科

（中国石化齐鲁石化公司胜利炼油厂　山东淄博 255434）

摘　要　为改善齐鲁Ⅱ催化裂化装置烟气脱硫塔烟气拖尾、蓝烟现象，在该装置进行了一种增强型硫转移剂的工业应用试验。试验结果表明，硫转移剂的应用对裂化产物分布、产品性质和装置运行无负面影响，可大幅降低烟气中SO_2和SO_3浓度，显著改善外排烟气蓝烟、脱尾情况。同时还可降低烟气脱硫塔的碱液消耗量，并降低外排浆液盐含量。

关键词　催化裂化；烟气；硫转移剂

中国石化齐鲁石化公司胜利炼油厂Ⅱ催化裂化装置(简称“Ⅱ催化”)于1986年11月投产，加工能力为600kt/a。1994年4月大修改造时将处理能力提至800kt/a，2009年9月进行MIP-CGP工艺技术改造。装置采用前置烧焦罐完全再生，再生器出口烟气经过三旋、烟气轮机、余热锅炉、湿法脱硫除尘后排放大气。当前加工量115t/h，原料硫含量(质量分数)0.2%~0.4%。催化剂系统总藏量约260t，新鲜剂补充量约3t/d。主风总量约120000m^3/h，脱硫塔前氧含量(体积分数)约4%，采用湿法脱硫进行烟气脱硫后处理。

装置目前的主要问题是脱硫塔出口烟气存在蓝烟拖尾现象，气象条件不利时烟羽沉降于厂区及周边，对生产和生活环境造成影响。通过加注硫转移剂，可有效捕集SO_3，避免在脱硫塔中形成SO_3气溶胶造成拖尾和蓝烟现象；此外，还可降低碱液用量和脱硫塔负荷，有助于减少循环液和废水盐含量，间接上也有利于缓解烟气拖[1]。

因此，Ⅱ催化试用增强型RFS硫转移剂缓解催化装置脱硫塔烟气拖尾现象，预定技术指标为：装置原料类型和性质(硫、氮含量，残炭，馏程等)、操作条件及催化剂等基本不变，将增强型RFS硫转移剂按新鲜剂补充量的3%进行稳定加注，再生烟气中总SO_x质量分数降低70%以上；硫转移剂稳定加注后，脱硫塔蓝烟和烟气拖尾现象基本消除；试用增强型RFS硫转移剂期间对装置平稳操作、产物分布、产品质量无负面影响。

1　增强型RFS硫转移剂作用原理及开发情况

硫转移剂技术较为成熟，其催化作用原理如图1所示。为了强化对烟气SO_x的捕集效率，中国石化石油化工科学研究院(简称石科院)在常规RFS09硫转移剂技术基础上，开发了增强型RFS硫转移剂，针对性地提高了其中关键组分MgO的含量；同时，对储氧组分含量进行了调整，以进一步提高硫转移剂在过剩氧含量较低、包括贫氧条件下对SO_x的脱除效率[2]。此外，对硫转移剂的制备工艺进行了优化，以保持较好的耐磨性能，适应催化装置对磨损指数的要求，避免硫转移剂跑损对SO_x脱除效率及装置操作造成不利影响。

增强型RFS硫转移剂物化技术指标见表1。

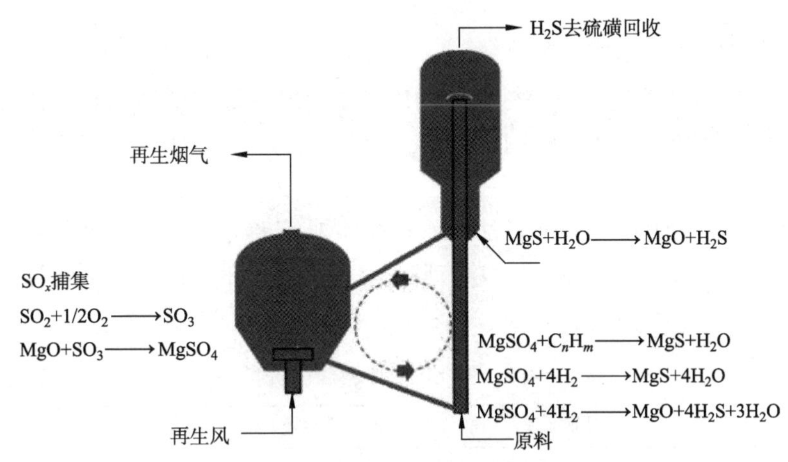

图 1　硫转移剂催化作用原理

表 1　增强型 RFS 烟气硫转移剂及催化剂物化性质

项　目	增强型 RFS 硫转移剂	催化剂	分析方法
灼减/%(质)	≤12	≤13	Q/SH 361 902—2018
堆密度/(g/mL)	0. 9~1. 2	0. 85~0. 9	Q/SH 361 908—2018
比表面积/(m^2/g)	≥70	≥240	Q/SH 361 914—2018
孔体积/(mL/g)	≥0. 18	≥0. 35	Q/SH 361 907—2018
磨损指数(质量分数)/(%/h)	≤3. 5(直管法)	≤2. 5	Q/SH 361 909—2018
筛分组成(体积分数)/%			Q/SH 361 911—2018
0~40μm	≤22	≤18	
0~149μm	≥89	≥89	
>149μm	<11	—	

2　工业试验过程

2.1　加剂方案

综合考虑加注经济性及控制蓝烟的有效性，结合Ⅱ催化运行实际情况，增强型 RFS 硫转移剂按系统藏量 3%进行加注，SO_x 总脱除率在 70%以上。

具体加剂方案为：

1）快速加注阶段：按系统藏量 260t 计算，每天加注硫转移剂 360kg，连续加注 22d，达到系统藏量的约 3%，进入稳定加注阶段；

2）稳定加注阶段：按新鲜剂补充量 3t/d、硫转移剂占新鲜剂 3%计算，则硫转移剂按 90kg/d 加注，连续加注 6~10d 后，可进行总结标定。

2.2　试验过程

增强型 RFS 硫转移剂自 2019 年 5 月 30 日开始加入系统，按加剂要求，初期快速加剂阶段每天加入硫转移剂 360kg，加注 22 天，6 月 21 日进入稳定加注阶段每天加入硫转移剂 90kg。6 月 27 日，石科院到现场对再生烟气 SO_x 浓度进行了采样实测作为标定数据。

3 装置标定结果

2019年3月20日装置进行空白标定，2019年5月开始加注增强型RFS硫转移剂，烟气 SO_x 含量为日常运行数据。2019年6月27日，对烟气 SO_x 含量进行总结标定。

3.1 原料性质及操作条件

将Ⅱ催化混合原料油在5月30日加剂前和6月21日稳定加剂后的催化混合原料油性质进行对比(见表2)，可以看出原料密度略有降低，硫、氮含量、残炭、金属含量等总体变化不大。

表2 催化混合原料油性质

项　　目	加剂前	加剂后	项　　目	加剂前	加剂后
密度(20℃)/(kg/m^3)	931.0	925.8	金属含量/(mg/kg)		
残炭/%(质)	1.12	1.78	铁	2.18	3.21
硫含量/%(质)	0.314	0.290	镍	2.01	1.16
氮含量/%(质)	0.335	0.350	钒	1.22	5.21
四组分/%(体)			钠	0.51	0.41
饱和烃	57.3	48.4	钙	3.36	2.20
芳烃	28.0	26.5	馏程/℃		
胶质	14.3	24.8	10%	359.9	353.1
沥青质	0.4	0.3	50%	461.3	460.5
			538℃馏出量/mL	82	81

硫转移剂试用前后主要操作条件对比见表3。

表3 主要操作条件对比

项　　目	加剂前	加剂后	项　　目	加剂前	加剂后
加工量/(t/h)	112	118	剂油比	6.25	6.18
反应温度/℃	512	512	催化剂藏量/t	163	165
再生器稀相温度/℃	701	704	催化剂单耗/(kg/t)	1.09	1.09
再生器密相温度/℃	713	716	主风量/(m^3/min)	1890	1910
烧焦罐稀相温度/℃	710	712	外取热产汽量/(t/h)	43	44
烧焦罐密相温度/℃	703	703			

注：以4月(加剂前)和6月(稳定加剂后)的月数据均值为例。

总的来看，加注硫转移剂前后，原料性质基本稳定，生产操作条件变化不大，数据具有可比性。

3.2 物料平衡及产品性质

3.2.1 物料平衡

加剂前与加剂稳定后的物料平衡对比见表4。加剂前后主要产品产率基本稳定，未发生明显变化，表明增强型RFS硫转移剂的应用对产品分布无不利影响。

表4 加剂前后物料平衡对比

项目	加剂前	加剂后	项目	加剂前	加剂后
产品产率/%(质)			油浆	3.40	3.41
干气	4.70	4.76	焦炭	6.76	6.40
液化气	15.57	15.49	损失	0.13	0.13
汽油	44.09	44.32	转化率/%(质)	71.12	70.97
轻柴油	20.57	20.47	轻质油收率/%(质)	64.66	64.79
回炼油	4.78	5.01	总液收率/%(质)	80.23	80.28

3.2.2 产品组成与性质

(1) 干气

加剂前与加剂稳定后干气中 H_2 含量(体)及氢气与甲烷比值(体)变化趋势见图2。

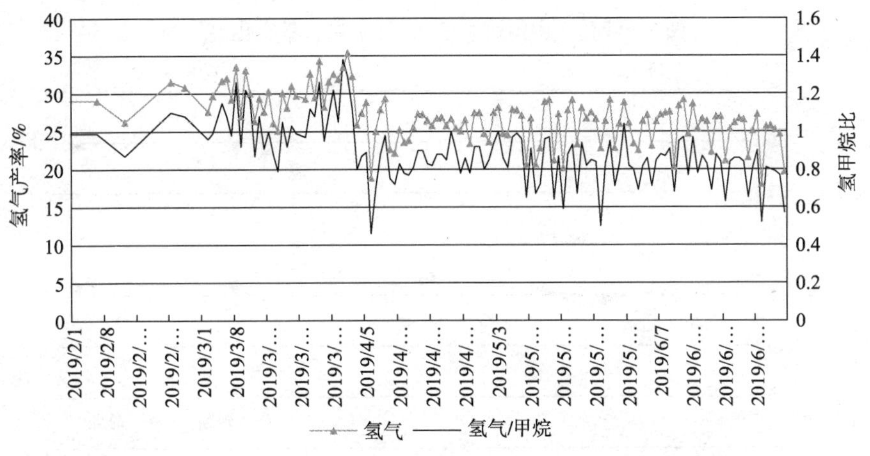

图2 干气中氢含量、氢与甲烷比值变化趋势

从图2数据来看，加剂后 H_2 含量不仅未增加，反而呈降低趋势，可能与原料性质变化有关。因 H_2 含量降低，氢气/甲烷比也成降低趋势。表明硫转移剂应用不会造成干气中 H_2 含量增加。

(2) 液化气

加剂前与加剂稳定后液化气中烯烃含量(体)变化趋势见图3。

从图3数据来看，加剂前后两者收率基本稳定，表明硫转移剂对液化气中烯烃含量无明显影响。

(3) 汽油

加剂前后汽油中烯烃、芳烃含量变化趋势见图4。可以看出：汽油烯烃含量(体)基本稳定在14.1%~16.7%，芳烃含量(体)在28%左右波动。通过查阅LIMS化验分析系统数据，加剂前后RON维持在92.2左右，汽油苯含量(体)在0.72%左右。汽油硫含量(质)无明显上升，说明加注硫转移剂对催化汽油性质无明显影响。

(4) 柴油

加剂前后，柴油密度在 $966kg/m^3$ 左右波动，从少量的生产检测数据来看，加注硫转移剂前后密度、十六烷值及硫含量等主要指标变化不大(见表5)。

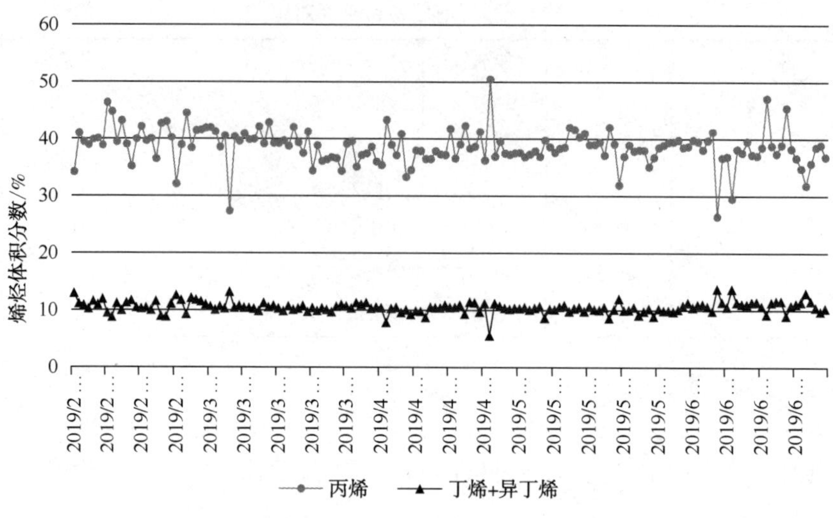

图 3 液化气中丙烯、丁烯+异丁烯含量变化趋势

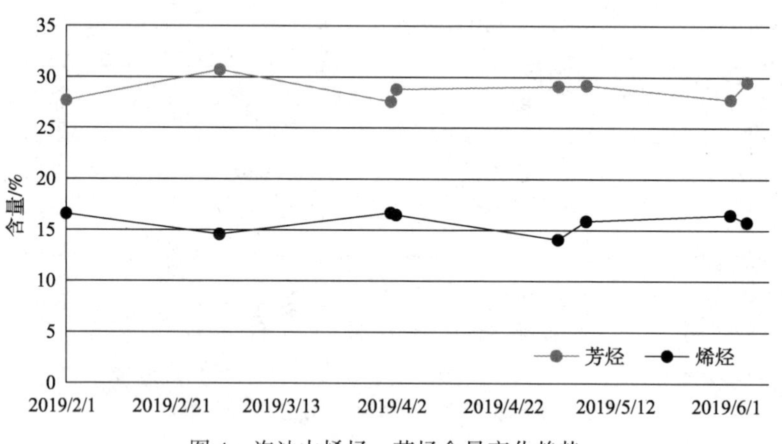

图 4 汽油中烯烃、芳烃含量变化趋势

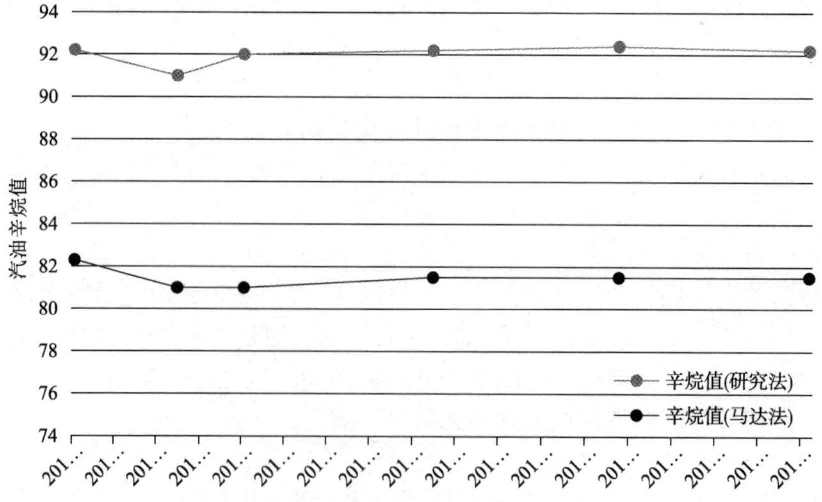

汽油辛烷值
94
92
90
88
86
84
82
80
78
76
74
201…
辛烷值(研究法)
辛烷值(马达法)

图 5 汽油辛烷值含量变化趋势

表 5 加剂前后柴油主要指标对比

柴油分析项目	加剂前	加剂后
密度(20℃)/(kg/m^3)	967.3	965.5
十六烷值	15	—
硫含量/%(质)	0.281	0.276

(5) 油浆

图 6 是油浆固含量变化趋势，可以看出，加剂前后油浆中细粉含量均较低，固体含量一直维持在 2g/L，表明增强型 RFS 硫转移剂耐磨性能较好，应用过程中不增加油浆固含量。

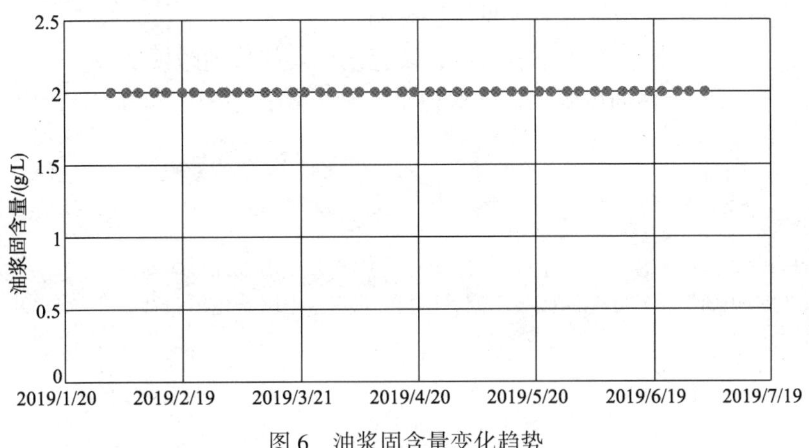

图 6 油浆固含量变化趋势

3.3 再生烟气 SO_x 含量与耗碱量变化

2019 年 3 月 20 日对进脱硫塔前采样点烟气过剩氧含量和 SO_x(SO_2 和 SO_3)进行了测定；2019 年 6 月 27 日稳定加注初期再次对进脱硫塔前采样点烟气过剩氧含量和 SO_x(SO_2 和 SO_3)进行了测定。其中，SO_2 由 Testo 350 烟气分析仪检测，采用 H_2O_2 化学吸收法测定总 SO_x，扣除 Testo 350 测得的 SO_2 浓度数据得到 SO_3 浓度。

表 6 脱硫塔前烟气分析检测数据

项目	O_2/%	SO_2/(mg/m^3)	SO_3/(mg/m^3)	NO_x/(mg/m^3)	粉尘/(mg/m^3)
2019-03-20	3.3~3.7	582	110	46	126
2019-06-27	4.0~4.5	119	17	55	133

加剂前后现场实测数据见表 6，可以看出，加剂前 SO_2 浓度为 582mg/m³，SO_x 总量为 692mg/m³。加剂后 SO_2 浓度为 119mg/m³，SO_x 总量为 136mg/m³。SO_x 脱除率为 80.3%，超过 70%的预期脱除效率。

加注硫转移剂前后，在控制循环液 pH 值相同情况下，随着硫转移剂稳定加注和烟气 SO_x 浓度的下降，脱硫塔碱液消耗总量也逐步下降，由约 450kg/h 降至稳定加剂时的 140kg/h，可显著降低脱硫塔操作负荷和运行成本。

工业试验前后，原烟气 NO_x 和粉尘浓度在加注硫转移剂前后均处于正常范围内波动，表明硫转移剂对除 SO_x 以外的其他污染物浓度无明显影响。

3.4 烟气拖尾情况

从增强型 RFS 硫转移剂加注初期和稳定加注前后的烟气外观对比来看，加注前能观察到明显的拖尾和部分蓝烟，且烟气外观较为浓稠、尾端消散较慢。加剂稳定后，蓝烟基本消除，烟气外观拖尾现象得到改善。

4 结论

增强型 RFS 硫转移剂在Ⅱ催化装置的试验结果表明：

1）催化烟气蓝烟现象基本消除，烟气外观拖尾现象得到改善。

2）再生烟气中 SO_x 脱除率达到 80.3%，可实现达标排放。

3）对产品分布及主要产品性质未见明显影响。

4）未对装置流化、操作产生不良影响，装置未出现催化剂跑损现象。

5）增强型 RFS 硫转移剂可降低烟气脱硫塔碱液消耗，节省运行成本，减少污水处理费用，延长运行周期。

参 考 文 献

[1] 陈俊武，许友好. 催化裂化工艺与工程[M]. 北京：中国石化出版社，2015.
[2] 龚望欣. 催化裂化烟气脱硫除尘脱硝技术问答[M]. 北京：中国石化出版社，2015.

七、节能与环保排放

催化裂化烟气脱硫脱硝装置废水 COD 高原因分析及应对措施

李　宁

（中国石化海南炼化公司　海南洋浦 578101）

摘　要　针对中国石化海南炼油化工有限公司重油催化裂化装置外排废水 COD 高的问题，通过分析补充新鲜水 COD、综合塔补水量、余热锅炉出口烟气中 SO_2 浓度、烟气中 C_{5+} 组分浓度、余热锅炉操作条件、废水氧化时间等因素，并采用重整轻汽油加入浆液中考察其对亚硫酸盐和亚硫酸氢盐的氧化影响。通过综合判断，认为综合塔底 COD 严重超设计值以及废水中 C_{5+} 烃类对亚硫酸盐和亚硫酸氢盐氧化的抑制是导致废水 COD 高的原因。根据分析结果，采取降低加工原油中阿曼类原油比例或通过调整渣油加氢装置反应深度降低催化裂化原料硫含量至 0.4%（M）以内以及控制燃料气中 C_{5+} 组分不大于 0.5%（体）等措施，确保废水 COD 稳定达标排放。

关键词　催化裂化；脱硫脱硝；COD；C_{5+} 烃类

中国石化海南炼油化工有限公司（简称海南炼化）重油催化裂化装置再生器采用重叠式两段再生形式，第二再生器（二再）位于第一再生器（一再）之上，一再采用贫氧、CO 部分燃烧方式操作，二再采用富氧、CO 完全燃烧方式操作，再生烟气经余热锅炉焚烧回收化学热后经脱硫脱硝装置净化处理，脱除烟气中部分 SO_2、NO_x 以及粉尘，使外排烟气满足国家排放标准。2019 年 6~7 月初烟气脱硫脱硝装置的废水中 COD（化学需氧量）持续偏高，影响装置达标排放。以下将综合分析影响废水 COD 的因素，以找出原因，采取应对措施，固化操作条件，避免再次发生 COD 超标的情况。

1　工艺流程

烟气脱硫脱硝装置包括余热锅炉、脱硝、烟气除尘脱硫、废水处理四个部分。再生器来的烟气依次通过余热锅炉的水保护段、过热段、蒸发段后，与空气稀释后的氨气充分混合，在 SCR 反应器中催化剂的作用下发生反应，大部分的 NO_x 被脱除；换热后烟气于尾部烟道底部排出，进入除尘激冷塔，经过激冷段和逆喷段，烟气降温至饱和状态，脱除大颗粒粉尘和绝大部分 SO_2，然后经综合塔消泡器脱除较小颗粒，再经除雾器除去水雾后，通过在综合塔上方设置的烟囱直接排放。塔底浆液、消泡器浆液分别通过浆液循环泵和消泡器浆液循环泵打入除尘激冷塔和消泡器，浆液在塔内通过喷嘴与烟气进行接触，充分混合反应。综合塔底的浆液经浆液循环泵部分返塔作吸收剂，部分与真空袋式脱水机冲洗水等去浆液缓冲池，再通过泵送至胀鼓式过滤器，过滤后的上清液经过氧化罐处理达到废水外排指标后经排液池排出装置；渣浆进入渣浆缓冲罐，上层液体进入浆液缓冲池，下层的污泥进入真空带式过滤机，经过进一步浓缩脱水后，产生的废液进入浆液缓冲池，产生的废渣外送。

本装置采用双循环新型湍冲文丘里除尘脱硫技术，烟气中 SO_2 与碱液反应[1]，当碱过量时生成亚硫酸盐，SO_2 过量时生成亚硫酸氢盐，亚硫酸盐(Na_2SO_3)和亚硫酸氢盐($NaHSO_3$)不稳定，能被空气氧化为硫酸盐(Na_2SO_4)，这就是脱硫脱硝系统水中 COD 的主要来源。反应式如下：

$$2NaOH+SO_2 \longrightarrow Na_2SO_3+H_2O \tag{1}$$

$$Na_2SO_3+SO_2+H_2O \longrightarrow 2NaHSO_3 \tag{2}$$

$$2Na_2SO_3+O_2 \longrightarrow Na_2SO_4 \tag{3}$$

$$2NaHSO_3+O_2 \longrightarrow 2Na_2SO_4+2H^+ \tag{4}$$

2　排放废水 COD 情况

2019 年以来，烟气脱硫脱硝装置废水 COD 指标较平稳控制在 20mg/L 左右。2019 年 6 月 1 日起出现了 COD 超标的情况，采取补加新鲜水的应急措施，具体情况见图 1。从图 1 可见，6 月 1～7 日，脱硫脱硝装置废水 COD 由 20mg/L 左右迅速上升至 118mg/L，最高达 173mg/L，远超达标值 60mg/L，通过加大补新鲜水总量进行调整但仍不能完全实现达标，因此废水外排改至事故池。6 月 7～30 日脱硫脱硝外排 COD 开始下降，新鲜水逐渐降低消耗量至 82t/h 左右，外排废水 COD 维持在 33mg/L；7 月 1～6 日由于更换胀鼓过滤器，废水 COD 又有所波动，7 月 10～19 日，脱硫脱硝外排 COD 基本平稳达 32mg/L。新鲜水量逐渐降至 55t/h 左右，操作基本恢复正常。

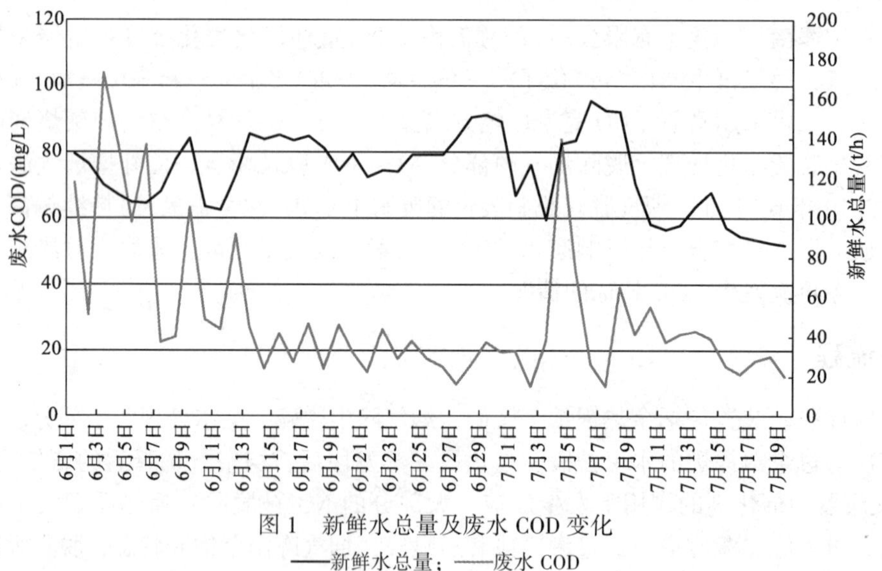

图 1　新鲜水总量及废水 COD 变化

——新鲜水总量；——废水 COD

3　影响因素分析

影响废水 COD 的因素主要有新鲜水 COD[2]、综合塔补水量、余热锅炉出口烟气中 SO_2 浓度、烟气中 C_{5+} 组分浓度、余热锅炉操作条件、废水氧化时间等。

3.1　新鲜水 COD 的影响

由于废水 COD 出现大幅波动，因此对 2019 年 6 月前后新鲜水 COD 的数据进行回溯和分析，结果见表1。由表1可见，新鲜水COD均在10mg/L以下，新鲜水对废水COD的影响很小，不是导致废水COD超标的原因。

表1　新鲜水COD　mg/L

日期	CODcr	日期	CODcr
2019/5/13	<10.0	2019/6/17	<10.0
2019/5/20	<10.0	2019/6/24	<10.0
2019/5/27	<10.0	2019/7/1	<10.0
2019/6/3	<10.0	2019/7/8	<10.0
2019/6/10	<10.0	2019/7/15	<10.0

3.2　余热锅炉出口烟气中SO_2浓度的影响

余热锅炉出口烟气中SO_2在急冷塔和综合塔被含有氢氧化钠的循环浆液吸收生成Na_2SO_3和$NaHSO_3$，这两种盐是构成循环浆液中TDS(总溶解固体)和COD的主要组分。

由图2可见，6月1~6日余热锅炉出口SO_2含量由1700mg/m^{3}左右上升至3284mg/m^3，最高达3580mg/m^3，远超设计最大值的2600mg/m^3。烟气中SO_2浓度的大幅上升，在综合塔补水一定的情况下，浆液中亚硫酸根、亚硫酸氢根大幅上升，由图3可见，脱硫脱硝综合塔底TDS上升至27.67g/L，最高达31.2g/L；随着综合塔底TDS升高，引起综合塔底浆液COD上升，最高达11340mg/L，远高于氧化罐设计进装COD浓度为7085.84mg/L的指标。渣油加氢装置开后催化原料总硫含量恢复至正常值，由图4可见，烟气中SO_2含量下降，综合塔底COD逐步降至设计值以下，但总耗水量仍偏高且废水COD不稳定。

由于综合塔底COD远超设计值，导致浆液中亚硫酸根和亚硫酸氢根不能充分氧化，导致废水COD升高。因此，烟气中SO_2浓度过高是导致本阶段废水COD高的根本原因。

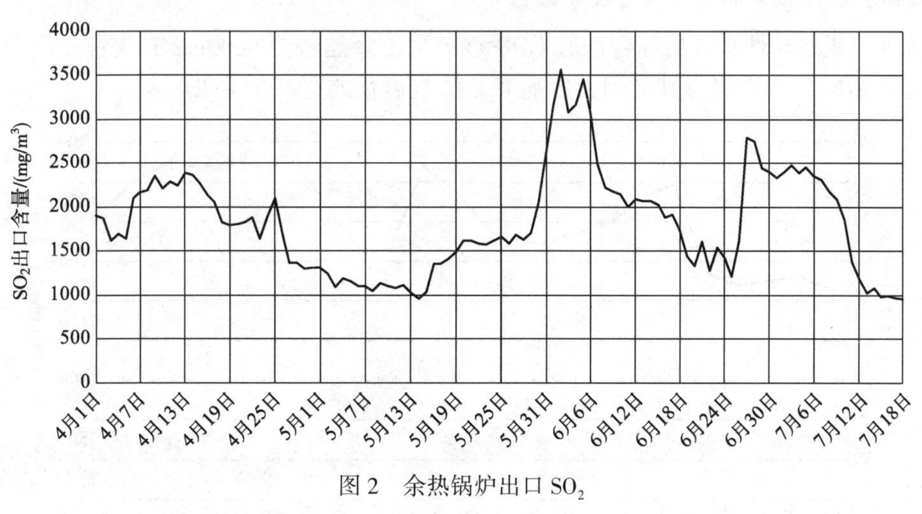

图2　余热锅炉出口SO_2

——余锅出口SO_2

3.3　综合塔补水量

综合塔补水量主要是控制综合塔底浆液的TDS浓度和SS(悬浮物)浓度，进而控制综合塔底的COD浓度并防止系统结盐结垢。

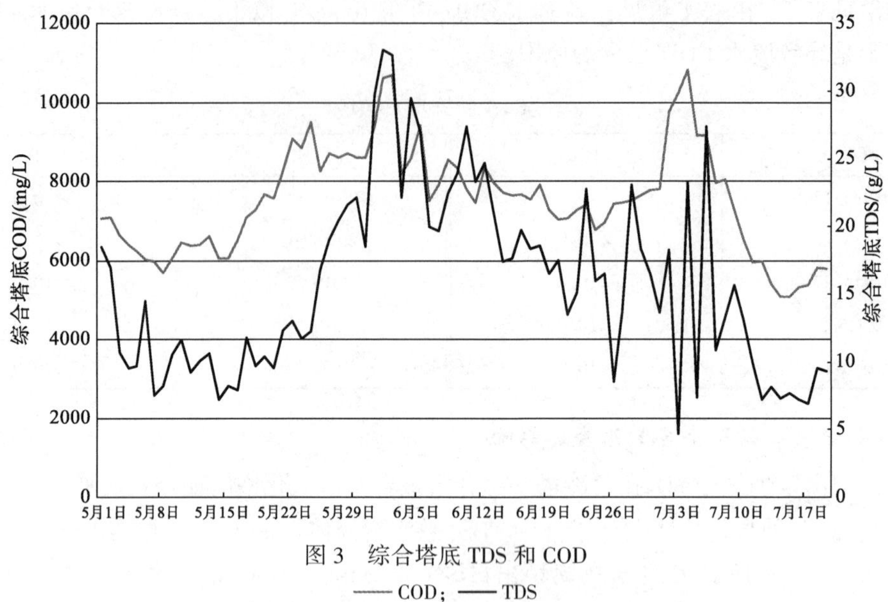

图 3　综合塔底 TDS 和 COD

—— COD；—— TDS

由图 1 可见，废水 COD 出现不合格后，综合塔底浆液 COD 由 7000mg/L 快速上升至 11340mg/L，远超设计的 7085. 84mg/L，因此在 6 月 1~7 日逐渐增加综合塔补水量，以便降低塔底浆液的 COD 浓度，降低氧化罐负荷，解决废水 COD 不达标问题，但受限于胀鼓的最大流通量，综合塔补水量最高只能提至 55t/h；而且在提高综合塔补水量的过程中，出现胀鼓过滤器压降上升过快的现象，因此将综合塔补水量控制在 50t/h。采用此项措施，综合塔底浆液 COD 仅能降至 9200mg/L，仍远超设计值，废水 COD 仍不能达标，表明通过增加补水控制塔底浆液 COD 调节余地较小，在出现大幅波动时难以控制废水 COD。

3.4 余热锅炉操作及燃料气中 C_{5+} 组分的影响

由图 4 可见，6 月 9 日后综合塔底 COD 逐渐呈下降趋势至 6000mg/L 左右，但废水 COD 仍不能完全达标，表明仍有其他因素影响亚硫酸盐氧化或是产生 COD。

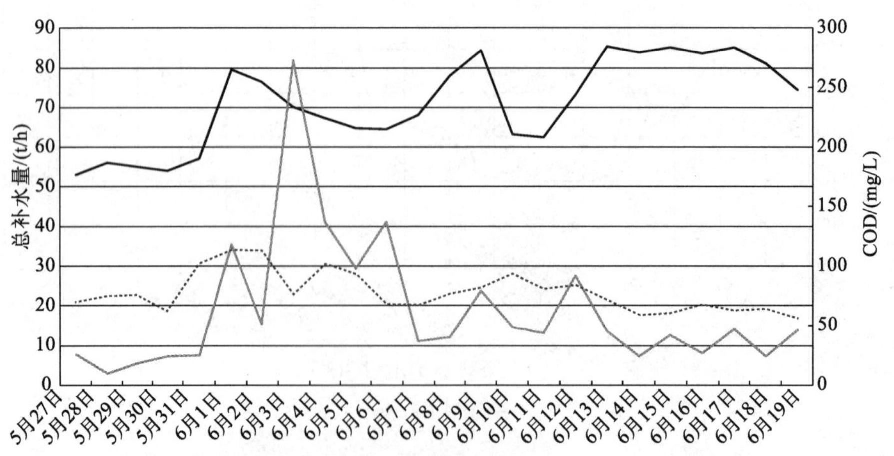

图 4　废水 COD 与补水量

—— 新鲜水；┈┈ 废水 COD；—— 综合塔 COD/100

通过统计发现，6月1日~7月19日期间烟气余热锅炉的燃料气组分变化较大。由图5可见，6月7~18日燃料气管网补液化气量由以往1~2t/h的液化气提高至7t/h左右，6月19日补液化气量再提至13.1t/h。燃料气中液化气补充量的增加导致燃料气中C_{5+}组分大幅上升，由图6可见，燃料气中C_{5+}组分由0.38%(体)逐渐上升至1.1%(体)，综合塔底浆液中油含量由2mg/L大幅上升至4.4mg/L。7月10日后，燃料气中C_{5+}组分下降至0.6%(体)以下，同时COD也恢复到正常水平。

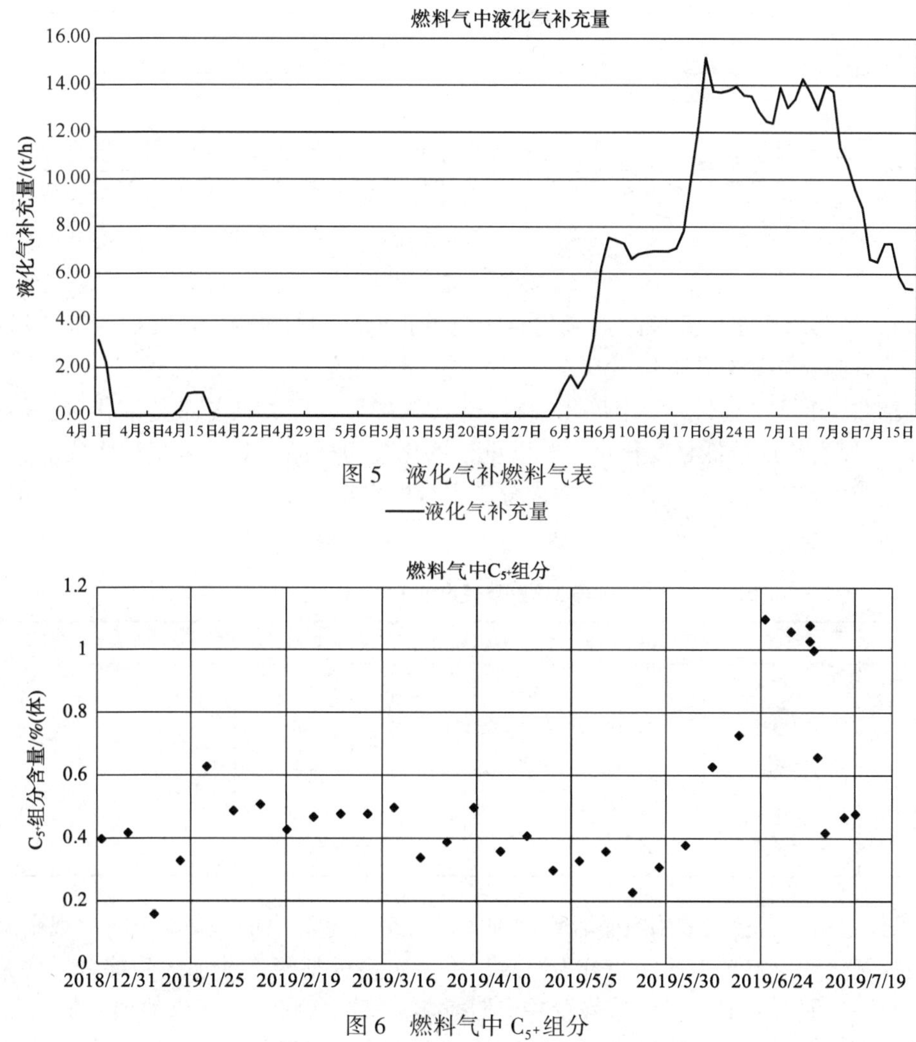

图5 液化气补燃料气表

——液化气补充量

图6 燃料气中C_{5+}组分

◆C_{5+}浓度

余热锅炉燃料气用于引燃烟气中的CO并控制炉膛温度，提高炉膛温度有利于CO和燃料气的充分燃烧。由图7可知，5月底6月初余热锅炉操作条件基本稳定，炉膛温度较稳定且均在780℃以上，烃类燃烧较为稳定，不会因燃烧不稳定引起烃类在水中富集。

综合塔底浆液的COD由油产生的COD和亚硫酸盐产生的COD构成。浆液中油含量为4.4mg/L，其产生COD的最大值为17.6mg/L，对废水COD的贡献有限，因此推断C_{5+}烃类对废水中亚硫酸盐氧化有影响。

图 7　余热锅炉炉膛温度

——A 炉；——B 炉

根据 C_{5+}烃类对废水中亚硫酸盐氧化有影响的推断，设计将 C_{5+}烃类加入综合塔底浆液中，考察其对亚硫酸盐氧化的影响。

1）C_{5+}烃类样品的选取。海南炼化燃料气构成中含 C_{5+}烃类的是重整液化气，但由于重整液化气 C_{5+}烃类浓度较低且变化大，若以重整液化气为样品，其加入量较大实验存在安全风险，因此选用与重整液化气在同一塔内分离得到的重组分重整轻汽油，由表 2 的 PONA 数据可知，其 C_5 烃类含量在 46. 81%(质)。

表 2　重整轻汽油 PONA　　　　%(质)

碳数	烷烃	异构烷烃	烯烃	环烷烃	芳烃	合计
4	0. 069	0	0	0	0	0. 069
5	18. 386	25. 882	0. 275	2. 267	0	46. 81
6	9. 66	31. 044	0. 673	6. 533	3. 431	51. 341
7	0. 041	0. 934	0	0. 719	0	1. 694
8	0	0. 085	0	0	0	0. 085

2）实验过程。实验室采用重整轻汽油加入综合塔底浆液中静置氧化 72h，观察 C_{5+}烃类对亚硫酸盐氧化的影响。本次实验分为两次，第一次将重整轻汽油加入到综合塔底浆液中，氧化瓶内收一半混合后液体，敞口静置并定期搅拌，第二次将重整轻汽油加入到综合塔底浆液中，氧化瓶内收一半混合后液体，闭口静置并定期搅拌，用瓶内空气氧化浆液。

3）实验结果。由表 3 化验分析数据可知，第一次实验中混入重整轻汽油浆液的 COD 由 3206mg/L 降至 2441mg/L，远高于未加入重整轻汽油浆液的 1580mg/L，但油含量明显低于实际运行的油含量，第二次实验中混入重整轻汽油浆液的 COD 由 3761mg/L 降至 3690mg/L，也远高于未加入重整轻汽油浆液的 2500mg/L，且油含量接近或高于实际运行油含量。两次实验表明加入轻汽油的浆液氧化速度明显慢于空白样，并且油含量的增加能够进一步影响亚硫酸盐的氧化，因此判断 C_{5+}烃类对亚硫酸盐氧化有抑制作用，但其机理需进一步研究。

表 3　浆液静置氧化　　mg/L

名称	第一次		第二次	
	COD	油含量	COD	油含量
原液	3206		3761	
混轻汽油	2441	0.23	3690	10.71
空白样	1580	0.12	2500	1.73

3.5　氧化罐停留时间的影响

氧化罐的作用是将滤除催化剂的废水中亚硫酸盐和亚硫酸氢盐用空气氧化，以脱除假性 COD。废水进入氧化罐后，如果停留时间不足可导致假性 COD 不完全氧化，从而引起外排水 COD 超标。由图 8 可见，2018 年 9 月 20 日~10 月 15 日期间，综合塔补水量控制在 50~55t/h，废水量在 40t/h 左右，氧化时间为 3h 左右，废水 COD 稳定在 30mg/L 左右，说明废水在三级氧化罐内停留时间能够满足氧化要求，并不是造成废水 COD 波动的原因。

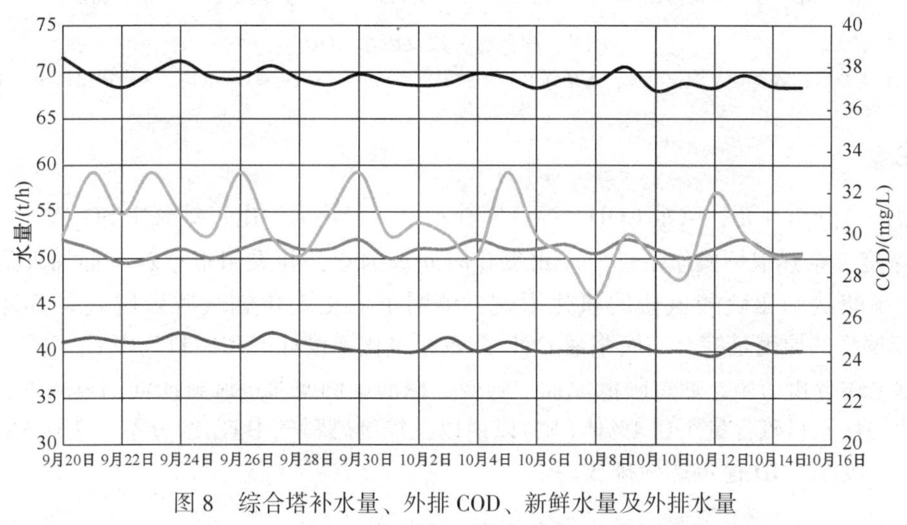

图 8　综合塔补水量、外排 COD、新鲜水量及外排水量

——新鲜水总量；——综合塔补水；——废水 COD；——废水量

4　改进措施与效果

根据烟气中 SO_2 浓度以及燃料气中 C_{5+} 烃类是影响废水 COD 达标排放的关键影响因素的判断，对生产进行了如下调整：

1) 控制余热锅炉出口 SO_2 浓度，以不大于 2500mg/Nm^3 目标，如果烟气中 SO_2 浓度接近 2500mg/Nm^3 时，通过降低原油中阿曼类原油比例或通过调整渣油加氢装置反应深度降低催化裂化原料硫含量至 0.4%(质)以内。

2) 燃料气系统补入液化气时，增加燃料气中 C_{5+} 组分浓度的分析频次，以不大于 0.5%(体)为控制目标，如出现燃料气中 C_{5+} 组分浓度接近 0.5%(体)，则降低燃料气中液化气补入量。

3) 高温有利于燃料气中烃类的完全燃烧，因此在余热锅炉安全运行和 NO_x 达标的前提下尽量控制炉膛温度 800℃以上，增加 C_{5+} 烃类的燃烧效果。

通过以上措施的实施，由图9可见，废水COD全部实现稳定达标排放。

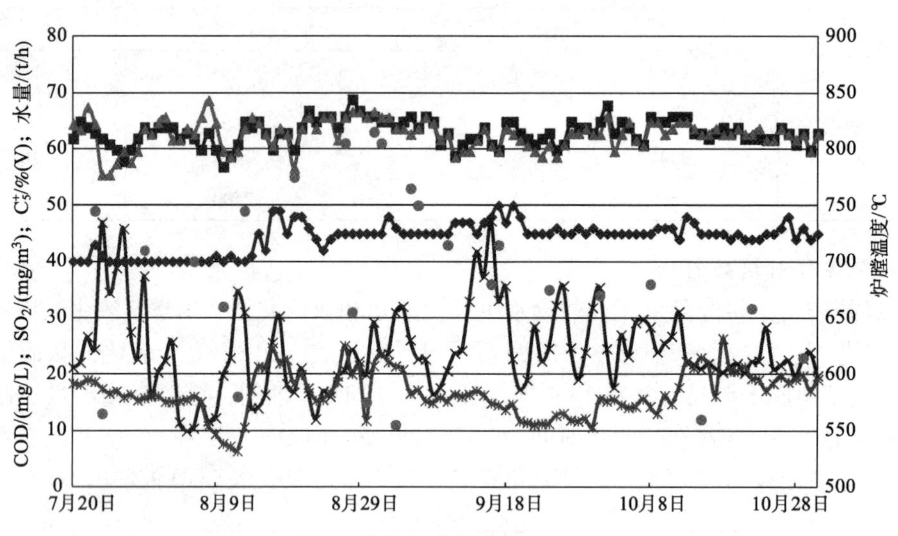

图9 调整后参数及废水COD

●综合塔补水；■余锅A炉膛温度；▲余锅B炉炉膛温度；×废水COD；●C_{5+}浓度；*余锅出口SO_2/100

5 结论

通过综合分析补充新鲜水COD、综合塔补水量、余热锅炉出口烟气中SO_2浓度、烟气中C_{5+}组分浓度、余热锅炉操作条件、废水氧化时间等因素，并采用重整轻汽油加入浆液中考察其对亚硫酸盐和亚硫酸氢盐的氧化影响，证明了催化裂化烟气脱硫脱硝装置外排废水COD持续偏高的原因是综合塔底浆液COD严重超氧化罐设计值和燃料气中C_{5+}组分过多。

根据上述分析结果，通过降低原油中阿曼类原油比例或通过调整渣油加氢装置反应深度降低催化裂化原料硫含量至0.4%体(质)以内以及控制燃料气中C_{5+}组分不大于0.5%(体)等措施，确保废水COD稳定达标排放。

参 考 文 献

[1] 陈俊武，许友好．催化裂化工艺与工程[M]．北京：中国石化出版社，2015.

[2] 龚望欣．催化裂化烟气脱硫除尘脱硝技术问答[M]．北京：中国石化出版社，2015.

烟气脱硫装置高含盐废水治理思路

邵光明

（中国石化北海炼化公司　广西北海　536000）

摘　要　介绍了炼油厂烟气脱硫装置高含盐废水的来源及性质。面对日益严峻的环保压力，提出烟气脱硫高含盐废水治理思路，同时介绍了目前高含盐废水的处理几种方法并作对比，提出炼油厂烟气脱硫装置高含盐废水的处理趋势。

关键词　烟气脱硫；高含盐废水；盐分离；零排放

高盐度废水是指总溶解性固体物超过3.5%(质)的废水，目前国内催化烟气脱硫装置的外排水含盐量在1%~6%，个别炼厂因催化原料硫含量高，导致烟气脱硫装置入口烟气SO_2浓度高，外排水含盐量可达10%~20%(质)。这股含盐废水往往含有高浓度的可溶解无机盐，如Na_2SO_3、Na_2SO_4、$NaHSO_3$、NaCl等，含盐量为海水的3倍以上，部分沿海炼油厂将这股水直排大海，内陆炼油厂都是进污水处理厂处理后外排。含盐废水如果排放到环境中会对土壤、地表水、地下水以及水体中的生物产生拟制作用。研究表明，在普通活性污泥法中，当废水含盐质量分数>5%时，会引起微生物细菌质壁分离或丧失活性，导致传统生物系统的处理效率降低或者失效[1]，不仅如此，高盐废水还会造成装置设备管线堵塞、加剧烟气拖尾现象。虽然目前我家还未对外排废水的盐含量制定国家标准，但相信随着人们环保意识的增强，出台更严格的外排水标准是迟早的事，这就要求企业必须尽早储备相关技术。

1　烟气脱硫装置含盐废水的来源及性质

1.1　烟气脱硫装置含盐废水的来源

以湿式钠法脱硫为例，脱硫装置含盐废水来自NaOH与二氧化硫溶于水生成的亚硫酸溶液进行酸碱中和反应。NaOH反应生成亚硫酸钠和硫酸钠，在洗涤塔内发生的用于吸收SO_x的碱性化学反应如下所示：

烟气中的二氧化硫与水接触，生成亚硫酸：

$$SO_2(g)+H_2O\longleftrightarrow H_2SO_3$$

然后亚硫酸与NaOH反应生成Na_2SO_3

$$H_2SO_3+2NaOH\longleftrightarrow Na_2SO_3+2H_2O$$

Na_2SO_3与H_2SO_3进一步反应生成$NaHSO_3$

$$Na_2SO_3+H_2SO_3\longleftrightarrow NaHSO_3$$

$NaHSO_3$又与NaOH反应加速生成亚硫酸钠

$$NaHSO_3+NaOH\longleftrightarrow 2Na_2SO_3+2H_2O$$

总反应式：

$$SO_2(g)+H_2O+2NaOH\longleftrightarrow 2H_2O+Na_2SO_3$$

副反应：

$$2NaOH+SO_3 \longrightarrow Na_2SO_4+H_2O$$

$$NaOH+2HCl \longrightarrow NaCl+2H_2O$$

为控制循环吸收液中的氯离子、固体含量等指标不超标，循环系统需要排放部分吸收液，以保证脱硫的效果，这部分吸收液经过后续水处理单元(PTU)能控制水中的悬浮物、化学需氧量、pH值等指标符合外排标准，但并不处理其中的盐含量，这股高含盐的“合格水”直排入大海或者进入全厂污水处理单元。

1.2　烟气脱硫装置含盐废水的性质

某炼厂烟气脱硫装置含盐废水的分析数据如表1：

表1　烟气脱硫外排废水分析数据

项目	TDS/(mg/L)	TSS/(mg/L)	COD/(mg/L)	pH值	总氮/(mg/L)	总磷/(mg/L)	氯离子/(mg/L)
1	77140	35	40	8.1	7.25	2.83	69
2	84400	55	55	8.3	4	2.82	118
3	147320	60	45	8.0	0.23	1.27	58
4	86260	68	35	8.2	5.0	2.23	79

由表可以看出，该装置废水盐含量特别高，最高达14.7%，主要是S Zorb装置高含SO_2再生烟气改进烟气脱硫装置造成的。正常盐含量在7~8%，其他指标均能满足《石油炼制工业污染物排放标准》GB 31570—2015要求。

2　高含盐烟气脱硫废水处理方法

处理高含盐烟气脱硫废水的主要方法分从源头控制和后续盐分离。

2.1　从源头减少外排废水中的盐含量

2.1.1　优化催化原料，降低原料硫含量

降低烟气脱硫装置上游催化裂化装置原料的硫含量对于降低烟气脱硫装置外排废水中的盐含量效果最为明显，而降低催化原料的硫含量可以通过几种手段。一是常减压加工低硫原油，但这受限于全厂原油采购计划，调整加工油种并不容易实现。二是对于有蜡油加氢、渣油加氢装置的，可根据全厂氢气平衡，适当提高加氢装置的负荷和反应深度，降低催化装置进料硫含量，这个是比较容易实现的。某炼油厂第一生产周期，催化原料全部为未加氢原料，催化原料硫含量高达1.7%~2.1%，最高到2.4%，设防值2.49%，2015年底全厂扩能改造，增上一套500kt/a蜡油加氢装置，改造后催化原料硫含量降至1.2%~1.8%，催化烟气中带着硫含量也大幅下降。

2.1.2　催化装置加注硫转移剂

硫转移剂的作用机理如下：

在再生器中：

$$S+O_2 \longrightarrow SO_2+SO_3$$

$$2SO_2+O_2 \longrightarrow 2SO_3$$

硫转移剂(以MO表示)将SO_3转化为硫酸盐：

$$MO+SO_3 \longrightarrow MSO_4$$

在提升管反应器中：

在 H_2、烃类气体等还原性气氛下，硫酸盐得到还原：

$$MSO_4+4H_2(\text{或烃类})\longrightarrow MS+4H_2O$$

$$MSO_4+4H_2(\text{或烃类})\longrightarrow MO+H_2S+3H_2O$$

在汽提段中：

$$MS+H_2O\longrightarrow MO+H_2S$$

硫转移剂在催化裂化工艺的再生—反应过程中，分别起到氧化吸收 SO_x 及促进硫酸盐还原的作用，最终实现将原本出现在再生烟气中的 S 转移到反应油气中，从而降低烟气中的 SO_x 含量。

中国石化石油化工科学研究院(简称石科院)与齐鲁催化剂厂共同研制开发的增强型 RFS 硫转剂在占系统藏量 5%，按进料计助剂剂耗 0.055kg/t 稳定加注时，SO_3脱除率达到 80%以上，烟气脱硫注碱量和外排废水盐含量降低 60%以上[2]。这种通过加助剂降低外排废水的方法投资小，实施简单，见效快，已在多个炼厂实现工业应用。2019 年 11 月某炼厂催化装置进行了增强型 RFS09 硫转移剂的工业应用，结果表明，在硫转移剂累积至系统藏量约 2%、按助剂剂耗约 0.014kg/t 稳定加注时，烟脱入口 SO_x 质量浓度由 4760mg/m^3 降低至 2150mg/m^3，脱除率达到约 54.8%，脱硫塔碱液消耗量明显下降，由约 60~70t/d 降低到约 30~40t/d，降低 40%以上；外排废水中 TDS 由加剂前的 10%~13%降低到加剂稳定后的 7%~8%；脱硫塔外排烟羽蓝烟拖尾情况明显改善，助剂的应用对裂化产物分布和产品性质无负面影响，装置操作、运行平稳，助剂无明显跑损问题。

2.1.3 加大烟气脱硫外排水量

增加烟气脱硫外排水量，可降低外排水盐浓度，但外排水含盐总量并没有变化，一方面增加了新鲜水用量，增加能耗，另一方面受水处理单元设计负荷影响，不能增加太多。

2.2 采用有关技术将废水的盐分离出来

2.2.1 浓缩技术

由于高盐废水处理成本高，耗能大。因此对高盐废水进行减量化处理(增大含盐量，提高浓度，减小处理水量)不仅可以降低处理成本，同时有利于高盐废水中盐分回收利用。高盐废水浓缩技术包括：膜分离法，蒸发法等。

2.2.1.1 膜分离法

膜分离法是指利用膜对高盐废水中不同混合物组分的选择透过性来分离、提纯和浓缩从而达到废水的减量化处理。该法的关键在于选择合适的滤膜，其根据膜孔径的大小一般可分为：微滤膜(MF)，超滤膜(UF)，纳滤膜(NF)，反渗透膜(RO)等。根据是否增加外部压力可以分为：正渗透膜技术和反渗透膜技术。膜分离法具有能耗低、适应性强、选择性好等优势，但是过滤膜容易被高盐废水中的物质堵塞和腐蚀，需要经常清洗或更换。在实际工业生产中，反渗透膜的应用最为广泛，反渗透膜技术是以渗透压差作为推动力的一类膜分离过程。反渗透技术作为海水和苦咸水的淡化技术已相当成熟，近年来，随着工业生产特别是炼化企业中产生的高含盐废水的增多，反渗透工艺也开始广泛用于工业产生的高含盐废水的处理。反渗透技术具有节能的优点，其能耗仅为电渗析的 1/2，蒸馏技术的 1/40；投资大约为 528~793 美元/(m^3·d)，运行费用为 0.26~0.52 美元/(m^3·d)，同时能够达到深度除盐目的[3]，除盐后的反渗透水可作为回用水，节水效果显著。

2.2.1.2　蒸馏法

蒸馏法是指利用加热的方法使高盐废水中的水汽化从而使高盐废水得以浓缩而达到减量化处理。蒸馏法有很多种，如多效蒸发、多级闪蒸、压气蒸馏、膜蒸馏等，其中含盐废水的处理多采用多效闪蒸和多级蒸馏技术。在工业生产产生的高含盐废水处理中，蒸馏技术具有独特的优势，例如炼化企业、焦化企业等在生产过程中会产生大量的余热，可以作为蒸馏技术的热源。在节能减排的大背景下，利用工艺产生的热量驱动蒸馏除盐是高含盐废水处理的趋势之一。

李清方[4]等采用多效蒸发技术对油田污水进行集中脱盐处理，浓缩后废水中含盐量可达8%以上。郑贤助等采用双效蒸发器处理高浓度含盐化工废水，结果表明，废水COD去除率可达95%以上，氯化钠回收率约为82%. 近年来对膜蒸馏过程的研究引起了国内外学者的高度重视，采用膜蒸馏技术处理高含盐废水，盐的截留率可达100%，处理效果很好，该技术已成为当前研究的热点。但该技术在炼厂含盐废水处理中应用较少。

2.2.2　常规处理技术

2.2.2.1　电解法

高盐废水具有较高的导电性，因此可以通过电解法即在阴、阳两级间产生强电流使有毒有害物质发生氧化还原反应从而去除水中污染物，电解法能有效地降低废水中的COD，对污水适应性强，去除效果好，缺点是运行费用较高。王宏等采用电解絮凝法处理紫胶合成树脂生产过程中排放出的高盐度有机废水，不但能有效降低废水中的COD，增加透明度，同时对BOD，TP和TN都有较高的去除率。该技术在烟气脱硫高含盐废水处理中应用较少。

2.2.2.2　离子交换法

离子交换法的关键在于离子交换树脂，它是一种带有官能团，具有网状结构与不溶性的高分子聚合物，这类聚合物中含有的氨基、羟基基团可以把高盐废水中的金属离子螯合、置换出来。离子交换法可以作为预处理工艺脱除各种金属离子，达到有效除盐的目的，它的缺点是废水中的固体悬浮物会堵塞树脂从而使离子交换树脂失去效果。唐树和等采用离子交换树脂处理含Cr废水，废水中Cr的浓度由初始的1540mg/L降至处理后0.5mg/L，达到国家排放标准。

2.2.2.3　生化处理法

生化处理法是指利用自然界广泛存在的微生物对废水中的有机物进行氧化、分解、吸附从而达到净化水体的目的。生化处理法具有经济、高效、无害的优点，但是高盐废水中的无机盐对微生物有强烈的抑制作用，因此驯化出耐盐微生物是生化处理法的重点和难点。李维国等从山东省威海市路道口盐场晒盐池盐水中分离出一种中度嗜盐菌，然后利用此微生物对含盐9.3%，COD为1738mg/L的高盐制革废水进行处理，经过216h后，COD的脱除率高达98%。

2.2.2.4　焚烧法

焚烧法是指将高盐废水呈雾状喷入高温焚烧炉中，废水中的有毒有害物质经过高温氧化分解转化为水、气体和无机盐灰分。采用焚烧法处理高盐废水时需要防止雾化喷嘴堵塞，同时需要对焚烧过程中产生的污染性气体进行后续净化处理。王伟[5]等采用焚烧法处理高浓度有机、含盐废水，证明了此方法的可行性，并且过程中产生的废水、废气和固体废弃物均能得到有效处理并达标排放。该技术主要用于有机含盐废水处理，对于烟气脱硫含盐废水并不适用。

2.2.3 零排放技术

经过浓缩处理后的高盐废水含盐量更高，处理更困难，排放之后对环境影响更恶劣。目前，在石化等企业提出了废水零排放，零排放技术可以实现零液体排放，最终的产物是结晶的盐。这项技术在美国、墨西哥、加拿大拉尔伯特、中东等地应用较为广泛。零排放技术通常是将膜法、反渗透和蒸馏结晶结合在一起的废水处理方法。零排放技术的基础为蒸发浓缩技术，该技术的关键在于结晶，即将高盐废水中的可溶性盐类物质分离出来形成结晶盐类化合物。

结晶工艺包括冷却结晶和热结晶，其中冷却结晶为热结晶的基础。冷却结晶工艺中，蒸发浓缩后母液经冷却结晶分离而得的冷却母液需反复返回前端进行再加热蒸发浓缩，工艺流程长，能耗高，效率较低。而热结晶工艺则是通过引入特殊设备对浓缩后的母液进行继续加热浓缩使形成过饱和溶液，之后再进行冷却结晶，该工艺可实现盐类物质 100%分离。例如，内蒙古的亿利化学公司通过将超滤膜、反渗透膜与 GE 公司的热蒸发技术相结合制备出高纯度的可再利用水，这不仅有助于缓解鄂尔多斯市的供水需求，还有利于黄河的环境保护。又如青岛石化烟气脱硫含盐废水就采用 MVR 蒸发结晶技术[6]，处理废水量为 7.2t/h，出盐量为 1.44t/h，蒸发冷凝水全部回用，实现废水的零排放的同时又增加了效益。

3 结语

由于烟气脱硫排放的高含盐废水对生态环境的不良影响，含盐废水中的盐的去除及含盐废水的零排放已成为目前含盐废水的处理趋势。通过对高盐废水的各种处理技术的详细介绍，对比分析各种处理技术的优缺点及适用场合，可以得出高含盐烟气脱硫废水零排放技术可以实现盐分回收，资源化利用，经济效益更加明显，应用前景广阔。

参 考 文 献

[1] 杨健，王士芬. 高含盐量石油发酵工业废水处理研究[J]. 给水排水，1999，25(3)：35-38.

[2] 杨磊，常培延，宋海涛，等. 增强型硫转移剂在烟气脱硫尾气治理中的工业应用[J]. 中国石化催化裂化技术交流会论文集，2018：419-427.

[3] 付守琪，陈萍，罗专溪. 渗透法处理高盐废水的原理及工艺[J]. 环境科学与管理，2006，31(7)：96-98.

[4] 李清方，刘中良，韩冰，等. 基于多效蒸发技术的油田污水淡化系统及分析[J]. 热科学与技术，2011，3(10)：201-2018.

[5] 王伟，刘俊杰，张桂风. 焚烧法处理高浓度有机、含盐废水的研究分析[J]. 黑龙江环境通报，2008，32(3)：70-72.

[6] 武海杰，李献禹，李成，等. 蒸发结晶技术应用于高含盐废水处理存在的问题及其应对措施[J]. 净水技术，2019，38(06)：102-106.

催化装置烟机节能优化技术改造

但加飞　陆　海

（中国石化巴陵石化公司　湖南岳阳 414014）

摘　要　某炼厂催化装置烟机运行效率低，能耗大，烟机叶片易结垢，长周期安稳运行风险较大。通过从节能提效和运行可靠性两个方面出发，对该装置烟机进行了一系列的技术改进和优化升级，有效地提升了烟机运行效率，大大降低了装置能耗，进一步提高了烟机运行可靠性，满足了烟机长周期安稳运行的要求。

关键词　烟机；改造；节能；优化

1　烟机概况

某炼厂催化装置主风能量回收机组采用是同轴式三机组配置方案[1]，即烟气轮机+轴流式压缩机+齿轮箱+电机，见图 1。其中烟气轮机（以下简称烟机）的主要作用就是将高温烟气的压力能和热能转化为机械能，对外做功，达到回收能量、降低装置能耗的目的。因此，烟机不仅是整个催化装置的关键设备，同时也是装置最主要的节能设备。该炼油厂目前使用的烟机型号是某机械厂生产的 YL-7000D 型，其设计流量为 2100nm^3/min，入口设计压力 0.24MPa，出口设计压力 0.108MPa，入口设计温度 670℃，输出功率为 6840kW，设计转速 6331r/min。

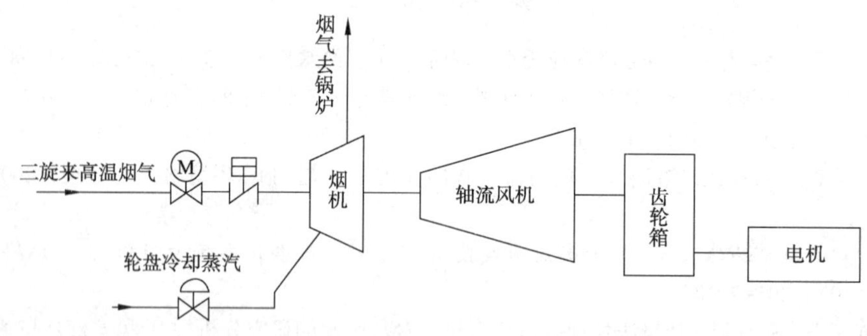

图 1　主风能量回收机组配置

2　烟机存在的问题

1）烟机运行效率低，主风机组电耗高。根据对比，烟机流量值偏离设计点约 3%，烟机入口压力值偏离设计点 14%，烟机做功功效没有得到充分发挥，因此导致主风机组正常运行时，电机功率约为 1000kW/h，电耗较高。此烟机为 20 世纪末期设计制造产品，随着科技不断发展，其各项设计技术已经相对落后，与最新的设计有了较大的差距。根据调研，同行多数先进企业催化装置烟机早已采用比较先进技术，使用的是大焓降动叶片，正常工况下还能够发电。因此，排除工艺条件差别外，本装置烟机节能提效方面还有很大的提升空间。

2）烟机轮盘冷却蒸汽消耗大。该烟机轮盘为开放式腔体结构，不能形成有效的压力腔，烟机运行过程中，进入轮盘中的蒸汽一部分用于冷盘冷却作用，另一部分通过轮盘叶栅流道排出，随烟气流走，且该部分蒸汽不仅对烟气流场有一定干扰，还会吸收烟气中的热量，对烟机的运行效率和稳定性产生不利影响。通过数据查询收集和计算，发现在上一周期该烟机轮盘冷却蒸汽消耗量平均约 0.65t/h，相对于同行业的烟机来说，蒸汽消耗量偏高。

3）烟机无法满足新时期下长周期运行要求。一方面烟机检修频次高。据统计，从 2010 年至 2017 年，该烟机累计检修 5 次。历次检修发现，烟机转子的动叶片均存在一定的磨损，且磨损部位出现在很多区域，有进气边、出气边、叶片根部榫齿等部位，如 2011 年检修时动叶片出气边顶部的磨损减薄；2014 年动叶片进气边背根部的“羽毛”状磨痕；2017 年动叶片根部榫齿裂纹。动叶片的磨损呈现较为严重的态势，已经影响到机组的长周期安稳运行；另一方面烟机叶片结垢严重，影响烟机转子动平衡。历次检修开盖后，都会发现动静叶片表面聚结一层催化剂垢。该催化剂垢既硬又脆，正常情况下会均匀附着在叶片表面，但是在出现异常波动时，附着在叶片上的催化剂垢会出现局部脱落，使得烟机转子动平衡受到破坏，随之烟机振动会上升，甚至会出现跳跃式上涨，直接威胁机组的安稳运行；此外，烟机本体运行已达 15 年之久，叶片使用寿命已至末期，这些部件长期受高温、催化剂冲刷等恶劣条件影响，又经多次温升温降，已经有劣化的趋势，如果继续使用将会成为新的隐患。

3 改造措施

3.1 烟机叶片更新升级

将传统的扭曲叶型动静叶片进行更新升级，引进了新型高效的马刀叶型叶片，新设计的动、静叶型应用了最新的一对一设计、全三维有粘气体设计、弯扭复合型设计等设计理念[2]。新叶型最大的特点在于将原来的变截面扭转叶型变为弯扭复合叶型，该叶型是变截面、扭曲和弯曲三项技术的综合体，能有效调整等压线的分布形状，抑制根部和顶部附面层分离，有效减少二次流损失，使低能区的流量向主流流动，提高叶片的气动效率，增加叶片的做功能力，使烟机的通流效率得到很大提升。同时，马刀叶型叶片还有效降低了催化剂超细粉随着被扰动后的流线在叶片背弧某一部位集中，降低了烟机叶片的结垢的倾向。对降低烟机流通部件结垢有利。如图 2 所示。

图 2 新型动叶片

3.2 应用新型叶根密封冷却技术

传统烟机轮盘冷却蒸汽进入流道至烟机出口是一个焓升耗功过程，径向进入烟机流道的蒸汽也会对原有烟气流场产生干扰，降低叶栅的气动效率，催化剂超细粉(小于 3μm)也将随着被扰动后的流线在叶片背弧某一部位集中，局部高浓度催化剂超细粉将加剧烟机叶片的结垢的趋势，更有甚者叶根冷却蒸汽混有烟气，叶根的冷却效果差，叶片叶根冷却间隙容易阻塞，叶片叶根工作温度高，叶根的强度裕度变小。

新型叶根密封冷却技术原理采用的是蜂窝封技术。烟机转子叶片密封由动叶片叶根幅板延伸端转配后形成的环面与静叶组件上安装的蜂窝密封组成一个腔体，使轮盘冷却蒸汽冷却轮盘和动叶叶根的主要目的能够达到，又能够将蒸汽流场与烟气流场进行有效隔离，减少轮盘冷却蒸汽对烟气流场的干扰。如图 3 所示。新型叶根密封冷却技术在有效冷却轮盘盘心和降低动叶叶根温度的同时，也大幅减少蒸汽耗量，避免蒸汽干扰烟机做功，提升烟机效率，减少催化剂附着条件，缓解催化剂结垢。

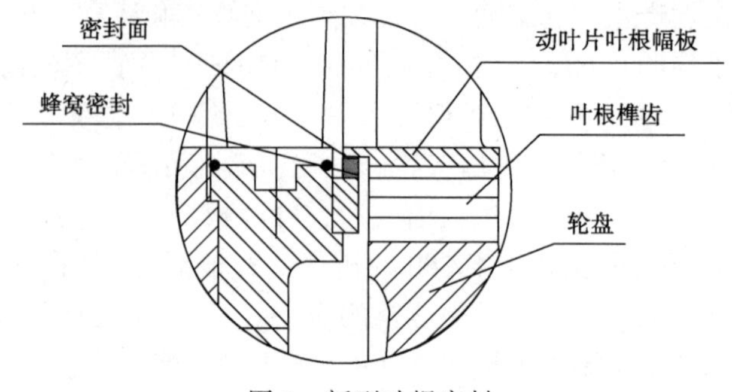

图 3　新型叶根密封

3.3　烟机流通部分进行复核调整

催化反再系统中再生器的压力调节是由双动滑阀和烟机入口蝶阀分程控制的，为了保证烟机多做功，烟机入口蝶阀开度全开而双动滑阀全关状态是最理想的，但很多工况下双动滑阀开度全关而再生器压力需控制时，只有关小烟机入口蝶阀开度，这就造成部分压力损失在烟机入口蝶阀压降上，导致烟机出力下降，这在装置低负荷生产时尤其突出。因此正确的核算确定烟机入口烟气流量则非常关键。经过与工艺人员对接采集数据，核算数据见表 1。

表 1　烟机核算前后设计参数

名称	单位	原设计参数	拟改造后参数
烟气流量	Nm^3/min	2100	1970
入口压力	MPa(绝)	0.24	0.24
入口温度	℃	670	680
分子量		28.45	28.838
出口压力	MPa(绝)	0.108	0.108
输出功率	kW	6840	6532
转速	r/min	6331	6331
绝热效率	%	79	83

4　改造效果

4.1　机组能耗降低

4.1.1　电耗降低

烟机改造后，经过多月的运行，主风能量回收机组主电机耗电逐步降低，操作上通过优化烟机运行方式，开大烟机入口蝶阀，最大限度关闭双动滑阀开度，实现主电机由受电工况转换为发电工况，在 2018 年 1 月中旬，该催化装置实现了建厂以来第一次发电工况运行。从机组发电试运行监控数据看，机组主电机由平时的受电状态稳稳地转至发电状态 500kW/h 左右，监测到机组的各点振动、轴瓦温度稳定，具备了连续运行发电的基础。烟机改造前后各运行参数对比如表 2 所示。

表 2 烟机改造前后运行参数对比

项目及单位	改造前			改造后		
	2016. 03. 26	2016. 07. 26	2016. 11. 23	2017. 06. 25	2017. 07. 04	2018. 01. 20
双动滑阀开度/%	1. 84/1. 73	2. 44/2. 15	2. 4/2. 1	0. 91/0. 64	0. 89/0. 57	0. 85/0. 21
烟机入口蝶阀开度/%	34. 86	49. 81	36. 68	46. 32	47. 6	48. 94
烟机入口温度/℃	668	673. 07	666. 7	669. 48	668. 19	660
烟机入口压力/MPa(绝)	0. 177	0. 216	0. 199	0. 217	0. 219	0. 222
烟机出口温度/℃	579. 5	562. 47	564. 4	551. 8	548. 23	534
烟机出口压力/MPa(绝)	0. 104	0. 105	0. 105	0. 105	0. 105	0. 104
主风机出口流量/(Nm^3/min)	1605	1706	1620	1788	1747	1670
主风机出口压力/MPa(绝)	0. 293	0. 296	0. 296	0. 304	0. 306	0. 303
主风机出口温度/℃	139. 68	173	124. 35	163. 9	166. 9	136. 2
主电机输出功率/kW	1253	977	550	503	362	-524

烟机可回收的功率是烟气通过烟机的压力降、入口温度和入口烟气流量的函数。烟机的热平衡方程式[3]和烟机出口温度计算公式分别为：

$$N_e = G_e \times C_p (T_i - T_e) \tag{1}$$

$$T'_e = T_i \times \frac{(K-1)P_e}{KP_i} \tag{2}$$

上述式中：N_e 为理论烟机轴功率；G_e 为烟气流量；T_i 为烟机入口温度；T_e 为烟机理论出口温度；T'_e为烟机实际出口温度；P_e 为烟机出口压力；P_i 为烟机入口压力；C_p 为烟气入口温度与理论出口温度定压平均比热容；k 为烟气绝热指数 1. 31。

由此可以得出烟机绝热效率公式为：

$$\eta = \frac{C'_p (T_i - T'_e)}{C_p (T_i \times T_e)} \times 100\% \tag{3}$$

式中：N'_e为实际烟机轴功率；C'_p 为烟气入口温度与实际出口温度定压平均比热容。

将已知参数代入公式(1)~(3)计算可以得到：烟机改造前绝热效率为 75. 2%，改造后绝热效率为 82. 7%。烟机效率明显提高，烟机做功自然提升。从实际开工后机组运行来看，主风机电机平均电耗在 400~600kW/h，相较于前几个周期装置检修开工后主电机电耗持续在 1000kW/h 以上有明显的降低，实践证明了改造后烟机效率提高。

4. 1. 2 烟机轮盘蒸汽消耗降低

改造后，烟机轮盘冷却蒸汽流量调节阀由上周期开度 40%下降至 21%，相应的冷却蒸汽流量下降为 0. 16t/h，较改造前每小时下降 0. 34t，平均每年可节约蒸汽消耗约 4290t，节约经济成本约 53 万元。

4. 2 烟机运行可靠性提升

2017 年 4 月借装置大检修时机，对烟机开始实施技术优化和改造。投入运行至今已连续安稳运行达 3 年之久，烟机运行工况保持平稳，各项振动、位移、温度等指标正常，烟机转子平衡保持完好，未发生烟机结垢脱落、振动波动现象。实践证明改造后烟机运行可靠性提升，满足了当前装置长周期运行需求。

5 结论

1）通过对烟机进行叶片更新升级、叶根密封冷却技术的应用、设计参数复核调整等多项措施改造，具备了实施发电工况的能力，实现了节能目标。

2）改造后，烟机长周期安稳运行可靠性提升，能够同步满足四年一修的提升目标。

3）根据烟机效率计算公式可知，烟机能量回收效率与烟机入口流量、烟机热效率、烟机入口温度、烟机出入口压力等参数有着直接的关系。因此，在催化装置日常操作控制和维护过程中，可以通过增加烟机入口流量、减少烟机入口热量散失、提高烟机入口压力等措施优化烟机运行，进一步提高其运行效率。

4）严格控制催化剂的浓度和粒度对于烟机长周期的运行是极其必要的。尤其对于大焓降的单级烟机催化剂浓度的应小于150mg/m^3，粒度大于10μm颗粒越少越好，最好没有。

参 考 文 献

[1] 王群. 催化烟机主风机技术问答[M]. 北京：中国石化出版社，2007.

[2] 叶锐曾，孙金贵. 长城1号防护涂层抗热腐蚀的性能[J]. 北京科技大学学报：1993，15(1)：120-126.

[3] 严家騄. 工程热力学[M]. 北京：高等教育出版社，2006.

蜡油进料的催化裂化废催化剂的环境风险分析

陈　妍　宋海涛　刘倩倩　许明德

(中国石化石油化工科学研究院　北京 100083)

摘　要　采集以蜡油为原料的催化裂化装置的原料油及废催化剂样品，分析原料油的金属含量，以及废催化剂的镍、钒和锑等金属的含量及金属浸出浓度，研究了蜡油催化裂化装置产生的 FCC 废催化剂中的主要污染特性及潜在风险。结果表明，蜡油催化裂化装置的原料油的镍和钒含量均比较低，从而废催化剂的镍和钒比较低，也没有外加锑钝化剂的必要，镍、钒和锑的浸出毒性都不超标。

关键词　蜡油；催化裂化；废催化剂；环境风险；金属浸出

催化裂化催化剂是炼油工艺中应用量最大的一种催化剂[1]，目前我国催化裂化催化剂的使用量近 200kt，其中大约一半随烟气或催化油浆带走而无法回收，每年也会产生约 100kt 的废催化裂化催化剂。以前 FCC 废催化剂主要采用掩埋的方法。2016 年 8 月 1 号实施的新版《国家危险废物名录》新增 117 种危险废物，将催化裂化废催化剂列为危废 HW50，严禁随意排放。

催化裂化催化剂在催化裂化装置中的反复反应-再生过程中，原料油中的镍、铁和钒等金属不断的沉积到催化裂化催化剂上面[2]。Guido Busca 等[3,4]研究认为 FCC 废催化剂表面镍是以类尖晶石结构 $Ni_xAl_2O_{3+x}$($x \leqslant 0.25$)形式存在，而本体中的镍是以 $Ni_{0.25}Al_2O_{3.25}$结构存在。而催化裂化领域常常使用锑元素钝化镍对催化剂的毒性，由于锑特别易浸出，傅海辉[5]等研究认为部分催化剂裂化催化剂存在锑浸出超标的风险。由于蜡油和部分加氢重油的金属镍含量普遍偏低，本论文主要考察不加锑钝化剂的催化裂化装置产生的废催化剂的环境风险分析。

1　材料与方法

1.1　材料

针对国内现有蜡油催化裂化装置随机选取五家进行调研，现场采集的废剂直接装入密封袋中，然后运至不同的实验室进行均匀混合后进行测试。

1.2　测试方法

原料油中的金属含量，按照石油化工科学研究院企标方法 RIPP124—90《等离子体发射光谱法(ICP-AES)同时测定原油和重油 14 种痕量元素》进行测试。

采用 HJ605—2011《土壤和沉积物 挥发性有机物的测定 吹扫捕集-气相色谱质谱法》对废催化剂针对标准中涉及的 58 种挥发性有机物进行定量分析。

采用 HJ781—2016《固体废物 22 种金属元素的测定 电感耦合等离子体发射光谱法》对废催化剂中金属元素含量进行分析。

2　结果与讨论

2.1　原料油的金属含量

炼油企业针对原料油的日常检测的重金属主要有铁、镍、钒、钠、铜、钙、铅等项目，一方面是这几种重金属在原料油中重金属含量相对较高，其余重金属很难检出；二是铁、镍、钒、铜、钠、钙等重金属会污染催化剂，使其活性下降或影响反应选择性，影响主催化剂的正常使用。表 1 为调研这六家近一年使用原料油中重金属含量均值(或范围)。

表 1　原料油金属含量

组分名称/(mg/kg)	BH oil	FL oil	QLoil	YZ oil	AQ oil
Fe	4. 2	0. 1	0. 5	<0. 1	<0. 1
Ni	0. 5	<0. 1	<0. 1	<0. 1	<0. 1
V	0. 2	<0. 1	<0. 1	<0. 1	<0. 1
Na	<0. 1	<0. 1	<0. 1	<0. 1	0. 1
Ca	<0. 1	<0. 1	0. 2	<0. 1	0. 1
Zn	0. 1	<0. 1	<0. 1	<0. 1	<0. 1
Al	0. 9	<0. 1	0. 5	<0. 1	<0. 1
Pb	<0. 1	<0. 1	<0. 1	<0. 1	<0. 1

2.2 平衡剂金属毒物含量考察

采用《固体废物 22 种金属元素的测定 电感耦合等离子体发射光谱法》(HJ 781-2016)对 FCC 废催化剂中重金属含量进行测试，采用《危险废物鉴别标准 毒性物质含量鉴别》(GB 5085. 6)附录 O 对 FCC 废催化剂中石油烃进行测试，测试结果见表 2。

表 2　FCC 废催化剂重金属质量分数结果　mg/kg

企业	废物名称	检测项目				
		镍	钒	锑	铜	铅
QL	平衡剂-1	273	1659	ND	7. 2	24. 7
	平衡剂-2	406	1722	2. 6	8. 0	25. 8
	平衡剂-3	291	1722	ND	7. 5	24. 9
CL	平衡剂-1	563	1282	517	10. 2	25. 6
	平衡剂-1	651	1293	460	10. 7	27. 8
	三旋-1	395	1215	433	9. 5	27. 5
GQ	平衡剂-1	149	1659	375	12. 8	48. 7
	平衡剂-2	154	1722	367	13. 1	52. 5
	平衡剂-3	168	1722	339	13. 6	55. 4
BH	平衡剂-1	48. 6	436	ND	152	ND
	平衡剂-2	45. 2	427	ND	150	ND
	平衡剂-3	32. 9	394	ND	125	ND
QL	平衡剂-1	22. 9	151	ND	2. 4	13. 8
	平衡剂-2	20. 6	159	ND	2. 6	13. 4
	平衡剂-3	23. 8	163	ND	2. 9	16. 5
FL	平衡剂-1	38. 3	228	ND	ND	11. 3
	平衡剂-2	32. 1	233	ND	ND	ND
	平衡剂-3	21. 2	231	3. 8	ND	5. 9

续表

企业	废物名称	检测项目				
		镍	钒	锑	铜	铅
YZ	平衡剂-1	15.5	69.3	ND	4.0	11.3
	平衡剂-2	12.4	62.9	ND	3.0	5.6
	平衡剂-3	13.6	62.2	ND	3.4	8.0
AQ	平衡剂-1	71.0	136	ND	31.4	12.6
	平衡剂-2	54.5	136	ND	26.0	9.4
	平衡剂-3	74.6	128	ND	34.0	14.7

无机毒性物质含量的鉴别需要将重金属含量转化为含重金属的无机毒性化合物的含量。对重金属采用最不利假设筛选化合物，即含同类重金属但未能确定其化合物种类的，按最不利假设选择分子量最大的和鉴别标准值最低的化合物(表3)，据此计算毒性物质含量，计算选择的化合物，不代表废物中实际含有。

表3　废催化剂无机毒性物质质量分数质量分数计算中化合物的选择

污染物	对应化合物	毒性类别	污染物	对应化合物	毒性类别
Co	硫酸钴	致癌性物质	Pb	磷酸铅	生殖毒性物质
Ni	二氧化镍	致癌性物质	V	钒	有毒物质
Cu	氰化亚铜	剧毒物质	Sb	五氧化二锑	有毒物质
Zn	氟化锌	有毒物质			

2.3 平衡剂浸出毒性考察

依据《危险废物鉴别标准 浸出毒性鉴别》检测浸出毒性，检测结果见表4，FCC废催化剂样品中镍、铜均低于《危险废物鉴别标准浸出毒性》(GB 508503—2007)限值。

表4　FCC废催化剂重金属浸出质量浓度　　mg/L

企业	废物名称	检测项目			
		镍	钒	锑	铜
QL	平衡剂-1	0.82	0.94	ND	ND
	平衡剂-2	0.44	0.64	ND	ND
	平衡剂-3	0.83	1.0	ND	ND
CL	平衡剂-1	1.6	6.3	0.74	ND
	平衡剂-1	1.6	7.4	0.68	ND
	三旋细粉-1	0.80	6.3	0.35	ND
GQ	平衡剂-1	0.38	3.1	0.50	ND
	平衡剂-2	0.37	3.5	0.54	ND
	平衡剂-3	0.31	2.7	0.54	ND
BH	平衡剂-1	0.08	1.4	ND	0.16
	平衡剂-2	0.08	1.5	ND	0.14
	平衡剂-3	0.09	1.3	ND	0.18

续表

企业	废物名称	检测项目			
		镍	钒	锑	铜
QL	平衡剂-1	ND	0.12	ND	ND
	平衡剂-2	ND	0.11	ND	ND
	平衡剂-3	ND	0.12	ND	ND
FL	平衡剂-1	ND	0.22	ND	ND
	平衡剂-2	ND	0.18	ND	ND
	平衡剂-3	ND	0.18	ND	ND
YZ	平衡剂-1	ND	ND	ND	ND
	平衡剂-2	ND	ND	ND	ND
	平衡剂-3	ND	ND	ND	ND
AQ	平衡剂-1	ND	0.53	0.09	ND
	平衡剂-2	0.20	ND	ND	ND
	平衡剂-3	ND	0.45	ND	ND

《危险废物鉴别标准浸出毒性》(GB 508503—2007)中未设定钒、锑、钴浸出浓度限值，参考《地下水质量标准》(GB/T 14848—2017)Ⅲ类标准限值乘 100 限值，分别为钒 5mg/L、锑 0.5mg/L、钴 5mg/L，由表 4 数据可知，除钴浸出浓度均低于 5ml/L 外，CL、GQ 产生 FCC 废催化剂中锑均有超标，CL 产生 FCC 废催化剂中钒超标。经过调研发现主要是因为 CL 催化裂化装置因为跑剂半年内持续添加其他含锑催化裂化装置产生的平衡剂，导致锑和钒超标；GQ 半年内添加过一次钝化剂，导致废催化剂中锑浸出超标。

3 结论

依据《危险废物鉴别标准》(GB 5085.1～7—2007)，对未加锑钝化剂的 8 套催化裂化装置进行调研，并对产生的废催化剂进行危险特性分析，判断结果如下：

1）根据废催化剂产生过程及成分分析，可判断其不具有易燃性、腐蚀性、反应性；

2）所有废催化剂样品的镍、铜、铅、锌浸出毒性均未超过《危险废物鉴别标准浸出毒性鉴别》(GB 5085.3—2007)的鉴别标准。

3）没有添加过含锑补剂，一年内没有加含锑钝化剂的废催化剂样品的锑浸出毒性均未超标。

参 考 文 献

[1] 许友好. 催化裂化化学与工艺[M]. 北京：科学出版社，2013.

[2] 陈俊武. 催化裂花工艺与工程[M]. 北京：中国石化出版社，2005.

[3] G. Busca, P. Riani, G. Garbarino, et al. The state of nickel in spent Fluid Catalytic Cracking catalysts[J]. Applied Catalysis A: General, 2014, 486: 176-186.

[4] G. Garbarino, P. Riani, A. Infantes-Molinac, et al. On the detectability limits of nickel species on NiO/γ-Al_2O_3 catalytic materials[J]. Applied Catalysis A: General, 2016, 525: 180-189.

[5] 宾灯辉，傅海辉. FCC 废催化剂中的金属污染物及其环境风险[J]. 环境工程技术学报，2019，9(04)：453-459.